"十四五"高等教育数学类专业系列教材

大学生数学类专业考研参考书

数学分析选讲

主　编　张更容　王增赟

副主编　李　坤　卢　霖

U0360295

----- 课程资源 -----

- 在线课程
- 真题解析
- 拓展练习

微信扫码

 南京大学出版社

图书在版编目(CIP)数据

数学分析选讲 / 张更容，王增赟主编. -- 南京：
南京大学出版社，2024.7. -- ISBN 978 - 7 - 305 - 28277 - 5

Ⅰ. O17

中国国家版本馆 CIP 数据核字第 20242Y0U16 号

出版发行　南京大学出版社
社　　址　南京市汉口路 22 号　　　　　邮　　编　210093
书　　名　数学分析选讲
　　　　　　SHUXUE FENXI XUANJIANG
主　　编　张更容　王增赟
责任编辑　刘　飞　　　　　　　编辑热线　025 - 83592146
照　　排　南京开卷文化传媒有限公司
印　　刷　盐城市华光印刷厂
开　　本　787 mm×1092 mm　1/16　　印张 17.5　字数 405 千
版　　次　2024 年 7 月第 1 版　2024 年 7 月第 1 次印刷
ISBN 978 - 7 - 305 - 28277 - 5
定　　价　49.00 元

网　　址:http://www.njupco.com
官方微博:http://weibo.com/njupco
微信公众号:njupress
销售咨询热线:(025)83594756

前　言

　　数学分析是分析学中最古老、最基本的分支之一，一般指以微积分学和无穷级数一般理论为主要内容，并包括它们的理论基础（实数、函数和极限的基本理论）的一个较为完整的数学学科。"数学分析"是高等院校理工科专业非常重要的基础课程，同时也是数学各专业硕士研究生入学考试的必考科目，学好这门课程对于从事现代数学的理论和应用研究具有十分重要的意义。

　　本书旨在帮助读者对教材中的考点融会贯通，给读者以更丰富的题型及解题方法。本书可以作为各类高校的"数学分析"课程教材，也可以是大学生准备考研的参考书，以及参加数学竞赛的备考教材。

　　本书由湖南第一师范学院数学与统计学院"数学分析选讲"课程及暑假数学竞赛培训的内部讲义改编而成，主要内容及编写人员：第一章 极限与连续、第二章 一元函数微分学，由卢霖博士编写；第三章 一元函数积分学，由张更容教授编写；第四章 级数，由李坤教授编写；第五章 多元函数微分学、第六章 多元函数积分学，由王增赟教授编写。本书每章都设置了主要知识点和典型例题，同时配备了部分习题，例题和习题基本来自近年来很多高校的数学分析考研真题及全国大学生数学竞赛真题。为拓展读者的思路，在例题解答过程中，许多题目都安排了多种巧妙的解答方式，同时部分例题分布之间也有层次区分，并根据解题方法和题目类型进行了归纳汇总。

　　全书最后由张更容教授统稿，鉴于编者水平有限，书中难免有不当之处，敬请各位专家、读者批评指正。在本书编者十多年讲授的"数学分析选讲"课程及编写本书过程中学习和参考了国内外很多教材和参考书，部分书籍列在书末的参考文献中，若有不当之处请包涵。同时，本书采用的最近几年的考研真题大部分来自"数学考研李扬"和"考研竞赛数学"两个微信公众号，在此一并感谢。

编者

2024 年 6 月

目　录

第1章 极限与连续

1.1 极限

1.1.1 极限的定义和性质

$\lim\limits_{n \to \infty} a_n = a \Leftrightarrow \forall \varepsilon > 0, \exists N, 当 n > N 时, |a_n - a| < \varepsilon.$

$\lim\limits_{x \to x_0} f(x) = a \Leftrightarrow \forall \varepsilon > 0, \exists \delta > 0, 当 0 < |x - x_0| < \delta 时, |f(x) - a| < \varepsilon.$

1. 数列极限的性质（若 $\lim\limits_{n \to \infty} x_n, \lim\limits_{n \to \infty} y_n$ 存在）

（1）唯一性：若 $\lim\limits_{n \to \infty} x_n = a, \lim\limits_{n \to \infty} x_n = b$，则 $a = b$.

（2）有界性：存在 $M > 0$ 使得 $|x_n| \leqslant M$.

（3）保号性：若 $\lim\limits_{n \to \infty} x_n = a > 0$，则对任意的 $r \in (0, a)$ 存在 $N, n > N$ 时 $x_n > r > 0$；

若 $\lim\limits_{n \to \infty} x_n = a < 0$，则对任意的 $r \in (a, 0)$ 存在 $N, n > N$ 时 $x_n < r < 0$.

（4）保不等式性：若存在 $N, n > N$ 时 $x_n \leqslant y_n$，则 $\lim\limits_{n \to \infty} x_n \leqslant \lim\limits_{n \to \infty} y_n$.

若 $\lim\limits_{n \to \infty} x_n < \lim\limits_{n \to \infty} x_n$，则存在 $N, n > N$ 时 $x_n < y_n$.

（5）Cauchy 收敛原理：$\lim\limits_{n \to \infty} x_n$ 存在 $\Leftrightarrow \forall \varepsilon > 0, \exists N, 当 m, n > N 时, |a_n - a_m| < \varepsilon.$

2. 函数极限的性质（若 $\lim\limits_{x \to x_0} f(x), \lim\limits_{x \to x_0} g(x)$ 存在.）

（1）唯一性：若 $\lim\limits_{x \to x_0} f(x) = a, \lim\limits_{x \to x_0} f(x) = b$，则 $a = b$.

（2）局部有界性：存在 $\delta > 0, M > 0$ 使得当 $0 < |x - x_0| < \delta$ 时 $|f(x)| \leqslant M$.

（3）局部保号性：

若 $\lim\limits_{x \to x_0} f(x) = a > 0$，则对任意的 $r \in (0, a)$，存在 $\delta > 0$，当 $0 < |x - x_0| < \delta$ 时，$f(x) > r > 0$；

若 $\lim\limits_{x \to x_0} f(x) = a < 0$，则对任意的 $r \in (a, 0)$，存在 $\delta > 0$，当 $0 < |x - x_0| < \delta$ 时，$f(x) < r < 0$.

（4）保不等式性：

若存在 $\delta > 0$，当 $0 < |x - x_0| < \delta$ 时，$f(x) \leqslant g(x)$，则 $\lim\limits_{x \to x_0} f(x) \leqslant \lim\limits_{x \to x_0} g(x)$.

若 $\lim\limits_{x \to x_0} f(x) < \lim\limits_{x \to x_0} g(x)$，则存在 $\delta > 0$，当 $0 < |x - x_0| < \delta$ 时，$f(x) < g(x)$.

1.1.2 洛必达法则求极限

【例 1.1.1】 求极限 $\lim\limits_{x \to 1} \dfrac{1 - 4\sin^2 \frac{\pi}{6} x}{1 - x^2}$. （南昌大学 2020）

解 $\lim\limits_{x \to 1} \dfrac{1 - 4\sin^2 \frac{\pi}{6} x}{1 - x^2} = \lim\limits_{x = 1} \dfrac{-4 \times 2 \times \frac{\pi}{6} \sin \frac{\pi}{6} x \cos \frac{\pi}{6} x}{-2x} = \dfrac{\pi}{2\sqrt{3}}$.

【例 1.1.2】 求 a, b 的值，使得 $\lim\limits_{x \to 0} \dfrac{1}{bx - \sin x} \displaystyle\int_0^x \dfrac{t^2}{\sqrt{a + t^2}} \mathrm{d}t = 1$. （南昌大学 2021）

解 $\lim\limits_{x \to 0} \dfrac{1}{bx - \sin x} \displaystyle\int_0^x \dfrac{t^2}{\sqrt{a + t^2}} \mathrm{d}t = \lim\limits_{x \to 0} \dfrac{\frac{x^2}{\sqrt{a + x^2}}}{b - \cos x}$,

当 $x \to 0$ 时，$\lim\limits_{x \to 0} \dfrac{x^2}{\sqrt{a + x^2}} = 0$，而 $\lim\limits_{x \to 0} \dfrac{\frac{x^2}{\sqrt{a + x^2}}}{b - \cos x} = 1$,

$\therefore \lim\limits_{x \to 0}(b - \cos x) = 0$，即 $b - 1 = 0 \Rightarrow b = 1$.

因此，$\lim\limits_{x \to 0} \dfrac{1}{bx - \sin x} \displaystyle\int_0^x \dfrac{t^2}{\sqrt{a + t^2}} \mathrm{d}t = \lim\limits_{x \to 0} \dfrac{\frac{x^2}{\sqrt{a + x^2}}}{1 - \cos x}$

$$= \lim\limits_{x \to 0} \dfrac{\frac{x^2}{\sqrt{a + x^2}}}{\frac{1}{2} x^2}$$

$$= \lim\limits_{x \to 0} \dfrac{2}{\sqrt{a + x^2}} = \dfrac{2}{\sqrt{a}} = 1$$

即 $a = 4$.

【例 1.1.3】 求极限 $\lim\limits_{x \to 0^+} \dfrac{\displaystyle\int_0^{x^2} \sin^{\frac{3}{2}} t \, \mathrm{d}t}{\displaystyle\int_0^x t(t - \sin t) \, \mathrm{d}t}$. （郑州大学 2021）

解 $\lim\limits_{x \to 0^+} \dfrac{\displaystyle\int_0^{x^2} \sin^{\frac{3}{2}} t \, \mathrm{d}t}{\displaystyle\int_0^x t(t - \sin t) \, \mathrm{d}t} = \lim\limits_{x \to 0^+} \dfrac{2x \sin^{\frac{3}{2}} x^2}{x(x - \sin x)} = 2\lim\limits_{x \to 0^+} \dfrac{(x^2)^{\frac{3}{2}}}{\frac{x^3}{6}} = 12$.

1.1.3　等价无穷小、四则运算求极限

【例 1.1.4】　求极限 $\lim\limits_{n\to\infty}\sin^2(\pi\sqrt{n^2+n})$.（中南大学 2021）

解　$\lim\limits_{n\to\infty}\sin^2(\pi\sqrt{n^2+n})=\lim\limits_{n\to\infty}\left[(-1)^n\sin(\pi\sqrt{n^2+n})\right]^2$

$$=\lim_{n\to\infty}\sin^2(\pi\sqrt{n^2+n}-\pi n)=\lim_{n\to\infty}\sin^2\frac{n\pi}{\sqrt{n^2+n}+n}$$

$$=\sin^2\frac{\pi}{2}=1.$$

【例 1.1.5】　求极限 $\lim\limits_{n\to\infty}\left[(n+1)^\alpha-n^\alpha\right]$，$(0<\alpha<1)$.（中南大学 2019）

解　$\lim\limits_{n\to\infty}\left[(n+1)^\alpha-n^\alpha\right]=\lim\limits_{n\to\infty}n^\alpha\left[\left(1+\frac{1}{n}\right)^\alpha-1\right]$

$$=\lim_{n\to\infty}n^\alpha\frac{\alpha}{n}=\lim_{n\to\infty}\frac{\alpha}{n^{1-\alpha}}=0.$$

【例 1.1.6】　求极限 $\lim\limits_{x\to0}\frac{1}{x^2}\ln\frac{\sin x}{x}$.（中南大学 2013）

解　$\lim\limits_{x\to0}\frac{1}{x^2}\ln\frac{\sin x}{x}=\lim\limits_{x\to0}\frac{1}{x^2}\ln\left(1+\frac{\sin x}{x}-1\right)=\lim\limits_{x\to0}\frac{1}{x^2}\left(\frac{\sin x}{x}-1\right)$

$$=\lim_{x\to0}\frac{\sin x-x}{x^3}=\lim_{x\to0}\frac{-\dfrac{1}{6}x^3}{x^3}=-\frac{1}{6}.$$

【例 1.1.7】　已知 $\lim\limits_{x\to0}\dfrac{\sqrt{1+f(x)\sin2x}-1}{\mathrm{e}^{3x}-1}=2$，求 $\lim\limits_{x\to0}f(x)$.（中南大学 2016）

解法一　$\because\lim\limits_{x\to0}\dfrac{\sqrt{1+f(x)\sin2x}-1}{\mathrm{e}^{3x}-1}=2,\lim\limits_{x\to0}(\mathrm{e}^{3x}-1)=0.$

$\therefore\lim\limits_{x\to0}\left[\sqrt{1+f(x)\sin2x}-1\right]=0$，即 $\lim\limits_{x\to0}f(x)\sin2x=0$，故 $\sqrt{1+f(x)\sin2x}-1\sim$ $\dfrac{1}{2}f(x)\sin2x$.

$\therefore2=\lim\limits_{x\to0}\dfrac{\sqrt{1+f(x)\sin2x}-1}{\mathrm{e}^{3x}-1}=\lim\limits_{x\to0}\dfrac{\dfrac{1}{2}f(x)\sin2x}{3x}=\lim\limits_{x\to0}\dfrac{f(x)}{3}.\therefore\lim\limits_{x\to0}\dfrac{xf(x)}{3x}=2$，即

$\lim\limits_{x\to0}f(x)=6.$

解法二　$\because\lim\limits_{x\to0}\dfrac{\sqrt{1+f(x)\sin2x}-1}{\mathrm{e}^{3x}-1}=2,\lim\limits_{x\to0}(\mathrm{e}^{3x}-1)=0.$

$\therefore\lim\limits_{x\to0}\left[\sqrt{1+f(x)\sin2x}-1\right]=0$，即 $\lim\limits_{x\to0}\sqrt{1+f(x)\sin2x}=1.$

故 $2=\lim\limits_{x\to0}\dfrac{\sqrt{1+f(x)\sin2x}-1}{\mathrm{e}^{3x}-1}=\lim\limits_{x\to0}\dfrac{f(x)\sin2x}{3x(\sqrt{1+f(x)\sin2x}+1)}=\lim\limits_{x\to0}\dfrac{f(x)}{3}.$

即 $\lim\limits_{x \to 0} f(x) = 6.$

【例 1.1.8】 $f(1) = 0$, $f'(1)$ 存在, 求 $\lim\limits_{x \to 0} \dfrac{f(\sin^2 x + \cos x) \sin 3x}{(e^{x^2} - 1) \sin x}$. (中南大学 2017)

解 $\because f(1) = 0$, $f'(1)$ 存在,

$$\therefore \lim_{x \to 0} \frac{f(\sin^2 x + \cos x) \sin 3x}{(e^{x^2} - 1) \sin x} = \lim_{x \to 0} \frac{3x f(\sin^2 x + \cos x)}{x^3}$$

$$= 3 \lim_{x \to 0} \frac{f(\sin^2 x + \cos x) - f(1)}{\sin^2 x + \cos x - 1} \cdot \lim_{x \to 0} \frac{\sin^2 x + \cos x - 1}{x^2}$$

$$= 3 f'(1) \lim_{x \to 0} \frac{\cos x - \cos^2 x}{x^2}$$

$$= 3 f'(1) \lim_{x \to 0} \frac{1 - \cos x}{x^2}$$

$$= 3 f'(1) \lim_{x \to 0} \frac{\dfrac{1}{2} x^2}{x^2} = \frac{3 f'(1)}{2}.$$

【例 1.1.9】 求极限 $\lim\limits_{x \to 0} \dfrac{(1 + x^2)^2 - \cos x}{\sin^2 x}$. (中国科技大学 2021)

解

$$\lim_{x \to 0} \frac{(1 + x^2)^2 - \cos x}{\sin^2 x} = \lim_{x \to 0} \frac{(1 + x^2)^2 - 1 + 1 - \cos x}{x^2}$$

$$= \lim_{x \to 0} \frac{(1 + x^2)^2 - 1}{x^2} + \lim_{x \to 0} \frac{1 - \cos x}{x^2}$$

$$= \lim_{x \to 0} \frac{2 x^2}{x^2} + \lim_{x \to 0} \frac{\dfrac{1}{2} x^2}{x^2} = \frac{5}{2}.$$

【例 1.1.10】 求极限 $\lim\limits_{n \to +\infty} \left(\cos \dfrac{1}{n} \right)^{n^2}$. (北京理工大学 2021)

解 $\because \lim\limits_{x \to 0} \dfrac{\ln \cos x}{x^2} = \lim\limits_{x \to 0} \dfrac{\cos x - 1}{x^2} = -\dfrac{1}{2}$,

$$\therefore \lim_{n \to +\infty} \left(\cos \frac{1}{n} \right)^{n^2} = e^{\lim\limits_{n \to +\infty} \frac{\ln \cos \frac{1}{n}}{\frac{1}{n^2}}} = e^{\lim\limits_{x \to 0} \frac{\ln \cos x}{x^2}} = e^{-\frac{1}{2}}.$$

【例 1.1.11】 求极限 $\lim\limits_{x \to \infty} \left(\sin \dfrac{1}{x} + \cos \dfrac{1}{x} \right)^x$. (南昌大学 2019)

解 $\lim\limits_{x \to \infty} \left(\sin \dfrac{1}{x} + \cos \dfrac{1}{x} \right) = 1$, 于是

$$\lim_{x \to \infty} x \ln \left(\sin \frac{1}{x} + \cos \frac{1}{x} \right) = \lim_{x \to \infty} x \ln \left(1 + \left(\sin \frac{1}{x} + \cos \frac{1}{x} - 1 \right) \right)$$

$$= \lim_{x \to \infty} x \cdot \left(\sin \frac{1}{x} + \cos \frac{1}{x} - 1 \right)$$

$$= \lim_{x \to \infty} x \cdot \sin \frac{1}{x} + \lim_{x \to \infty} x \cdot \left(\cos \frac{1}{x} - 1 \right)$$

$$= 1 + \lim_{x \to \infty} x \cdot \left(-\frac{1}{2x^2} \right) = 1.$$

故 $\lim_{x \to \infty} \left(\sin \frac{1}{x} + \cos \frac{1}{x} \right)^x = \mathrm{e}.$

【例 1.1.12】 求极限 $\lim_{x \to +\infty} x^3 \left(\sqrt[3]{\dfrac{x^3 + x}{x^6 + x^3 + 1}} - \sin \dfrac{1}{x} \right)$.（北京师范大学 2020）

解　$\lim_{x \to +\infty} x^3 \left(\sqrt[3]{\dfrac{x^3 + x}{x^6 + x^5 + 1}} - \sin \dfrac{1}{x} \right)$

$$= \lim_{x \to +\infty} x^3 \left(\sqrt[3]{\frac{x^3 + x}{x^6 + x^5 + 1}} - \frac{1}{x} + \frac{1}{x} - \sin \frac{1}{x} \right)$$

$$= \lim_{x \to +\infty} x^3 \left(\sqrt[3]{\frac{x^3 + x}{x^6 + x^5 + 1}} - \frac{1}{x} \right) + \lim_{x \to +\infty} x^3 \left(\frac{1}{x} - \sin \frac{1}{x} \right)$$

$$= \lim_{x \to +\infty} x^2 \left(\sqrt[3]{\frac{x^6 + x^4}{x^6 + x^5 + 1}} - 1 \right) + \lim_{x \to +\infty} x^3 \frac{1}{6x^3}$$

$$= \lim_{x \to +\infty} x^2 \cdot \frac{1}{3} \left(\frac{x^6 + x^4}{x^6 + x^5 + 1} - 1 \right) + \frac{1}{6}$$

$$= \lim_{x \to +\infty} \frac{x^2 (x^4 - x^5 - 1)}{3(x^6 + x^5 + 1)} + \frac{1}{6} = -\infty.$$

【例 1.1.13】 设 $x_n = \dfrac{1}{3^{\ln n}}$，求极限 $\lim_{n \to \infty} n \left(\dfrac{x_n}{x_{n+1}} - 1 \right)$.（南京师范大学 2021）

解　$\because \dfrac{x_n}{x_{n+1}} = \dfrac{3^{\ln(n+1)}}{3^{\ln n}} = 3^{\ln\left(1 + \frac{1}{n}\right)} = \left(1 + \dfrac{1}{n} \right)^{\ln 3},$

$\therefore \lim_{n \to \infty} n \left(\dfrac{x_n}{x_{n+1}} - 1 \right) = \lim_{n \to \infty} n \left[\left(1 + \dfrac{1}{n} \right)^{\ln 3} - 1 \right] = \lim_{n \to \infty} n \cdot \dfrac{1}{n} \ln 3 = \ln 3.$

1.1.4　变上限积分或含参变量积分的函数极限

注：此类题目常和洛必达法则结合，运用变上限求导.

【例 1.1.14】 求 a, b 的值，使得 $\lim_{x \to 0^+} \dfrac{1}{b - \cos x} \displaystyle\int_0^x \dfrac{t^2}{\sqrt{a + t^2}} \mathrm{d}t = 1$.（南昌大学 2019）

解　（1）如果 $b \neq 1$，则 $\lim_{x \to 0^+} \dfrac{1}{b - \cos x} \displaystyle\int_0^x \dfrac{t^2}{\sqrt{a + t^2}} \mathrm{d}t = \dfrac{0}{b - 1} = 0$. 矛盾.

故 $b = 1$.

（2）为了保证 $\dfrac{t^2}{\sqrt{a + t^2}}$ 在 $t = 0$ 的一个充分小右邻域内有意义，则必须有 $a \geqslant 0$.

$$\therefore 1 = \lim_{x \to 0^+} \frac{1}{b - \cos x} \int_0^x \frac{t^2}{\sqrt{a + t^2}} dt = \lim_{x \to 0^+} \frac{\int_0^x \frac{t^2}{\sqrt{a + t^2}} dt}{1 - \cos x}$$

$$= \lim_{x \to 0^+} \frac{\frac{x^2}{\sqrt{a + x^2}}}{\sin x} = \lim_{x \to 0^+} \frac{x}{\sqrt{a + x^2}}.$$

若 $a > 0$, 则 $\lim\limits_{x \to 0^+} \dfrac{x}{\sqrt{a + x^2}} = 0$, 矛盾.

若 $a = 0$, 则 $\lim\limits_{x \to 0^+} \dfrac{x}{\sqrt{a + x^2}} = \lim\limits_{x \to 0^+} \dfrac{x}{x} = 1$, 符合题意.

综上所述: $a = 0, b = 1.$

【例 1. 1. 15】 求极限 $\lim\limits_{x \to 0} \dfrac{\int_0^{\sin^2 x} \ln(1 + t) dt}{\sqrt{1 + x^4} - 1}$. （中南大学 2021）

解 $\lim\limits_{x \to 0} \dfrac{\int_0^{\sin^2 x} \ln(1 + t) dt}{\sqrt{1 + x^4} - 1} = \lim\limits_{x \to 0} \dfrac{\int_0^{\sin^2 x} \ln(1 + t) dt}{\dfrac{1}{2} x^4}$

$$= \lim_{x \to 0} \frac{\ln(1 + \sin^2 x) 2 \sin x \cos x}{2x^3} = \lim_{x \to 0} \frac{2 \sin^3 x}{2x^3} = 1.$$

1.1.5 利用泰勒展开求极限

【例 1. 1. 16】 求极限 $\lim\limits_{x \to 0} \dfrac{e^x \sin x - x(1 + x)}{x^3}$. （北京理工大学 2021）

解 $\because e^x = 1 + x + \dfrac{x^2}{2} + o(x^2), \sin x = x - \dfrac{x^3}{6} + o(x^3),$

故 $e^x \sin x = x + x^2 + \dfrac{1}{3} x^3 + o(x^3)$, 于是

$$\lim_{x \to 0} \frac{e^x \sin x - x(1 + x)}{x^3} = \lim_{x \to 0} \frac{x + x^2 + \dfrac{1}{3} x^3 + o(x^3) - (x + x^2)}{x^3}$$

$$= \frac{1}{3}.$$

【例 1. 1. 17】 求极限 $\lim\limits_{x \to 0} \dfrac{\tan x - x}{x^3}$. （北京师范大学 2019）

解 $\because \tan x = x + \dfrac{1}{3} x^3 + o(x^3), \therefore \lim\limits_{x \to 0} \dfrac{\tan x - x}{x^3} = \lim\limits_{x \to 0} \dfrac{\dfrac{1}{3} x^3 + o(x^3)}{x^3} = \dfrac{1}{3}.$

【例 1.1.18】 设 $x_n = \dfrac{1}{3^{\ln n}}$，求极限 $\lim\limits_{n\to\infty} n\left(\dfrac{x_n}{x_{n+1}} - 1\right)$．（南京师范大学 2021）

解　$\because \dfrac{x_n}{x_{n+1}} = \dfrac{3^{\ln(n+1)}}{3^{\ln n}} = 3^{\ln\left(1+\frac{1}{n}\right)} = \left(1+\dfrac{1}{n}\right)^{\ln 3} = 1 + \ln 3 \cdot \left(\dfrac{1}{n}\right) + o\left(\dfrac{1}{n}\right),$

$\therefore \lim\limits_{n\to\infty} n\left(\dfrac{x_n}{x_{n+1}} - 1\right) = \lim\limits_{n\to\infty} n\left[\ln 3 \cdot \left(\dfrac{1}{n}\right) + o\left(\dfrac{1}{n}\right)\right] = \ln 3.$

说明： 从例 1.1.13 和例 1.1.18 可以看出，应用一次泰勒展开式求极限和应用等价无穷小替换求极限本质上是一样的，在书写上略有区别．

【例 1.1.19】 求极限 $\lim\limits_{x\to 0}\left[\dfrac{(1+x)^{\frac{1}{x}}}{e}\right]^{\frac{1}{x}}$．（南京师范大学 2021）

解　$\ln\left[\dfrac{(1+x)^{\frac{1}{x}}}{e}\right]^{\frac{1}{x}} = \dfrac{1}{x}\ln\left[\dfrac{(1+x)^{\frac{1}{x}}}{e}\right] = \dfrac{1}{x}\left[\dfrac{1}{x}\ln(1+x) - 1\right],$

据泰勒公式：$\ln(1+x) = x - \dfrac{1}{2}x^2 + o(x^2),$

故 $\lim\limits_{x\to 0}\dfrac{1}{x}\left[\dfrac{1}{x}\ln(1+x) - 1\right] = \lim\limits_{x\to 0}\dfrac{1}{x}\left(1 - \dfrac{1}{2}x + o(x) - 1\right) = -\dfrac{1}{2},$

从而 $\lim\limits_{x\to 0}\left[\dfrac{(1+x)^{\frac{1}{x}}}{e}\right]^{\frac{1}{x}} = e^{-\frac{1}{2}}.$

【例 1.1.20】 设 $x_n = \sum\limits_{k=0}^{n}\dfrac{1}{k!}, n = 1,2,\cdots$，求极限 $\lim\limits_{n\to\infty}\left(\dfrac{\ln x_n}{\sqrt[n]{e} - 1} - n\right)$．（南开大学 2022）

解　$\because e^x = \sum\limits_{n=0}^{\infty}\dfrac{x^n}{n!}$，取 $x = 1$ 有，$e = \sum\limits_{n=0}^{\infty}\dfrac{1}{n!}$，则 $x_n = \sum\limits_{k=0}^{n}\dfrac{1}{k!} = e - \sum\limits_{k=n+1}^{\infty}\dfrac{1}{k!},$

从而 $\lim\limits_{n\to\infty}\left(\dfrac{\ln x_n}{\sqrt[n]{e} - 1} - n\right) = \lim\limits_{n\to\infty}\dfrac{\ln x_n - n(\sqrt[n]{e} - 1)}{\sqrt[n]{e} - 1} = \lim\limits_{n\to\infty}\dfrac{\ln x_n - n\left(\dfrac{1}{n} + \dfrac{1}{2n^2} + o\left(\dfrac{1}{n^2}\right)\right)}{\dfrac{1}{n}}$

$= \lim\limits_{n\to\infty} n\left(\ln\dfrac{x_n}{e} - \dfrac{1}{2n}\right) = \lim\limits_{n\to\infty} n\ln\dfrac{x_n}{e} - \dfrac{1}{2}$

$= \lim\limits_{n\to\infty} n\ln\left(1 - \dfrac{\sum\limits_{k=n+1}^{\infty}\dfrac{1}{k!}}{e}\right) - \dfrac{1}{2} = \lim\limits_{n\to\infty} n\left(-\dfrac{\sum\limits_{k=n+1}^{\infty}\dfrac{1}{k!}}{e}\right) - \dfrac{1}{2}$

$= -\lim\limits_{n\to\infty}\dfrac{\sum\limits_{k=n+1}^{\infty}\dfrac{1}{k!}}{\dfrac{e}{n}} - \dfrac{1}{2} = -\lim\limits_{n\to\infty}\dfrac{\sum\limits_{k=n+1}^{\infty}\dfrac{1}{k!} - \sum\limits_{k=n+2}^{\infty}\dfrac{1}{k!}}{\dfrac{e}{n} - \dfrac{e}{n+1}} - \dfrac{1}{2}$

$= -\lim\limits_{n\to\infty}\dfrac{\dfrac{1}{(n+1)!}}{\dfrac{e}{n(n+1)}} - \dfrac{1}{2} = -\dfrac{1}{2}.$

注： 此处使用了 Stolz 公式．

1.1.6 夹逼准则(迫敛性)求极限

【例 1.1.21】 求极限 $\lim\limits_{n\to\infty}\sum\limits_{k=1}^{n}(n^k+1)^{-\frac{1}{k}}$.（郑州大学 2021）

解 因为 $n^k < n^k+1 < (n+1)^k$，所以 $\dfrac{1}{n} > (n^k+1)^{-\frac{1}{k}} > \dfrac{1}{n+1}$，

$1 > \sum\limits_{k=1}^{n}(n^k+1)^{-\frac{1}{k}} > \dfrac{n}{n+1}$，而 $\lim\limits_{n\to\infty}\dfrac{n}{n+1}=1$，

由夹逼准则得，$\lim\limits_{n\to\infty}\sum\limits_{k=1}^{n}(n^k+1)^{-\frac{1}{k}}=1$.

【例 1.1.22】 设 $\lim\limits_{n\to\infty}x_n=a$，$\lim\limits_{n\to\infty}y_n=b$. 证明：

$$\lim_{n\to\infty}\frac{x_1y_n+x_2y_{n-1}+\cdots+x_ny_1}{n}=ab.$$（重庆大学 2020）

证明 由于 $\lim\limits_{n\to\infty}x_n=a$，从而 $\{x_n\}$ 都有界，不妨设 $|x_n|\leqslant M$.
于是对任意的 $k=1,2,\cdots,n$，有

$|x_ky_{n-k+1}-ab| \leqslant |x_k|\cdot|y_{n-k+1}-b|+|b|\cdot|x_k-a| \leqslant M|y_{n-k+1}-b|+|b|\cdot|x_k-a|$.

$$\therefore \left|\frac{x_1y_n+x_2y_{n-1}+\cdots+x_ny_1}{n}-ab\right|$$

$$\leqslant \frac{|x_1y_n-ab|+|x_2y_{n-1}-ab|+\cdots+|x_ny_1-ab|}{n}$$

$$\leqslant M\cdot\frac{|y_n-b|+|y_{n-1}-b|+\cdots+|y_1-b|}{n}+|b|\cdot\frac{|x_1-a|+|x_2-a|+\cdots+|x_n-a|}{n}$$

由 $\lim\limits_{n\to\infty}x_n=a$，$\lim\limits_{n\to\infty}y_n=b$ 可知 $\lim\limits_{n\to\infty}|x_n-a|=\lim\limits_{n\to\infty}|y_n-b|=0$.
从而(见例 1.1.24)：

$$\lim_{n\to\infty}\Big(M\cdot\frac{|y_n-b|+|y_{n-1}-b|+\cdots+|y_1-b|}{n}+$$

$$|b|\cdot\frac{|x_1-a|+|x_2-a|+\cdots+|x_n-a|}{n}\Big)=0.$$

所以根据夹逼准则可知：

$$\lim_{n\to\infty}\frac{x_1y_n+x_2y_{n-1}+\cdots+x_ny_1}{n}=ab.$$

【例 1.1.23】 求极限 $\lim\limits_{n\to\infty}\sqrt[n]{2+\cos^2 n}$.（南昌大学 2020）

解 $\because \forall n, \sqrt[n]{2} < \sqrt[n]{2+\cos^2 n} < \sqrt[n]{3}$，且 $\lim\limits_{n\to\infty}\sqrt[n]{2}=\lim\limits_{n\to\infty}\sqrt[n]{3}=1$，

$\therefore \lim\limits_{n\to\infty}\sqrt[n]{2+\cos^2 n}=1$.

1.1.7　Stolz 公式求极限

Stolz 公式 1： 设有两个数列 $\{x_n\}$，$\{y_n\}$，其中 y_n 严格递增且 $\lim\limits_{n\to\infty} y_n = +\infty$. 如果 $\lim\limits_{n\to\infty} \dfrac{x_{n+1}-x_n}{y_{n+1}-y_n} = L$，则 $\lim\limits_{n\to\infty} \dfrac{x_n}{y_n} = L$.（$L$ 可以为一个常数，也可以是 ∞）

Stolz 公式 2： 设有两个数列 $\{x_n\}$，$\{y_n\}$，其中 y_n 严格递减且 $\lim\limits_{n\to\infty} y_n = \lim\limits_{n\to\infty} x_n = 0$. 如果 $\lim\limits_{n\to\infty} \dfrac{x_{n+1}-x_n}{y_{n+1}-y_n} = L$，则 $\lim\limits_{n\to\infty} \dfrac{x_n}{y_n} = L$.

【例 1.1.24】 设 $\lim\limits_{n\to\infty} a_n = a$（或 $+\infty$ 或 $-\infty$），求证 $\lim\limits_{n\to\infty} \dfrac{a_1+a_2+\cdots+a_n}{n} = a$（或 $+\infty$ 或 $-\infty$）. 问：反之是否成立？

证明一 （定义法）　$\because \lim\limits_{n\to\infty} a_n = a$，$\therefore \forall \varepsilon > 0$，$\exists N_1$，当 $n > N_1$ 时 $|a_n - a| < \varepsilon/2$.

记 $|a_1 - a| + |a_2 - a| + \cdots + |a_{N_1} - a| = M$，当 $n > N_1$ 时，

$$\left| \frac{a_1+a_2+\cdots+a_n}{n} - a \right| = \left| \frac{(a_1-a)+(a_2-a)+\cdots+(a_n-a)}{n} \right|$$

$$\leqslant \frac{|a_1-a|+|a_2-a|+\cdots+|a_n-a|}{n} = \frac{M}{n} + \sum_{i=N_1+1}^{n} \frac{|a_i-a|}{n}$$

$$< \frac{M}{n} + \frac{n-N_1}{n} \cdot \frac{\varepsilon}{2} < \frac{M}{n} + \frac{\varepsilon}{2}.$$

又 $\because \lim\limits_{n\to\infty} \dfrac{M}{n} = 0$，$\therefore \exists N_2$，当 $n > N_2$ 时 $\dfrac{M}{n} < \dfrac{\varepsilon}{2}$.

取 $N = \max\{N_1, N_2\}$，$n > N$ 时 $\left| \dfrac{a_1+a_2+\cdots+a_n}{n} - a \right| < \varepsilon$.

反之不成立. 如 $a_n = (-1)^n$，则 $\lim\limits_{n\to\infty} \dfrac{a_1+a_2+\cdots+a_n}{n} = 0$ 但 $\lim\limits_{n\to\infty} a_n$ 不存在.

证明二 （Stolz 公式）　设 $x_n = a_1+a_2+\cdots+a_n$，$y_n = n$，$\therefore y_n \nearrow +\infty$

由 Stolz 公式得 $\lim\limits_{n\to\infty} \dfrac{a_1+a_2+\cdots+a_n}{n} = \lim\limits_{n\to\infty} \dfrac{x_n}{y_n} = \lim\limits_{n\to\infty} \dfrac{x_{n+1}-x_n}{y_{n+1}-y_n} = \lim\limits_{n\to\infty} a_{n+1} = a.$

【例 1.1.25】 设 $x_1 \in \left(0, \dfrac{\pi}{2}\right)$，$x_{n+1} = \sin x_n$，$n = 1, 2, \cdots$

求证 $\lim\limits_{n\to\infty} x_n = 0$，并求极限 $\lim\limits_{n\to\infty} \sqrt{n}\, \sin x_n$.

证明　$\because x_{n+1} = \sin x_n < x_n$，$\therefore \{x_n\}$ 单调递减.

因为 $x_1 \in \left(0, \dfrac{\pi}{2}\right)$，所 $0 < x_n < 1$，$n = 1, 2, \cdots$

即 $\{x_n\}$ 有下界，从面 $\lim\limits_{n\to\infty} x_n = l$（存在）. 由

$x_{n+1} = \sin x_n$，两边取极限有 $l = \sin l$，$\therefore l = 0$，即 $\lim\limits_{n\to\infty} x_n = 0$.

再求 $\lim\limits_{n\to\infty} \sqrt{n} \sin x_n$，考虑 $\lim\limits_{n\to\infty} n \sin^2 x_n = \lim\limits_{n\to\infty} n x_n^2 \cdot \dfrac{\sin^2 x_n}{x_n^2}$，

$\because \lim\limits_{n\to\infty} n x_n^2 = \lim\limits_{n\to\infty} \dfrac{n}{\dfrac{1}{x_n^2}} = \lim\limits_{n\to\infty} \dfrac{1}{\dfrac{1}{x_n^2} - \dfrac{1}{x_{n-1}^2}} = \lim\limits_{n\to\infty} \dfrac{x_{n-1}^2 \cdot x_n^2}{x_{n-1}^2 - x_n^2} = \lim\limits_{n\to\infty} \dfrac{x_{n-1}^2 \sin^2 x_{n-1}}{x_{n-1}^2 - \sin^2 x_{n-1}}$

$\because \lim\limits_{x\to 0} \dfrac{x^2 \sin^2 x}{x^2 - \sin^2 x} = \lim\limits_{x\to 0} \dfrac{x^4}{x^2 - \sin^2 x} = \lim\limits_{x\to 0} \dfrac{4x^3}{2x - \sin 2x} = \lim\limits_{x\to 0} \dfrac{6x^2}{1 - \cos 2x}$

$= \lim\limits_{x\to 0} \dfrac{12x}{2\sin 2x} = 3.$

$\therefore \lim\limits_{n\to\infty} n x_n^2 = 3$，$\lim\limits_{n\to\infty} n \sin^2 x_n = 3.$

$\therefore \lim\limits_{n\to\infty} \sqrt{n} \sin x_n = \sqrt{3}.$

【例 1.1.26】（几何平均值公式）设 $x_n > 0 (n = 1, 2, \cdots)$，且 $\lim\limits_{n\to\infty} x_n = a$，求证

$$\lim\limits_{n\to\infty} \sqrt[n]{x_1 x_2 \cdots x_n} = a.$$

证明 情况 1. 当 $a \neq 0$ 时 $\because \lim\limits_{n\to\infty} x_n = a$，$\therefore \lim\limits_{n\to\infty} \ln x_n = \ln a.$

$$\therefore \lim\limits_{n\to\infty} \sqrt[n]{x_1 x_2 \cdots x_n} = \lim\limits_{n\to\infty} e^{\frac{1}{n}(\ln x_1 + \ln x_2 + \cdots + \ln x_n)}$$
$$= e^{\ln a} = a.$$

情况 2. 当 $a = 0$ 时，因为

$$0 \leqslant \sqrt[n]{x_1 x_2 \cdots x_n} \leqslant \dfrac{1}{n}(x_1 + x_2 + \cdots + x_n) \to a = 0,$$

所以由夹逼准则即证.

【例 1.1.27】 设 $\lim\limits_{n\to\infty} a_n = a$，求证 $\lim\limits_{n\to\infty} \dfrac{a_1 + 2a_2 + \cdots + na_n}{n^2} = \dfrac{a}{2}.$

证明 由 Stolz 公式得

$$\lim\limits_{n\to\infty} \dfrac{a_1 + 2a_2 + \cdots + na_n}{n^2}$$
$$= \lim\limits_{n\to\infty} \dfrac{(a_1 + 2a_2 + \cdots + na_n + (n+1)a_{n+1}) - (a_1 + 2a_2 + \cdots + na_n)}{(n+1)^2 - n^2}$$
$$= \lim\limits_{n\to\infty} \dfrac{(n+1)a_{n+1}}{2n+1} = \dfrac{a}{2}.$$

1.1.8 定义法证明极限存在

【例 1.1.28】 求证若 $a_n \leqslant x_n \leqslant b_n, n \in \mathbf{N}, \{x_n\}$ 收敛，$b_n - a_n \to 0$，则数列 $\{a_n\}$，

$\{b_n\}$ 必都收敛.

证明　设 $x_n \to x_0$, 对任意的 $\varepsilon > 0$, $\exists N$, 当 $n > N$ 时, $|x_n - x_0| < \dfrac{\varepsilon}{2}$, $|b_n - a_n| < \dfrac{\varepsilon}{2}$, 所以

$$|b_n - x_0| = |x_n - x_0 + b_n - x_n| \leqslant |x_n - x_0| + |b_n - x_n| \leqslant |x_n - x_0| + |b_n - a_n| < \varepsilon.$$

同理, $|a_n - x_0| < \varepsilon$. 即证.

1.1.9　柯西准则证明有界变差

【例 1.1.29】 已知数列 x_n 满足

$$|x_n - x_{n-1}| + |x_{n-1} - x_{n-2}| + \cdots + |x_2 - x_1| \leqslant M, \quad (n = 2, 3, \cdots)$$

则称 $\{x_n\}$ 为**有界变差数列**. 试证有界变差数列一定收敛.

证明　令 $y_1 = 0, y_n = |x_n - x_{n-1}| + |x_{n-1} - x_{n-2}| + \cdots + |x_2 - x_1|$, $\quad (n = 2, 3\cdots)$. 那么 $\{y_n\}$ 单调递增, 由题知 y_n 有界, $\therefore \{y_n\}$ 收敛, 从而对 $\forall \in > 0$, 存在 $N > 0$, 使当 $n > m > N$ 时, 有

$$|y_n - y_m| < \varepsilon.$$

此即 $|x_n - x_{n-1}| + |x_{n-1} - x_{n-2}| + \cdots + |x_{m+1} - x_m| < \varepsilon.$

而 $|x_n - x_m| \leqslant |x_n - x_{n-1}| + |x_{n-1} - x_{n-2}| + \cdots + |x_{m+1} - x_m| < \varepsilon.$ 由柯西准则, $\therefore \{x_n\}$ 收敛.

1.1.10　有界变差证明压缩数列

【例 1.1.30】 若数列 $\{x_n\}$ 满足条件

$$|x_n - x_{n-1}| \leqslant r |x_{n-1} - x_{n-2}|, n = 3, 4, \cdots (0 < r < 1),$$

则称它为**压缩数列**, 试求证任意压缩数列一定收敛.

证明　由题有 $|x_n - x_{n-1}| \leqslant r^2 |x_{n-2} - x_{n-3}| \leqslant \cdots \leqslant r^{n-2} |x_2 - x_1|.$

$\therefore |x_n - x_{n-1}| + |x_{n-1} - x_{n-2}| + \cdots + |x_2 - x_1|$

$\leqslant (r^{n-2} + r^{n-3} + \cdots + 1) |x_2 - x_1| < \dfrac{|x_2 - x_1|}{1 - r} = M$, 其中, $M = \dfrac{|x_2 - x_1|}{1 - r}$ 为常数, 然后由有界变差知数列收敛.

【例 1.1.31】 设 $f(x)$ 可微且 $|f'(x)| \leqslant r < 1$, r 是常数. 给定 x_0, 令 $x_n = f(x_{n-1})$, $(n = 1, 2, \cdots)$. 求证数列 $\{x_n\}$ 收敛.

证明　$|x_n - x_{n-1}| = |f(x_{n-1}) - f(x_{n-2})| = |f'(\xi)(x_{n-1} - x_{n-2})|$

$$\leqslant r |x_{n-1} - x_{n-2}|, 由压缩数列即证.$$

【例 1.1.32】 已知 $x_1 \in \mathbb{R}$, $n \in \mathbb{N}^+$, 数列 $\{x_n\}$ 满足 $x_{n+1} = \cos x_n$, 证明 $\{x_n\}$ 收敛. (北京师范大学 2019)

证明 令 $f(x) = \cos x$, $x \in [-1,1]$, 则 $f(x) \in [\cos 1, 1] \subset [-1,1]$,

$f'(x) = -\sin x$, $|f'(x)| = |-\sin x| \leqslant \sin 1 < 1.$

故 $f(x)$ 为 $[-1,1] \to [-1,1]$ 的压缩映射.

由压缩映像原理, 其有唯一的不动点, 且任何不动点迭代序列

$$\begin{cases} a_0 \in [-1,1] \\ a_{n+1} = f(a_n), n = 0,1,2,\cdots \end{cases}$$

都收敛于该不动点. 又 $x_0 \in \mathbb{R}$, $x_{n+1} = \cos x_n$, 故 $x_1 = \cos x_0 \in [-1,1]$,

$x_{n+1} = f(x_n), n = 1,2,\cdots$ 故 $\{x_n\}$ 收敛.

【例 1.1.33】 设 $x_1 = 2$, $x_{n+1} = 2 + \dfrac{1}{x_n}$, $n \geqslant 1$. 证明: $\lim\limits_{n\to\infty} x_n$ 存在, 并求出 $\lim\limits_{n\to\infty} x_n$. (中南大学 2011)

证明 依据题意, $x_n \geqslant 2$, $n = 1,2,\cdots$ 令 $f(x) = 2 + \dfrac{1}{x}$, $x \geqslant 2$, 则 $f(x) > 2$,

$f'(x) = -\dfrac{1}{x^2}$, $|f'(x)| \leqslant \dfrac{1}{4} < 1$, 故 $f(x)$ 为 $[2, +\infty)$ 到 $[2, +\infty)$ 的压缩映射. 由压缩映射原理, $\{x_n\}$ 收敛, 即 $\lim\limits_{n\to\infty} x_n$ 存在, 设 $\lim\limits_{n\to\infty} x_n = a$.

对 $x_{n+1} = 2 + \dfrac{1}{x_n}$ 两边取极限有, $a = 2 + \dfrac{1}{a}$, 得到 $a = 1 + \sqrt{2}$, 故 $\lim\limits_{n\to\infty} x_n = 1 + \sqrt{2}$.

1.1.11 利用定积分计算数列极限

【例 1.1.34】 求极限 $\lim\limits_{n\to\infty} \left(\dfrac{1}{\sqrt{4n^2 - 1^2}} + \dfrac{1}{\sqrt{4n^2 - 2^2}} + \cdots + \dfrac{1}{\sqrt{4n^2 - n^2}} \right)$. (中南大学 2013)

解 $\lim\limits_{n\to\infty} \left(\dfrac{1}{\sqrt{4n^2 - 1^2}} + \dfrac{1}{\sqrt{4n^2 - 2^2}} + \cdots + \dfrac{1}{\sqrt{4n^2 - n^2}} \right)$

$= \lim\limits_{n\to\infty} \sum\limits_{k=1}^{n} \dfrac{1}{\sqrt{4n^2 - k^2}} = \lim\limits_{n\to\infty} \dfrac{1}{n} \sum\limits_{k=1}^{n} \dfrac{1}{\sqrt{4 - \left(\dfrac{k}{n}\right)^2}}$

$= \displaystyle\int_0^1 \dfrac{\mathrm{d}x}{\sqrt{4 - x^2}} = \arcsin \dfrac{x}{2} \Big|_0^1 = \dfrac{\pi}{6}.$

【例 1.1.35】 求极限 $I = \lim\limits_{n\to\infty} \dfrac{1}{n} \sqrt[n]{(n+1)(n+2)\cdots(n+n)}$. (南昌大学 2021)

解 $\lim\limits_{n\to\infty} \ln \left[\dfrac{1}{n} \sqrt[n]{(n+1)(n+2)\cdots(n+n)} \right]$

$$= \lim_{n \to \infty} \ln \sqrt[n]{\left(1 + \frac{1}{n}\right)\left(1 + \frac{2}{n}\right) \cdots \left(1 + \frac{n}{n}\right)}$$

$$= \lim_{n \to \infty} \frac{1}{n} \sum_{i=1}^{n} \ln\left(1 + \frac{i}{n}\right) = \int_0^1 \ln(1+x) \, dx$$

$$= \left[(1+x)\ln(1+x) - x \right] \Big|_0^1 = 2\ln 2 - 1.$$

所以 $I = e^{2\ln 2 - 1} = e^{\ln 4} \cdot e^{-1} = \dfrac{4}{e}$.

【例 1.1.36】 求极限 $\lim\limits_{n \to \infty} \sum\limits_{k=1}^{n} \dfrac{k}{n^3} \sqrt{n^2 - k^2}$. （南昌大学 2020）

解 $\lim\limits_{n \to \infty} \sum\limits_{k=1}^{n} \dfrac{k}{n^3} \sqrt{n^2 - k^2} = \lim\limits_{n \to \infty} \dfrac{1}{n} \sum\limits_{k=1}^{n} \dfrac{k}{n} \sqrt{1 - \left(\dfrac{k}{n}\right)^2}$

$$= \int_0^1 x\sqrt{1-x^2} \, dx = \frac{1}{2} \int_0^1 \sqrt{1-x^2} \, dx^2$$

$$= \frac{1}{2} \left(\frac{2}{3}(1-x^2) \right) \Big|_1^0 = \frac{1}{3}.$$

【例 1.1.37】 求极限 $\lim\limits_{n \to \infty} \left(\dfrac{\sin\frac{\pi}{n}}{n+1} + \dfrac{2\sin\frac{2\pi}{n}}{2n+1} + \dfrac{3\sin\frac{3\pi}{n}}{3n+1} + \cdots + \dfrac{n\sin\frac{n\pi}{n}}{n^2+1} \right)$. （华中科技

大学 2020）

解 设 $x_n = \dfrac{\sin\frac{\pi}{n}}{n+1} + \dfrac{2\sin\frac{2\pi}{n}}{2n+1} + \dfrac{3\sin\frac{3\pi}{n}}{3n+1} + \cdots + \dfrac{n\sin\frac{n\pi}{n}}{n^2+1}$，则

$$\frac{1}{n+1} \sum_{k=1}^{n} \sin\frac{k\pi}{n} < x_n = \frac{\sin\frac{\pi}{n}}{n+1} + \frac{\sin\frac{2\pi}{n}}{n+\frac{1}{2}} + \frac{\sin\frac{3\pi}{n}}{n+\frac{1}{3}} + \cdots + \frac{\sin\frac{n\pi}{n}}{n+\frac{1}{n}} < \frac{1}{n+\frac{1}{n}} \sum_{k=1}^{n} \sin\frac{k\pi}{n}.$$

$$\because \lim_{n \to \infty} \frac{1}{n+1} \sum_{k=1}^{n} \sin\frac{k\pi}{n} = \lim_{n \to \infty} \frac{n}{n+1} \lim_{n \to \infty} \frac{1}{n} \sum_{k=1}^{n} \sin\frac{k\pi}{n} = \int_0^1 \sin\pi x \, dx = \frac{2}{\pi},$$

$$\lim_{n \to \infty} \frac{1}{n+\frac{1}{n}} \sum_{k=1}^{n} \sin\frac{k\pi}{n} = \lim_{n \to \infty} \frac{n}{n+\frac{1}{n}} \lim_{n \to \infty} \frac{1}{n} \sum_{k=1}^{n} \sin\frac{k\pi}{n} = \int_0^1 \sin\pi x \, dx = \frac{2}{\pi},$$

$$\therefore \lim_{n \to \infty} \left(\frac{\sin\frac{\pi}{n}}{n+1} + \frac{2\sin\frac{2\pi}{n}}{2n+1} + \frac{3\sin\frac{3\pi}{n}}{3n+1} + \cdots + \frac{n\sin\frac{n\pi}{n}}{n^2+1} \right) = \frac{2}{\pi}.$$

说明：有时需要将放缩法和定积分法结合起来.

1.1.12 利用单调有界定理证明极限存在

【例 1.1.38】 设 $f(x)$ 在区间 $[0, a]$ 上有二阶连续导数，$f'(0) = 1$，$f''(0) \neq 0$，且

$0 < f(x) < x, x \in (0,a)$. 令 $x_{n+1} = f(x_n), x_1 \in (0,a)$.

(1) 证明：$\{x_n\}$ 收敛并求其极限；

(2) 试问 $\{nx_n\}$ 是否收敛？若不收敛，说明理由；若收敛，求其极限.（中南大学 2014）

解 （1）由题意有 $0 < x_{n+1} = f(x_n) < x_n$，故 $\{x_n\}$ 为单调递减有下界的数列，故 $\{x_n\}$ 收敛. 设 $\lim\limits_{n \to \infty} x_n = A$，则 $A \geqslant 0$ 且 $A = f(A)$，若 $A > 0$，则 $0 < f(A) < A$，矛盾. 故 $A = 0$.

（2）$0 < f(x) < x$，故 $\lim\limits_{x \to 0^+} f(x) = 0$，由 $f(x)$ 的连续性，$f(0) = 0$. $f'(0) = 1$，故

$$\lim_{x \to 0} \frac{f(x) - f(0)}{x} = \lim_{x \to 0} \frac{f(x)}{x} = 1.\ f''(0)\ 存在且不为零，故$$

$$\lim_{n \to \infty} \frac{1}{nx_n} = \lim_{n \to \infty} \frac{\dfrac{1}{x_{n+1}} - \dfrac{1}{x_n}}{n+1-n} = \lim_{n \to \infty} \left[\frac{1}{f(x_n)} - \frac{1}{x_n} \right] = \lim_{n \to \infty} \frac{x_n - f(x_n)}{f(x_n) x_n}$$

$$= -\lim_{n \to \infty} \frac{f(x_n) - f(0) - f'(0) x_n}{x_n^2} = -\lim_{n \to \infty} \frac{\dfrac{f''(0)}{2} x_n^2}{x_n^2} = -\frac{f''(0)}{2},$$

则 $\{nx_n\}$ 收敛且极限为 $-\dfrac{2}{f''(0)}$.

【例 1.1.39】 设 $x_n > 0$ 且 $x_{n+1} + \dfrac{4}{x_n} < 4 (n = 1, 2, \cdots)$，证明：$\{x_n\}$ 收敛并求出 $\lim\limits_{x \to +\infty} x_n$.（北京理工大学 2021）

证明 由于 $x_n > 0$，所以由平均值不等式可知

$$x_n + \frac{4}{x_n} \geqslant 2\sqrt{x_n \cdot \frac{4}{x_n}} = 4 > x_{n+1} + \frac{4}{x_n}$$

即 $x_n > x_{n+1}$，所以 $\{x_n\}$ 单调递减.

另外，由 $0 < x_{n+1} < x_{n+1} + \dfrac{4}{x_n} < 4$ 可知 $\{x_n\}$ 有界，从而 $\{x_n\}$ 收敛.

记 $\lim\limits_{n \to \infty} x_n = x$，对 $x_{n+1} + \dfrac{4}{x_n} < 4$ 关于 $n \to \infty$ 取极限可得

$x + \dfrac{4}{x} \leqslant 4$，即 $(x-2)^2 \leqslant 0$，于是 $x = 2$，即 $\lim\limits_{n \to \infty} x_n = 2$.

【例 1.1.40】 设 $f_n(x) = \sin x + \sin^2 x + \cdots + \sin^n x$，证明：

(1) 对任意自然数 n，方程 $f_n(x) = 1$ 在区间 $\left(\dfrac{\pi}{6}, \dfrac{\pi}{2} \right]$ 内有一根.

(2) 设 $x_n \in \left(\dfrac{\pi}{6}, \dfrac{\pi}{2} \right]$ 是 $f_n(x) = 1$ 的根，则 $\lim\limits_{x \to \infty} x_n = \dfrac{\pi}{6}$.（南昌大学 2020）

解 （1）$\sin x$ 在 $\left[\dfrac{\pi}{6}, \dfrac{\pi}{2} \right]$ 上连续且严格单调递增，故 $f_n(x)$ 在 $\left[\dfrac{\pi}{6}, \dfrac{\pi}{2} \right]$ 上连续且

严格单调递增，$f_n\left(\dfrac{\pi}{6}\right)=\dfrac{1}{2}+\dfrac{1}{2^2}+\cdots+\dfrac{1}{2^n}=1-\dfrac{1}{2^n}<1,f_n\left(\dfrac{\pi}{2}\right)=n\geqslant 1.$

故对任意自然数 n，方程 $f_n(x)=1$ 在区间 $\left(\dfrac{\pi}{6},\dfrac{\pi}{2}\right]$ 内有一根.

（2）记 $y_n=\sin x_n$，则 $y_n\in\left(\dfrac{1}{2},1\right]$. 若存在 n，使得 $y_{n+1}\geqslant y_n$，则

$$1=y_{n+1}+y_{n+1}^2+\cdots+y_{n+1}^{n+1}>y_n+y_n^2+\cdots+y_n^{n+1}=1+y_n^{n+1}>1.$$

矛盾.

故对任意 n，都有 $y_{n+1}<y_n$，故 $\{y_n\}$ 严格单调递减，

故 $0\leqslant y_n\leqslant y_2<1,n\geqslant 2$，故 $0\leqslant y_n^n\leqslant y_2^n\to 0$，则 $\lim\limits_{n\to\infty}y_n^n=0.$

$1=y_n+y_n^2+\cdots+y_n^n=\dfrac{y_n(1-y_n^n)}{1-y_n},n\geqslant 2,\lim\limits_{n\to\infty}(1-y_n^n)=1$

故 $\lim\limits_{n\to\infty}\dfrac{y_n}{1-y_n}=1$，即 $\lim\limits_{n\to\infty}y_n=\dfrac{1}{2}$，故 $\lim\limits_{x\to\infty}x_n=\dfrac{\pi}{6}.$

【例 1.1.41】　在数列 $\{x_n\}$ 中，已知 $x_1=1,x_{n+1}=1+\dfrac{1}{1+x_n}$，证明 $\{x_n\}$ 收敛，并求其极限.（中南大学 2016）

解　令 $f(x)=1+\dfrac{1}{1+x},x\geqslant 0$，则 $1<f(x)\leqslant 2$，且 $f(x)$ 严格单调递减且有界.

$x_1=1,x_{n+1}=1+\dfrac{1}{1+x_n}$，故 $\{x_n\}$ 为有界数列，而 $\{x_{2n-1}\},\{x_{2n}\}$ 都是单调数列，因此，$\{x_{2n-1}\},\{x_{2n}\}$ 都是单调有界数列，故必有极限. 设 $\lim\limits_{n\to\infty}x_{2n-1}=A,\lim\limits_{n\to\infty}x_{2n}=B$，则 $A,B\in[1,2]$ 且

$$\begin{cases}x_{2n+1}=1+\dfrac{1}{1+x_{2n}}\\ x_{2n}=1+\dfrac{1}{1+x_{2n-1}}\end{cases}，两边取极限，可得\begin{cases}A=1+\dfrac{1}{1+B}\\ B=1+\dfrac{1}{1+A}\end{cases}.$$

即 $\begin{cases}A+AB=1+B+1\\ B+AB=1+A+1\end{cases}$，故 $A-B=B-A$，即 $A=B$，故 $A+A^2=A+2$，即 $A=\sqrt{2}$，故 $B=\sqrt{2}$，故 $A=B=\sqrt{2}$，即有 $\lim\limits_{n\to\infty}x_n=\sqrt{2}.$

【例 1.1.42】　设函数列 $f_n(x)=x+x^2+\cdots+x^n,(n=1,2,\cdots)$. 证明：
（1）方程 $f_n(x)=1$ 在 $(0,1)$ 有唯一的实根 a_n.
（2）$\{a_n\}_{n\geqslant 2}$ 收敛并求 $\lim\limits_{n\to\infty}a_n$.（中国人民大学 2022）

证明　（1）显然 $f_n(x)$ 在 $[0,1]$ 连续且单调递增，而
$$f_n(0)=0<1,\quad f_n(1)=n>1,$$
所以由连续函数的介值定理知方程 $f_n(x)=1$ 在 $(0,1)$ 有且仅有一个实根 a_n.

(2) 首先 $\{a_n\} \subseteq (0,1)$ 是有界数列,下面利用反证法说明 $\{a_n\}$ 单调递减:若存在 $a_n < a_{n+1}$,则

$$1 = a_n + a_n^2 + \cdots + a_n^n < a_{n+1} + a_{n+1}^2 + \cdots + a_{n+1}^n + a_{n+1}^{n+1} = 1.$$

这显然是矛盾的,所以 $\{a_n\}$ 单调递减,从而收敛. 记 $\lim\limits_{n \to \infty} a_n = a$,则 $a \in [0,1)$. 另外由等比数列的求和公式 可知:

$$1 = a_n + a_n^2 + \cdots + a_n^n = \frac{a_n - a_n^{n+1}}{1 - a_n}. \tag{1}$$

注意到 $a \in [0,1)$,任取 $q \in (a,1)$,可知存在 $N > 0$,使得 $n > N$ 时,有 $0 < a_n < q$,进而 $0 < a_n^{n+1} < q^{n+1}$,于是由夹准则可知 $\lim\limits_{n \to \infty} a_n^{n+1} = 0$. 所以对(1)式两端关于 $n \to +\infty$ 取极限,可得: $1 = \dfrac{a - 0}{1 - a}$. 解得: $a = \dfrac{1}{2}$,即 $\lim\limits_{n \to \infty} a_n = \dfrac{1}{2}$.

【例 1.1.43】 设 $f_n(x) = x^n + x$.

(1) 证明:对任意的 $n > 1$,方程 $f_n(x) = 1$ 在 $\left(\dfrac{1}{2}, 1\right)$ 内至少有一个根;

(2) 设 $x_n \in \left(\dfrac{1}{2}, 1\right)$ 是方程 $f_n(x) = 1$ 的根,证明:数列 $\{x_n\}$ 收敛,并求其极限.(湖南师范大学 2022、北京邮电大学 2023)

证明 (1) 根据 $f_n\left(\dfrac{1}{2}\right) < 1, f_n(1) > 1$,及 $f_n'(x) = nx^{n-1} + 1 > 0$,可知

方程 $f_n(x) = 1$ 在 $\left(\dfrac{1}{2}, 1\right)$ 有唯一解.

(2) 若 $\exists n, s.t. \dfrac{1}{2} < x_{n+1} < x_n < 1$,则 $x_n^n > x_{n+1}^n > x_{n+1}^{n+1}$,于是 $1 = x_n^n + x_n > x_{n+1}^{n+1} + x_{n+1} = 1$,这显然是矛盾的.

所以 $\forall n, x_{n+1} \geqslant x_n$,即 $\{x_n\}$ 单调递增,结合有界可知 $\{x_n\}$ 收敛.

(3) 设 $\lim\limits_{n \to \infty} x_n = a$,则 $a \in \left(\dfrac{1}{2}, 1\right]$.

若 $a < 1$,任取 $q \in (a,1)$,由极限的保号性可知存在 $N > 0$,使得 $n > N$ 时,有 $\dfrac{1}{2} < x_n < q$,从而 $\dfrac{1}{2^n} < x_n^n < q^n$,由夹准则可知 $\lim\limits_{n \to \infty} x_n^n = 0$,所以对 $x_n^n + x_n = 1$ 两端取极限得 $0 + a = 1$,即 $a = 1$,这与 $a < 1$ 矛盾.

从而只能是 $a = 1$,即 $\lim\limits_{n \to \infty} x_n = 1$.

【例 1.1.44】 已知 $x_0 \in \left(-\dfrac{\pi}{2}, \dfrac{\pi}{2}\right)$,且 $x_{n+1} = \dfrac{\pi}{2} \sin x_n (n = 0,1,2,\cdots)$,

证明:$\{x_n\}$ 收敛,并求 $\lim\limits_{n \to \infty} x_n$.(湖南大学 2021)

解 (1) 情形 1:$x_0 = 0$. 显然此时 $x_n = 0, n \geqslant 1, \therefore \lim\limits_{n \to \infty} x_n = 0$.

（2）情形 2：$x_0 \in \left(0, \dfrac{\pi}{2}\right)$. $\dfrac{\pi}{2} > x_1 = \dfrac{\pi}{2}\sin x_0 > \dfrac{\pi}{2} \cdot \dfrac{2}{\pi} x_0 = x_0 > 0$.

设 $\dfrac{\pi}{2} > x_k > x_{k-1} > 0$，则 $\dfrac{\pi}{2} > x_{k+1} = \dfrac{\pi}{2}\sin x_k > \dfrac{\pi}{2}\sin x_{k-1} = x_k > 0$.

于是 $\{x_n\}$ 单调增加，且 $x_n \in \left(0, \dfrac{\pi}{2}\right), \forall n \geqslant 0$.

由单调有界原理知 $\{x_n\}$ 收敛，设 $\lim\limits_{n\to\infty} x_n = l$，则 $l > 0, x_{n+1} = \dfrac{\pi}{2}\sin x_n$.

两边取极限有 $l = \dfrac{\pi}{2}\sin l \Rightarrow l = \dfrac{\pi}{2}$.

（3）情形 3：$x_0 \in \left(-\dfrac{\pi}{2}, 0\right)$，则考虑 $y_n = -x_n$，而化为情形 2，所以

$$\lim_{n\to\infty} x_n = -\lim_{n\to\infty} y_n = -\dfrac{\pi}{2}.$$

1.1.13　利用级数求极限

【例 1.1.45】 求极限 $\lim\limits_{n\to\infty}\left[1 + \dfrac{1}{2!} + \dfrac{1}{4!} + \cdots + \dfrac{1}{(2n)!}\right]$.（中南大学 2020）

解　因为 $\mathrm{e}^x = \sum\limits_{n=0}^{\infty} \dfrac{x^n}{n!}, x \in \mathbb{R}$，所以 $\mathrm{e}^{-x} = \sum\limits_{n=0}^{\infty} \dfrac{(-1)^n}{n!}x^n, x \in \mathbb{R}$.

所以 $\dfrac{\mathrm{e}^x + \mathrm{e}^{-x}}{2} = \sum\limits_{n=0}^{\infty} \dfrac{1 + (-1)^n}{2n!}x^n = \sum\limits_{n=0}^{\infty} \dfrac{x^{2n}}{(2n)!}$.

取 $x = 1$，有 $\dfrac{\mathrm{e} + \mathrm{e}^{-1}}{2} = \sum\limits_{n=0}^{\infty} \dfrac{1}{(2n)!}$，故

$$\lim_{n\to\infty}\left[1 + \dfrac{1}{2!} + \dfrac{1}{4!} + \cdots + \dfrac{1}{(2n)!}\right] = \sum_{n=0}^{\infty} \dfrac{1}{(2n)!} = \dfrac{\mathrm{e} + \mathrm{e}^{-1}}{2}.$$

1.1.14　利用上下极限判断极限存在

【例 1.1.46】 设满足 $\{x_n\}$ 满足 $x_{n+m} \leqslant x_m + x_n$ 对一切正整数 m, n 都成立，证明

$\lim\limits_{n\to\infty} \dfrac{x_n}{n}$ 存在.（中国科学院大学 2024）

证明　设固定 p，任意 n，存在自然数 q、r，且 $0 \leqslant r < p$，使得 $n = qp + r$.

所以 $\dfrac{x_{n+1}}{n} = \dfrac{x_{qp+r}}{n} \leqslant \dfrac{x_{qp} + x_r}{n} \leqslant \dfrac{qx_p + x_r}{n} = \dfrac{qx_p}{n} + \dfrac{x_r}{n} \leqslant \dfrac{qx_p}{pq} + \dfrac{x_r}{n} = \dfrac{x_p}{p} + \dfrac{x_r}{n}$.

$$\varlimsup_{n\to\infty} \dfrac{x_r}{n} \leqslant \varlimsup_{n\to\infty}\left(\dfrac{x_p}{p} + \dfrac{x_r}{n}\right) = \dfrac{x_p}{p} + \varlimsup_{n\to\infty}\left(\dfrac{x_r}{n}\right) = \dfrac{x_p}{p}.$$

上式左边是与 p 无关的常数,即对任意的正整数 p 都成立,

$$\varlimsup_{n\to\infty}\frac{x_r}{n}\leqslant\varliminf_{p\to\infty}\frac{x_p}{p}=\varlimsup_{n\to\infty}\frac{x_n}{n},$$

所以,$\lim\limits_{n\to\infty}\dfrac{x_n}{n}$ 存在,且 $\lim\limits_{n\to\infty}\dfrac{x_n}{n}=\inf\limits_{n\geqslant 1}\dfrac{x_n}{n}$.

注:$\{x_n\}$ 满足 $x_{n+m}\leqslant x_m+x_n$,称为次可加的数列.

【例 1.1.47】 设有界正数数列 $\{x_n\}$,证明 $\varlimsup\limits_{n\to\infty}\sqrt[n]{x_n}\leqslant\varlimsup\limits_{n\to\infty}\dfrac{x_{n+1}}{x_n}$.(大连理工大学 2021)

证明 设 $\varlimsup\limits_{n\to\infty}\dfrac{x_{n+1}}{x_n}=l$. 任意 $\varepsilon>0$,存在 N,当 $n>N$ 时,有 $\dfrac{x_{n+1}}{x_n}<l+\varepsilon$.

当 $n>N+1$ 时,有 $\dfrac{x_n}{x_{n-1}}\dfrac{x_{n-1}}{x_{n-2}}\dfrac{x_{n-2}}{x_{n-3}}\cdots\dfrac{x_{N+1}}{x_N}<(l+\varepsilon)^{n-N}$.

当 $n>N+1$ 时,$x_n<(l+\varepsilon)^{n-N}x_N$,即 $\sqrt[n]{x_n}\leqslant(l+\varepsilon)^{1-\frac{N}{n}}x_N^{\frac{1}{n}}$.

所以,$\varlimsup\limits_{n\to\infty}\sqrt[n]{x_n}\leqslant\varlimsup\limits_{n\to\infty}(l+\varepsilon)^{1-\frac{N}{n}}x_N^{\frac{1}{n}}$. 由 ε 的任意性,$\varlimsup\limits_{n\to\infty}\sqrt[n]{x_n}\leqslant\varlimsup\limits_{n\to\infty}\dfrac{x_{n+1}}{x_n}$.

类似地有:设有界正数数列 $\{x_n\}$,则 $\varliminf\limits_{n\to\infty}\sqrt[n]{x_n}\geqslant\varliminf\limits_{n\to\infty}\dfrac{x_{n+1}}{x_n}$.

从而有:若 $\lim\limits_{n\to\infty}\dfrac{x_{n+1}}{x_n}$ 存在则 $\lim\limits_{n\to\infty}\sqrt[n]{x_n}$ 存在且 $\lim\limits_{n\to\infty}\sqrt[n]{x_n}=\lim\limits_{n\to\infty}\dfrac{x_{n+1}}{x_n}$.

但是若 $\lim\limits_{n\to\infty}\sqrt[n]{x_n}$ 存在不一定有 $\lim\limits_{n\to\infty}\dfrac{x_{n+1}}{x_n}$ 存在,如 $x_n=2+(-1)^n$.

1.1.15 利用迭代函数不动点判断极限

【例 1.1.48】 设 a,b,c,d 为常数且 $d\neq 0$,$\begin{vmatrix} a & b \\ c & d \end{vmatrix}\neq 0$,$x_{n+1}=\dfrac{a+bx_n}{c+dx_n}$. 若方程 $x=\dfrac{a+bx}{c+dx}$ 的两根为 t_1,t_2. 证明:(1) 若 $t_1=t_2=t$,则 $\lim\limits_{n\to\infty}x_n=t$;(2) 若 $t_1\neq t_2$,$\left|\dfrac{b-dt_1}{b-dt_2}\right|<1$,则 $\lim\limits_{n\to\infty}x_n=t_1$.

证明 (1) 若 $t_1=t_2=t$,且 $x_1=t$,则 $\forall n\geqslant 1$,$x_n=t$.$\therefore\lim\limits_{n\to\infty}x_n=t$.

若 $t_1=t_2=t$,且 $x_1\neq t$,则 $\forall n\geqslant 1$,$x_n\neq t$. 令 $y_n=\dfrac{1}{x_n-t}$.

$$y_{n+1}=\frac{1}{x_{n+1}-t}=\frac{1}{\dfrac{a+bx_n}{c+dx_n}-t}=\frac{c+dx_n}{a+bx_n-t(c+dx_n)}$$

$$= \frac{c + d\left(\dfrac{1}{y_n} + t\right)}{a + b\left(\dfrac{1}{y_n} + t\right) - t\left(c + d\left(\dfrac{1}{y_n} + t\right)\right)} = \frac{y_n(c + dt) + d}{y_n(a + bt - ct - dt^2) + b - dt}$$

$$= \frac{y_n(c + dt) + d}{b - dt}.$$

因为方程 $x = \dfrac{a + bx}{c + dx}$ 有两相等实根 t，所以 $t = \dfrac{b - c}{2d}$，$\dfrac{c + dt}{b - dt} = 1$.

即有 $y_{n+1} = y_n + \dfrac{d}{b - dt}$.

$\therefore \lim\limits_{n \to \infty} y_n = \infty$. 从而 $\lim\limits_{n \to \infty} x_n = t$.

（2）若 $t_1 \neq t_2$，$\left| \dfrac{b - dt_1}{b - dt_2} \right| < 1$，若 $\exists n_0, x_{n_0} = t_2$，则 $\forall n \geq n_0, x_n = t_2$. $\therefore \lim\limits_{n \to \infty} x_n = t_2$.

若 $\forall n, x_n \neq t_2$，令 $y_n = \dfrac{x_n - t_1}{x_n - t_2}$.

$$y_{n+1} = \frac{x_{n+1} - t_1}{x_{n+1} - t_2} = \frac{\dfrac{a + bx_n}{c + dx_n} - t_1}{\dfrac{a + bx_n}{c + dx_n} - t_2} = \frac{a + bx_n - t_1(c + dx_n)}{a + bx_n - t_2(c + dx_n)}$$

$$= \frac{bx_n - bt_1 + bt_1 + a - ct_1 - t_1^2 d - t_1 d(x_n - t_1)}{bx_n - bt_2 + bt_2 + a - ct_2 - t_2^2 d - t_2 d(x_n - t_2)}$$

$$= \frac{bx_n - bt_1 - t_1 d(x_n - t_1)}{bx_n - bt_2 - t_2 d(x_n - t_2)} = \frac{b - t_1 d}{b - t_2 d} y_n.$$

$\therefore \lim\limits_{n \to \infty} y_n = 0$. 从而 $\lim\limits_{n \to \infty} x_n = t_1$.

【例 1.1.49】　设 $x_1 > 0$ 为常数且 $x_{n+1} = \dfrac{3 + 3x_n}{3 + x_n}$. 证明 $\lim\limits_{n \to \infty} x_n$ 存在并求该极限.（福州大学 2023）

证明　显然对 $\forall n, x_n > 0$. 令 $y_n = \dfrac{x_n - \sqrt{3}}{x_n + \sqrt{3}}$.

$$\therefore y_{n+1} = \frac{x_{n+1} - \sqrt{3}}{x_{n+1} + \sqrt{3}} = \frac{\dfrac{3 + 3x_n}{3 + x_n} - \sqrt{3}}{\dfrac{3 + 3x_n}{3 + x_n} + \sqrt{3}} = \frac{3 + 3x_n - \sqrt{3}(3 + x_n)}{3 + 3x_n + \sqrt{3}(3 + x_n)}$$

$$= \frac{(3 - \sqrt{3})(x_n - \sqrt{3})}{(3 + \sqrt{3})(x_n + \sqrt{3})} = \frac{3 - \sqrt{3}}{3 + \sqrt{3}} y_n.$$

$\therefore \lim\limits_{n \to \infty} y_n = 0$. 从而 $\lim\limits_{n \to \infty} x_n = \sqrt{3}$.

 **练习题**

1. 求极限 $\lim\limits_{x \to 0} \dfrac{\sqrt[3]{1+3x^4} - \sqrt{1-2x}}{\sqrt[3]{1+x} - \sqrt{1+x}}$.

2. 验证当 $x \to \infty$ 时，$2x\displaystyle\int_0^x e^{t^2}\,dt$ 与 e^{x^2} 为等价无穷大量.

3. 求 $\lim\limits_{n \to \infty} \sqrt[n]{\sin^2 n + 2\cos^2 n}$. （华东师范大学 2005）

4. 求 $\lim\limits_{n \to \infty} \dfrac{1 \cdot 3 \cdots (2n-1)}{2 \cdot 4 \cdots (2n)}$. （哈尔滨工程大学 2020）

5. 设 $a_1 > 0$，$a_{n+1} = a_n + \dfrac{1}{a_n}$，求证 $\lim\limits_{n \to \infty} \dfrac{a_n}{\sqrt{2n}} = 1$. （上海交通大学 2022）

6. 设 $\lim\limits_{n \to \infty} a_n = a$，求证 $\lim\limits_{n \to \infty} \dfrac{a_1 + 2a_2 + \cdots + na_n}{n^2} = \dfrac{a}{2}$.

7. 求 $\lim\limits_{x \to 0} \dfrac{(a+x)^x - a^x}{x^2}$. $(a > 0)$

8. 求极限 $\lim\limits_{x \to 0}\left(\dfrac{1}{x^2} - \dfrac{1}{\sin^2 x}\right)$.

9. 设 a, b, c 为实数，且 $b > -1$，$c \neq 0$ 试确定 a, b, c 的值，使得 $\lim\limits_{x \to 0} \dfrac{ax - \sin x}{\displaystyle\int_b^x \dfrac{\ln(1+t^3)}{t}\,dt} = c$.

10. 求 $\lim\limits_{x \to \infty} \dfrac{x e^x - \ln(1+x)}{x^2}$.

11. 设 $x_n = \dfrac{\sin 1}{2} + \dfrac{\sin 2}{2^2} + \dfrac{\sin 3}{2^3} + \cdots + \dfrac{\sin n}{2^n}$，证明：$\{x_n\}$ 收敛.

12. 设数列 $\{x_n\}$ 满足 $0 < x_1 < \pi$，$x_{n+1} = \sin x_n (n = 1, 2, \cdots)$

(1) 求证 $\lim\limits_{n \to \infty} x_n$ 存在，并求该极限；

(2) 计算 $\lim\limits_{n \to \infty}\left(\dfrac{x_{n+1}}{x_n}\right)^{\frac{1}{x_n^2}}$.

13. 求证数列 $x_n = \sqrt{a + \sqrt{a + \cdots + \sqrt{a}}}$ （n 个根式），$a > 0$，$n = 1, 2, \cdots$ 极限存在，并求 $\lim\limits_{n \to \infty} x_n$.

14. 设正项级数 $\displaystyle\sum_{n=1}^{\infty} a_n$ 收敛，数列 $\{y_n\}$ 满足 $y_1 = 1$，$2y_{n+1} = y_n + \sqrt{y_n^2 + a_n} (n = 1, 2, 3, \cdots)$，

求证数列 $\{y_n\}$ 收敛.

15. 求极限 $\lim\limits_{n \to \infty}\left(\dfrac{\sin\dfrac{\pi}{n}}{n+1} + \dfrac{\sin\dfrac{2\pi}{n}}{n+\dfrac{1}{2}} + \cdots + \dfrac{\sin\pi}{n+\dfrac{1}{n}}\right)$.

16. 求 $\lim\limits_{n\to\infty}\left(\dfrac{1}{n}+\dfrac{1}{n+1}+\cdots+\dfrac{1}{2n}\right)$.（电子科技大学 2023）

17. 求 $\lim\limits_{n\to\infty}\left[\dfrac{(2n)!}{n!\ n^n}\right]^{\frac{1}{n+1}}$.

18. 设 $x_0=2,x_{n+1}=\dfrac{1}{2}\left(x_n+\dfrac{1}{x_n}\right),n=0,1,2,\cdots$ 求 $\lim\limits_{n\to\infty}x_n$.（中国矿业大学·北京 2023）

19. 已知 $a_1=a_2=1,a_{n+2}=a_{n+1}+a_n$. 利用上下极限证明 $\dfrac{a_{n+1}}{a_n}$ 极限存在并求值.

20. 已知序列 $\{x_n\},\{y_n\}$ 满足 $x_{n+1}=y_n+\dfrac{1}{2}x_n$，证明：$\{y_n\}$ 收敛的充分必要条件是 $\{x_n\}$ 收敛.（天津大学 2024）

1.2 连 续

1.2.1 连续的定义及性质

设函数 f 在某 $U(x_0)$ 内有定义,若 $\lim\limits_{x\to x_0}f(x)=f(x_0)$,则称 f **在点 x_0 连续**.

注：$\lim\limits_{x\to x_0}f(x)=f(x_0)=f(\lim\limits_{x\to x_0}x)$,即" f 在点 x_0 连续"意味着极限运算与对应法则 f 可交换.

设函数 f 在点 $U_+(x_0)(U_-(x_0)$ 内有定义),若 $\lim\limits_{x\to x_0^+}f(x)=f(x_0)$ $(\lim\limits_{x\to x_0^-}f(x)=f(x_0))$,则称 f **在点 x_0 右(左)连续**.

连续的充要条件：函数 f 在点 x_0 连续 $\Leftrightarrow f$ 在点 x_0 既是右连续,又是左连续.

若函数 f 在区间 I 上每一点都连续,则称 f **为 I 上的连续函数**.

若 $\lim\limits_{x\to x_0}f(x)=A$,而 f 在点 x_0 无定义,或有定义但 $f(x_0)\neq A$,则称 x_0 为 f 的**可去间断点**.

若 $\lim\limits_{x\to x_0^+}f(x),\lim\limits_{x\to x_0^-}f(x)$ 存在,但 $f(x_0+0),f(x_0-0)$,则称点 x_0 为函数 f 的**跳跃间断点**.

函数的所有其他形式的间断点(即使称函数至少一侧极限不存在的点)称为函数的**第二类间断点**.

1. 有关连续的方法和结论

(1) 基本初等函数在定义域内连续.

(2) 连续函数的和、差、积、商(分母不为 0)仍为连续函数.

(3) 连续函数的复合函数、反函数仍为连续函数.

(4) 初等函数在定义区间内连续.

（5）变上限积分函数是连续函数.

2. 闭区间连续函数的性质

（1）**最值定理**：闭区间上的连续函数必取得最大值与最小值.

推论：闭区间上的连续函数在该区间上一定有界.

（2）**介值定理**：闭区间上的连续函数必取得介于最大值和最小值之间的任何值.

（3）**零点定理**：若 f 在 $[a,b]$ 上连续，且 $f(a)$ 和 $f(b)$ 异号（$f(a) \cdot f(b) < 0$），则至少存在一点 $x_0 \in (a,b)$，使得 $f(x_0) = 0$.

1.2.2 利用连续和间断的定义

【**例 1.2.1**】 已知定义在 $[0,1]$ 上的黎曼函数

$$f(x) = \begin{cases} \dfrac{1}{q}, & x = \dfrac{p}{q}\left(\dfrac{p}{q} \text{ 为既约真分数}\right) \\ 0, & x = 1,0 \text{ 和 } (0,1) \text{ 之内的无理数} \end{cases},$$

讨论 $f(x)$ 间断点及其类型，并求出 $f(x)$ 的连续点.（重庆大学 2021）

解 （1）先证 $\lim\limits_{x \to x_0} R(x) = 0, x_0 \in (0,1)$. 类似可证端点情形. 当 $x_0 \in (0,1)$ 时，取 $\delta' = \min\{x_0, 1-x_0\} > 0$，则对 $x \in \mathring{U}(x_0, \delta')$，

① 若 $x \notin \mathbb{Q}$，则 $R(x) = 0 \Rightarrow |R(x) - 0| < \varepsilon$；

② 若 $x \in \mathbb{Q}$，则存在 $p, q \in \mathbb{Z}_+, p < q, (p,q) = 1$，使得 $x = \dfrac{p}{q}$，而 $R(x) = \dfrac{1}{q}$，则 $|R(x) - 0| = \dfrac{1}{q} < \varepsilon \Leftrightarrow q > \dfrac{1}{\varepsilon}$，记 $m = \min\left\{\left|\dfrac{p}{q} - x_0\right| ; 1 \leqslant p < q \leqslant \dfrac{1}{\varepsilon}, \dfrac{p}{q} \neq x_0\right\}$，于是 $\forall \varepsilon > 0$，存在 $\delta = \min\{\delta', m\} > 0$，使得对任意的 $x \in \mathring{U}(x_0, \delta), |R(x) - 0| < \varepsilon$.

综合①②得 $\lim\limits_{x \to x_0} R(x) = 0, x_0 \in (0,1)$.

（2）由第（1）步即知 $(0,1)$ 内的有理点是 $f(x)$ 的可去间断点，$0,1$ 及 $(0,1)$ 内的无理点是 f 的连续点.

【**例 1.2.2**】 讨论函数 $f(x) = \begin{cases} x(1-x), & x \text{ 为有理数} \\ x(1+x), & x \text{ 为无理数} \end{cases}$ 的连续性与可微性.

解 先证 $f(x)$ 在 $x = 0$ 处连续.

当 $|x| < 1$ 时，则 $1 + |x| < 2$，$|f(x) - f(0)| = |f(x)| \leqslant |x|(1 + |x|) \leqslant 2|x|$.

$\forall \varepsilon > 0$，取 $\delta = \min\left(1, \dfrac{\varepsilon}{2}\right)$，则当 $|x| < \delta$ 时有 $|f(x) - f(0)| < \varepsilon$，因此 $f(x)$ 在 $x = 0$ 处连续.

再证 $f(x)$ 在任何非零点 x_0 均不连续.

取有理数列 $\{r_n\}$ 收敛于 x_0，再取无理数列 $\{\alpha_n\}$ 收敛于 x_0，则

$$\lim_{n\to\infty} f(r_n) = \lim_{n\to\infty} r_n(1 - r_n) = x_0(1 - x_0),$$
$$\lim_{n\to\infty} f(\alpha_n) = \lim_{n\to\infty} \alpha_n(1 + a_n) = x_0(1 + x_0).$$

若 $f(x)$ 在 x_0 处连续,则有 $x_0(1 - x_0) = x_0(1 + x_0)$,所以 $x_0 = 0$,这与 $x_0 \neq 0$ 矛盾. 因此 $f(x)$ 在任何非零点 x_0 均不连续.

由于 $f(x)$ 在任意非零点不连续,从而也不可微.

最后证明:$f(x)$ 在 $x = 0$ 处可微.

$$\because \lim_{x\to 0} \left| \frac{f(x) - f(0)}{x - 0} - 1 \right| = \lim_{x\to 0} \left| \frac{f(x) - x}{x} \right| = \lim_{x\to 0} |x| = 0.$$

$$\therefore \lim_{x\to 0} \frac{f(x) - f(0)}{x - 0} = 1, \text{ 即 } f'(0) = 1.$$

【例 1.2.3】 设连续函数 $y = f(x)$ 是定义域为 $\mathbb{R}$ 且 $f(0) = 1$,对任意的 x,$f(2x) - f(x) = x$,试求 $f(x)$ 表达式.

解 由已知,对任意的 x,$f(x) - f\left(\dfrac{x}{2}\right) = \dfrac{x}{2}$;$f\left(\dfrac{x}{2}\right) - f\left(\dfrac{x}{4}\right) = \dfrac{x}{4}$;$\cdots$;$f\left(\dfrac{x}{2^n}\right) - f\left(\dfrac{x}{2^{n+1}}\right) = \dfrac{x}{2^{n+1}}$;

相加得 $f(x) - f\left(\dfrac{x}{2^{n+1}}\right) = \dfrac{x}{2} + \dfrac{x}{4} + \cdots \dfrac{x}{2^{n+1}} = x - \dfrac{x}{2^{n+1}}$;

由连续性知 $\lim\limits_{n\to\infty} f\left(\dfrac{x}{2^{n+1}}\right) = f(0) = 1$.

$$\therefore f(x) = \lim_{n\to\infty} f\left(\frac{x}{2^{n+1}}\right) + x - \lim_{n\to\infty} \frac{x}{2^{n+1}} = 1 + x.$$

【例 1.2.4】 设 $y = f(x)$ 在 $x = 0$ 处连续且对任意的 x,y,$f(x + y) = f(x) + f(y)$,证明 $y = kx$,k 是常数.

证明 由已知,对任意的 x,$f(x + x) = f(x) + f(x) = 2f(x)$.

若 $f(mx) = mf(x)$,则若

$f((m+1)x) = f(mx) + f(x) = mf(x) + f(x) = (m+1)f(x)$.

因此对任意的 $n \in \mathbb{N}$,$f(nx) = nf(x)$ 且 $n \neq 0$ 时,有 $f(x) = \dfrac{f(nx)}{n}$.

$m \in \mathbb{N}_+$,$n \in \mathbb{N}$,$f\left(\dfrac{n}{m}\right) = nf\left(\dfrac{1}{m}\right) = \dfrac{n}{m}f(1)$. 即 x 是非负有理数时 $f(x) = xf(1)$.

又 $f(x + (-x)) = f(x) + f(-x)$,$\therefore f(-x) = -f(x)$.

故 x 是负有理数时,$f(x) = -f(-x) = -(-x)f(1) = xf(1)$.

$\therefore \forall x \in \mathbb{Q}$,$f(x) = xf(1)$.

$\forall x \notin \mathbb{Q}$,取 $x_n \in \mathbb{Q}$,$\lim\limits_{n\to\infty} x_n = x$,则 $f(x) = \lim\limits_{n\to\infty} f(x_n) = \lim\limits_{n\to\infty} x_n f(1) = xf(1)$.

取 $k = f(1)$,则 $\forall x$,$f(x) = kx$.

【例 1.2.5】 证明:在实数域 $\mathbb{R}$ 上满足方程 $f(x + y) = f(x)f(y)$ 的唯一不恒为零

的连续函数是 $f(x)=a^x$，其中 $a>0$ 是常数.（湖南大学 2022）

证明 先证 $f(x)>0(x\in\mathbb{R})$. 事实上，由 $f(x)=f\left(\dfrac{x}{2}+\dfrac{x}{2}\right)=\left[f\left(\dfrac{x}{2}\right)\right]^2$，知 $f(x)\geqslant 0$.

由于 $f(x)\not\equiv 0$，故存在 x_0 使 $f(x_0)>0$. 在 $f(x+y)=f(x)f(y)$ 中，令 $x=x_0,y=0$，得 $f(x_0)=f(x_0)f(0)$，故 $f(0)=1$；

又在 $f(x+y)=f(x)f(y)$ 中令 $y=-x$，得 $1=f(0)=f(x)f(-x)$.

故 $f(x)\neq 0$，由此可知 $f(x)>0(x\in\mathbb{R})$.

当 m 与 n 为正整数时，

$$f(mx)=f((m-1)x+x)=f((m-1)x)\cdot f(x)$$
$$=f((m-2)x)\cdot f(x)\cdot f(x)=\cdots=[f(x)]^m;$$

$$\therefore f(x)=f\left(n\cdot\dfrac{x}{n}\right)=\left(f\left(\dfrac{x}{n}\right)\right)^n，即 f\left(\dfrac{x}{n}\right)=(f(x))^{\frac{1}{n}}.$$

于是：$f\left(\dfrac{m}{n}\cdot x\right)=\left(f\left(\dfrac{x}{n}\right)\right)^m=[f(x)]^{\frac{m}{n}}$. 又有 $f\left(-\dfrac{m}{n}x\right)=[f(-x)]^{\frac{m}{n}}=[f(x)]^{-\frac{m}{n}}$.

由此可知，对任何有理数 c，有 $f(cx)=[f(x)]^c(x\in\mathbb{R})$.

而对任意的无理数 c，存在有理数列 c_n 满足 $\lim\limits_{n\to\infty}c_n=c$，根据 $f(x)$ 的连续性有：

$$f(cx)=f(x\lim_{x\to\infty}c_n)=\lim_{x\to\infty}f(xc_n)=\lim_{x\to\infty}[f(x)]^{c_n}=[f(x)]^c$$

因此，对于任何实数 c 与 x，有 $f(cx)=[f(x)]^c$，

从而 $f(x)=f(x\cdot 1)=[f(1)]^x=a^x,a=f(1)>0$.

【例 1.2.6】 设 $f(x)$ 在 $(0,1)$ 上有定义，且函数 $e^xf(x)$ 与 $e^{-f(x)}$ 在 $(0,1)$ 上单调不减，证明：$f(x)$ 在 $(0,1)$ 上连续.（湖南大学 2022）

证明 $\forall x_0\in(0,1)$，首先证明 $\lim\limits_{x\to x_0^+}f(x)=f(x_0)$.

因为 $e^xf(x)$ 单调不减，所以当 $x>x_0$ 时，$e^xf(x)\geqslant e^{x_0}f(x_0)$，即

$$e^{x_0-x}f(x_0)\leqslant f(x).$$

又因为 $e^{-f(x)}\geqslant e^{-f(x_0)}$，即 $-f(x)\geqslant -f(x_0)$ 或 $f(x)\leqslant f(x_0)$.

综上可得 $e^{x_0-x}f(x_0)\leqslant f(x)\leqslant f(x_0)$.

由迫敛性可知 $\lim\limits_{x\to x_0^+}f(x)=f(x_0)$. 同理可证 $\lim\limits_{x\to x_0^-}f(x)=f(x_0)$.

从而 $f(x)$ 在点 x_0 处连续，由 x_0 的任意性可知 $f(x)$ 在 $(0,1)$ 内处处连续.

1.2.3 函数的一致连续性

设 f 为定义在区间 I 上的函数. 若对任给的 $\varepsilon>0$，存在一个 $\delta=\delta(\varepsilon)>0$，使得对任何

$x',x''\in I$,只要 $|x'-x''|<\delta$,就有 $|f(x')-f(x'')|<\varepsilon$,则称函数 f 在区间 I 上**一致连续**.

重要性质:若函数 f 在闭区间 $[a,b]$ 上连续,则 f 在闭区间 $[a,b]$ 上一致连续.

【例 1.2.7】 证明:$f(x)=\sin\dfrac{1}{x}$ 在 $(0,1)$ 上不一致连续.(湖南大学 2020)

证明 取 $(0,1)$ 上的数列 $x_n=\dfrac{1}{2n\pi}$,$y_n=\dfrac{1}{2n\pi+\dfrac{\pi}{2}}$,则 $\lim\limits_{n\to\infty}(x_n-y_n)=0$.

但是 $|f(x_n)-f(y_n)|=\left|\sin(2n\pi)-\sin\left(2n\pi+\dfrac{\pi}{2}\right)\right|=1\not\to 0$.

故 $f(x)$ 在 $(0,1)$ 上不一致连续.

【例 1.2.8】 用定义法证明 $y=x^2$ 在 $(-1,2)$ 上一致连续,在 $(0,+\infty)$ 上不一致连续.(南昌大学 2021)

证明 对 $\forall\varepsilon>0$. 取 $\delta=\dfrac{\varepsilon}{4}$. 则对 $\forall x',x''\in(-1,2)$,且 $|x'-x''|<\delta$ 有

$$
\begin{aligned}
|f(x')-f(x'')| &= |x'^2-x''^2| \\
&= |x'+x''||x'-x''| \\
&< 4|x'-x''| \\
&< 4\cdot\dfrac{\varepsilon}{4}=\varepsilon.
\end{aligned}
$$

故 $y=x^2$ 在 $(-1,2)$ 上一致连续.

取 $\varepsilon_0=1$,取 $x_n'=n+\dfrac{1}{n}$,$x_n''=n$,则 $\lim\limits_{n\to\infty}(x_n'-x_n'')=0$,

但 $|f(x')-f(x'')|=2+\dfrac{1}{n^2}>\varepsilon_0\not\to 0$,故 $f(x)$ 在 $(0,+\infty)$ 上不一致连续.

【例 1.2.9】 证明:函数 $f(x)=\cos\sqrt{x}$ 在 $[0,+\infty)$ 上一致连续.(湖南大学 2021)

证明 因为 $f(x)=\cos\sqrt{x}$ 在 $[0,2]$ 上连续,从而一致连续.

即对任给正数 ε,存在正数 δ_1,对 $x_1,x_2\in[0,2]$,当 $|x_1-x_2|<\delta_1$ 时,有

$$|\cos\sqrt{x_1}-\cos\sqrt{x_2}|<\varepsilon.$$

现再考虑 $f(x)$ 在 $[1,+\infty)$ 上的一致连续性,由于当 $x_1,x_2\in[1,+\infty)$ 时

$$
\begin{aligned}
|\cos\sqrt{x_1}-\cos\sqrt{x_2}| &= \left|2\sin\dfrac{\sqrt{x_1}+\sqrt{x_2}}{2}\sin\dfrac{\sqrt{x_1}-\sqrt{x_2}}{2}\right| \\
&\leqslant 2\left|\sin\dfrac{\sqrt{x_1}-\sqrt{x_2}}{2}\right| \\
&\leqslant |\sqrt{x_1}-\sqrt{x_2}|=\dfrac{|x_1-x_2|}{\sqrt{x_1}+\sqrt{x_2}}
\end{aligned}
$$

$$\leqslant \frac{1}{2}\mid x_1-x_2\mid.$$

对上述 ε，令 $\delta_2=2\varepsilon$，当 $x_1-x_2\in[1,+\infty)$，且 $\mid x_1-x_2\mid<\delta_2$ 时，有 $\mid f(x_1)-f(x_2)\mid<\varepsilon$.

取 $\delta=\min\{\delta_1,\delta_2,1\}$，则当 $x_1,x_2\in[0,+\infty)$ 且 $\mid x_1-x_2\mid<\delta$ 时，必有 $x_1,x_2\in[0,2]$ 或 $x_1,x_2\in[1,+\infty)$，从而有 $\mid f(x_1)-f(x_2)\mid<\varepsilon$，故 $f(x)$ 在 $[0,+\infty)$ 上一致连续.

【例 1.2.10】 证明：$f(x)=\sqrt{x}\ln x$ 在 $(0,+\infty)$ 上一致连续.（北京师范大学 2020）

证明 $f(x)=\sqrt{x}\ln x$ 在 $(0,+\infty)$ 上连续，$\lim\limits_{x\to0^+}f(x)=\lim\limits_{x\to0^+}\sqrt{x}\ln x=0$，

故 $f(x)$ 在 $(0,1]$ 上一致连续.

$f(x)=\sqrt{x}\ln x$ 在 $(0,+\infty)$ 上连续可微，$f'(x)=\dfrac{\ln x}{2\sqrt{x}}+\dfrac{1}{\sqrt{x}}$，

$\lim\limits_{x\to+\infty}f'(x)=\lim\limits_{x\to+\infty}\left(\dfrac{\ln x}{2\sqrt{x}}+\dfrac{1}{\sqrt{x}}\right)=0$，故 $f'(x)$ 在 $[1,+\infty)$ 上有界，

故 $f(x)$ 在 $[1,+\infty)$ 上一致连续.

因此，$f(x)=\sqrt{x}\ln x$ 在 $(0,+\infty)$ 上一致连续.

【例 1.2.11】 （1）叙述函数 $g(x)$ 在 (a,b) 内一致连续的定义；

（2）设 $f(x)$ 在 $(0,1)$ 内连续，$\sqrt{x}f(x)$ 在 $(0,1)$ 内有界，记 $g(x)=\displaystyle\int_{\frac{1}{2}}^{x}f(t)\mathrm{d}t$. 证明：$g(x)$ 在 $(0,1)$ 内一致连续.（中南大学 2013）

解 （1）若对任意 $\varepsilon>0$，总存在 $\delta>0$，使得对任意 $x,y\in(a,b)$，只要 $\mid x-y\mid<\delta$，就有 $\mid f(x)-f(y)\mid<\varepsilon$，则称 $f(x)$ 在 (a,b) 内一致连续.

（2）$\sqrt{x}f(x)$ 在 $(0,1)$ 内有界，故存在正常数 M，使得对任意 $x\in(0,1)$，恒有 $\mid\sqrt{x}f(x)\mid\leqslant M$，即 $\mid f(x)\mid\leqslant\dfrac{M}{\sqrt{x}}$. 任取 $x<y\in(0,1)$，有

$$\mid g(x)-g(y)\mid=\left|\int_{y}^{x}f(t)\mathrm{d}t\right|\leqslant\int_{x}^{y}\mid f(t)\mid\mathrm{d}t$$

$$\leqslant\int_{x}^{y}\frac{M}{\sqrt{t}}\mathrm{d}t=2M(\sqrt{y}-\sqrt{x}).$$

$\mid\sqrt{y}-\sqrt{x}\mid^2\leqslant\mid\sqrt{y}-\sqrt{x}\mid\mid\sqrt{y}+\sqrt{x}\mid=y-x$，故 $\mid\sqrt{y}-\sqrt{x}\mid\leqslant\sqrt{y-x}$，故 $\mid g(x)-g(y)\mid\leqslant 2M\sqrt{y-x}$.

对任意 $\varepsilon>0$，取 $\delta=\left(\dfrac{\varepsilon}{2M}\right)^2$，则对任意 $x<y\in(0,1)$，只要 $\mid x-y\mid<\delta$，就有 $\mid f(x)-f(y)\mid<\varepsilon$.

故 $g(x)$ 在 $(0,1)$ 内一致连续.

【例 1.2.12】 设 $f(x)$ 在 $[1,+\infty)$ 上满足：$\forall x,y\in[1,+\infty)$，$\mid f(x)-f(y)\mid\leqslant$

$L\mid x-y\mid$. 其中 $L>0$ 为常数. 证明: $\dfrac{f(x)}{x}$ 在 $[1,+\infty)$ 上一致连续.(郑州大学 2021)

证明　对 $\forall x\in[1,+\infty)$, 令 $y=1$ 得 $\mid f(x)-f(1)\mid\leqslant L(x-1)$,

从而有 $\mid f(x)\mid\leqslant\mid f(1)\mid+L(x-1)$, 除以 x 得

$$\left|\frac{f(x)}{x}\right|\leqslant\left|\frac{f(1)}{x}\right|+L\left(1-\frac{1}{x}\right)\leqslant\mid f(1)\mid+L.$$

记 $M=\mid f(1)\mid+L$ 为 $\left|\dfrac{f(x)}{x}\right|$ 的界, $T=L+M>0$. 则对任意的 $x,y\in[1,+\infty)$,

有

$$\begin{aligned}
\left|\frac{f(x)}{x}-\frac{f(y)}{y}\right|&=\frac{\mid yf(x)-xf(y)\mid}{xy}\\
&\leqslant\frac{\mid yf(x)-yf(y)\mid}{xy}+\frac{\mid yf(y)-xf(y)\mid}{xy}\\
&\leqslant\frac{\mid f(x)-f(y)\mid}{x}+\frac{\mid y-x\mid\mid f(y)\mid}{xy}\\
&\leqslant L\mid y-x\mid+M\mid y-x\mid\\
&=T\mid x-y\mid.
\end{aligned}$$

于是对 $\forall\varepsilon>0$, 取 $\delta=\dfrac{\varepsilon}{T}$, 对任意的 $x,y\in[1,+\infty)$, 只要 $\mid x-y\mid<\delta$, 就有

$$\left|\frac{f(x)}{x}-\frac{f(y)}{y}\right|\leqslant T\mid x-y\mid<T\cdot\frac{\varepsilon}{T}=\varepsilon.$$

综上, $\dfrac{f(x)}{x}$ 在 $[1,+\infty)$ 上一致连续.

【例 1.2.13】　若 $f(x)$ 在 $\mathbb{R}$ 连续且有界,则 $f(x)$ 在 $\mathbb{R}$ 上是否必一致连续?

解　否. 反例,取 $f(x)=\sin x^2$, 下证此函数在 $\mathbb{R}$ 上不一致连续.

存在 $\varepsilon_0=\dfrac{1}{2}$, 对任意的 $\delta>0$, 存在 $N,n>N$ 时, $\left|\sqrt{n\pi}-\sqrt{n\pi+\dfrac{\pi}{2}}\right|<\delta$.

$\left|f(\sqrt{n\pi})-f\left(\sqrt{n\pi+\dfrac{\pi}{2}}\right)\right|=1>\varepsilon_0$. 即证.

【例 1.2.14】　已知函数 $f(x)$ 在 $[a,+\infty)$ 上一致连续, $g(x)$ 在 $[a,+\infty)$ 上连续,
且 $\lim\limits_{x\to+\infty}[f(x)-g(x)]=0$. 证明: $g(x)$ 在 $[a,+\infty)$ 上一致连续.(浙江大学 2003、华中科技大学 2020、同济大学 2021、中国人民大学 2022)

证明　记 $h(x)=f(x)-g(x)$, 则 $h(x)$ 在 $[a,+\infty)$ 上连续,且 $\lim\limits_{x\to+\infty}h(x)=A$.

所以由柯西准则知:对任意的 $\varepsilon>0$, 存在 $M>a$, 使得 $x',x''\geqslant M$ 时,有

$$\mid h(x')-h(x'')\mid<\varepsilon. \tag{1}$$

另外,由于 $h(x)$ 在 $[a,M+1]$ 连续,从而一致连续,所以对以上的 $\varepsilon>0$, 存在 $\delta\in$

$(0,1)$,使得 $x',x'' \in [a,M+1]$ 且 $|x'-x''| < \delta$ 时,有

$$|h(x') - h(x'')| < \varepsilon. \tag{2}$$

于是,对任意的 $x',x'' \in [a,+\infty)$,当 $|x'-x''| < \delta$ 时,x',x'' 要么都属于 $[a,M+1]$,要么都属于 $[M,+\infty)$,结合(1)式与(2)式可知一定有

$$|h(x') - h(x'')| < \varepsilon.$$

这说明 $h(x)$ 在 $[a,+\infty)$ 上一致连续.而 $g(x) = f(x) - (f(x) - g(x)) = f(x) - h(x)$,且 $f(x)$ 也在 $[a,+\infty)$ 一致连续,故 $g(x)$ 在 $[a,+\infty)$ 一致连续.

【例 1.2.15】 $f(x)$ 在 $[a,+\infty)$ 连续,且 $\lim\limits_{x \to +\infty} f(x) = A$(有限),则 $f(x)$ 在 $[a,+\infty)$ 一致连续.(华中科技大学 2013、福州大学 2021、太原理工大学 2022、安徽大学 2022)

证明 由于 $\lim\limits_{x \to +\infty} f(x) = A$,所以由柯西准则知:对任意的 $\varepsilon > 0$,存在 $M > a$,使得 $x',x'' \geqslant M$ 时,有 $|f(x') - f(x'')| < \varepsilon$.

另外,由于 $f(x)$ 在 $[a,M+1]$ 连续,从而一致连续,所以对以上的 ε,存在 $\delta \in (0,1)$,使得 $x',x'' \in [a,M+1]$ 且 $|x'-x''| < \delta$ 时,有

$$|f(x') - f(x'')| < \varepsilon.$$

于是,对任意的 $x',x'' \in [a,+\infty)$,当 $|x'-x''| < \delta$ 时,x',x'' 要么都属于 $[a,M+1]$,要么都属于 $[M,+\infty)$,则一定有 $|f(x') - f(x'')| < \varepsilon$.

这说明 $f(x)$ 在 $[a,+\infty)$ 上一致连续.

【例 1.2.16】 $f(x)$ 是 $[a,+\infty)$ 上连续的函数,满足 $\lim\limits_{x \to +\infty} [f(x) - b\sin x] = 0$.

(1) 证明:f 一致连续;

(2) 证明:f 有界.(中南大学 2020)

证明 (1) $f(x)$ 是 $[a,+\infty)$ 上连续的函数,故 $f(x) - b\sin x$ 也是 $[a,+\infty)$ 上连续函数,又 $\lim\limits_{x \to +\infty} [f(x) - b\sin x] = 0$,故由上题知 $f(x) - b\sin x$ 在 $[a,+\infty)$ 上一致连续.又 $b\sin x$ 在 $[a,+\infty)$ 上一致连续,故 $f(x) = [f(x) - b\sin x] + b\sin x$ 在 $[a,+\infty)$ 上一致连续.

(2) 因为 $\lim\limits_{x \to +\infty} [f(x) - b\sin x] = 0$,则存在 $x_0 > a$,使得对任意 $x > x_0$,恒有

$$|f(x) - b\sin x| \leqslant 1.$$

从而对任意 $x > x_0$,恒有 $|f(x)| \leqslant |b\sin x| + 1 \leqslant |b| + 1$.

又 $f(x)$ 在 $[a,+\infty)$ 上连续,故也在 $[a,x_0]$ 上连续,故 $f(x)$ 在 $[a,x_0]$ 上有界,即存在正常数 M,使得对任意 $x \in [a,x_0]$,恒有 $|f(x)| \leqslant M$.

故 $|f(x)| \leqslant \max(M, |b|+1)$,$x \in [a,+\infty)$,即 $f(x)$ 在 $[a,+\infty)$ 上有界.

【例 1.2.17】 设 $f(x)$ 是 $\mathbb{R}$ 上的一个有界连续函数,且满足

$$\limsup\limits_{h \to 0 \atop x \in \mathbb{R}} |f(x+h) - 2f(x) + f(x-h)| = 0.$$

证明:$f(x)$ 在 $\mathbb{R}$ 上一致连续.(中国科学技术大学 2021)

证明 反证:若 $f(x)$ 在 $\mathbb{R}$ 上不一致连续,则 $\exists \varepsilon_0 > 0$,对 $\forall \delta > 0$,即使有 $|x-y| < \delta$,但 $|f(x)-f(y)| \geqslant \varepsilon_0$.

因为 $\limsup\limits_{h \to 0} |f(x+h)-2f(x)+f(x-h)|=0$,所以对 $\varepsilon_n = \dfrac{\varepsilon_0}{n}$,有 $\delta_n > 0$ 使得,当 $|h| < \delta_n$ 时, $|f(x+h)-2f(x)+f(x-h)| < \varepsilon_n$.

由上知:有 $|x_n-y_n| < \delta_n$,使得 $|f(x_n)-f(y_n)| \geqslant \varepsilon_0$.

不妨设 $x_n - y_n = |h_n|$,作代换 $x_n = z_n + m|h_n|$, $y_n = z_n + (m-1)|h_n|$,不妨设 $f(x_n) > f(y_n)$,于是

$$f(z_n + |h_n|) - f(z_n) \geqslant \varepsilon_0,$$
$$f(z_n + 2|h_n|) - f(z_n + |h_n|) \geqslant \varepsilon_0,$$
$$\vdots$$
$$f(z_n + n|h_n|) - f(z_n + (n-1)|h_n|) \geqslant \varepsilon_0,$$

上式累加,得: $f(z + n|h|) - f(z_n) \geqslant n\varepsilon_0$.

$f(x)$ 有界,则 $\exists M > 0$, $|f(x)| \leqslant M$,于是 $f(z_n + n|h|) - f(z_n) \leqslant 2M$,取 $n = \left[\dfrac{2M}{\varepsilon_0}\right] + 1$,显然得出矛盾,所以 $f(x)$ 在 $\mathbb{R}$ 上一致连续.

 **练习题**

1. 设 $f(x)$ 在 $[a,b]$ 上连续,且对每一个 $x \in [a,b]$,存在 $y \in [a,b]$,使得 $|f(y)| \leqslant \dfrac{1}{2}|f(x)|$,求证存在 $\xi \in [a,b]$,使得 $f(\xi)=0$. (西北大学 1983、湖南大学 2012、中南大学 2020、华东师范大学 2021、中国科学院大学 2023)

2. 设连续函数 $y=f(x)$ 是定义域为 $\mathbb{R}$ 且对任意的 x, $f(f(x))=af(x)+bx$,其中 $a,b \in \left(0, \dfrac{1}{2}\right)$ 为常数,求证 $f(0)=0$.

3. 设连续函数 $y=f(x)$ 定义域为 $[0,1]$ 且满足:

(1) $f(0)=f(1)=0$;

(2) 对任意的 $x,y \in [0,1]$, $2f(x)+f(y)=3f\left(\dfrac{2x+y}{3}\right)$. 求证 $f(x) \equiv 0$.

4. 求证 $y=\sin(x^2)$ 在 $[0,+\infty)$ 上不一致连续. (中南大学 2009、东北大学 2022)

5. 求证 $y=x\sin x$ 在 $(-\infty,+\infty)$ 上不一致连续. (南昌大学 2022)

6. 求证 $y = x\mathrm{e}^{-x^2} \displaystyle\int_0^x \mathrm{e}^{-t^2} \mathrm{d}t$ 在 $[0,+\infty)$ 上一致连续. (西南交通大学 2021)

7. 证明 $y=x^2$ 在开区间 (a,b) 上一致连续,在 $(0,+\infty)$ 上非一致连续.

8. 求证 $f(x) = \dfrac{1}{x}$ 于区间 $(\delta_0, 1)$ (其中 $0 < \delta_0 < 1$) 一致连续,但是于 $(0,1)$ 内不一致连续.

9. 设 $f(x)$ 在开区间 (a,b) 可微,且 $f'(x)$ 在 (a,b) 有界,求证 $f(x)$ 在 (a,b) 一致连续.

10. 设函数 $f(x)$ 在 $[1,+\infty)$ 上连续且 $\lim\limits_{x\to+\infty}f(x)=a$ 存在,证明函数 $f(x)$ 在 $[1,+\infty)$ 上一致连续.

11. 设 $f(x)$ 在开区间 $(a,b)(-\infty<a<b<+\infty)$ 可微且一致连续,试问 $f'(x)$ 在 (a,b) 是否一定有界.若肯定回答,请证明;若否定回答,举例说明.

12. 设 $f(x)$ 在 $(-\infty,+\infty)$ 上连续,$g(x)$ 在 $(-\infty,+\infty)$ 上一致连续且有界,证明 $f(g(x))$ 在 $(-\infty,+\infty)$ 上一致连续.试问如果去掉 $g(x)$ 有界,则 $f(g(x))$ 在 $(-\infty,+\infty)$ 上是否一致连续?若肯定回答,请证明;若否定回答,举例说明.

13. 设 n 为正整数,函数 $f(x)$ 在 $[0,+\infty)$ 上一致连续,满足对任意 $x>0$ 都有 $\lim\limits_{x\to\infty}f(x+n)=0$,证明 $\lim\limits_{x\to+\infty}f(x)=0$.(中国人民大学 2024)

1.3 实数集完备性

1.3.1 实数集完备性基本定理

1. 区间套定理

设闭区间列 $\{[a_n,b_n]\}$ 具有如下性质:

(1) $[a_n,b_n]\supset[a_{n+1},b_{n+1}]$,$n=1,2,\cdots$

(2) $\lim\limits_{n\to\infty}(b_n-a_n)=0$,

则称 $\{[a_n,b_n]\}$ 为闭区间套,简称为区间套.

区间套定理:若 $\{[a_n,b_n]\}$ 是一个区间套,则在实数系中存在唯一的一点 c,使得 $c\in[a_n,b_n]$,$n=1,2,\cdots$

推论:若 $c\in[a_n,b_n]$,$(n=1,2,\cdots)$ 是区间套 $\{[a_n,b_n]\}$ 所确定的点,则对任给的 $\varepsilon>0$,存在 $N>0$,使得当 $n>N$ 时有 $[a_n,b_n]\subset U(c;\varepsilon)$.

注:区间套定理中要求各个区间都是闭区间才能保证定理的结论成立.各开区间套 $\left\{\left(0,\dfrac{1}{n}\right)\right\}$ 就不存在属于所有开区间的公共点.

2. 聚点定理与有限覆盖定理

下述三个定义等价:

(1) 设 S 为数轴上的点集,c 为定点(它可以属于 S,也可以不属于 S).若 c 的任何邻域内都含有 S 中无穷多个点,则称 c 为点集 S 的一个**聚点**.

(2) 对于点集 S,若点 c 的任何 ε 邻域内都含有 S 中异于 c 的点,则称 c 为点集 S 的一个**聚点**.

(3) 若存在各项互异的收敛数列 $\{x_n\}\subset S$,则其极限 c 称为 S 的一个**聚点**.

聚点定理:实轴上的任一有界无限点集 S 至少存在一个聚点.

致密性定理:有界数列必有收敛子列.

设 S 为数轴上的点集,H 为开区间的集合. 若 S 中任何一点都含在 H 中至少一个开区间内,则称 H 为 S 的一个**开覆盖**,或称 H 覆盖 S. 若 H 中开区间的个数是无限(有限)的,则称 H 为 S 的一个**无限开覆盖(有限开覆盖)**.

有限覆盖定理:设 H 为闭区间 $[a,b]$ 的一个(无限)开覆盖,则从 H 中可选出有限个开区间来覆盖 $[a,b]$.

注:有限覆盖定理的结论只保证对闭区间 $[a,b]$ 成立,对开区间则结论不一定成立,如开区间集 $\left\{\left(\dfrac{1}{n+1},1\right)\right\}$ $(n=1,2,\cdots)$ 构成了开区间 $(0,1)$ 的一个开覆盖,但不能从中选出有限个开区间覆盖 $(0,1)$.

1.3.2　完备性基本定理的应用

【例 1.3.1】　叙述有限覆盖定理,并用该定理证明:若 $f(x)$ 在闭区间 $[a,b]$ 连续,则 $f(x)$ 在 $[a,b]$ 上有界.(南昌大学 2021)

解　有限覆盖定理:设 H 为闭区间 $[a,b]$ 的一个(无限)开覆盖,则从 H 中可选出有限个开区间来覆盖 $[a,b]$.

$f(x)$ 在区间 $[a,b]$ 上连续. 根据连续函数的局部有界性定理,对于任意的 $x_0 \in [a,b]$,

存在正数 M_{x_0} 以及正数 δ_{x_0},当 $x \in (x_0-\delta_{x_0},x_0+\delta_{x_0}) \bigcap [a,b]$ 时有 $|f(x)| \leqslant M_{x_0}$. 作开区间集:

$H = \{(x-\delta_z,x+\delta_x) \mid |f(x)| \leqslant M_x,x \in [a,b],x \in (x-\delta_x,x+\delta_z) \bigcap [a,b]\}$,

显然 H 覆盖了区间 $[a,b]$. 根据有限覆盖定理,存在 H 中有限个开区间

$(x_1-\delta_{x_1},x_1+\delta_{x_1}),(x_2-\delta_{x_2},x_2+\delta_{x_2}),\cdots,(x_n-\delta_{x_n},x_n+\delta_{x_n})$,

它们也覆盖了 $[a,b]$. 令 $M=\max\{M_{x_1},M_{x_2},\cdots,M_{x_n}\}$,那么对于任意 $x \in [a,b]$,存在 $k,1 \leqslant k \leqslant n$,使得 $x \in (x_k-\delta_{x_k},x_k+\delta_{s_k})$,并且有 $|f(x)| \leqslant M_{s_k} \leqslant M$.

【例 1.3.2】　分别叙述闭区间套定理和有限覆盖定理,并利用有限覆盖定理来证明闭区间套定理.(中南大学 2013)

解　闭区间套定理:设 $\{[a_n,b_n]\}$ 为闭区间列,满足 $[a_{n+1},b_{n+1}] \subset [a_n,b_n]$,且 $\lim\limits_{n\to\infty}(b_n-a_n)=0$,则 $\{a_n\},\{b_n\}$ 有共同的极限 ξ,且 ξ 是所有区间的唯一公共点.

有限覆盖定理:闭区间上的任何开覆盖总有有限的子覆盖.

下面用有限覆盖定理来证明闭区间套定理.

$[a_{n+1},b_{n+1}] \subset [a_n,b_n]$,故 $\{a_n\},\{b_n\}$ 分别为单调递增有界数列和单调递减有界数列,故 $\{a_n\},\{b_n\}$ 均有极限. 由于 $\lim\limits_{n\to\infty}(b_n-a_n)=0$,故 $\lim\limits_{n\to\infty}a_n=\lim\limits_{n\to\infty}b_n$.

记 $\lim\limits_{n\to\infty}a_n=\lim\limits_{n\to\infty}b_n=\xi$. 下证 $[a_n,b_n]$ 有公共点:

若不然,对每个 $x \in [a_1,b_1]$,都至少有一个 $k \in \mathbb{N}$,使得 $x \notin [a_k,b_k]$,于是,存在

$\delta_x > 0$，使得 $U(x,\delta_x) \bigcap [a_k,b_k] = \varnothing$. $\{U(x,\delta_x) \mid x \in [a,b]\}$ 构成了 $[a_1,b_1]$ 的一个开覆盖，则其中必有有限的子覆盖，记为 $\{U(x_i,\delta_i)\}_{i=1}^N$，其中，$U(x_i,\delta_j)\Omega[a_i,b_{k_i}] = \varnothing$. 令 $k_0 = \max\{k_1,k_2,\cdots,k_N\}$，则 $\bigcap\limits_{i=1}^N [a_{k_k},b_{k_i}] = [a_{k_0},b_{k_i}]$,

于是，$U(x_i,\delta_i) \bigcap [a_{k_0},b_{k_0}] = \varnothing$，故 $\bigcup\limits_{i=1}^N U(x_0,\delta_0) \bigcap [a_{k_0},b_{k_0}] = \varnothing$,

故 $[a_1,b_1] \bigcap [a_{k_0},b_{k_0}] = \varnothing$，矛盾！故 $[a_n,b_n]$ 有公共点.

设公共点为 η，则 $\xi \leftarrow a_n \leqslant \eta \leqslant b_n \rightarrow \xi$，由夹逼准则，$\eta = \xi$,

故 ξ 是所有区间的唯一公共点.

【例 1.3.3】 （1）叙述有限覆盖定理；（2）若对 $\forall x_0 \in [a,b]$，$\lim\limits_{x \to x_0} f(x) = 0$，证明 $f(x)$ 在 $[a,b]$ 上可积，且 $\int_a^b f(x)\mathrm{d}x = 0$.（中南大学 2017）

解 （1）有限覆盖定理：设 H 是闭区 $[a,b]$ 的一个（无限）开覆盖，则从 H 中可选出有限个开区间来覆盖 $[a,b]$.

（2）$f(x)$ 在 $[a,b]$ 上有定义，且在 $[a,b]$ 上每一点的极限均存在且为 0，故 $f(x)$ 在 $[a,b]$ 的每个点的一个邻域内都是有界的，故 $f(x)$ 是有界的.

$\forall x_0 \in [a,b]$，由于 $\lim\limits_{x \to x_0} f(x) = 0$，故对 $\forall \varepsilon > 0$，$\exists \delta_{x_0} > 0$，当 $x \in U^{\circ}(x_0,\delta_{x_0})$ 时有 $|f(x)| < \dfrac{1}{2}\varepsilon$.

令 $O = \{U(x_0,\delta_{x_0}) \mid x_0 \in [a,b]\}$，则 O 覆盖 $[a,b]$，由有限覆盖定理，O 中存在有限个区间 $U(x_1,\delta_1),\cdots,U(x_n,\delta_n)$，它们也能覆盖 $[a,b]$. 由 $U(x_i,\delta_i)$ 的性质知，在 $[a,b]$ 上除几个点 $x_1,x_2,\cdots,x_n$ 外，有 $|f(x)| < \dfrac{1}{2}\varepsilon$.

任取 $[a,b]$ 的一个划分 $\Delta: a = t_0 < t_1 < \cdots < t_{k-1} < t_k = b$，在不含 $x_1,x_2,\cdots,x_n$ 的区间上，振幅是小于 ε 的. 振幅不小于 ε 的区间至多 $2n$ 个，这部分区间的总长度小于等于 $2n\lambda(\Delta)$. 对任意 $\varepsilon, \sigma > 0$，取 $\delta < \dfrac{\sigma}{2n}$，则对 $[a,b]$ 的一个划分 $\Delta: a = t_0 < t_1 < \cdots < t_{k-1} < t_k = b$，振幅不小于 ε 的 区间总长度 $\leqslant 2n\lambda(\Delta) < 2n\dfrac{\sigma}{2n} = \sigma$. 由定积分存在的第二充要条件，$f(x)$ 在 $[a,b]$ 上可积. 在每个区间 $[t_{i-1},t_i]$ 上取点 $\xi_i \notin \{x_1,x_2,\cdots,x_n\}$，则

$$\left| \sum_{i=1}^k f(\xi_i)\Delta t_i \right| \leqslant \sum_{i=1}^k |f(\xi_i)|\Delta t_i < \dfrac{1}{2}(b-a)\varepsilon.$$

故

$$\left| \int_a^b f(x)\mathrm{d}x \right| = \lim_{\lambda(\Delta) \to 0^+} \left| \sum_{i=1}^k f(\xi_i)\Delta t_i \right| \leqslant \dfrac{1}{2}(b-a)\varepsilon,$$

由 ε 的任意性，$\left| \int_a^b f(x)\mathrm{d}x \right| = 0$，即 $\int_a^b f(x)\mathrm{d}x = 0$.

 **练习题**

1. 试用区间套定理证明闭区间上连续函数的介值定理.

2. 一致连续性定理:若函数 f 在闭区间 $[a,b]$ 上连续,则 f 在 $[a,b]$ 上一致连续.试用有限覆盖定理证明上述定理.

3. 有界性定理:若函数在闭区间 $[a,b]$ 上连续,则 f 在 $[a,b]$ 上有界.试用有限覆盖定理证明上述定理.

4. 证明闭区间 $[a,b]$ 的全体聚点的集合是 $[a,b]$ 本身.

5. 试用有限覆盖定理证明聚点定理.

6. 试用聚点定理证明柯西收敛准则.

7. 设函数 f 是实数集 $\mathbb{R}$ 上的连续的周期函数,证明 f 在 $\mathbb{R}$ 上有最大值和最小值.

第2章　一元函数微分学

2.1 导数和微分

2.1.1 导数定义和性质

设函数 $y = f(x)$ 在 x_0 的某邻域内有定义, 若极限

$$\lim_{x \to x_0} \frac{f(x) - f(x_0)}{x - x_0}$$

存在, 则称函数 f **在点 x_0 处可导**, 并称该极限为 f 在点 x_0 处的导数, 记作 $f'(x_0)$. 即

$$f'(x_0) = \lim_{x \to x_0} \frac{f(x) - f(x_0)}{x - x_0}.$$

若上述极限不存在, 则称 f **在点 x_0 处不可导**.

可导的性质: 若函数 f 在点 x_0 可导, 则 f 在点 x_0 连续.

注: f 若在点 x_0 不连续, 则 f 在 x_0 必不可导.

可导的充要条件: 若函数 $y = f(x)$ 在点 x_0 的某邻域内有定义, 则 $f'(x_0)$ 存在 $\Leftrightarrow$ $f'_+(x_0), f'_-(x_0)$ 都存在, 且 $f'_+(x_0) = f'_-(x_0)$.

若函数 $f(x)$ 的导数 $f'(x)$ 在点 x_0 可导, 则称 $f'(x)$ 在点 x_0 的导数为 $f(x)$ 在 x_0 的**二阶导数**, 记作 $f''(x_0)$, 即 $\lim_{x \to x_0} \dfrac{f'(x) - f'(x_0)}{x - x_0} = f''(x_0)$.

参数方程 $\begin{cases} x = \varphi(t) \\ y = \psi(t) \end{cases}$ $(\alpha \leqslant t \leqslant \beta)$ 确定的函数的二阶导函数为

$$\frac{d^2 y}{d x^2} = \frac{d}{d x}\left(\frac{d y}{d x}\right) = \frac{\dfrac{d}{d t}\left(\dfrac{\psi'}{\varphi'}\right)}{\dfrac{d x}{d t}} = \frac{\left(\dfrac{\psi'(t)}{\varphi'(t)}\right)'}{\varphi'(t)} = \frac{\psi''(t)\varphi'(t) - \psi'(t)\varphi''(t)}{[\varphi'(t)]^3}.$$

导数的四则运算:

$[u(x) \pm v(x)]' = u'(x) \pm v'(x).$

$[u(x) \cdot v(x)]' = u'(x)v(x) + u(x)v'(x).$

$(cv(x))' = cv'(x)$，其中 c 为常数．

$$\left[\frac{u(x)}{v(x)}\right]' = \frac{u'(x)v(x) - u(x)v'(x)}{v^2(x)}.$$

高阶导数的运算法则：$[u \pm v]^{(n)} = u^{(n)} \pm v^{(n)}$

莱布尼兹运算法则：$(u \cdot v)^{(n)} = \sum_{i=0}^{n} C_n^i u^{(n-i)} \cdot v^{(i)}$

2.1.2　微分的定义和性质

函数 $y = f(x)$ 定义在点 x_0 的某邻域 $u(x_0)$ 内．当给 x_0 一个增量 Δx，$x_0 + \Delta x \in U(x_0)$ 时，相应地得到函数的增量为 $\Delta y = f(x_0 + \Delta x) - f(x_0)$．如果存在常数 A，使得 Δy 能有

$$\Delta y = A\Delta x + o(\Delta x),$$

则称函数 $y = f(x)$ **在点 x_0 可微**，并称 $A\Delta x$ 为 $y = f(x)$ **在点 x_0 的微分**，记作

$$\mathrm{d}y\,|_{x=x_0} = A\Delta x \quad \text{或} \quad \mathrm{d}f(x)\,|_{x=x_0} = A\Delta x.$$

若 $y = f(x)$ 在区间上每一点都可微，则称 $y = f(x)$ 为区间上的可微函数，记作

$$\mathrm{d}y = A(x)\Delta x.$$

可微与可导的关系：函数 $y = f(x)$ 在点 x_0 可微 $\Leftrightarrow y = f(x)$ 在点 x_0 可导，而且 $A = f'(x_0)$．

2.1.3　利用导数的定义

【**例 2.1.1**】　若函数 $f(x) = \begin{cases} \ln(1+3x)-1, & x \geqslant 0; \\ ax+b, & x < 0. \end{cases}$ 在 $x = 0$ 处可导，则 $a = $ ＿＿＿．

（湖南师范大学 2022）

解　$f(x)$ 在 $x = 1$ 处可导，则 $f(x)$ 在 $x = 1$ 处连续，

所以 $\lim\limits_{x \to 0^+} f(x) = \lim\limits_{x \to 0^-} f(x)$，即 $-1 = b$，从而有：

$$\lim_{x \to 0^+} \frac{f(x) - f(0)}{x - 0} = \lim_{x \to 0^+} \frac{\ln(1+3x)}{x} = \lim_{x \to 0^+} \frac{3}{1+3x} = 3,$$

$$\lim_{x \to 0^-} \frac{f(x) - f(0)}{x - 0} = \lim_{x \to 0^+} \frac{ax}{x} = a,$$

即 $a = 3$．

【**例 2.1.2**】　设 $f(x) = \begin{cases} |x|, & x \neq 0, \\ 1, & x = 0 \end{cases}$ 证明：不存在一个函数以 $f(x)$ 为其导函数．

证明 用反证法,设 $g'(x) = f(x)$,则 $g'(x) = \begin{cases} x, & x > 0, \\ 1, & x = 0, \\ -x. & x < 0. \end{cases}$ （∗）

则当 $x > 0$ 时,$g(x) = \dfrac{1}{2}x^2 + C_1$;当 $x < 0$ 时,$g(x) = -\dfrac{1}{2}x^2 + C_2$.

由于 $g(x)$ 连续. ∴$C_1 = C_2 = g(0)$. 即 $g(x) = \begin{cases} \dfrac{1}{2}x^2 + C_1, & x > 0, \\ C_1, & x = 0, \\ -\dfrac{1}{2}x^2 + C_1, & x < 0. \end{cases}$

$$\lim_{x \to 0^+} \frac{g(x) - g(0)}{x} = \lim_{x \to 0^+} \frac{-\dfrac{1}{2}x^2}{x} = 0.$$

这与（∗）式矛盾.

【例 2.1.3】 $f(x)$ 在 $x = 1$ 附近有定义,且在 $x = 1$ 处可导.已知 $f(1) = 0, f'(1) = 2$,求 $\lim\limits_{x \to 0} \dfrac{f(\sin^2 x + \cos x)}{x^2 + x\tan x}$.（中南大学 2018）

解
$$\lim_{x \to 0} \frac{f(\sin^2 x + \cos x)}{x^2 + x\tan x} = \lim_{x \to 0} \frac{f(\sin^2 x + \cos x) - f(1)}{\sin^2 x + \cos x - 1} \cdot \lim_{x \to 0} \frac{\sin^2 x + \cos x - 1}{x^2 + x\tan x}$$

$$= \lim_{x \to 0} \frac{\cos x - \cos^2 x}{x^2} = \lim_{x \to 0} \frac{\cos x (1 - \cos x)}{x^2}$$

$$= \lim_{x \to 0} \frac{\dfrac{1}{2}x^2}{x^2} = \frac{1}{2}.$$

【例 2.1.4】 设函数 $f(x) = \begin{cases} x^2, & x \text{ 是}(-1,1) \text{ 中的有理数}; \\ 0, & x \text{ 是}(-1,1) \text{ 中的无理数}. \end{cases}$ 讨论 $f(x)$ 的可导性.（南昌大学 2020）

解 任取 $0 \neq x \in (-1,1)$,取数列 $\{r_n\} \subset (-1,1) \bigcap \mathbb{Q}$ 和 $\{s_n\} \subset (-1,1)/\mathbb{Q}$,使得 $\lim\limits_{n \to \infty} r_n = \lim\limits_{n \to \infty} s_n = x$.

故 $\lim\limits_{n \to \infty} f(r_n) = \lim\limits_{n \to \infty} r_n^2 = x^2$,$\lim\limits_{n \to \infty} f(s_n) = 0 \neq x^2$. 故 $\lim\limits_{y \to x} f(y)$ 不存在.

于是 f 在 x 不连续,当然也不可导.

任取 $0 \neq x \in (-1,1)$,有 $\left| \dfrac{f(x) - f(0)}{x} \right| = \left| \dfrac{f(x)}{x} \right| \leqslant |x| \to 0, x \to 0$

故 $\lim\limits_{x \to \infty} \left| \dfrac{f(x) - f(0)}{x} \right| = 0$,即 $\lim\limits_{x \to \infty} \dfrac{f(x) - f(0)}{x} = 0$,故 $f(x)$ 在 $x = 0$ 可导.

2.1.4　参数方程的导数

【例 2.1.5】 已知 $\begin{cases} x = \varphi(t) \\ y = \phi(t) \end{cases}$ 满足 $\varphi'(t) = \mathrm{e}^t + 1$，$\dfrac{\mathrm{d}^3 y}{\mathrm{d}x^3} = \mathrm{e}^t + 2t$，求 $\dfrac{\mathrm{d}^4 y}{\mathrm{d}x^4}$．（湖南大学 2020）

解　$\dfrac{\mathrm{d}^4 y}{\mathrm{d}x^4} = \dfrac{\mathrm{d}\left(\dfrac{\mathrm{d}^3 y}{\mathrm{d}x^3}\right)}{\mathrm{d}x} = \dfrac{\mathrm{d}\left(\dfrac{\mathrm{d}^3 y}{\mathrm{d}x^3}\right) / \mathrm{d}t}{\mathrm{d}x / \mathrm{d}t} = \dfrac{(\mathrm{e}^t + 2t)'}{\varphi'(t)} = \dfrac{\mathrm{e}^t + 2}{\mathrm{e}^t + 1}$．

【例 2.1.6】 设 $\begin{cases} x = 1 + t^2; \\ y = \cos t. \end{cases}$ 则 $\dfrac{\mathrm{d}^2 y}{\mathrm{d}x^2} = $ _____．（湖南师范大学 2022）

解　$\dfrac{\mathrm{d}y}{\mathrm{d}x} = \dfrac{(\cos t)'}{(1 + t^2)'} = -\dfrac{\sin t}{2t}$；

$\dfrac{\mathrm{d}^2 y}{\mathrm{d}x^2} = \dfrac{\left(-\dfrac{\sin t}{2t}\right)'}{(1 + t^2)'} = \dfrac{-\dfrac{2t\cos t - 2\sin t}{4t^2}}{2t} = \dfrac{\sin t - t\cos t}{4t^3}$．

【例 2.1.7】 设 $\begin{cases} x = t + \cos t, \\ \mathrm{e}^y + ty + \sin t = 1, \end{cases}$ 求 $\dfrac{\mathrm{d}y}{\mathrm{d}x}\bigg|_{t=0}$．（中南大学 2019）

解　将 $t = 0$，代入 $\mathrm{e}^y + ty + \sin t = 1$，解得：$y = 0$，并且在此方程两边对 t 求导得：

$\mathrm{e}^y \dfrac{\mathrm{d}y}{\mathrm{d}t} + y + t \dfrac{\mathrm{d}y}{\mathrm{d}t} + \cos t = 0$．

将 $t = 0$ 代入得，$\dfrac{\mathrm{d}y}{\mathrm{d}t}\bigg|_{t=0} = -1$，又因为 $\dfrac{\mathrm{d}x}{\mathrm{d}t}\bigg|_{t=0} = 1$，所以 $\dfrac{\mathrm{d}y}{\mathrm{d}x}\bigg|_{t=0} = -1$．

2.1.5　隐函数求导

【例 2.1.8】 设 $y = y(x)$ 由方程 $x^3 + 3x^2 y - 2y^3 = 2$ 所确定，求 $y(x)$ 的极值．（中南大学 2014）

解　方程两边关于 x 求导，可得

$$3x^2 + 6xy + 3x^2 y' - 6y^2 y' = 0. \tag{1}$$

两边再求导，可得

$$6x + 6y + 6xy' + 6xy' + 3x^2 y'' - 12yy'^2 - 6y^2 y'' = 0. \tag{2}$$

在(1)(2)中分别令 $y' = 0$，得到

$$3x^2 + 6xy = 0. \tag{3}$$

$$6x + 6y + 3(x^2 - 2y^2)y'' = 0. \tag{4}$$

解 方程组 $\begin{cases} x^3 + 3x^2y - 2y^3 = 2, \\ 3x^2 + 6xy = 0. \end{cases}$，可得 $\begin{cases} x = 0 \\ y = -1 \end{cases}$ 或 $\begin{cases} x = -2 \\ y = 1 \end{cases}$.

再由(4)可得在这两点 $y'' = -\dfrac{2x+2y}{x^2-2y^2}$，$y''(0) = -1 < 0$，故 $y(0) = -1$ 为极大值，$y''(-2) = 1 > 0$，故 $y(-2) = 1$ 为极小值.

【例 2.1.9】 设函数 $y = y(x)$ 由方程 $x^3 + y^3 + xy - 1 = 0$ 所确定，求极限 $\lim\limits_{x \to 0} \dfrac{3y+x-3}{x^3}$.（中南大学 2021）

解 在方程 $x^3 + y^3 + xy - 1 = 0$ 中代入 $x = 0$，可得 $y = 1$.

在方程 $x^3 + y^3 + xy - 1 = 0$ 两边求导，可得

$$3x^2 + 3y^2y' + y + xy' = 0. \tag{1}$$

在(1)中代入 $x = 0$ 和 $y(0) = 1$，可得 $y'(0) = -\dfrac{1}{3}$ 在(1)两边求导，可得

$$6x + 6yy'^2 + 3y^2y'' + 2y' + xy'' = 0. \tag{2}$$

在(2)中代入 $x = 0, y(0) = 1, y'(0) = -\dfrac{1}{3}$，可得 $y''(0) = 0$.

在(2)两边求导，可得

$$6 + 6y'^3 + 18yy'y'' + 3y^2y''' + 3y'' + xy''' = 0. \tag{3}$$

在(3)中代入 $x = 0, y(0) = 1, y'(0) = -\dfrac{1}{3}, y''(0) = 0$，可得 $y'''(0) = -\dfrac{52}{27}$.

由洛必达法则，

$$\lim_{x \to 0} \frac{3y+x-3}{x^3} = \lim_{x \to 0} \frac{3y'(x)+1}{3x^2} = \lim_{x \to 0} \frac{3y''(x)}{6x}$$

$$= \frac{1}{2} \lim_{x \to 0} \frac{y''(x) - y''(0)}{x} = \frac{y'''(0)}{2} = -\frac{26}{27}.$$

2.1.6 利用导数的四则运算

【例 2.1.10】 计算函数 $y = \sqrt[a]{x} + \sqrt[x]{a} + \sqrt[x]{x} + \sqrt[n]{a}\ (a > 0)$ 的导数 $\dfrac{\mathrm{d}y}{\mathrm{d}x}$.（南昌大学 2020）

解 $\dfrac{\mathrm{d}y}{\mathrm{d}x} = \dfrac{1}{a}x^{\frac{1}{a}-1} - \dfrac{1}{x^2}a^{\frac{1}{x}}\ln a + x^{\frac{1}{x}}\left(\dfrac{\ln x}{x}\right)'$

$= \dfrac{1}{a}x^{\frac{1}{a}-1} - \dfrac{1}{x^2}a^{\frac{1}{x}}\ln a + x^{\frac{1}{x}}\dfrac{1-\ln x}{x^2}.$

2.1.7　高阶导数的计算

【例 2.1.11】　设 $f(x) = \arctan x$，求 $f^{(n)}(0)$.

解　令 $g(x) = \dfrac{1}{1+x^2}$，则 $g(x) = 1 - x^2 + x^4 - x^6 + \cdots + (-1)^n x^{2n} + \cdots,\ |x| < 1.$

$\therefore n = 2k - 1$ 时，$g^{(n)}(0) = 0$；

$n = 2k$ 时，$g^{(n)}(0) = (-1)^k n! = (-1)^{\frac{n}{2}} n!$；

又 $\because f^{(n)}(0) = g^{(n-1)}(0)$，$\therefore f^{(n)}(0) = \begin{cases} 0, & n = 2k; \\ (-1)^{\frac{n-1}{2}} (n-1)!, & n = 2k - 1. \end{cases}$

【例 2.1.12】　设 $y = \dfrac{1}{\sqrt{1-x^2}} \arcsin x$，求 $y^{(n)}(0)$.

解　令 $f(x) = (\arcsin x)^2$，则 $f'(x) = 2\dfrac{\arcsin x}{\sqrt{1-x^2}}$.

$$\therefore (1-x^2) f'^2(x) = 4f(x),\text{解得 } f'(0) = 0,$$

上式两边求导可得

$$-xf'(x) + (1-x^2)f''(x) = 2,\text{解得 } f''(0) = 2.$$

应用莱布尼兹公式，对上式同时求 n 阶导数得

$$-xf^{(n-1)}(x) - nf^{(n)}(x) + (1-x^2)f^{(n+2)}(x) - 2nxf^{(n+1)}(x) - n(n-1)f^{(n)}(x) = 0.$$

$$f^{(n+2)}(0) = n^2 f^{(n)}(0),$$

$$f^{(2k+1)}(0) = 0 (k = 0,1,2,\cdots)$$

$\therefore f^{(2k)}(0) = (2k-2)^2 (2k-4)^2 \cdots 2^2 \cdot 2.$

因此，$y^{(n)} = \left[\dfrac{1}{2} f'(x)\right]^{(n)} = \dfrac{1}{2} f^{(n+1)}(x)$，

$$\therefore y^{(n)}(0) = \begin{cases} (2k-2)^2 (2k-4)^2 \cdots 2^2 \cdot 2, & \text{当 } n = 2k-1 \text{ 时}; \\ 0, & \text{当 } n = 2k \text{ 时}. \end{cases}$$

练习题

1. 设 $g(x)$ 是 $[-1,1]$ 上无穷次可微函数，$\exists M > 0$，使得 $|g^{(n)}(x)| \leqslant n! M$. 并且

$$g\left(\frac{1}{n}\right) = \ln(1 + 2n) - \ln n, \qquad n = 1,2,3,\cdots$$

求各阶导数 $g^{(k)}(0)$，$k = 0,1,2,\cdots$

2. 设函数 $f(x)$ 在 $(-\infty, +\infty)$ 上有定义,在区间 $[0,2]$ 上,$f(x) = x(x^2 - 4)$. 若对任意的 x 都满足 $f(x) = kf(x+2)$,其中 k 为常数.

(1) 写出 $f(x)$ 在 $[-2,0]$ 上的表达式;(2) 问 k 为何值时,$f(x)$ 在 $x = 0$ 处可导.

3. 设函数 $y = f(x)$ 由方程 $e^{2x+y} - \cos(xy) = e - 1$ 所确定,求曲线 $y = f(x)$ 在点 $(0,1)$ 处的法线方程.

4. 设函数 $f(x)$ 连续,$f'(0)$ 存在,并且对于任何的 $x, y \in \mathbb{R}$,

$$f(x+y) = \frac{f(x) + f(y)}{1 - 4f(x)f(y)}.$$

(1) 证明:$f(x)$ 在 $\mathbb{R}$ 上可导;(2) 若 $f'(0) = \dfrac{1}{2}$,求 $f(x)$.

5. 求证若函数 $f(x)$ 在 $[a,b]$ 上连续,且 $f(a) = f(b) = 0$,$f'_+(a)f'_-(b) > 0$,则在 (a,b) 内至少存在一点 c,使 $f(c) = 0$. (哈尔滨工业大学 2000、中国科学院 2005、中南大学 2012)

6. 已知 $f(x)$ 在 $x = 0$ 处连续且 $\lim\limits_{x \to 0} \dfrac{f(3x) - f(x)}{x} = A$,求证 $f'(0)$ 存在并求其值. (中国海洋大学 2021)

2.2 微分中值定理和导数的应用

2.2.1 中值定理的定义和性质

1. 罗尔中值定理

设 $f(x)$ 在 $[a,b]$ 连续,在 (a,b) 可导,且 $f(a) = f(b)$,则至少存在一点 $\xi \in (a,b)$,使得 $f'(\xi) = 0$.

2. 拉格朗日中值定理

设 $f(x)$ 在 $[a,b]$ 连续,在 (a,b) 可导,则至少存在一点 $\xi \in (a,b)$,使得 $f(b) - f(a) = f'(\xi)(b-a)$.

3. 柯西中值定理

设 $f(x), g(x)$ 在 $[a,b]$ 连续,在 (a,b) 可导,且 $g'(x) \neq 0$,则至少存在一点 $\xi \in (a,b)$,使得 $\dfrac{f(b) - f(a)}{g(b) - g(a)} = \dfrac{f'(\xi)}{g'(\xi)}$.

4. 泰勒中值定理

设 $f(x)$ 在 x_0 的某个邻域有 $n+1$ 阶导数,则在该邻域内有

$$f(x) = f(x_0) + f'(x_0)(x - x_0) + \frac{f''(x_0)}{2!}(x - x_0)^2 + \cdots + \frac{f^{(n)}(x_0)}{n!}(x - x_0)^n +$$

$R_n(x)$.

其中 Lagrange 型余项 $R_n(x) = \dfrac{f^{(n+1)}(\xi)}{(n+1)!}(x-x_0)^{n+1}$，Peano 型余项 $R_n(x) = o((x-x_0)^n)$.

常用几种函数的泰勒展开：

（1）$e^x = 1 + x + \dfrac{1}{2!}x^2 + \dfrac{1}{3!}x^2 + \cdots + \dfrac{1}{n!}x^n + \dfrac{e^\xi}{(n+1)!}x^{n+1}$；

（2）$\sin x = x - \dfrac{1}{3!}x^3 + \dfrac{1}{5!}x^5 - \cdots + (-1)^{n+1}\dfrac{1}{(2n-1)!}x^{2n-1} + (-1)^n \dfrac{\cos\xi}{(2n+1)!}x^{2n+1}$；

（3）$\cos x = 1 - \dfrac{1}{2!}x^2 + \dfrac{1}{4!}x^4 - \cdots + (-1)^n\dfrac{1}{(2n)!}x^{2n} + (-1)^{n+1}\dfrac{\sin\xi}{(2n+2)!}x^{2n-2}$；

（4）$\ln(1+x) = x - \dfrac{1}{2}x^2 + \dfrac{1}{3}x^2 + \cdots + (-1)^n\dfrac{1}{n}x^n + (-1)^{n-1}\dfrac{1}{(n+1)(1+\xi)^{n+1}}x^{n+1}$；

（5）$(1+x)^a = 1 + \alpha x + \dfrac{a(a-1)}{2!}x^2 + \cdots + \dfrac{\alpha(a-1)\cdots(a-n+1)}{n!}x^n + \dfrac{\alpha(\alpha-1)\cdots(\alpha-n)}{(n+1)!}(1+\xi)^{a-n-1}x^{n+1}$.

2.2.2　导数的应用

1. 严格单调的充分条件

设函数 f 在区间 I 上可微，若 $f'(x) > 0\,(f'(x) < 0)$，则 $f(x)$ 在区间 I 上严格递增（减）.

推论：设函数 f 在区间 (a,b) 内可导，且满足：

（1）对一切 $x \in (a,b)$，有 $f'(x) \geqslant 0\,(f'(x) \leqslant 0)$，

（2）在 (a,b) 内的任何子区间上 $f'(x) \neq 0$，

则 f 在 (a,b) 内严格递增（严格递减）.

2. 极值的第一充分条件

设 f 在点 x_0 连续，在某邻域 $\mathring{U}(x_0,\delta)$ 内可导.

（1）若当 $x \in (x_0-\delta, x_0)$ 时 $f'(x) \leqslant 0$，当 $x \in (x_0, x_0+\delta)$ 时 $f'(x) \geqslant 0$，则 f 在 x_0 取得极小值.

（2）若当 $x \in (x_0-\delta, x_0)$ 时 $f'(x) \geqslant 0$，当 $x \in (x_0, x_0+\delta)$ 时 $f'(x) \leqslant 0$，则 f 在 x_0 取得极大值.

3. 极值的第二充分条件

设 f 在 x_0 的某邻域 $\mathring{U}(x_0;\delta)$ 内一阶可导，在 $x = x_0$ 处二阶可导，且 $f'(x_0) = 0$，$f''(x_0) \neq 0$.

（1）若 $f''(x_0) < 0$，则 f 在 x_0 取得极大值；

（2）若 $f''(x_0) > 0$，则 f 在 x_0 取得极小值.

4. 极值的第三充分条件

设 f 在 x_0 的某邻域内存在直到 $n-1$ 阶导数，在 x_0 处 n 阶可导，且 $f^{(k)}(x_0) = 0$，$k = 1, 2, \cdots, n-1$，$f^{(n)}(x_0) \neq 0$，则

（1）当 n 为偶数时，f 在 x_0 取得极值，且当 $f^{(n)}(x_0) < 0$ 时取极大值，$f^{(n)}(x_0) > 0$ 时取极小值；

（2）当 n 为奇数时，f 在 x_0 处不取极值.

5. 凸凹性的重要结论

设 f 为区间 I 上的二阶可导函数，则在 I 上 f 为凸（凹）函数的充要条件是 $f''(x) \geqslant 0 (f''(x) \leqslant 0)$，$x \in I$.

设曲线 $y = f(x)$ 在点 $(x_0, f(x_0))$ 处有穿过曲线的切线，且在切点近旁，曲线在切线的两侧分别是严格凸和严格凹的，这时称点 $(x_0, f(x_0))$ 为曲线 $y = f(x)$ 的**拐点**.

注：拐点是曲线凸和凹曲线的分界点.

6. 拐点的重要结论

若 f 在 x_0 二阶可导，则 $(x_0, f(x_0))$ 为曲线 $y = f(x)$ 的拐点的充要条件是 $f''(x_0) = 0$.

7. 拐点的重要判定定理

设 f 在 x_0 可导，在某邻域 $\mathring{U}(x_0)$ 内二阶可导，若在 $\mathring{U}_+(x_0)$ 和 $\mathring{U}_-(x_0)$ 上 $f''(x)$ 的符号相反，则 $(x_0, f(x_0))$ 为曲线 $y = f(x)$ 的拐点.

2.2.3 中值定理的应用

【例 2.2.1】 若 $\bar{A}$ 表示区域 A 的闭包，$\bar{A}$ 有界，且 $f(x)$ 在 $\bar{A}$ 上连续，在 A 上可导，对 $\forall x \in \bar{A} \backslash A$ 有 $f(x) = 0$. 证明：存在 $\theta \in A$ 使得 $f'(\theta) = 0$.（北京师范大学 2020）

证明 $f(x)$ 在 $\bar{A}$ 上连续，故 $f(x)$ 在 $\bar{A}$ 上必有最大值和取小值. 对 $\forall x \in \bar{A} \backslash A$ 有 $f(x) = 0$，故 $f(x)$ 在 $\bar{A}$ 上的最大值和最小值必有一个能在 A 内取得. 不妨设 $f(x)$ 在 $\bar{A}$ 上的最大值可以在 $\theta \in A$ 取得，则 $f(x)$ 在 $\theta \in A$ 取得了极大值. $f(x)$ 在 A 上可导，由费马引理，$f'(\theta) = 0$.

【例 2.2.2】 已知函数 $f(x)$ 在 a 点二阶可导，$f''(a) \neq 0$，若当 h 充分小时 $(h > 0)$，有 $f(a+h) - f(a) = f'(a + \theta h)h$，证明：$\theta$ 满足 $\lim\limits_{h \to 0^+} \theta(h) = \dfrac{1}{2}$.（湖南大学 2021）

证明 由于 $f''(a)$ 存在，所以 $f(x)$ 在 a 的某邻域可导.

进而当 h 充分小时，根据拉格朗日中值定理有

$$f(a+h)-f(a)=f'(a+\theta_h h)h,$$

其中 $\theta_h \in (0,1)$.

另一方面,由泰勒定理有

$$f(a+h)=f(a)+f'(a)h+\frac{f''(a)}{2}h^2+o(h^2)(h\to 0),$$

所以 $f'(a+\theta_h h)h = f'(a)h+\dfrac{f''(a)}{2}h^2+o(h^2)$.

$$\frac{f'(a+\theta_h h)h-f'(a)h}{h^2}=\frac{f''(a)}{2}+\frac{o(h^2)}{h^2}.$$

$$\frac{f'(a+\theta_h h)-f'(a)}{h\theta_h}\theta_h=\frac{f''(a)}{2}+\frac{o(h^2)}{h^2}.$$

上式两端关于 $h\to 0$ 取极限,由二阶导数的定义有 $f''(a)\lim\limits_{h\to 0}\theta_h=\dfrac{f''(a)}{2}$.

再由 $f''(a)\neq 0$ 可知 $\lim\limits_{h\to 0}\theta=\dfrac{1}{2}$.

【例 2.2.3】 设 $f(x)$ 在 $(-\infty,+\infty)$ 上具有二阶导数,且 $f''(x)>0$,$\lim\limits_{x\to+\infty}f'(x)=\alpha>0$,$\lim\limits_{x\to-\infty}f'(x)=\beta<0$,又存在 x_0,使得 $f(x_0)<0$,证明:方程 $f(x)=0$ 在 $(-\infty,+\infty)$ 内恒有两个根.（中南大学 2018）

证明 $\because \lim\limits_{x\to+\infty}f'(x)=\alpha>0$,存在 $X_1>x_0$,使得对任意 $x>X_1$,恒有

$$f'(x)>\frac{1}{2}\alpha>0;$$

$\because \lim\limits_{x\to-\infty}f'(x)=\beta<0$,存在 $X_2<x_0$,使得对任意 $x<X_2$,恒有

$$f'(x)<\frac{1}{2}\beta<0.$$

由拉格朗日中值定理,对任意 $x>X_1$,存在 $\xi\in(X_1,x)$,使得

$$f(x)=f(X_1)+f'(\xi)(x-X_1)>f(X_1)+\frac{1}{2}\alpha(x-X_1).$$

同理对任意 $x<X_2$,存在 $\eta\in(x,X_2)$,使得

$$f(x)=f(X_2)+f'(\eta)(x-X_2)>f(X_2)+\frac{1}{2}\beta(x-X_2).$$

$\because \lim\limits_{x\to+\infty}\left[f(X_1)+\dfrac{1}{2}\alpha(x-X_1)\right]=\lim\limits_{x\to-\infty}\left[f(X_2)+\dfrac{1}{2}\beta(x-X_2)\right]=+\infty$,

又 $\because \exists x_1>X_1,x_2<X_2,\text{s.t.}\,f(x_1)>0,f(x_2)>0$.

又 $f(x_0)<0$,由零点定理,$f(x)=0$ 至少有两个根.

因 $f''(x)>0$,故 $f''(x)$ 没有零点,故 $f(x)=0$ 至多有两个根.

综上所述,方程 $f(x)=0$ 在 $(-\infty,+\infty)$ 内恒有两个根.

【例 2.2.4】 已知函数 $f(x)$ 在 $(-\infty,+\infty)$ 上可导,且 $2f'(x)+f(x)>0$,证明函数 $f(x)$ 在 $(-\infty,+\infty)$ 上至多一个零点.(湖南师范大学 2022)

证明 若函数 $f(x)$ 在 $(-\infty,+\infty)$ 上有两个或两个以上的零点,不妨设 x_1,x_2 为 $f(x)$ 的两个零点. 令 $F(x)=\mathrm{e}^{\frac{x}{2}}f(x)$,则 $F(x)$ 在 $(-\infty,+\infty)$ 上可导,

且 $F'(x)=\dfrac{1}{2}\mathrm{e}^{\frac{x}{2}}(2f'(x)+f(x)),F(x_1)=F(x_2)=0,$

则由罗尔中值定理,知存在 $\xi\in(x_1,x_2)$ 使得

$$F'(\xi)=\frac{1}{2}\mathrm{e}^{\frac{x}{2}}(2f'(\xi)+f(\xi))=0,$$

即有 $2f'(\xi)+f(\xi)=0$,这与 $2f'(x)+f(x)>0$ 矛盾,
故函数 $f(x)$ 在 $(-\infty,+\infty)$ 上至多一个零点.

【例 2.2.5】 函数 $f(x)$ 在闭区间 $[a,b]$ 可导,且满足 $f'(a)f'(b)<0$,试证存在 $\xi\in(a,b)$,使得 $f'(\xi)=0$.

证明 不妨假设 $f'(a)>0$,则 $f'(b)<0$. 由于 $f(x)$ 在闭区间 $[a,b]$ 上可导,故连续,因此,$f(x)$ 在 $[a,b]$ 上总有最大值和最小值.

$\because f'(a)=\lim\limits_{x\to a^+}\dfrac{f(x)-f(a)}{x-a}>0.$ 于是,存在 $\delta_1>0$,当 $a<x<a+\delta_1$,有

$$\frac{f(x)-f(a)}{x-a}>0,\ 即\ f(x)>f(a).$$

因此,$f(a)$ 不是 $f(x)$ 在 $[a,b]$ 的最大值.

$\because f'(b)=\lim\limits_{x\to b^-}\dfrac{f(x)-f(b)}{x-b}<0,$ 于是,存在 $\delta_2>0$,当 $b-\delta_2<x<b$,有

$$\frac{f(x)-f(b)}{x-b}<0,\ 即\ f(x)>f(b).$$

因此,$f(b)$ 也不是 $f(x)$ 在 $[a,b]$ 的最大值.
因此,$f(x)$ 只能在 (a,b) 中取得最大值. 设 $\xi\in(a,b)$ 使得,$f(\xi)=\max\limits_{x\in(a,b)}f(x)$
由费马引理,有 $f'(\xi)=0$.

【例 2.2.6】 (1) 若 $f(x)$ 在 $[a,b]$ 上可导,且 $f'(a)\neq f'(b),c$ 为介于 $f'(a)$ 与 $f'(b)$ 之间的一切数,证明:至少存在一点 $\xi\in(a,b)$,使得 $f'(\xi)=c$.

(2) 已知 $f(0)=0,f(1)=2\,020,f'(0)=2\,012$,证明:存在 $\xi\in(0,1)$,使得 $f'(\xi)=2\,019.$(中南大学 2020)

证明 (1) $f(x)$ 在 $[a,b]$ 上可导,且 $f'(a)\neq f'(b),c$ 为介于 $f'(a)$ 与 $f'(b)$ 之间的一切数. 令 $F(x)=f(x)-cx$,则 $F(x)$ 在 $[a,b]$ 上可导,且

$$F'(a)F'(b)=[f'(a)-c][f'(b)-c]<0.$$

由上题知,至少存在一点 $\xi \in (a,b)$,使得 $F'(\xi) = 0$,即 $f'(\xi) = c$.

(2) $f(0) = 0, f(1) = 2\,020$,由拉格朗日中值定理,存在 $c \in (0,1)$,使得 $f'(c) = f(1) - f(0) = 2\,020$. 又 $f(0) = 2\,012$,所以 $f'(0) < 2\,019 < f'(c)$. 由 (1),存在 $\xi \in (0,c)$,使得 $f'(c) = 2\,019$.

【例 2.2.7】　若 $f(x)$ 在 $[0,1]$ 上连续,在 $(0,1)$ 上可导,且 $f(0) = 0, f(1) = 1$.

证明:(1) $\exists x_0 \in (0,1)$ 使得 $f(x_0) = 2 - 3x_0$;

(2) $\exists \xi, \eta \in (0,1)$ 使得 $(1 + f'(\xi))(1 + f'(\eta)) = 4$. $(\xi \neq \eta)$. (中南大学 2022)

证明　(1) 令 $F(x) = f(x) - 2 + 3x$,则 $F(x)$ 在 $[0,1]$ 上连续,且 $F(0) = -2, F(1) = 2$. 根据连续函数的介值定理,存在 $x_0 \in (0,1)$ 使得 $F(x_0) = 0$,即 $f(x_0) = 2 - 3x_0$.

(2) 在区间 $[0, x_0], [x_0, 1]$ 上利用拉格朗日中值定理,存在 $\xi, \eta \in (0,1)$,且 $\xi \neq \eta$,使得

$$\frac{f(x_0) - f(0)}{x_0 - 0} = \frac{2 - 3x_0}{x_0} = f'(\xi), \frac{f(x_0) - f(1)}{x_0 - 1} = \frac{1 - 3x_0}{x_0 - 1} = f'(\eta).$$

所以,

$$[1 + f'(\xi)][1 + f'(\eta)] = \left[1 + \frac{2 - 3x_0}{x_0}\right]\left[1 + \frac{1 - 3x_0}{x_0 - 1}\right]$$

$$= \frac{2(1 - x_0)}{x_0} \cdot \frac{-2x_0}{x_0 - 1} = 4.$$

【例 2.2.8】　$f(x)$ 在 $(0, +\infty)$ 可导,且 $\lim\limits_{x \to +\infty} f'(x) = 0$,证明 $\lim\limits_{x \to +\infty} \dfrac{f(x)}{x} = 0$. (中南大学 2022)

证明　因为 $\lim\limits_{x \to +\infty} f'(x) = 0$,所以对 $\forall \varepsilon > 0, \exists M > 0$,使得对任意的 $x > M$ 有

$$|f'(x)| < \frac{1}{2}\varepsilon.$$

在 $[M, x]$ 上,$f(x)$ 满足拉格朗日中值定理条件,所以 $\exists \xi \in (M, x)$,使得 $\dfrac{f(x) - f(M)}{x - M} = f'(\xi)$,即 $f(x) = f(M) + f'(\xi)(x - M)$,所以,

$$\left|\frac{f(x)}{x}\right| \leqslant \left|\frac{f(M)}{x}\right| + \frac{1}{2}\varepsilon\left(1 - \frac{M}{x}\right) < \left|\frac{f(M)}{x}\right| + \frac{1}{2}\varepsilon.$$

又因为 M 固定,所以 $\lim\limits_{x \to +\infty} \dfrac{f(M)}{x} = 0$,故对上述 $\varepsilon > 0, \exists M' > M$,使得当 $x > M'$ 时,$\left|\dfrac{f(M)}{x}\right| < \dfrac{1}{2}\varepsilon$,即有 $\left|\dfrac{f(x)}{x}\right| < \left|\dfrac{f(M)}{x}\right| + \dfrac{1}{2}\varepsilon < \varepsilon$.

从而 $\lim\limits_{x \to +\infty} \dfrac{f(x)}{x} = 0$.

【例 2.2.9】　已知函数 $f(x)$ 在区间 $[0,1]$ 上具有二阶连续导数,且满足

$$f(0) = f(1), |f''(x)| \leqslant M.$$

试证:对一切 $x \in [0,1]$,有 $|f'(x)| \leqslant \dfrac{M}{2}$.(湖南大学 2022)

证明　由题意将 $f(x)$ 在任一点 x_0 处进行泰勒展开得:

$$f(x) = f(x_0) + f'(x_0)(x - x_0) + \frac{1}{2}f''(\xi)(x - x_0)^2,\text{其中 }\xi\text{ 在 }x,x_0\text{ 之间}.$$

令 $x = 0$,则 $\exists \xi_1, 0 < \xi_1 < x_0 \leqslant 1$,使得:

$$f(0) = f(x_0) - f'(x_0)x_0 + \frac{1}{2}f''(\xi_1)x_0^2.$$

令 $x = 1$,则 $\exists \xi_2, 0 < x_0 < \xi_2 \leqslant 1$,使得:

$$f(1) = f(x_0) + f'(x_0)(1 - x_0) + \frac{1}{2}f''(\xi_2)(1 - x_0)^2.$$

将上面两式相减,结合 $f(0) = f(1)$ 得:

$$f'(x_0) = \frac{1}{2}\big[f''(\xi_1)x_0^2 - f''(\xi_2)(1 - x_0)^2\big].$$

又 $x \in (0,1)$ 时 $|f''(x)| \leqslant M$,所以

$$|f'(x_0)| \leqslant \frac{M}{2}\big[x_0^2 + (1 - x_0)^2\big] = \frac{M}{2}(2x_0^2 - 2x_0 + 1) \leqslant \frac{M}{2},$$

由 x_0 的任意性知,对一切 $x \in [0,1]$,有 $|f'(x)| \leqslant \dfrac{M}{2}$.

【例 2.2.10】　设 $f(x)$ 在 $[0,1]$ 上二阶连续可微,且 $f(0) = f(1) = 0, \min\limits_{x \in [0,1]} f(x) = -1$,证明:存在 $\xi \in (0,1)$,使得 $f''(\xi) \geqslant 8$.(南京师范大学 2021)

证明　设 $f(x_0) = \min f(x) = -1$,则 $f'(x_0) = 0, x \in (0,1)$.
那么由泰勒公式,存在 $\xi, \eta \in (0,1)$,使得

$$f(1) = f(x_0) + f'(x_0)(1 - x_0) + \frac{1}{2}f''(\xi)(1 - x_0)^2,$$

$$f(0) = f(x_0) + f'(x_0)(0 - x_0) + \frac{1}{2}f''(\eta)(0 - x_0)^2,$$

因此,$f''(\xi) = \dfrac{2}{(1 - x_0)^2}, f''(\eta) = \dfrac{2}{x_0^2}$,又 $0 < x_0 < 1, 0 < 1 - x_0 < 1, 1 - x_0 + x_0 = 1$,故 $1 - x_0$ 与 x_0 至少有一个不大于 $\dfrac{1}{2}$,不妨设 $0 < 1 - x_0 \leqslant \dfrac{1}{2}$,那么 $f''(\xi) = \dfrac{2}{(1 - x_0)^2} \geqslant 8$.

【例 2.2.11】　已知函数 $f(x)$ 在闭区间 $[0,1]$ 上二阶可导,$f(0) = f(1)$,并且对任意 $x \in (0,1)$,有 $|f''(x)| \leqslant 2$,证明:当 $x \in (0,1)$ 时,有 $|f'(x)| \leqslant 1$.(南昌大学 2020)

证明　由泰勒公式,存在 $\xi \in (0,x)$ 和 $\eta \in (x,1)$,使得

$$f(0) = f(x) - f'(x)x + \frac{f''(\xi)}{2}x^2,$$

$$f(1) = f(x) + f'(x)(1-x) + \frac{f''(\eta)}{2}(1-x)^2,$$

而 $f(0) = f(1)$,则

$$f'(x) = \frac{f''(\xi)}{2}x^2 - \frac{f''(\eta)}{2}(1-x)^2.$$

由于对任意 $x \in (x,1)$,有 $|f''(x)| \leqslant 2$,故

$$|f'(x)| \leqslant \frac{|f''(\xi)|}{2}x^2 + \frac{|f''(\eta)|}{2}(1-x)^2$$

$$< x^2 + (1-x)^2 + 2x(1-x) = 1.$$

故 $|f'(x)| < 1$,当然也成立 $|f'(x)| \leqslant 1$.

【例 2.2.12】　设 $f(x)$ 为 $(-\infty, +\infty)$ 上的二次可微函数,且 $M_k = \sup\limits_{x \in \mathbb{R}} |f^{(k)}(x)| < +\infty (k = 0, 2)$,其中 $f^{(0)}$ 表示 $f(x)$. 证明:$M_1 = \sup\limits_{x \in \mathbb{R}} |f'(x)| < +\infty$ 且 $M_1^2 \leqslant 2M_0 M_2$.

(郑州大学 2021)

证明　对任意的 $x \in \mathbb{R}, h > 0$,由泰勒定理可知存在 $\xi \in (x, x+h), \eta \in (x-h, x)$,使得

$$f(x+h) = f(x) + f'(x)h + \frac{f''(\xi)}{f^2}h^2,$$

$$f(x-h) = f(x) - f'(x)h + \frac{f''(\eta)}{2}h^2.$$

两式相减可得

$$f(x+h) - f(x-h) = 2f'(x)h + \frac{h^2}{2}[f''(\xi) - f''(\eta)].$$

从而

$$|f'(x)| \leqslant \frac{1}{2h}[|f(x+h)| + |f(x-h)|] \qquad (*)$$

$$+ \frac{h}{4}[|f''(\xi)| + |f''(\eta)|] \leqslant \frac{M_0}{h} + \frac{hM_2}{2}.$$

当 $M_2 \neq 0$ 时,由平均值不等式可知 $\dfrac{M_0}{h} + \dfrac{hM_2}{2} \geqslant \sqrt{2M_0 M_2}$,仅当 $h = \sqrt{\dfrac{2M_0}{M_2}}$ 时取等号,所以对 $(*)$ 式取 $h = \sqrt{\dfrac{2M_0}{M_2}}$,就有 $|f'(x)| \leqslant \sqrt{2M_0 M_2}$,进而 $M_1 \leqslant \sqrt{2M_0 M_2}$,即 $M_1^2 \leqslant 2M_0 M_2$;

当 $M_2 = 0$ 时，$f'(x) \equiv C$，$f(x) = Cx + b$，又因为 $f(x)$ 有界，所以 $C = 0$，即证.

【例 2.2.13】 已知 $0 < a < b$，$f(x)$ 在 $[a,b]$ 上连续，在 (a,b) 内可导. 求证：存在 $\xi, \eta \in (a,b)$，使得 $f'(\xi) = \dfrac{a+b}{2\eta} f'(\eta)$. (南昌大学 2019)

证明 $f(x)$ 在 $[a,b]$ 上连续，在 (a,b) 内可导，由拉格朗日中值定理，存在 $\xi \in (a,b)$，使得 $f'(\xi) = \dfrac{f(b) - f(a)}{b - a}$，$0 < a < b$. 令 $g(x) = x^2$，则 $g(x)$ 在 $[a,b]$ 上连续，在 (a,b) 内可导，且 $g'(x) = 2x \neq 0$，由柯西中值定理有

$$\frac{f(b) - f(a)}{b^2 - a^2} = \frac{f(b) - f(a)}{g(b) - g(a)} = \frac{f'(\eta)}{g'(\eta)} = \frac{f'(\eta)}{2\eta}.$$

故 $f'(\xi) = \dfrac{\dfrac{f'(\eta)}{2\eta}(b^2 - a^2)}{b - a}$，即 $f'(\xi) = \dfrac{a+b}{2\eta} f'(\eta)$.

【例 2.2.14】 设 $f(x) \in C^2[a,b]$，且 $f''(x) < 0$，证明：

$$\frac{f(a) + f(b)}{2} < \frac{1}{b - a} \int_a^b f(x) \mathrm{d}x. \quad (\text{中南大学 2021})$$

证明 构造辅助函数

$$F(x) = (x - a) \frac{f(a) + f(x)}{2} - \int_a^x f(t) \mathrm{d}t \quad (a \leqslant x \leqslant b),$$

则 $F(a) = 0$，并且

$$F'(x) = \frac{f(a) + f(x)}{2} + \frac{x - a}{2} f'(x) - f(x)$$

$$= \frac{x - a}{2} \left(f'(x) - \frac{f(x) - f(a)}{x - a} \right).$$

对于每个 $x \in (a,b)$，由拉格朗日中值定理，存在 $\xi \in (a,x)$ 使得

$$\frac{f(x) - f(a)}{x - a} = f'(\xi),$$

所以

$$F'(x) = \frac{x - a}{2} (f'(x) - f'(\xi)).$$

因为由假设 $f''(x) < 0$ 可知 $f'(x)$ 是 (a,b) 上的严格单调减函数，所以 $f'(\xi) > f'(x)$，因而 $F'(x) < 0$；进而可知 $F(x)$ 在 (a,b) 上严格单调减少，于是 $F(b) < F(a) = 0$，即

$$(b - a) \frac{f(a) + f(b)}{2} - \int_a^b f(t) \mathrm{d}t < 0 \Rightarrow \frac{f(a) + f(b)}{2} < \frac{1}{b - a} \int_a^b f(x) \mathrm{d}x.$$

【例 2.2.15】　设函数 $f(x)$ 在 $[0,+\infty)$ 连续,在 $(0,+\infty)$ 可导,若 $\lim\limits_{x\to+\infty}f(x)=f(0)$,证明:存在 $\xi\in(0,+\infty)$,使得 $f'(\xi)=0$.(北京理工大学 2021)

证明　反证法. 若 $\forall x>a,f'(x)\neq0$,则由导数介值定理知,要么

$\forall x>a,f'(x)>0$,要么 $\forall x>a,f'(x)<0$. 不妨设 $\forall x>a,f'(x)>0$ 成立,则由拉格朗日中值定理,

$$f(a+1)-f\left(a+\frac{1}{n}\right)=f'(\xi_n)\left(1-\frac{1}{n}\right)>0(n\geqslant2)$$

$$\Rightarrow f(a+1)\geqslant\lim_{n\to\infty}f\left(a+\frac{1}{n}\right)=f(a)(n\to\infty).$$

且 $f(a+2)-f(a+1)=f'(\eta)>0$. 进一步有,

$$\forall x>a+2,f(x)-f(a+2)=f'(\zeta_x)(x-(a+2))>0$$

$$\Rightarrow \lim_{x\to+\infty}f(x)\geqslant f(a+2)>f(a+1)\geqslant f(a),$$

这与题设矛盾. 故存在 $\xi\in(0,+\infty)$,使得 $f'(\xi)=0$.

【例 2.2.16】　已知 $f(x)\in C[0,1]$,二阶导数连续,且 $f(0)=f(1)=0$. 对于 $\forall x\in[0,1]$,均有 $|f''(x)|\leqslant A$,证明:$|f'(x)|\leqslant\dfrac{A}{2}$.(湖南大学 2020)

证明　由泰勒定理可知对每个 $x\in(0,1)$,存在 $\xi\in(0,x)$ 与 $\eta\in(x,1)$,使得

$$\begin{cases}0=f(0)=f(x)+f'(x)(0-x)+\dfrac{f''(\xi)}{2}(0-x)^2,\\[2mm]0=f(1)=f(x)+f'(x)(1-x)+\dfrac{f''(\eta)}{2}(1-x)^2,\end{cases}$$

上述两式相减得

$$0=f'(x)+\frac{f''(\eta)}{2}(1-x)^2-\frac{f''(\xi)}{2}x^2.$$

从而结合 $|f''(x)|\leqslant A$ 有

$$|f'(x)|=\left|\frac{f''(\xi)}{2}x^2-\frac{f''(\eta)}{2}(1-x)^2\right|$$

$$\leqslant\frac{A}{2}[x^2+(1-x)^2]=\frac{A}{2}\left[2\left(x-\frac{1}{2}\right)^2+\frac{1}{2}\right]$$

$$\leqslant\frac{A}{2}\left(\frac{1}{2}+\frac{1}{2}\right)=\frac{A}{2}.$$

最后再结合 $f'(x)$ 的连续性,可知对任意的 $x\in[0,1]$,均有 $|f'(x)|\leqslant\dfrac{A}{2}$.

【例 2.2.17】　设 $f(x)$ 在 $[a,b]$ 上二阶可导,$f'(a)=f'(b)=0$. 证明:存在 $\xi\in(a,b)$,使得

$$|f''(\xi)|\geqslant \frac{4}{(b-a)^2}|f(b)-f(a)|. \text{（中国人民大学 2022）}$$

证明　由泰勒定理，对每个 $x\in(a,b)$，均存在对应的 $\xi,\eta\in(a,b)$，使得

$$f(x)=\begin{cases}f(a)+f'(a)(x-a)+\dfrac{f''(\xi)}{2!}(x-a)^2,\\[2mm]f(b)+f'(b)(x-b)+\dfrac{f''(\eta)}{2!}(x-b)^2,\end{cases}$$

结合 $f'(a)=f'(b)=0$，上面两式相减就有

$$|f(b)-f(a)|=\left|\frac{1}{2}f''(\xi)(x-a)^2-\frac{1}{2}f''(\eta)(x-b)^2\right|. \tag{1}$$

令 $x=\dfrac{a+b}{2}$，此时 $(x-a)^2=(x-b)^2=\dfrac{(b-a)^2}{4}$. 代入到(1)式可得

$$|f(b)-f(a)|=\left|\frac{1}{2}f''(\xi)-\frac{1}{2}f''(\eta)\right|\cdot\frac{(b-a)^2}{4}=\frac{1}{8}(b-a)^2\cdot|f''(\xi)-f''(\eta)|.$$

不妨设 $|f''(\xi)|\geqslant|f''(\eta)|$，那么 $|f''(\xi)-f''(\eta)|\leqslant|f''(\xi)|+|f''(\eta)|\leqslant 2f''(\xi)$，

于是 $|f(b)-f(a)|\leqslant\dfrac{1}{8}(b-a)^2\cdot 2|f''(\xi)|=\dfrac{1}{4}(b-a)^2\cdot|f''(\xi)|$. 即 $|f''(\xi)|\geqslant$

$$\frac{4}{(b-a)^2}|f(b)-f(a)|.$$

【例 2.2.18】　设 $f(x)$ 在 $[0,1]$ 上存在二阶导数，且 $f(0)=f(1)=0$，$\min\limits_{x\in[0,1]}f(x)=-1$，证明：存在 $\xi\in(0,1)$，使得 $f''(\xi)\leqslant 8$. （中南大学 2011）

证明　依据题意，可设 $x_0\in(0,1)$，使得 $f(x_0)=\min\limits_{x\in[0,1]}f(x)=-1$，

于是，$f'(x_0)=0$. 存在 $c_1\in(0,x_0)$ 和 $c_2\in(x_0,1)$，使得

$$f(0)=f(x_0)-f'(x_0)x_0+\frac{f''(c_1)}{2!}x_0^2,$$

$$f(1)=f(x_0)+f'(x_0)(1-x_0)+\frac{f''(c_2)}{2!}(1-x_0)^2.$$

即 $0=-1+\dfrac{f''(c_1)}{2!}x_0^2,0=-1+\dfrac{f''(c_2)}{2!}(1-x_0)^2$，

故 $f''(c_1)=\dfrac{2}{x_0^2},f''(c_2)=\dfrac{2}{(1-x_0)^2}$.

如果 $\dfrac{1}{2}\leqslant x_0<1$，则 $f''(c_1)=\dfrac{2}{x_0^2}\leqslant 8$，取 $\xi=c_1$；

如果 $0<x_0<\dfrac{1}{2}$，则 $f''(c_2)=\dfrac{2}{(1-x_0)^2}<8$，取 $\xi=c_2$.

总之,存在 $\xi \in (0,1)$,使得 $f''(\xi) \leqslant 8$.

【例 2.2.19】　证明不等式 $\tan x + 2\sin x > 3x$,$x \in \left(0, \dfrac{\pi}{2}\right)$.（中国海洋大学）

证明　设 $f(x) = \tan x + 2\sin x - 3x$,则 $f(0) = 0$ 且 $x \in \left(0, \dfrac{\pi}{2}\right)$ 时,

$$f'(x) = \sec^2 x + 2\cos x - 3.$$

$\therefore f'(0) = 0$ 且 $x \in \left(0, \dfrac{\pi}{2}\right)$ 时　$f''(x) = \dfrac{2\sin x(1 - \cos^3 x)}{\cos^3 x} > 0.$

$\therefore \forall x \in \left(0, \dfrac{\pi}{2}\right), f'(x) = f''(\xi)(x - 0) + f'(0) > 0, \xi \in (0, x).$

$\therefore \forall x \in \left(0, \dfrac{\pi}{2}\right), f(x) = f'(\xi)(x - 0) + f(0) > 0, \xi \in (0, x).$

故结论成立.

【例 2.2.20】　解方程 $4^x + 6^{x^2} = 5^x + 5^{x^2}$.

解　显然 $x = 0, x = 1$ 是方程 $4^x + 6^{x^2} = 5^x + 5^{x^2}$ 的解.

若 x 是方程的解,设 $f(t) = t^{x^2} + (10 - t)^x$,则 $f(5) = f(6)$.

故存在 $c \in (5, 6), f'(c) = 0. \therefore x^2 c^{x^2 - 1} - x(10 - c)^{x - 1} = 0.$

$\therefore x c^{x^2 - 1} = (10 - c)^{x - 1}.$

(1) 若 $x > 1$,则 $x c^{x^2 - 1} > c^{x^2 - 1} > c^{x - 1} > (10 - c)^{x - 1}.$ $(c > 5)$. 不成立.

(2) 若 $0 < x < 1$,则 $x c^{x^2 - 1} < x c^{x - 1}.$ $(x^2 - 1 < x - 1)$

设 $g(x) = \left(\dfrac{10 - c}{c}\right)^{x - 1} - x$,则 $g(1) = 0.$

又 $g'(x) = \ln \dfrac{10 - c}{c} \left(\dfrac{10 - c}{c}\right)^{x - 1} - 1 < 0.$ 所以 $0 < x < 1$ 时 $g(x) > 0.$

于是 $x c^{x^2 - 1} < x c^{x - 1} < (10 - c)^{x - 1}.$ 不成立.

(3) 若 $x < 0$,显然,左边为负数,右边为正数,不成立.

由(1)(2)(3)知方程的解为 $x = 0, 1$.

【例 2.2.21】　设函数 $f(x)$ 在 $(-1, 1)$ 上二阶导数存在且连续,$f(0) = f'(0) = 0$,$f''(0) \neq 0$,对于 $x \in (-1, 1)$,u 为 $f(x)$ 在 $(x, f(x))$ 处的切线与 x 轴的交点的横坐标,

求 $\lim\limits_{x \to 0} \dfrac{uf(x)}{xf(u)}$.（重庆大学 2021）

解　$\lim\limits_{t \to 0} \dfrac{f(t)}{t^2} = \lim\limits_{t \to 0} \dfrac{f'(t)}{2t} = \dfrac{f''(0)}{2}.$

$f(x)$ 在 $(x, f(x))$ 处的切线为 $Y - f(x) = f'(x)(X - x).$

令 $Y = 0$ 得 $u = x - \dfrac{f(x)}{f'(x)}.$ 故

$$\lim_{x \to 0} \frac{uf(x)}{xf(u)} = \lim_{x \to 0} \left[\frac{x}{u} \cdot \frac{f(x)}{x^2} \cdot \frac{1}{\dfrac{f(u)}{u^2}} \right]$$

$$= \lim_{x \to 0} \frac{x}{u} \cdot \frac{f''(0)}{2} \cdot \frac{1}{\dfrac{f''(0)}{2}} = \lim_{x \to 0} \frac{x}{x - \dfrac{f(x)}{f'(x)}}$$

$$= \lim_{x \to 0} \frac{xf'(x)}{xf'(x) - f(x)} = \lim_{x \to 0} \frac{f'(x) + xf''(x)}{xf''(x)}$$

$$= \lim_{x \to 0} \frac{\dfrac{f'(x)}{x} + f''(x)}{f''(x)} = \frac{f''(0) + f''(0)}{f''(0)} = 2.$$

【例 2.2.22】 设 $f(x)$ 在 x_0 点连续，$|f(x)|$ 在 x_0 点可导，证明：$f(x)$ 在 x_0 点可导. 令 $g(x) = |f(x)| \geqslant 0$，则 g 在 x_0 处可导. （北京理工大学 2021）

证明 （1）当 $f(x_0) = 0$ 时，由

$$\frac{g(x) - g(x_0)}{x - x_0} = \frac{g(x)}{x - x_0} \begin{cases} \leqslant 0, x < x_0; \\ \geqslant 0, x > x_0. \end{cases}$$

知 $g'(x_0) = g'_-(x_0) \geqslant 0$，$g'(x_0) = g'_+(x_0) \geqslant 0$. 因此，$g'(x_0) = 0$，

$$\lim_{x \to x_0} \frac{g(x)}{x - x_0} = 0 \Leftrightarrow \lim_{x \to x_0} \left| \frac{f(x)}{x - x_0} \right| = 0$$

$$\Leftrightarrow \lim_{x \to x_0} \frac{f(x)}{x - x_0} = 0 \Leftrightarrow f'(x_0) = 0.$$

（2）当 $f(x_0) > 0$ 时，由函数极限的保号性，存在 $\delta > 0$，使得当 $x \in U(x_0, \delta)$ 时 $f(x) > 0$，而 $g'(x_0) = \lim_{x \to x_0} \dfrac{g(x) - g(x_0)}{x - x_0} = \lim_{x \to x_0} \dfrac{f(x) - f(x_0)}{x - x_0}$ 存在.

故 f 在 x_0 处可导，且 $f'(x_0) = g'(x_0)$.

（3）当 $f(x_0) < 0$ 时，由函数极限的保号性，存在 $\delta > 0$，使得当 $x \in U(x_0, \delta)$ 时 $f(x) < 0$. 而

$$g'(x_0) = \lim_{x \to x_0} \frac{g(x) - g(x_0)}{x - x_0} = \lim_{x \to x_0} \frac{[-f(x)] - [-f(x_0)]}{x - x_0}$$

$$= -\lim_{x \to x_0} \frac{f(x) - f(x_0)}{x - x_0}$$

存在. 故 f 在 x_0 处可导，且 $f'(x_0) = -g'(x_0)$.

【例 2.2.23】 设 $f(x) \in C^2[0, +\infty)$ 是一个正函数且有界，如果存在 $\alpha > 0$，使得 $f''(x) \geqslant \alpha f(x) (x \geqslant 0)$. 证明：

（1）$f'(x)$ 是单调递增函数，且 $\lim_{x \to +\infty} f'(x) = 0$；

（2）$\lim_{x \to +\infty} f(x) = 0$. （郑州大学 2021）

证明　(1) 由题设条件可知道，当 $x \geqslant 0$ 时 $f''(x) \geqslant \alpha f(x) > 0$，故 $f'(x)$ 单调递增. 因而当 $x \to +\infty$ 时，或者 $f'(x)$ 趋于无穷，或者趋于有限数. 由此可知，当 x 充分大时 $f'(x)$ 不变号，从而 $f(x)$ 单调. 又因为 $f(x)$ 有界，所以 $\lim\limits_{x \to +\infty} f(x)$ 存在. 据此推出积分 $\int_0^{+\infty} f'(t)\mathrm{d}t$ 收敛，因而必定 $\lim\limits_{x \to +\infty} f'(x) = 0$.

(2) 如上所证，$\lim\limits_{x \to +\infty} f(x)$ 存在，$f'(x)$ 单调递增，而且 $\lim\limits_{x \to +\infty} f'(x) = 0$，所以 $f'(x) \leqslant 0$，从而当 $x \geqslant 0$ 时 $f(x)$ 单调递减，又 $f(x) > 0$，记 $\lim\limits_{x \to +\infty} f(x) = l$，则 $l \geqslant 0$，且 $x \to +\infty$ 时 $f(x)$ 单调递减趋近于 l. 另外，由 $f''(x) \geqslant \alpha f(x)$ 可知 $f''(x) \geqslant \alpha l$，从而当 $x \geqslant 0$ 时 $f'(x) - f'(0) = \int_0^x f''(t)\mathrm{d}t \geqslant \alpha l \int_0^x \mathrm{d}t = \alpha l x$，但 $\lim\limits_{x \to +\infty} f'(x) = 0$，所以只能 $l = 0$，即 $\lim\limits_{x \to \infty} f(x) = 0$

2.2.4　导数在凸凹性中的应用

【例 2.2.24】　求 $f(x) = x^4 - 2x^2$ 的极值点、单调性和凹凸性.（北京师范大学 2019）

解　$f'(x) = 16x^3 - 4x = 4x(2x+1)(2x-1)$，$f''(x) = 48x^2 - 4 = 4(12x^2 - 1)$.

$x < -\dfrac{1}{2}$ 时，$f'(x) < 0$. $-\dfrac{1}{2} < x < 0$ 时，$f'(x) > 0$. $0 < x < \dfrac{1}{2}$ 时，$f'(x) < 0$；$x > \dfrac{1}{2}$ 时，$f'(x) > 0$. 故 $f(x)$ 在 $\left(-\infty, -\dfrac{1}{2}\right]$ 上严格单调递减，在 $\left[-\dfrac{1}{2}, 0\right]$ 上严格单调递增，在 $\left[0, \dfrac{1}{2}\right]$ 上严格单调递减，在 $\left[\dfrac{1}{2}, +\infty\right)$ 上严格单调递增，$x = -\dfrac{1}{2}$ 为极小值点，$f\left(-\dfrac{1}{2}\right) = -\dfrac{1}{4}$ 为极小值；$x = 0$ 为极大值点，$f(0) = 0$ 为极大值；$x = \dfrac{1}{2}$ 为极小值点，$f\left(\dfrac{1}{2}\right) = -\dfrac{1}{4}$ 为极小值.

$x < -\dfrac{\sqrt{3}}{6}$ 时，$f''(x) > 0$，$-\dfrac{\sqrt{3}}{6} < x < \dfrac{\sqrt{3}}{6}$ 时，$f''(x) < 0$，$x > \dfrac{\sqrt{3}}{6}$ 时，$f''(x) > 0$. 因此，$\left(-\infty, -\dfrac{\sqrt{3}}{6}\right]$ 为严格下凸区间，$\left[-\dfrac{\sqrt{3}}{6}, \dfrac{\sqrt{3}}{6}\right]$ 为严格上凸区间，$\left[\dfrac{\sqrt{3}}{6}, +\infty\right)$ 为严格下凸区间，$\left(\pm\dfrac{\sqrt{3}}{6}, f\left(\pm\dfrac{\sqrt{3}}{6}\right)\right)$ 为拐点.

【例 2.2.25】　证明：(1) $0 < p \leqslant 1$ 时，$\dfrac{x^p + y^p}{2} \leqslant \left(\dfrac{x+y}{2}\right)^p$，$x, y \geqslant 0$；

(2) $p > 1$ 时，$\dfrac{x^p + y^p}{2} \geqslant \left(\dfrac{x+y}{2}\right)^p$，$x, y \geqslant 0$.（北京师范大学 2019）

证明　对任意 $p > 0$，令 $f(x) = x^p$，$x \in [0, +\infty)$，则 $f(x)$ 为连续函数，$f''(x) = p(p-1)x^{p-2}$，$x > 0$.

$0 < p \leqslant 1$ 时，$f''(x) \leqslant 0, x > 0$，故 $f(x)$ 为上凸函数；

$p > 1$ 时，$f''(x) > 0, x > 0$，故 $f(x)$ 为下凸函数.

故 $0 < p \leqslant 1$ 时，$\dfrac{f(x) + f(y)}{2} \leqslant f\left(\dfrac{x+y}{2}\right)$ 即 $\dfrac{x^p + y^p}{2} \leqslant \left(\dfrac{x+y}{2}\right)^p, x, y \geqslant 0$，

$p > 1$ 时，$\dfrac{f(x) + f(y)}{2} \geqslant f\left(\dfrac{x+y}{2}\right)$，即 $\dfrac{x^p + y^p}{2} \geqslant \left(\dfrac{x+y}{2}\right)^p, x, y \geqslant 0$.

【例 2.2.26】 讨论 $\begin{cases} x = a(t - \sin t) \\ y = a(1 - \cos t) \end{cases}$ $(0 < t < 2\pi)$的凸凹性.（湖南大学 2020）

解 由于

$$\frac{\mathrm{d}y}{\mathrm{d}x} = \frac{\mathrm{d}y/\mathrm{d}t}{\mathrm{d}x/\mathrm{d}t} = \frac{[a(1 - \cos t)]'}{[a(t - \sin t)]'}$$

$$= \frac{a \sin t}{a(1 - \cos t)} = \cot \frac{t}{2}$$

从而

$$\frac{\mathrm{d}^2 y}{\mathrm{d}x^2} = \frac{\mathrm{d}\left(\dfrac{\mathrm{d}y}{\mathrm{d}x}\right)}{\mathrm{d}x} = \frac{\mathrm{d}\left(\dfrac{\mathrm{d}y}{\mathrm{d}x}\right)/\mathrm{d}t}{\mathrm{d}x/\mathrm{d}t} = \frac{\left(\cot \dfrac{t}{2}\right)'}{[a(t - \sin t)]'} = \frac{-\dfrac{1}{2} \csc^2 \dfrac{t}{2}}{a(1 - \cos t)} = -\frac{1}{4a} \csc^4 \frac{t}{2}.$$

于是当 $a > 0$ 时，有 $\dfrac{\mathrm{d}^2 y}{\mathrm{d}x^2} < 0$，即函数 $\begin{cases} x = a(t - \sin t) \\ y = a(1 - \cos t) \end{cases}, (0 < t < 2\pi)$ 为凹函数，

当 $a < 0$ 时，有 $\dfrac{\mathrm{d}^2 y}{\mathrm{d}x^2} > 0$，$\begin{cases} x = a(t - \sin t) \\ y = a(1 - \cos t) \end{cases}, (0 < t < 2\pi)$ 为凸函数.

【例 2.2.27】 设 $f(x)$ 为开区间 I 上的凸函数，即对任意的 $x, y \in I$，及 $\lambda \in (0, 1)$，均有 $f(\lambda x + (1 - \lambda)y) \leqslant \lambda f(x) + (1 - \lambda)f(y)$. 证明：$f$ 在 I 内的任意闭子区间上有界，并举例说明 $f(x)$ 在 I 内不一定有界.（南京师范大学 2021）

证明 对 $\forall [a, b] \subseteq I$，记 $M = \max\{f(a), f(b)\}$，由 f 的凸性，$\forall x \in (a, b)$，存在 $\lambda \in (0, 1)$ 使得 $x = \lambda a + (1 - \lambda)b$ 且

$$f(x) = f(\lambda a + (1 - \lambda)b)$$
$$\leqslant \lambda f(a) + (1 - \lambda)f(b)$$
$$\leqslant \lambda M + (1 - \lambda)M = M.$$

显然还有 $f(a) \leqslant M, f(b) \leqslant M$，因此 $f(x) \leqslant M$ 在 $[a, b]$ 上成立，故 f 有上界.

同时，令 $c = \dfrac{a+b}{2}$，对 $\forall x \in [a, b]$ 取 x 关于 c 的对称点 x'，那么 $c = \dfrac{1}{2}(x + x')$，

那么 $f(c) \leqslant \dfrac{1}{2}f(x) + \dfrac{1}{2}f(x')$，故

$$f(x) \geqslant 2\left[f(c) - \frac{1}{2}f(x')\right] = 2f(c) - f(x') \geqslant 2f(c) - M,$$

从而 f 在 $[a, b]$ 上有下界 $2f(c) - M$，因此 f 在 $[a, b]$ 上有界.

反例：$f(x) = \dfrac{1}{x}$ 是 $(0,1)$ 上凸函数，但是在 $(0,1)$ 上无界.

【例 2.2.28】 已知函数 $f(x)$ 在 $(-\infty, +\infty)$ 上可导且下凸，证明对任意实数 x，有 $f(x + f'(x)) \geqslant f(x)$.（南开大学 2022）

证明 由于 $f(x)$ 在 $(-\infty, +\infty)$ 上可导且下凸，则对任意实数 x, y，有

$$f(y) \geqslant f(x) + f'(x)(y - x).$$

所以

$$
\begin{aligned}
f(x + f'(x)) &\geqslant f(x) + f'(x)\big[(x + f'(x)) - x\big] \\
&= f(x) + [f'(x)]^2 \geqslant f(x).
\end{aligned}
$$

【例 2.2.29】 证明在 $(0, 2\pi)$ 上存在两点 x_1, x_2，使得 $\dfrac{\sin x_1}{\pi} = \dfrac{\sin x_2}{x_2}$.（中南大学 2020）

证明 $(\sin x)'' = -\sin x < 0, \forall x \in (0, \pi)$，故 $\sin x$ 为 $[0, \pi]$ 上的严格上凸函数. 由严格上凸函数的割线性质知，$\dfrac{\sin x}{x} = \dfrac{\sin x - \sin 0}{x - 0}$ 在 $(0, \pi]$ 上严格单调递减. 若补充 $\dfrac{\sin x}{x}$ 在 $x = 0$ 的值为 $\lim\limits_{x \to 0^+} \dfrac{\sin x}{x} = 1$，则 $\dfrac{\sin x}{x}$ 在 $[0, \pi]$ 上 严格 单调递减且连续，值域为 $[0, 1]$.

现在任取 $x_1 \in (0, \pi)$，则 $\dfrac{\sin x_1}{\pi} \in \left(0, \dfrac{2}{\pi}\right) \subset (0, 1)$，因此，存在 $x_2 \in (0, \pi) \subset (0, 2\pi)$，使得 $\dfrac{\sin x_1}{\pi} = \dfrac{\sin x_2}{x_2}$.

【例 2.2.30】 设 $n \geqslant 1$，记 $x = (x_1, x_2, \cdots, x_n) \in \mathbb{R}^n$. 设 $U \subseteq \mathbb{R}^n$ 是一个凸集，$f(x)$ 为 U 上的函数，若对任 意的 $\lambda \in [0, 1]$ 及 $x, y \in U$，有

$$f((1 - \lambda)x + \lambda y) \leqslant (1 - \lambda)f(x) + \lambda f(y).$$

则称 $f(x)$ 是 U 上的凸函数. 对任意的 $x, y \in U$，定义函数

$$\varphi(t) = \varphi(t; x, y) = f((1 - t)x + ty).$$（中南大学 2021）

(1) 证明：$f(x)$ 是 U 上的凸函数当且仅当对任意的 $x, y \in U$，$\varphi(t)$ 是 $[0, 1]$ 上的凸函数；

(2) 设 $f(x)$ 是凸集 $U \subseteq \mathbb{R}^n$ 上的凸函数，证明：若 $f(x)$ 在 U 的某个内点达到最大值，则 $f(x)$ 在 U 上 恒等于某个常数.

证明 (1) 必要性：任取 $t_1, t_2, \lambda \in [0, 1]$，有

$$
\begin{aligned}
\varphi((1 - \lambda)t_1 + \lambda t_2) &= f((1 - ((1 - \lambda)t_1 + \lambda t_2))x + ((1 - \lambda)t_1 + \lambda t_2)y) \\
&= f(((1 - \lambda)(1 - t_1) + \lambda(1 - t_2))x + ((1 - \lambda)t_1 + \lambda t_2)y) \\
&= f((1 - \lambda)((1 - t_1)x + t_1 y) + \lambda((1 - t_2)x + t_2 y)) \\
&\leqslant (1 - \lambda)f((1 - t_1)x + t_1 y) + \lambda f((1 - t_2)x + t_2 y)
\end{aligned}
$$

$$=(1-\lambda)\varphi(t_1)+\lambda\varphi(t_2).$$

故 $\varphi(t)$ 是 $[0,1]$ 上的凸函数.

充分性:任取 $t_1,t_2,\lambda\in[0,1]$,则:

$$\varphi(\lambda)=\varphi((1-\lambda)\cdot0+\lambda\cdot1)\leqslant(1-\lambda)\varphi(0)+\lambda\varphi(1)$$

即 $f((1-\lambda)x+\lambda y)\leqslant(1-\lambda)f(x)+\lambda f(y).$

(2) $f(x)$ 在 U 的某个内点达到最大值,设这个最大值点为 $x_0\cdot x_0$ 为 U 的内点,故存在 $\delta>0$,使得 $B(x_0,\delta)\subset U.$

任取 U 内不同于 x_0 的点 x 以及 $\lambda\in(0,1).$

$$x_0=\frac{(1-\lambda)x_0+\lambda x}{2}+\frac{(1+\lambda)x_0-\lambda x}{2},$$

当 λ 充分小时,$(1-\lambda)x_0+\lambda x,(1+\lambda)x_0-\lambda x\in B(x_0,\delta)$,故

$$f(x_0)=f\left(\frac{[(1-\lambda)x_0+\lambda x]+[(1+\lambda)x_0-\lambda x]}{2}\right)$$

$$\leqslant\frac{1}{2}f((1-\lambda)x_0+\lambda x)+\frac{1}{2}f((1+\lambda)x_0-\lambda x)$$

$$\leqslant\frac{1}{2}[(1-\lambda)f(x_0)+\lambda f(x)]+\frac{1}{2}f(x_0)$$

即 $f(x_0)\leqslant f(x).$ 但 $f(x)\leqslant f(x_0)$,故 $f(x)=f(x_0).$

由 x 的任意性,$f(x)$ 在 U 上恒为常数.

 **练习题**

1. 当 $f(x)$ 在 $[0,2]$ 上可导时,$x\in(0,2]$ 时,存在 $\theta\in(0,1)$ 使得 $f(x)-f(0)=f'(\theta x)x$,其中 θ 与 x 的取值及 $f(x)$ 表达式有关. 若 $f(x)=\arctan x$,试计算 $\lim\limits_{x\to0}\theta.$

2. 若 $f(x)$ 在 (a,b) 连续,在 (a,b) 可导,$f(a)=f(b)=0$. 证明对任意 $\lambda\in\mathbb{R}$,存在 $\xi\in(a,b)$,使得 $f'(\xi)+\lambda f(\xi)=0.$

3. 若 $f(x)$ 在 $[a,b]$ 连续在 (a,b) 可导,$f(a)=f(b)=0$,证明存在 $\xi\in(a,b)$,使得 $f'(\xi)=f(\xi).$

4. 设 $f(x)$ 在 $[a,b]$ 连续在 (a,b) 可导,且存在 $c\in(a,b)$,使得 $f(a)f(c)<0$,$f(b)f(c)<0$. 证明存在 $\xi\in(a,b)$,使得 $f'(\xi)+\lambda f(\xi)=0.$ (华中科技大学 2015)

5. 设函数 f 在 $[a,b]$ 可导,证明存在 $\xi\in(a,b)$,使得 $2\xi[f(b)-f(a)]=(b^2-a^2)f'(\xi).$

6. 设 $f(x)$ 在 $[0,\pi]$ 连续在 $(0,\pi)$ 可导. 证明存在 $\xi\in(0,\pi)$,使得 $f'(\xi)+f(\xi)\cot\xi=0.$ (华中科技大学 2018)

7. 设 $f(x)$ 在 $\mathbb{R}$ 上二阶可导,$f(0)=0$. 证明存在 $\xi\in\left(-\frac{\pi}{2},\frac{\pi}{2}\right)$,使得 $f''(\xi)=$

$3f'(\xi)\tan\xi + 2f(\xi)$. （上海大学 2022）

8. 设 $f(x)$ 在 $[a,b]$ 连续，在 (a,b) 可导. 证明存在 $\xi \in (a,b)$，使得 $\dfrac{f(\xi) - f(a)}{b - \xi} = f'(\xi)$. （华南师范大学 2022）

9. 设 $a > 0$，$f(x)$ 在 $[a,b]$ 连续，在 (a,b) 可导，$f(0) = 0$. 证明存在 $\xi \in (a,b)$，使得 $\dfrac{\xi f(\xi)}{b - \xi} = f'(\xi)$. （吉林大学 2022）

10. 设函数 $f(x)$ 在 $[0,1]$ 上可导，且 $f(0) = 0$，$f(1) = 1$，证明在 $[0,1]$ 上存在二点 x_1, x_2，使 $\dfrac{1}{f'(x_1)} + \dfrac{1}{f'(x_2)} = 2$.

11. 若 $f(x)$ 在 $[0,a]$ 二次可微，$|f''(x)| \leqslant M$，f 在 $(0,a)$ 内取得最大值. 求证 $|f'(0)| + |f'(a)| \leqslant Ma$.

12. 若 $f(x)$ 在 $[0,2]$ 二次可微，$|f(x)| \leqslant 1$，$|f''(x)| \leqslant 1$，求证 $|f'(x)| \leqslant 2$. （东南大学、安徽大学）

13. 设 $f(x)$ 在 $[a,b]$ 上连续，(a,b) 上二阶可导. 证明：存在 $\xi \in (a,b)$，使得 $f''(\xi)\dfrac{(a-b)^2}{4} = f(b) + f(a) - 2f\left(\dfrac{a+b}{2}\right)$. （昆明理工大学 2016、天津大学 2021、苏州大学 2021、合肥工业大学 2021、大连海事大学 2021）

14. 设 $f(x)$ 在 $[a,b]$ 上二阶可导，(a,b) 上三阶可导. 证明：存在 $\xi \in (a,b)$，使得 $f(b) = f(a) - \dfrac{b-a}{2}[f'(a) + f'(b)] - \dfrac{(b-a)^3}{12}f'''(\xi)$. （兰州大学 2021）

15. 设函数 $f(x)$ 在 $[0, +\infty)$ 上有界连续，且单调增加，在 $(0, +\infty)$ 内二阶可导，且 $f(x) < 0$. 证明 $\lim\limits_{x \to +\infty} f'(x) = 0$.

16. 设 $f(x)$ 在 $(a, +\infty)$ 可微，$\lim\limits_{x \to +\infty} f(x)$ 与 $\lim\limits_{x \to +\infty} f'(x)$ 都存在，证明 $\lim\limits_{x \to +\infty} f'(x) = 0$.

17. 求证若函数在有限区域内可导，但无界，则其导函数在内必无界.

18. 设 $f(x)$ 在 $[0,1]$ 连续可微，在 $x = 0$ 处有任意阶导数，$f^{(n)}(0) = 0$，$\forall n$，且存在常数 $C > 0$，使得 $|xf'(x)| \leqslant C|f(x)|$，$\forall x \in [0,1]$. 求证 (1) $\lim\limits_{x \to 0} \dfrac{f(x)}{x^n} = 0 (\forall n)$；(2) 在 $[0,1]$ 上 $f(x) \equiv 0$. （全国大学生数学竞赛 2018）

19. 求曲线 $x^y = x^2 y$ 在 $(1,1)$ 处的切线方程.

20. 已知 $f(x)$ 在 R 上可导，且 $f'(x)$ 单调递减，求证

$$\int_0^1 f\left(\sin^2\left(\dfrac{\pi x}{2}\right)\right) \mathrm{d}x \leqslant f\left(\dfrac{1}{2}\right).$$ （上海大学 2022）

21. 已知 $\varphi(x) = \displaystyle\int_a^b |x - t| f(t) \mathrm{d}t$，若积分存在，且 $f(x) > 0$，求证 $\varphi(x)$ 为 $[a,b]$ 上的凸函数. （东北大学 2022）

22. 设 $f(x)$ 在 $[a,b]$ 上连续，在 (a,b) 内二阶可导，证明：对任意的 $x \in (a,b)$，存在 $\xi \in (a,b)$，使得 $\dfrac{f(x) - f(a)}{x - a} - \dfrac{f(b) - f(a)}{b - a} = \dfrac{1}{2}f''(\xi)(x - b)$. （南京航空航天大学 2024）

第 3 章 一元函数积分学

3.1 不定积分

3.1.1 主要知识点

1. 基本概念

设函数 $f(x)$ 与 $F(x)$ 在区间 I 上都有定义，若 $F'(x) = f(x), x \in I$，则称 $F(x)$ 为 $f(x)$ 在区间 I 上的一个**原函数**. $f(x)$ 在区间 I 上的全体原函数称为 $f(x)$ 在 I 上的**不定积分**，记作 $\int f(x) \mathrm{d}x$.

原函数的定义中规定自变量的变化范围必须是一个区间，而不是一般的数集，或几个区间的并集. 例如 $\dfrac{1}{x}$ 的不定积分，需要分情况：在 $x \in (0, +\infty)$ 时，$\int \dfrac{1}{x} \mathrm{d}x = \ln x + C$，在 $x \in (-\infty, 0)$ 时，$\int \dfrac{1}{x} \mathrm{d}x = \ln(-x) + C$，两者可以统一写成 $\int \dfrac{1}{x} \mathrm{d}x = \ln|x| + C$，这里 x 的取值范围为 $(-\infty, 0) \bigcup (0, +\infty)$ 的任意一个子区间 I. 原函数的一个最根本的性质是："$f(x)$ 在一个区间上的任意两个原函数之间只相差一个常数."而这个性质来源于微分中值定理的一个推论："若在一个区间上 $F'(x) \equiv 0$，则在这个区间上 $F(x) \equiv C$."所以在原函数的定义中作出了"在一个区间上"的规定，而且在此基础上定义的不定积分才是明确无误的，即 $f(x)$ 在一个区间 I 上的所有原函数只能是 $F(x) + C$（$F(x)$ 是 $f(x)$ 在 I 上的任一原函数）.

函数的不定积分是一族函数，而不是一个函数. 从定义中可以发现函数如果存在原函数，原函数非但不唯一，还有无穷多个，并且任意两个原函数都相差一个常数. 所以只要求出 $f(x)$ 的一个原函数，加上任意常数 C，即可得到 $\int f(x) \mathrm{d}x$.

如果 $f(x)$ 存在原函数，则 $f(x)$ 是其原函数的导数，根据导数的性质可知 $f(x)$ 不能有第一类间断点（例如符号函数在 $\mathbb{R}$ 上一定不存在原函数），但是可以存在第二类间断点，如

$$F(x) = \begin{cases} x^2 \sin \dfrac{1}{x}, & x \neq 0, \\ 0, & x = 0 \end{cases}$$

则 $F(x)$ 可导但 $F'(x)$ 在 $x=0$ 处不连续并且为第二类间断点.

若 $f(x) = \begin{cases} 2x\sin\dfrac{1}{x} - \cos\dfrac{1}{x}, & x \neq 0 \\ 0 & x = 0 \end{cases}$，则 $f(x)$ 有原函数 $F(x) =$

$\begin{cases} x^2\sin\dfrac{1}{x}, & x \neq 0 \\ 0, & x = 0 \end{cases}$，但是 $f(x)$ 不可积.

$\left[\displaystyle\int f(x)\mathrm{d}x \right]' = f(x)$ ——先积后导正好还原；

或 $\mathrm{d}\displaystyle\int f(x)\mathrm{d}x = f(x)\mathrm{d}x.$

$\displaystyle\int f'(x)\mathrm{d}x = f(x) + C$ ——先导后积还原后需加上一个常数（不能完全还原）.

或 $\displaystyle\int \mathrm{d}f(x) = f(x) + C.$

初等函数的原函数不一定是初等函数. 通常所说的"求不定积分"，是指用初等函数的形式把这个不定积分表示出来. 在这个意义下，并不是任何初等函数的不定积分都能"求出"来的. 例如

$$\int \mathrm{e}^{\pm x^2}\mathrm{d}x, \int \frac{\mathrm{d}x}{\ln x}, \int \frac{\sin x}{x}\mathrm{d}x, \int \sqrt{1 - k^2\sin^2 x}\,\mathrm{d}x\,(0 < k^2 < 1)$$

等等，虽然它们都存在，但却无法用初等函数来表示，因此可以说，初等函数的原函数不一定是初等函数. 即在初等函数的范围内，某些初等函数的原函数是不存在的，即使该函数可积. 这类非初等函数可采用定积分形式来表示.

2. 常用的不定积分公式

1. $\displaystyle\int x^a\mathrm{d}x = \dfrac{1}{a+1}x^{a+1} + C, a \neq -1$ 为常数；

2. $\displaystyle\int \dfrac{1}{x}\mathrm{d}x = \ln|x| + C$；

3. $\displaystyle\int a^x\mathrm{d}x = \dfrac{1}{\ln a}a^x + C, a > 0$ 且 $a \neq -1$；

4. $\displaystyle\int \mathrm{e}^x\mathrm{d}x = \mathrm{e}^x + C$；

5. $\displaystyle\int \dfrac{1}{x^2 + a^2} = \dfrac{1}{a}\arctan\dfrac{x}{a} + C, a \neq 0$；

6. $\displaystyle\int \dfrac{1}{x^2 - a^2} = \dfrac{1}{2a}\ln\left|\dfrac{x-a}{x+a}\right| + C, a \neq 0$；

7. $\displaystyle\int \dfrac{\mathrm{d}x}{\sqrt{a^2 - x^2}} = \arcsin\dfrac{x}{a} + C, a > 0$；

8. $\displaystyle\int \dfrac{1}{\sqrt{x^2 \pm a^2}}\mathrm{d}x = \ln|x + \sqrt{x^2 \pm a^2}| + C, a > 0$；

9. $\int \sqrt{x^2 \pm a^2}\,dx = \dfrac{1}{2}\left[x\sqrt{x^2 \pm a^2} \pm a^2 \ln \mid x + \sqrt{x^2 \pm a^2}\mid\right] + C, a > 0;$

10. $\int \sqrt{a^2 - x^2}\,dx = \dfrac{1}{2}\left[x\sqrt{a^2 - x^2} + a^2 \arcsin \dfrac{x}{a}\right] + C, a > 0;$

11. $\int \ln x\,dx = x\ln x - x + C;$

12. $\int \sec x\,dx = \ln \mid \sec x + \tan x \mid + C;$

13. $\int \csc x\,dx = -\ln \mid \csc x + \cot x \mid + C;$

14. $\int e^{ax}\cos bx\,dx = \dfrac{e^{ax}}{a^2 + b^2}(a\cos bx + b\sin bx) + C, ab \neq 0;$

15. $\int e^{ax}\sin bx\,dx = \dfrac{e^{ax}}{a^2 + b^2}(a\sin bx - b\cos bx) + C, ab \neq 0;$

16. $\int x\cos nx\,dx = \dfrac{1}{n^2}\cos nx + \dfrac{x}{n}\sin nx + C, n \neq 0;$

17. $\int x\sin nx\,dx = \dfrac{1}{n^2}\sin nx - \dfrac{x}{n}\cos nx + C, n \neq 0.$

3. 不定积分的换元积分法

设 $g(u)$ 在 $[\alpha, \beta]$ 上有定义，$u = \varphi(x)$ 在 $[a, b]$ 上可导，且 $\alpha \leqslant \varphi(x) \leqslant \beta, x \in [a, b]$，并记 $f(x) = g(\varphi(x))\varphi'(x), x \in [a, b]$.

(1) 若 $g(u)$ 在 $[\alpha, \beta]$ 上有原函数 $G(u)$，则 $f(x)$ 在 $[a, b]$ 上也存在原函数 $F(x)$，$F(x) = G(\varphi(x)) + C$，即

$$\int f(x)\,dx = \int g(\varphi(x))\varphi'(x)\,dx = \int g(u)\,du = G(u) + C = G(\varphi(x)) + C.$$

(2) 又若 $\varphi'(x) \neq 0, x \in [a, b]$，则上述命题(1)可逆，即当 $f(x)$ 在 $[a, b]$ 上也存在原函数 $F(x)$ 时，$g(u)$ 在 $[\alpha, \beta]$ 上有原函数 $G(u)$，且 $G(u) = F(\varphi^{-1}(x)) + C$，即

$$\int g(u)\,du = \int g(\varphi(x))\varphi'(x)\,dx = \int f(x)\,dx = F(x) + C = F(\varphi^{-1}(u)) + C.$$

第一换元积分法俗称"凑微分法"，使用第一换元积分法的关键在于把被积表达式 $f(x)\,dx$ 凑成 $g(\varphi(x))\varphi'(x)\,dx$ 的形式，以便选取变换 $u = \varphi(x)$，化为易于积分的 $\int g(u)\,du$. 最终不要忘记把新引入的变量 u 还原为起始变量 x. 能否熟练使用这种积分方法，是与使用者对各种微分形式是否熟记于心是大有关系的.

换元积分的几种常用形式：

1. $\int f(ax + b)\,dx = \dfrac{1}{a}\int f(ax + b)\,d(ax + b);$

2. $\int x^n f(ax^{n+1} + b)\,dx = \dfrac{1}{a(n+1)}\int (ax^{n+1} + b)\,d(ax^{n+1} + b) = \dfrac{1}{a(n+1)}\int f(u)\,du;$

3. $\displaystyle\int a^x f(a^x + b)\mathrm{d}x = \frac{1}{\ln a}\int f(a^x + b)\mathrm{d}(a^x + b) = \frac{1}{\ln a}\int f(u)\mathrm{d}u$；

4. $\displaystyle\int \frac{1}{x}f(\ln x + b)\mathrm{d}x = \int f(\ln x + b)\mathrm{d}(\ln x + b)$；

5. $\displaystyle\int f(\sin x)\cos x\,\mathrm{d}x = \int f(\sin x)\mathrm{d}\sin x$；

6. $\displaystyle\int f(\cos x)\sin x\,\mathrm{d}x = -\int f(\cos x)\mathrm{d}\cos x = -\int f(u)\mathrm{d}u$；

7. $\displaystyle\int \frac{1}{\cos^2 x}f(\tan x)\mathrm{d}x = \int f(\tan x)\mathrm{d}\tan x = \int f(u)\mathrm{d}u$；

8. $\displaystyle\int R(x,\sqrt{a^2 - x^2})\mathrm{d}x$，$x = a\sin t$，$\mathrm{d}x = a\cos t\,\mathrm{d}t$，$a > 0$；

9. $\displaystyle\int R(x,\sqrt{x^2 - a^2})\mathrm{d}x$，$x = a\tan t$，$\mathrm{d}x = a\sec^2 t\,\mathrm{d}t$，$a > 0$；

10. $\displaystyle\int R(x,\sqrt{x^2 + a^2})\mathrm{d}x$，$x = a\sec t$，$\mathrm{d}x = a\sec t\tan t\,\mathrm{d}t$，$a > 0$；

11. $\displaystyle\int \mathrm{e}^{\varphi(x)}\varphi'(x)\mathrm{d}x = \int \mathrm{e}^{\varphi(x)}\mathrm{d}\varphi(x) = \mathrm{e}^{\varphi(x)} + C$；

12. $\displaystyle\int \varphi'(x)\cos\varphi(x)\mathrm{d}x = \int \cos\varphi(x)\mathrm{d}\varphi(x) = \sin\varphi(x) + C$；

13. $\displaystyle\int \varphi'(x)\sin\varphi(x)\mathrm{d}x = \int \sin\varphi(x)\mathrm{d}\varphi(x) = -\cos\varphi(x) + C$；

14. $\displaystyle\int \varphi(x)\varphi'(x)\mathrm{d}x = \int \varphi(x)\mathrm{d}\varphi(x) = \frac{1}{2}\varphi^2(x) + C$；

15. $\displaystyle\int \frac{\varphi'(x)}{\varphi^2(x)}\mathrm{d}x = \int \frac{1}{\varphi^2(x)}\mathrm{d}\varphi(x) = -\frac{1}{\varphi(x)} + C$；

16. $\displaystyle\int \frac{\varphi'(x)}{\varphi(x)}\mathrm{d}x = \int \frac{1}{\varphi(x)}\mathrm{d}\varphi(x) = \ln|\varphi(x)| + C$.

第二换元积分法的目的同第一换元法一样,也是被积函数化为容易求得原函数的形式,但最终同样不要忘记变量还原.第二换元法的常用规律是:一般地,若被积函数中含有 $\sqrt{x^2 \pm a^2}$ 或 $\sqrt{a^2 - x^2}$,则可利用三角函数的平方关系化原积分为三角函数的积分;若被积函数中含有 $\sqrt[n]{ax + b}$,则可令 $\sqrt[n]{ax + b} = t$,将原积分化为有理函数的积分.

第一换元法与第二换元法的区别在于置换的变元不同,前者将被积函数 $f(\varphi(x))\varphi'(x)$ 中的中间变量 $\varphi(x)$ 作为新的积分变量,而后者将原积分变量 x 替换成函数 $\varphi(t)$,以 t 作为新的积分变量.

4. 不定积分分部积分法

若 $u(x)$ 与 $v(x)$ 可导,不定积分 $\displaystyle\int u'(x)v(x)\mathrm{d}x$ 存在,则 $\displaystyle\int u(x)v'(x)\mathrm{d}x$ 也存在,并有 $\displaystyle\int u(x)v'(x)\mathrm{d}x = u(x)v(x) - \int u'(x)v(x)\mathrm{d}x$.

这一方法解决的对象是被积函数是一个或两个基本初等函数乘积的形式,而且这些函数彼此无联系,应用该公式,$u(x)$ 和 dv 的选择是关键,一般应按如下的规律去设 u 和 dv:(1) 由 dv 易求得 v;(2) $\int vdu$ 应比 $\int udv$ 容易积出. 如果在原来的积分中有对数函数、反三角函数、代数函数、三角函数、指数函数中任意两种函数的乘积,就选择排在前面的函数作为 $u(x)$,余下的表达式为 dv.

如果在计算中反复应用分部积分公式,那么 $u(x)$ 的选取要与前面选择同类的函数.

3.1.2　有理函数积分

有理函数是指由两个多项式函数的商所表示的函数,其一般形式为

$$R(x) = \frac{P(x)}{Q(x)} = \frac{\alpha_0 x^n + \alpha_1 x^{n-1} + \cdots + \alpha_n}{\beta_0 x^m + \beta_1 x^{m-1} + \cdots + \beta_m}, \tag{1}$$

其中 n,m 为非负整数,$\alpha_0,\alpha_1,\cdots,\alpha_n$ 与 $\beta_0,\beta_1,\cdots\beta_m$ 都是常数,且 $\alpha_0 \neq 0, \beta_0 \neq 0$. 若 $m > n$,则称它为真分式;若 $m \leqslant n$,则称它为假分式. 由多项式的除法可知,假分式总能化为一个多项式与一个真分式之和. 由于多项式的不定积分是容易求得的,因此只需研究真分式的不定积分,故设(1)为一有理真分式.

根据代数知识,有理真分式必定可以表示成若干个部分分式之和(称为部分分式分解). 因而问题归结为求那些部分分式的不定积分. 为此,先把怎样分解部分分式的步骤简述如下:

第一步　对分母 $Q(x)$ 在实系数内作标准分解:

$$Q(x) = (x - a_1)^{\lambda_1} \cdots (x - a_s)^{\lambda_2} (x^2 + p_1 x + q_1)^{\mu_1} \cdots (x_2 + p_t + q_t)^{\mu_t}, \tag{2}$$

其中 $\beta_0 = 1, \lambda_i, \mu_j (i = 1,2,\cdots,t)$ 均为自然数,而且

$$\sum_{i=1}^{s} \lambda_i + 2 \sum_{j=1}^{t} \mu_j = m; \quad p_j^2 - 4q_j < 0, j = 1,2,\cdots,t.$$

第二步　根据分母的各个因式分别写出与之相应的部分分式:对于每个形如 $(x - a)^k$ 的因式,它所对应的部分分式是

$$\frac{A_1}{x - a} + \frac{A_2}{(x-a)^2} + \cdots + \frac{A_k}{(x-a)^k};$$

对每个形如 $(x^2 + px + q)^k$ 的因式,它所对应的部分分式是

$$\frac{B_1 x + C_1}{x^2 + px + q} + \frac{B_2 x + C_2}{(x^2 + px + q)^2} + \cdots + \frac{B_k x + C_k}{(x^2 + px + q)^k}.$$

把所有部分分式加起来,使之等于 $R(x)$.(至此,部分分式中的常数系数 A_i, B_i, C_i 尚为待定的.)

第三步　确定待定系数:一般方法是将所有部分分式通分相加,所得分式的分母即为原分母 $Q(x)$,而其分子亦应与原分子 $P(x)$ 恒等. 于是,按同幂项系数必定相等,得到一

组关于待定系数的线性方程,这组方程的解就是需要确定的系数.

（1）只对真分式进行有理分解;（2）有理分解后每一项的分母均为 $(x-a)^k$ 或者 $(x^2+px+q)^l$,其中 $p^2-4q<0$,即 x^2+px+q 在实数范围内不行分解因式;（3）每一个分母形如 $(x-a)^k$ 的分解式分子一定是常数;（4）每一个分母形如 $(x^2+px+q)^l$ 的分解式分子一定是至多一次的多项式或者单项式.

例如,下列有理分式的分解式是否恰当?

(1) $\dfrac{x^2-1}{x(x-1)^3}=\dfrac{A}{x}+\dfrac{B}{x-1}+\dfrac{Cx+D}{(x-1)^2}+\dfrac{Ex^2+Fx+G}{(x-1)^3}$;

(2) $\dfrac{(x-1)(x^3+2)}{x^2(x^2-x+1)}=\dfrac{A}{x}+\dfrac{B}{x^2}+\dfrac{Cx+D}{x^2-x+1}$;

(3) $\dfrac{x+1}{4x(x^2-1)^2}=\dfrac{A}{x}+\dfrac{Bx+C}{x^2-1}+\dfrac{Dx+E}{(x^2-1)^2}$;

答:都不恰当,理由与正确分解式如下:

（1）最末两项分母均为 $(x-1)^k$,故分子只需为一待定常数,即

$$\frac{x^2-1}{x(x+1)^3}=\frac{A}{x}+\frac{B}{x-1}+\frac{C}{(x-1)^2}+\frac{D}{(x-1)^3};$$

（2）原分式尚未化为真分式,正确表示应该为

$$\frac{(x-1)(x^3+2)}{x^2(x^2-x+1)}=1-\frac{x^2-2x+2}{x^2(x^2-x+1)};$$

而

$$\frac{x^2-2x+2}{x^2(x^2-x+1)}=\frac{A}{x}+\frac{B}{x^2}+\frac{Cx+D}{x^2-x+1};$$

（3）右边第二项、第三项分母中的因子 x^2-1 尚可作一次因式分解,即

$$\frac{x+1}{4x(x^2-1)^2}=\frac{1}{4x(x+1)(x-1)^2}=\frac{A}{x}+\frac{B}{x+1}+\frac{C}{x-1}+\frac{D}{(x-1)^2}$$

【例 3.1.1】　计算下列有理式不定积分:

(1) $\displaystyle\int\frac{1}{x^2+2x+5}\mathrm{d}x$;（广西大学 2017）

(2) $\displaystyle\int\frac{x^2+x^5}{x^6+1}\mathrm{d}x$;（湖南师范大学 2018）

(3) $\displaystyle\int\frac{1}{x^4+1}\mathrm{d}x$;（四川大学 2020）

(4) $\displaystyle\int\frac{x^2+1}{(x^2-2x+2)^2}\mathrm{d}x$.（武汉大学 2020）

解　(1) $\displaystyle\int\frac{1}{x^2+2x+5}\mathrm{d}x=\int\frac{1}{(x+1)^2+4}\mathrm{d}x=\frac{1}{2}\int\frac{1}{\left(\dfrac{x+1}{2}\right)^2+1}\mathrm{d}\frac{x+1}{2}$

$$= \frac{1}{2}\arctan\frac{x+1}{2} + C;$$

(2) $\int \frac{x^2+x^5}{x^6+1}dx = \frac{1}{3}\int \frac{1}{x^6+1}dx^3 + \frac{1}{6}\int \frac{1}{x^6+1}dx^6 = \frac{1}{3}\arctan x^3 + \frac{1}{6}\ln x^6 + C;$

(3) $\int \frac{1}{x^4+1}dx = \int \frac{1}{(x^2-\sqrt{2}x+1)(x^2+\sqrt{2}x+1)}dx$

$$= \int \frac{1}{(x^2-\sqrt{2}x+1)(x^2+\sqrt{2}x+1)}dx$$

设 $\frac{1}{(x^2-\sqrt{2}x+1)(x^2+\sqrt{2}x+1)} = \frac{Ax+B}{x^2-\sqrt{2}x+1} + \frac{Cx+D}{x^2+\sqrt{2}x+1}$,则

$$1 = (Ax+B)(x^2+\sqrt{2}x+1) + (Cx+D)(x^2-\sqrt{2}x+1).$$

比较系数得 $\begin{cases} A+C=0 \\ \sqrt{2}A+B-\sqrt{2}C+D=0 \\ A+\sqrt{2}B+C-\sqrt{2}D=0 \\ B+D=1 \end{cases}$,解得 $\begin{cases} A=-\frac{\sqrt{2}}{4} \\ B=\frac{1}{2} \\ C=\frac{\sqrt{2}}{4} \\ D=\frac{1}{2} \end{cases}$.

$\therefore \int \frac{1}{x^4+1}dx = \frac{\sqrt{2}}{8}\int \left[\frac{-2x+2\sqrt{2}}{x^2-\sqrt{2}x+1} + \frac{2x+2\sqrt{2}}{x^2+\sqrt{2}x+1} \right]dx$

$$= \frac{\sqrt{2}}{8}\int \left[\frac{-2x+\sqrt{2}}{x^2-\sqrt{2}x+1} + \frac{\sqrt{2}}{x^2-\sqrt{2}x+1} + \frac{2x+\sqrt{2}}{x^2+\sqrt{2}x+1} + \frac{\sqrt{2}}{x^2+\sqrt{2}x+1} \right]dx$$

$$= \frac{\sqrt{2}}{8}\ln\frac{x^2+\sqrt{2}x+1}{x^2-\sqrt{2}x+1} + \frac{\sqrt{2}}{4}\int \frac{d(\sqrt{2}x-1)}{(\sqrt{2}x-1)^2+1} + \frac{\sqrt{2}}{4}\int \frac{d(\sqrt{2}x+1)}{(\sqrt{2}x+1)^2+1}$$

$$= \frac{\sqrt{2}}{8}\ln\frac{x^2+\sqrt{2}x+1}{x^2-\sqrt{2}x+1} + \frac{\sqrt{2}}{4}\arctan(\sqrt{2}x-1) + \frac{\sqrt{2}}{4}\arctan(\sqrt{2}x+1) + C;$$

(4) 令 $t = x-1$,则 $dt = dx$,且

$\int \frac{x^2+1}{(x^2-2x+2)^2}dx = \int \frac{t^2+2t+1}{(t^2+1)^2}dt = \int \frac{t^2+1}{(t^2+1)^2}dt + \int \frac{2t}{(t^2+1)^2}dt$

$$= \int \frac{1}{t^2+1}dt + \int \frac{d(t^2+1)}{(t^2+1)^2} = \arctan t - \frac{1}{t^2+1} + C$$

$$= \arctan(x-1) - \frac{1}{(x-1)^2+1} + C.$$

3.1.3 三角函数有理数积分

由 $u(x), v(x)$ 及常数经过有限次四则运算所得到的函数称为关于 $u(x), v(x)$ 的有

理式,并用 $R(u(x),v(x))$ 表示.

$\int R(\sin x,\cos x)\mathrm{d}x$ 是三角函数有理式的不定积分.一般通过变换 $t=\tan\dfrac{x}{2}$,可把它化为有理函数的不定积分.这是因为

$$\sin x=\frac{2\sin\dfrac{x}{2}\cos\dfrac{x}{2}}{\sin^2\dfrac{x}{2}+\cos^2\dfrac{x}{2}}=\frac{2\tan\dfrac{x}{2}}{1+\tan^2\dfrac{x}{2}}=\frac{2t}{1+t^2},$$

$$\cos x=\frac{\cos^2\dfrac{x}{2}-\sin^2\dfrac{x}{2}}{\sin^2\dfrac{x}{2}+\cos^2\dfrac{x}{2}}=\frac{1-\tan^2\dfrac{x}{2}}{1+\tan^2\dfrac{x}{2}}=\frac{1-t^2}{1+t^2},\mathrm{d}x=\frac{1}{1+t^2}\mathrm{d}t$$

所以 $\displaystyle\int R(\sin x,\cos x)\mathrm{d}x=\int R\left(\frac{2t}{1+t^2},\frac{1-t^2}{1+t^2}\right)\frac{2}{1+t^2}\mathrm{d}t.$

上述变换 $t=\tan\dfrac{x}{2}$ 对三角有理式的不定积分总是有效的,但并不一定是最好的变换,在实际计算中要注意选择不同的变换.

(1) 若 $R(-\sin x,\cos x)=-R(\sin x,\cos x)$ 则可令 $t=\cos x$ 如求 $\displaystyle\int\frac{\sin^3 x\,\mathrm{d}x}{\cos^4 x}$.

(2) 若 $R(\sin x,-\cos x)=-R(\sin x,\cos x)$,则可令 $t=\sin x$,如求 $\displaystyle\int\sin^2 x\cos^3 x\,\mathrm{d}x$.

(3) 若 $R(-\sin x,-\cos x)=R(\sin x,\cos x)$,则可令 $t=\tan x$,如求 $\displaystyle\int\frac{\mathrm{d}x}{a^2\sin^2 x+b^2\cos^2 x}$.

【例 3.1.2】 计算下列不定积分:

(1) $\displaystyle\int\frac{\cos x\sin^3 x}{1+\cos^2 x}\mathrm{d}x$;(浙江师范大学 2011)

(2) $\displaystyle\int\frac{1}{\sin^6 x+\cos^6 x}\mathrm{d}x$;(中国科学院大学 2018)

(3) $\displaystyle\int\frac{\mathrm{d}x}{\sin x(1+\cos x)}$;(山东大学 2019)

(4) $\displaystyle\int\frac{\mathrm{d}x}{1+\sin x}$;(中山大学 2021)

(5) $\displaystyle\int\frac{\mathrm{d}x}{\sin x+2\cos x+3}$.(中国人民大学 2021)

解　(1) 令 $t=\cos x$,则 $\mathrm{d}t=-\sin x\,\mathrm{d}x$,且

$$\int\frac{\cos x\sin^3 x}{1+\cos^2 x}\mathrm{d}x=-\int\frac{\cos x(1-\sin^2 x)}{1+\cos^2 x}\mathrm{d}\cos x=\int\frac{t(t^2-1)\mathrm{d}t}{1+t^2}=\int\frac{t(t^2+1)-2t\,\mathrm{d}t}{1+t^2}$$

$$= \int \left[t - \frac{2t}{1+t^2} \right] \mathrm{d}t = \frac{1}{2}t^2 - \ln(1+t^2) + C$$

$$= \frac{1}{2}\cos^2 x - \ln(1+\cos^2 x) + C;$$

(2) $\displaystyle\int \frac{1}{\sin^6 x + \cos^6 x} \mathrm{d}x = \int \frac{1}{(\sin^2 x + \cos^2 x)(\sin^4 x - \sin^2 x \cos^2 x + \cos^4 x)} \mathrm{d}x$

$$= \int \frac{1}{\sin^4 x - \sin^2 x \cos^2 x + \cos^4 x} \mathrm{d}x$$

$$= \int \frac{1}{(\sin^2 x + \cos^2 x)^2 - 3\sin^2 x \cos^2 x} \mathrm{d}x$$

$$= \int \frac{1}{1 - \frac{3}{2}\sin^2 2x} \mathrm{d}x = 4\int \frac{1}{3\cos 4x + 1} \mathrm{d}x,$$

令 $t = \tan 2x$,则 $\mathrm{d}t = 2\sec^2 2x \, \mathrm{d}x$,$\mathrm{d}x = \dfrac{1}{2(1+t^2)}\mathrm{d}t$,且

$$\therefore \int \frac{1}{\sin^6 x + \cos^6 x}\mathrm{d}x = 4\int \frac{1}{3\dfrac{1-t^2}{1+t^2} + 1} \frac{1}{2(1+t^2)}\mathrm{d}t = \int \frac{1}{2-t^2}\mathrm{d}t = \int \frac{1}{(\sqrt{2}-t)(\sqrt{2}+t)}\mathrm{d}t$$

$$= \frac{1}{2\sqrt{2}}\left[\int \frac{1}{t+\sqrt{2}}\mathrm{d}t + \int \frac{1}{t-\sqrt{2}}\mathrm{d}t \right]$$

$$= \frac{1}{2\sqrt{2}}\ln\left| \frac{t+\sqrt{2}}{t-\sqrt{2}} \right| + C = \frac{1}{2\sqrt{2}}\ln\left| \frac{\tan 2x + \sqrt{2}}{\tan 2x - \sqrt{2}} \right| + C;$$

(3) $\displaystyle\int \frac{\mathrm{d}x}{\sin x(1+\cos x)} = \int \frac{\sin x \, \mathrm{d}x}{\sin^2 x(1+\cos x)} = \int \frac{\sin x \, \mathrm{d}x}{(1-\cos^2 x)(1+\cos x)}$,

令 $t = \cos x$,则 $\mathrm{d}t = -\sin x \, \mathrm{d}x$,且

$$\int \frac{\mathrm{d}x}{\sin x(1+\cos x)} = -\int \frac{\mathrm{d}t}{(1-t)(1+t)^2} = \frac{1}{4}\int \frac{\mathrm{d}t}{1-t} + \frac{1}{4}\int \frac{\mathrm{d}t}{1+t} + \frac{1}{2}\int \frac{\mathrm{d}t}{(1+t)^2}$$

$$= \frac{1}{4}\ln\left| \frac{1+t}{1-t} \right| - \frac{1}{2(1+t)} + C$$

$$= \frac{1}{4}\ln\left| \frac{1+\cos x}{1-\cos x} \right| - \frac{1}{2(1+\cos x)} + C;$$

(4) 令 $t = \tan\dfrac{x}{2}$,则 $\mathrm{d}t = \dfrac{1}{2}\sec^2\dfrac{x}{2}\mathrm{d}x$,$\mathrm{d}x = \dfrac{2}{1+t^2}\mathrm{d}t$,且

$$\int \frac{\mathrm{d}x}{1+\sin x} = \int \frac{1}{1+\dfrac{2t}{1+t^2}} \frac{2}{1+t^2}\mathrm{d}t = \int \frac{2}{1+t^2+2t}\mathrm{d}t = 2\int \frac{\mathrm{d}t}{(1+t)^2}$$

$$= -\frac{2}{1+t} + C = -\frac{2}{1+\tan\dfrac{x}{2}} + C;$$

(5) 令 $t = \tan\dfrac{x}{2}$,则 $\mathrm{d}t = \dfrac{1}{2}\sec^2\dfrac{x}{2}\mathrm{d}x$,$\mathrm{d}x = \dfrac{2}{1+t^2}\mathrm{d}t$,且

$$\int \frac{\mathrm{d}x}{\sin x + 2\cos x + 3} = \int \frac{1}{\frac{2t}{1+t^2} + 2\frac{1+t^2}{1+t^2} + 3} \frac{2}{1+t^2}\mathrm{d}t = \int \frac{2}{t^2 + 2t + 5}\mathrm{d}t$$

$$= \int \frac{1}{\left(\frac{t+1}{2}\right)^2 + 1}\mathrm{d}\frac{t+1}{2} = \arctan\frac{t+1}{2} + C$$

$$= \arctan\frac{\tan\frac{x}{2} + 1}{2} + C.$$

3.1.4 某些无理根式的不定积分

(1) $\int R\left(x, \sqrt[n]{\frac{ax+b}{cx+d}}\right)\mathrm{d}x$ 型不定积分 $(ad - bc \neq 0)$. 对此只需令 $t = \sqrt[n]{\frac{ax+b}{cx+d}}$,就可化为有理函数的不定积分.

(2) $\int R(x, \sqrt{ax^2 + bx + c})\mathrm{d}x$ 型不定积分 $(a > 0$ 时 $b^2 - 4ac \neq 0, a < 0$ 时 $b^2 - 4ac > 0)$.

当 $a > 0$ 时,令 $\sqrt{ax^2 + bx + c} = t + \sqrt{a}\,x\,(*)$,

两边平方后得到

$$ax^2 + bx + c = t^2 + 2\sqrt{a}\,tx + ax^2,$$

并可由此解出

$$x = \frac{t^2 - c}{b - 2\sqrt{a}\,t}, \quad \sqrt{ax^2 + bx + c} = t + \frac{\sqrt{a}\,(t^2 - c)}{b - 2\sqrt{a}\,t}, \quad \mathrm{d}x = \frac{-2\sqrt{a}\,t^2 + 2bt - 2\sqrt{a}\,c}{(b - 2\sqrt{a}\,t)^2}\mathrm{d}t.$$

这就得到

$$\int R(x, \sqrt{ax^2 + bx + c})\mathrm{d}x = \int R\left(\frac{t^2 - c}{b - 2\sqrt{a}\,t}, t + \frac{\sqrt{a}\,(t^2 - c)}{b - 2\sqrt{a}\,t}\right)\frac{-2\sqrt{a}\,t^2 + 2bt - 2\sqrt{a}\,c}{(b - 2\sqrt{a}\,t)^2}\mathrm{d}t,$$

显然,这已化为有理式的不定积分.

上述情形下的欧拉变换,成功的原因在于 $(*)$ 式两边平方后消去了 ax^2 这个二次项,从而由剩下的一次方程可以解出 x 作为 t 的有理函数,其余两种欧拉变换的特点也在于此.

当 $c > 0$ 时,令 $\sqrt{ax^2 + bx + c} = tx + \sqrt{c}$,两边平方,并消去 c 和约去 x 后,得到

$$ax + b = t^2 x + 2\sqrt{c}\,t,$$

由此解出

$$x = \frac{2\sqrt{c}\,t - b}{a - t^2}, \sqrt{ax^2 + bx + c} = \frac{\sqrt{c}\,t^2 - bt + a\sqrt{c}}{a - t^2}, \mathrm{d}x = \frac{\sqrt{c}\,t^2 - 2bt + 2\sqrt{c}\,a}{(t^2 - a)^2}\mathrm{d}t,$$

就有

$$\int R(x, \sqrt{ax^2 + bx + c})\mathrm{d}x = \int R\left(\frac{2\sqrt{c}\,t - b}{a - t^2}, \frac{\sqrt{c}\,t^2 - bt + a\sqrt{c}}{a - t^2}\right)\frac{\sqrt{c}\,t^2 - 2bt + 2\sqrt{c}\,a}{(t^2 - a)^2}\mathrm{d}t.$$

又若 $ax^2 + bx + c = a(x - \alpha)(x - \beta)$，则令

$$\sqrt{ax^2 + bx + c} = \sqrt{a(x - \alpha)(x - \beta)} = t(x - \alpha),$$

两边平方，并约去 $x - \alpha$ 后，得到 $a(x - \beta) = t^2(x - \alpha)$

由此解出

$$x = \frac{\alpha t^2 - a\beta}{t^2 - a}, \sqrt{ax^2 + bx + c} = \frac{a(\alpha - \beta)t}{t^2 - \alpha}, \mathrm{d}x = \frac{2\alpha(\beta - a)t}{(t^2 - \alpha)^2}\mathrm{d}t,$$

于是

$$\int R(x, \sqrt{ax^2 + bx + c})\mathrm{d}x = \int R\left(\frac{\alpha t^2 - a\beta}{t^2 - a}, \frac{a(\alpha - \beta)t}{t^2 - \alpha}\right)\frac{2\alpha(\beta - a)t}{(t^2 - \alpha)^2}\mathrm{d}t.$$

【例 3.1.3】 计算下列不定积分：

(1) $\displaystyle\int \frac{\sqrt{x}}{1 - \sqrt[3]{x}}\mathrm{d}x$；（广西大学 2012）

(2) $\displaystyle\int \frac{1}{x}\sqrt{\frac{x + 2}{x - 2}}\mathrm{d}x$；（中山大学 2014）

(3) $\displaystyle\int \frac{\mathrm{d}x}{(x + 1)(1 + \sqrt{x})}$；（吉林大学 2020）

(4) $\displaystyle\int \frac{\mathrm{d}x}{\sqrt{a^2 + x^2}}, a > 0$；（北京师范大学 2019）

(5) $\displaystyle\int \frac{\mathrm{d}x}{x - \sqrt{x^2 + 2x - 8}}$.

解 （1）令 $t = \sqrt[6]{x}$，则 $x = t^6, \mathrm{d}x = 6t^5\mathrm{d}t$ 且

$$\int \frac{\sqrt{x}}{1 - \sqrt[3]{x}}\mathrm{d}x = \int \frac{t^3}{1 - t^2}6t^5\mathrm{d}t = 6\int \frac{t^8}{1 - t^2}\mathrm{d}t$$

$$= 6\int \frac{t^8 - t^6 + t^6 - t^4 + t^4 - t^2 + t^2 - 1 + 1}{1 - t^2}\mathrm{d}t$$

$$= 6\int \left[-t^6 - t^4 - t^2 - 1 + \frac{1}{1 - t^2}\right]\mathrm{d}t$$

$$= -\frac{6}{7}t^7 - \frac{6}{5}t^5 - 2t^3 - 6t + 3\int \left[\frac{1}{t + 1} - \frac{1}{t - 1}\right]\mathrm{d}t$$

$$=-\frac{6}{7}t^7-\frac{6}{5}t^5-2t^3-6t+3\ln\left|\frac{t+1}{t-1}\right|+C$$

$$=-\frac{6}{7}\sqrt[6]{x^7}-\frac{6}{5}\sqrt[6]{x^5}-2\sqrt{x}-6\sqrt[6]{x}+3\ln\left|\frac{\sqrt[6]{x}+1}{\sqrt[6]{x}-1}\right|+C;$$

(2) 令 $t=\sqrt{\dfrac{x+2}{x-2}}$，则 $x=\dfrac{2(t^2+1)}{t^2-1}$，$dx=\dfrac{-8t}{(t^2-1)^2}dt$ 且

$$\int\frac{1}{x}\sqrt{\frac{x+2}{x-2}}dx=\int\frac{t^2-1}{2(t^2+1)}\frac{-8t^2}{(t^2-1)^2}dt=\int\frac{-4t^2}{(t^2+1)(t^2-1)}dt$$

$$=-2\int\left[\frac{1}{t^2+1}+\frac{1}{t^2-1}\right]dt=-2\int\frac{1}{t^2+1}dt+\int\left[\frac{1}{t+1}+\frac{1}{1-t}\right]dt$$

$$=-2\arctan t+\ln\left|\frac{t+1}{t-1}\right|+C$$

$$=-2\arctan\sqrt{\frac{x+2}{x-2}}+\ln\frac{\sqrt{x+2}+\sqrt{x-2}}{\sqrt{x+2}-\sqrt{x-2}}+C;$$

(3) 令 $t=\sqrt{x}$，则 $dt=\dfrac{1}{2\sqrt{x}}dx$，$dx=2t\,dt$ 且

$$\int\frac{dx}{(x+1)(1+\sqrt{x})}=\int\frac{2t\,dt}{(t^2+1)(1+t)}=\int\left[\frac{t+1}{t^2+1}-\frac{1}{1+t}\right]dt$$

$$=\frac{1}{2}\ln(1+t^2)+\arctan t-\ln(1+t)+C;$$

$$=\frac{1}{2}\ln(1+x)+\arctan\sqrt{x}-\ln(1+\sqrt{x})+C;$$

(4) 令 $x=a\tan t$，则 $dx=a\sec^2 t\,dt$，且

$$\int\frac{dx}{\sqrt{a^2+x^2}}=\int\frac{a\sec^2 t\,dt}{a\sec t}=\int\frac{dt}{\cos t};$$

令 $u=\sin t$，$du=\cos t\,dt$，

$$\therefore\int\frac{dx}{\sqrt{a^2+x^2}}=\int\frac{dt}{\cos t}=\int\frac{du}{1-u^2}=\frac{1}{2}\ln\left|\frac{u+1}{u-1}\right|+C_1=\frac{1}{2}\ln\left|\frac{\sqrt{a^2+x^2}+x}{\sqrt{a^2+x^2}-x}\right|+C_1$$

$$=\ln(\sqrt{a^2+x^2}+x)+C;$$

(5) 本题可令 $\sqrt{x^2+2x-8}=x\pm t$，$\sqrt{x^2+2x-8}=t(x+4)$ 或 $\sqrt{x^2+2x-8}=t(x-2)$.

令 $\sqrt{x^2+2x-8}=t(x-2)$. 则

$$x=\frac{2t^2+4}{t^2-1},dx=\frac{-12t}{(t^2-1)^2}dt,\sqrt{x^2+2x-8}=t(x-2)=\frac{6t}{t^2-1}.$$

$$\therefore\int\frac{dx}{x-\sqrt{x^2+2x-8}}=\int\frac{1}{\dfrac{2t^2+4}{t^2-1}-\dfrac{6t}{t^2-1}}\frac{-12t}{(t^2-1)^2}dt=\int\frac{1}{\dfrac{2t^2+4}{t^2-1}-\dfrac{6t}{t^2-1}}\frac{-12t}{(t^2-1)^2}dt$$

$$=\int \frac{-6t}{(t-1)^2(t+1)(t-2)}\mathrm{d}t=-\frac{1}{2}\int \frac{\mathrm{d}t}{t+1}-4\int \frac{\mathrm{d}t}{t-2}+\frac{9}{2}\int \frac{\mathrm{d}t}{t-1}+2\int \frac{\mathrm{d}t}{(t-1)^2}$$

$$=-\frac{1}{2}\ln|t+1|-4\ln|t-2|+\frac{9}{2}\ln|t-1|-\frac{2}{t-1}+C$$

$$=-\frac{1}{2}\ln|\sqrt{x^2+2x-8}+x-2|-4\ln|\sqrt{x^2+2x-8}-2x+4|+$$

$$\frac{9}{2}\ln|\sqrt{x^2+2x-8}-x+2|-\frac{2x-4}{\sqrt{x^2+2x-8}-x+2}+C.$$

3.1.5 不定积分的杂例

【例 3.1.4】 计算下列不定积分：

(1) $\int \frac{(\ln x)^2}{x^2}\mathrm{d}x$ ；（重庆大学 2021）

(2) $\int x^2 \cos x \,\mathrm{d}x$ ；（南昌大学 2020）

(3) $\int \frac{x}{\sin^2 x}\mathrm{d}x$ ；（湖南师范大学 2012、湖南师范大学 2022）

(4) $\int x^2 \arctan x \,\mathrm{d}x$ ；（华南师范大学 2016、中山大学 2020）

(5) $\int x \arcsin x \,\mathrm{d}x$ ；（湖南大学 2019）

(6) $\int \frac{\arctan x}{x^2(1+x^2)}\mathrm{d}x$ ；（华东师范大学 2022）

(7) $\int \frac{\tan^5 x}{\sqrt{\cos x}}\mathrm{d}x$. （华南师范大学 2022）

解 (1) $\int \left(\frac{\ln x}{x}\right)^2 \mathrm{d}x=-\int \ln^2 x \,\mathrm{d}\frac{1}{x}=-\left(\frac{\ln^2 x}{x}-\int \frac{2}{x^2}\ln x\,\mathrm{d}x\right)$

$$=-\frac{\ln^2 x}{x}-2\int \ln x \,\mathrm{d}\frac{1}{x}=-\frac{\ln^2 x}{x}-2\left(\frac{\ln x}{x}-\int \frac{1}{x^2}x\right)$$

$$=-\frac{\ln^2 x}{x}-\frac{2\ln x}{x}-\frac{2}{x}+C=-\frac{\ln^2 x+2\ln x+2}{x}+C;$$

(2) $\int x^2 \cos x \,\mathrm{d}x=\int x^2 \mathrm{d}\sin x=x^2 \sin x-2\int x \sin x \,\mathrm{d}x$

$$=x^2 \sin x+2x \cos x-2x \sin x+C;$$

(3) $\int \frac{x}{\sin^2 x}\mathrm{d}x=-\int x \,\mathrm{d}\cot x=-x\cot x+\int \cot x \,\mathrm{d}x$

$$=-x\cot x+\ln|\sin x|+C;$$

(4) $\int x^2 \arctan x \,\mathrm{d}x=\frac{1}{3}\int \arctan x \,\mathrm{d}x^3=\frac{1}{3}x^3 \arctan x-\frac{1}{3}\int \frac{x^3}{1+x^2}\mathrm{d}x$

$$= \frac{1}{3} x^3 \arctan x - \frac{1}{6} \int \frac{x^2}{1+x^2} dx^2$$

$$= \frac{1}{3} x^3 \arctan x - \frac{1}{6} \int \left(1 - \frac{1}{1+x^2}\right) dx^2$$

$$= \frac{1}{3} x^3 \arctan x - \frac{1}{6} x^2 + \frac{1}{6} \ln(1+x^2) + C;$$

(5) $\displaystyle \int x \arcsin x \, dx = \frac{1}{2} \int \arcsin x \, dx^2 = \frac{1}{2} x^2 \arcsin x - \frac{1}{2} \int \frac{x^2}{\sqrt{1-x^2}} dx$

$$= \frac{1}{2} x^2 \arcsin x - \frac{1}{2} \int \frac{x^2 - 1 + 1}{\sqrt{1-x^2}} dx$$

$$= \frac{1}{2} x^2 \arcsin x + \frac{1}{2} \int \sqrt{1-x^2} \, dx - \frac{1}{2} \int \frac{1}{\sqrt{1-x^2}} dx$$

$$= \frac{1}{2} x^2 \arcsin x - \frac{1}{4} \arcsin x + \frac{1}{4} x \sqrt{1-x^2} + C;$$

(6) $\displaystyle \int \frac{\arctan x}{x^2(1+x^2)} dx = \int \arctan x \left(\frac{1}{x^2} - \frac{1}{1+x^2}\right) dx$

$$= -\int \arctan x \, d\frac{1}{x} - \int \arctan x \, d\arctan x$$

$$= -\frac{1}{x} \arctan x + \int \frac{1}{x(1+x^2)} dx - \frac{1}{2} (\arctan x)^2$$

$$= -\frac{1}{x} \arctan x - \frac{1}{2} (\arctan x)^2 + \int \left[\frac{1}{x} - \frac{x}{1+x^2}\right] dx$$

$$= -\frac{1}{x} \arctan x - \frac{1}{2} (\arctan x)^2 + \ln|x| - \frac{1}{2} \ln(1+x^2) + C$$

$$= -\frac{1}{x} \arctan x - \frac{1}{2} (\arctan x)^2 + \frac{1}{2} \ln \frac{x^2}{1+x^2} + C;$$

(7) 因为 $\displaystyle \int \frac{\tan^5 x}{\sqrt{\cos x}} dx = -\int \frac{\sin^4 x}{\cos^5 x \sqrt{\cos x}} d\cos x$，令 $t = \cos x$，则

$$\int \frac{\tan^5 x}{\sqrt{\cos x}} dx = -\int \frac{(1-t^2)^2}{t^{5.5}} dt = -\int \left(\frac{1}{t^{5.5}} - 2 \frac{1}{t^{3.5}} + \frac{1}{t^{1.5}}\right) dt$$

$$= \frac{2}{9} \frac{1}{t^{4.5}} - \frac{4}{5} \frac{1}{t^{2.5}} - 2 \frac{1}{t^{0.5}} + C$$

$$= \frac{2}{9} \cos^{-\frac{9}{2}} x - \frac{4}{5} \cos^{-\frac{5}{2}} x - 2 \cos^{-\frac{1}{2}} x + C.$$

【例 3.1.5】 计算下列不定积分：

(1) $\displaystyle \int \frac{1}{x(1+x^{10})} dx$；（中山大学 2019）

(2) $\displaystyle \int \frac{\arcsin e^x}{e^x} dx$；（山东大学 2019、重庆大学 2022）

(3) $\displaystyle\int \frac{x\,\mathrm{e}^x}{\sqrt{\mathrm{e}^x-1}}\mathrm{d}x$；（西安电子科大 2020）

(4) $\displaystyle\int \max\{\mid x\mid,1\}\mathrm{d}x$；（中山大学 2010）

(5) $\displaystyle\int \ln(x+\sqrt{x^2+1})\mathrm{d}x$．（湖南师范大学 2014）

解　(1) 令 $t=x^{10}$，则 $\mathrm{d}t=10x^9\mathrm{d}x$，且

$$\int \frac{1}{x(1+x^{10})}\mathrm{d}x=\int \frac{x^9}{x^{10}(1+x^{10})}\mathrm{d}x=\frac{1}{10}\int \frac{1}{t(1+t)}\mathrm{d}t$$

$$=\frac{1}{10}\int \left[\frac{1}{t}-\frac{1}{1+t}\right]\mathrm{d}t=\frac{1}{10}\ln\left|\frac{t}{1+t}\right|+C$$

$$=\frac{1}{10}\ln \frac{x^{10}}{1+x^{10}}+C;$$

(2) 令 $t=\mathrm{e}^x$，则 $\mathrm{d}t=\mathrm{e}^x\mathrm{d}x$，$\mathrm{d}x=\dfrac{\mathrm{d}t}{t}$ 且

$$\int \frac{\arcsin\mathrm{e}^x}{\mathrm{e}^x}\mathrm{d}x=\int \frac{\arcsin t}{t^2}\mathrm{d}t=\int \arcsin t\,\mathrm{d}\left(-\frac{1}{t}\right)=-\frac{1}{t}\arcsin t+\int \frac{1}{t}\frac{1}{\sqrt{1-t^2}}\mathrm{d}t;$$

令 $u=\sqrt{1-t^2}$，$\mathrm{d}u=\dfrac{-t}{\sqrt{1-t^2}}\mathrm{d}t$，$\mathrm{d}t=-\dfrac{u}{t}\mathrm{d}u.$

$$\int \frac{1}{t}\frac{1}{\sqrt{1-t^2}}\mathrm{d}t=\int \frac{1}{t}\frac{1}{u}\left(-\frac{u}{t}\right)\mathrm{d}u=-\int \frac{1}{t^2}\mathrm{d}u=\int \frac{1}{u^2-1}\mathrm{d}u=\frac{1}{2}\ln\left|\frac{u-1}{u+1}\right|+C;$$

$$\therefore \int \frac{\arcsin\mathrm{e}^x}{\mathrm{e}^x}\mathrm{d}x=-\frac{1}{t}\arcsin t+\frac{1}{2}\ln\left|\frac{\sqrt{1-t^2}-1}{\sqrt{1-t^2}+1}\right|+C$$

$$=-\mathrm{e}^{-x}\arcsin\mathrm{e}^x+\frac{1}{2}\ln\left|\frac{\sqrt{1-\mathrm{e}^{2x}}-1}{\sqrt{1-\mathrm{e}^{2x}}+1}\right|+C$$

$$=-\mathrm{e}^{-x}\arcsin\mathrm{e}^x+\ln(1-\sqrt{1-\mathrm{e}^{2x}})-x+C;$$

(3) $\displaystyle\int \frac{x\,\mathrm{e}^x}{\sqrt{\mathrm{e}^x-1}}\mathrm{d}x=2\int x\,\mathrm{d}\sqrt{\mathrm{e}^x-1}=2x\sqrt{\mathrm{e}^x-1}-\int \sqrt{\mathrm{e}^x-1}\,\mathrm{d}x$

令 $\mathrm{e}^x=\sec^2 t$，即 $x=\ln\sec^2 t$，则 $\mathrm{d}x=2\tan t\,\mathrm{d}t$ 且

$$\int \sqrt{\mathrm{e}^x-1}\,\mathrm{d}x=2\int \tan^2 t\,\mathrm{d}t=-t+\tan t+C=-\arccos\mathrm{e}^{\frac{x}{2}}+\mathrm{e}^{-\frac{x}{2}}\sqrt{\mathrm{e}^x-1}+C$$

$$\therefore \int \frac{x\,\mathrm{e}^x}{\sqrt{\mathrm{e}^x-1}}\mathrm{d}x=2x\sqrt{\mathrm{e}^x-1}+\arccos\mathrm{e}^{\frac{x}{2}}-\mathrm{e}^{-\frac{x}{2}}\sqrt{\mathrm{e}^x-1}-C;$$

(4) $x\geqslant 1$ 时 $\displaystyle\int \max\{\mid x\mid,1\}\mathrm{d}x=\int x\,\mathrm{d}x=\frac{1}{2}x^2+C_1;$

$x\leqslant -1$ 时 $\displaystyle\int \max\{\mid x\mid,1\}\mathrm{d}x=-\int x\,\mathrm{d}x=-\frac{1}{2}x^2+C_2;$

$\mid x\mid<1$ 时 $\displaystyle\int \max\{\mid x\mid,1\}\mathrm{d}x=\int \mathrm{d}x=-x+C_3;$

由连续性,取 $C = C_3$,则

$x = -1$ 时 $-\dfrac{1}{2} + C_2 = 1 + C, C_2 = C + \dfrac{3}{2}$；$x = 1$ 时 $\dfrac{1}{2} + C_1 = -1 + C, C_1 = C - \dfrac{3}{2}$；

所以 $\displaystyle\int \max\{|x|, 1\} \mathrm{d}x = \begin{cases} -\dfrac{1}{2}x^2 + C + \dfrac{3}{2}, & x \leqslant -1 \\[2mm] -x + C, & |x| < 1 \\[2mm] \dfrac{1}{2}x^2 + C - \dfrac{3}{2} & x \geqslant 1 \end{cases}$；

(5) $\displaystyle\int \ln(x + \sqrt{x^2 + 1})\,\mathrm{d}x = x\ln(x + \sqrt{x^2 + 1}) - \int x\,\mathrm{d}\ln(x + \sqrt{x^2 + 1})$

$\displaystyle\qquad\qquad = x\ln(x + \sqrt{x^2 + 1}) - \int \frac{x}{\sqrt{x^2 + 1}}\,\mathrm{d}x$

$\displaystyle\qquad\qquad = x\ln(x + \sqrt{x^2 + 1}) - \frac{1}{2}\int \frac{1}{\sqrt{x^2 + 1}}\,\mathrm{d}(x^2 + 1)$

$\displaystyle\qquad\qquad = x\ln(x + \sqrt{x^2 + 1}) - \sqrt{x^2 + 1} + C.$

 **练习题**

计算下列不定积分:

(1) $\displaystyle\int \frac{1}{x^4(x^2 + 1)}\,\mathrm{d}x$；(华南师范大学 2020)

(2) $\displaystyle\int \frac{\sin 2x}{\sin^2 x + \cos x}\,\mathrm{d}x$；(郑州大学 2020)

(3) $\displaystyle\int \frac{\sin 2x}{\sin x + \cos x}\,\mathrm{d}x$；(南京航空航天大学 2020)

(4) $\displaystyle\int \frac{1}{\sin x + \cos x + 2}\,\mathrm{d}x$；(杭州师范大学 2014)

(5) $\displaystyle\int \frac{1}{2 + \cos x}\,\mathrm{d}x$；(福州大学 2022)

(6) $\displaystyle\int \frac{1}{\sin x(\cos x + 2)}\,\mathrm{d}x$；(四川大学 2022)

(7) $\displaystyle\int \frac{\mathrm{d}x}{\sqrt{x} + \sqrt[3]{x}}$；(昆明理工大学 2017)

(8) $\displaystyle\int \sqrt{x^2 - a^2}\,\mathrm{d}x$；(广西大学 2020)

(9) $\displaystyle\int \max\{2, |x|\}\,\mathrm{d}x$；(湖南师范大学 2011)

(10) $\displaystyle\int \frac{\ln(x + \sqrt{1 + x^2})}{\sqrt{1 + x^2}}\,\mathrm{d}x$；(湖南师范大学 2017)

(11) $\displaystyle\int \frac{\ln^3 x}{x^2}\mathrm{d}x$；（湘潭大学 2017）

(12) $\displaystyle\int \frac{(1+x^2)\arcsin x}{x\sqrt{1-x^2}}\mathrm{d}x$；（哈尔滨工程大学 2020）

(13) $\displaystyle\int \frac{\mathrm{e}^x(x^2-2x-1)}{(x^2-1)^2}\mathrm{d}x$；（中国石油大学 2022）

(14) $\displaystyle\int \sqrt{x}\sin\sqrt{x}\,\mathrm{d}x$；（长安大学 2022）

(15) $\displaystyle\int \sqrt{\frac{\ln(x+\sqrt{1+x^2})}{1+x^2}}\mathrm{d}x$；（河海大学 2022）

(16) $\displaystyle\int \frac{x\mathrm{e}^x}{(1+x)^2}\mathrm{d}x$；（南京师范大学 2022）

(17) $\displaystyle\int \sin(\ln x)\mathrm{d}x$；（西南大学 2024）

(18) $\displaystyle\int \frac{\arccos x}{x^2}\mathrm{d}x$．（东南大学 2024）

3.2 定积分

3.2.1 主要知识点

黎曼积分：设 f 是定义在 $[a,b]$ 上的一个函数，J 是一个确定的实数．若 $\forall \varepsilon > 0$，$\exists \delta > 0$，使得对 $[a,b]$ 的任何分割 T，以及在其上任意选取的点集 $\{\xi_i\}$，只要 $\|T\| < \delta$，就有 $\left| \sum\limits_{i=1}^{n} f(\xi_i)\Delta x_i - J \right| < \varepsilon$，则称函数 f 在区间 $[a,b]$ 上可积或黎曼可积；数 J 称为 f **在$[a,b]$上的定积分或黎曼积分**，记作 $J = \displaystyle\int_a^b f(x)\mathrm{d}x$．其中，$f$ 称为被积函数，x 称为积分变量，$[a,b]$ 称为积分区间，a,b 分别称为这个定积分的下限和上限．

积分和：设 f 是定义在 $[a,b]$ 上的一个函数．对于 $[a,b]$ 的一个分割 $T = \{\Delta_1, \Delta_2, \cdots, \Delta_n\}$，任取点 $\xi_i \in \Delta_i : i = 1,2,\cdots,n$，并作和式 $\sum\limits_{i=1}^{n} f(\xi_i)\Delta x_i$，称此和式为函数 f 在 $[a,b]$ 上的一个**积分和**，也称黎曼和．

注：积分和既与分割 T 有关，又与所选取的点集 $\{\xi_i\}$ 有关．

上和与下和：设 $T = \{\Delta_1, \Delta_2, \cdots, \Delta_n\}$ 为对 $[a,b]$ 的任一分割．若 f 在 $[a,b]$ 上有界，它在每个 Δ_i 上存在上、下确界：$M_i = \sup\limits_{x\in\Delta_i} f(x)$，$m_i = \inf\limits_{x\in\Delta_i} f(x)$，作和式 $S(T) = \sum\limits_{i=1}^{n} M_i\Delta x_i, s(T) = \sum\limits_{i=1}^{n} m_i\Delta x_i,$

分别称为 f 关于分割 T 的**上和与下和**(或称达布上和与达布下和,统称达布和).

任给 $\xi_i \in \Delta_i : i = 1, 2, \cdots, n$, 显然有 $s(T) \leqslant \sum_{i=1}^{n} f(\xi_i) \Delta x_i \leqslant S(T)$.

变上限的定积分:设 f 在 $[a, b]$ 上可积,则对 $\forall x \in [a, b]$, f 在 $[a, x]$ 上也可积,于是由 $\Phi(x) = \int_a^x f(t) \mathrm{d}t, x \in [a, b]$ 定义了一个以积分上限 x 为自变量的函数,称为**变上限的定积分**. 类似地,可定义变下限的定积分:$\Psi(x) = \int_x^b f(t) \mathrm{d}t, x \in [a, b]$. $\Phi(x)$ 和 $\Psi(x)$ 统称为变限积分.

定积分的换元积分法:若函数 f 在 $[a, b]$ 上连续,$\varphi(t)$ 在 $[\alpha, \beta]$ 上连续可微,且满足 $\varphi(\alpha) = a, \varphi(\beta) = b, a \leqslant \varphi(t) \leqslant b, t \in [\alpha, \beta]$, 则有定积分换元公式:$\int_a^b f(x) \mathrm{d}x = \int_\alpha^\beta f(\varphi(t)) \varphi'(t) \mathrm{d}t$.

在应用中要注意定积分的换元公式与不定积分的换元公式的异同之处. 定积分与不定积分的换元法的区别在于:不定积分换元积分后要作变量回代,定积分在换元时要同时变换积分限,而不用作变量回代.联系在于:二者均要求置换的 $x = \varphi(t)$ 可导,且选择 $x = \varphi(t)$ 的规律相同.若条件中仅有函数 f 在 $[a, b]$ 上可积,则需要 $x = \varphi(t)$ 单调可导.

在使用第二换元积分法时,若变量替换为 $x = \varphi(t)$, 一般用条件 $\varphi'(t) \neq 0$, 来保证逆变换 $t = \varphi^{-1}(x)$ 的存在. 所以通常需要指出 $\varphi(t)$ 的定义范围.

定积分的分部积分法:若 $u(x), v(x)$ 为 $[a, b]$ 上的连续可微函数,则有定积分分部积分公式:

$$\int_a^b u(x) v'(x) \mathrm{d}x = u(x) v(x) \Big|_a^b - \int_a^b u'(x) v(x) \mathrm{d}x.$$

分部积分法中将 $f(x)$ 改写成 $u(x) v'(x)$ 时 $u(x)$ 的选取通常按照反三角函数、对数函数、幂函数、指数函数、三角函数的顺序依次进行.

可积的必要条件:若函数 f 在 $[a, b]$ 上可积,则 f 在 $[a, b]$ 上必定有界.

可积的充要条件:函数 f 在 $[a, b]$ 上可积的充要条件是:$\forall \varepsilon > 0$, 总存在相应的一个分割 T, 使得 $S(T) - s(T) < \varepsilon$.

$\omega_i = M_i - m_i$ 称为 f 在 Δ_i 上的振幅,有必要时也记为 ω_i^f. 因此可积准则又可改述如下:函数 f 在 $[a, b]$ 上可积的充要条件是:$\forall \varepsilon > 0$, 存在相应的某一分割 T, 使得 $\sum_T \omega_i \Delta x_i < \varepsilon$.

可积函数类:

(1) 若 f 在 $[a, b]$ 上的连续函数,则 f 在 $[a, b]$ 上可积.

(2) 若 f 是区间 $[a, b]$ 上只有有限个间断点的有界函数,则 f 在 $[a, b]$ 上可积.

(3) 若 f 是区间 $[a, b]$ 上的单调函数,则 f 在 $[a, b]$ 上可积.

积分第一中值定理:若 f 在 $[a, b]$ 上连续,则至少存在一点 $\xi \in [a, b]$, 使得 $\int_a^b f(x) \mathrm{d}x = f(\xi)(b - a)$.

推广的积分第一中值定理:若 $f(x)$ 和 $g(x)$ 都在 $[a,b]$ 上连续,且 $g(x)$ 在 $[a,b]$ 上不变号,则至少存在一点 $\xi \in [a,b]$,使得 $\int_a^b f(x)g(x)\mathrm{d}x = f(\xi)\int_a^b g(x)\mathrm{d}x$.

积分第二中值定理:设 $f(x)$ 在 $[a,b]$ 上可积.

(1) 若函数 $g(x)$ 在 $[a,b]$ 上单调递减,且 $g(x) \geqslant 0$,则 $\exists \xi \in [a,b]$,使得

$$\int_a^b f(x)g(x)\mathrm{d}x = g(a)\int_a^\xi f(x)\mathrm{d}x.$$

(2) 若函数 $g(x)$ 在 $[a,b]$ 上单调递增,且 $g(x) \geqslant 0$,则 $\exists \eta \in [a,b]$,使得

$$\int_a^b f(x)g(x)\mathrm{d}x = g(b)\int_\eta^b f(x)\mathrm{d}x.$$

推论 设函数 $f(x)$ 在 $[a,b]$ 上可积,函数 $g(x)$ 在 $[a,b]$ 上单调,则 $\exists \xi \in [a,b]$,使得

$$\int_a^b f(x)g(x)\mathrm{d}x = g(a)\int_a^\xi f(x)\mathrm{d}x + g(b)\int_\xi^b f(x)\mathrm{d}x.$$

3.2.2 定积分的计算

1. 利用换元法、分部积分法计算定积分

【**例 3.2.1**】 计算下列定积分:

(1) $\int_0^a x^2\sqrt{a^2-x^2}\,\mathrm{d}x$;(西安电子科技大学 2020)

(2) $\int_0^{\frac{\pi}{2}} \dfrac{1}{4\cos^2 x + \sin^2 x}\mathrm{d}x$;(合肥工业大学 2022)

(3) $\int_1^e \dfrac{\mathrm{d}x}{x(1+\ln^2 x)}$;(长安大学 2022)

(4) $\int_1^e \sin(\ln x)\mathrm{d}x$;(哈尔滨工程大学 2022)

(5) $\int_0^1 \ln(x + \sqrt{1+x^2})\mathrm{d}x$.(河海大学 2020)

解 (1) 设 $x = a\sin t, t:0 \to \dfrac{\pi}{2}, \mathrm{d}x = a\cos t\,\mathrm{d}t$. 于是

$$\int_0^a x^2\sqrt{a^2-x^2}\,\mathrm{d}x = \int_0^{\frac{\pi}{2}} a^2\sin^2 t \cdot a\cos t \cdot a\cos t\,\mathrm{d}t = \frac{a^4}{4}\int_0^{\frac{\pi}{2}}\sin^2 2t\,\mathrm{d}t = \frac{a^4}{8}\int_0^{\frac{\pi}{2}}(1-$$

$\cos 4t)\mathrm{d}t = \dfrac{a^4\pi}{16}$;

(2) 设 $R(u,v) = \dfrac{1}{u^2+4v^2}$,则 $R(-\sin x, -\cos x) = R(\sin x, \cos x) = $

$\dfrac{1}{4\cos^2 x + \sin^2 x}$.

故可令 $t = \tan x$，则 $dt = \sec^2 x \, dx$ 且 $x : 0 \to \dfrac{\pi}{2}$ 时，$t : 0 \to +\infty$.

此时 $\displaystyle\int_0^{\frac{\pi}{2}} \dfrac{1}{4\cos^2 x + \sin^2 x} dx = \int_0^{\frac{\pi}{2}} \dfrac{\sec^2 x}{4 + \tan^2 x} dx = \int_0^{+\infty} \dfrac{1}{4 + t^2} dt = \dfrac{1}{2} \arctan \dfrac{t}{2} \Big|_0^{+\infty} = \dfrac{\pi}{4}$；

（3）令 $t = \ln x$ 则 $dt = \dfrac{1}{x} dx$，且 $x : 1 \to e$ 时，$t : 0 \to 1$，

此时 $\displaystyle\int_1^e \dfrac{dx}{x(1 + \ln^2 x)} = \int_0^1 \dfrac{1}{1 + t^2} dt = \arctan t \Big|_0^1 = \dfrac{\pi}{4}$；

（4）令 $t = \ln x$ 则 $dt = \dfrac{1}{x} dx$，且 $x : 1 \to e$ 时，$t : 0 \to 1$，

$\displaystyle\int_1^e \sin(\ln x) dx = \int_0^1 \sin t \, e^t dt = \int_0^1 \sin t \, d e^t = \sin t \, e^t \big|_0^1 - \int_0^1 e^t d \sin t = e \sin 1 - \int_0^1 \cos t \, e^t dt$

$\displaystyle \qquad = e \sin 1 - \int_0^1 \cos t \, de^t = e \sin 1 - \left[\cos t \, e^t \big|_0^1 - \int_0^1 e^t d \cos t \right]$

$\displaystyle \qquad = e(\sin 1 - \cos 1) + 1 - \int_0^1 e^t \sin t \, dt$

$\therefore \displaystyle\int_1^e \sin(\ln x) dx = \int_0^1 \sin t \, e^t dt = \dfrac{1}{2}(e \sin 1 - e \cos 1 + 1)$；

（5）$\displaystyle\int_0^1 \ln(x + \sqrt{1 + x^2}) dx = x \ln(x + \sqrt{1 + x^2}) \Big|_0^1 - \int_0^1 x \, d\ln(x + \sqrt{1 + x^2})$

$\displaystyle \qquad\qquad\qquad = \ln(1 + \sqrt{2}) - \int_0^1 \dfrac{x}{\sqrt{1 + x^2}} dx$

$\displaystyle \qquad\qquad\qquad = \ln(1 + \sqrt{2}) - \sqrt{1 + x^2} \Big|_0^1 = \ln(1 + \sqrt{2}) - \sqrt{2} + 1.$

2. 利用奇偶性、对称性计算定积分

【例 3.2.2】　设 $a > 0$，函数 $f \in C[0, a]$ 满足 $f(x) = f(a - x)$，$x \in [0, a]$，证明：
$\displaystyle\int_0^a x f(x) dx = \dfrac{a}{2} \int_0^a f(x) dx$. （北京师范大学 2016）

证明　令 $u = a - x$，则

$\displaystyle\int_0^a x f(x) dx = \int_a^0 (a - u) f(a - u)(- du) = \int_0^a (a - u) f(u) du = \int_0^a a f(u) du -$
$\displaystyle\int_0^a u f(u) du = \int_0^a a f(x) dx - \int_0^a x f(x) dx.$

$\therefore \displaystyle\int_0^a x f(x) dx = \dfrac{a}{2} \int_0^a f(x) dx.$

特例： $\displaystyle\int_0^\pi x f(\sin x) dx = 2 \int_0^\pi f(\sin x) dx = 4 \int_0^{\frac{\pi}{2}} f(\sin x) dx.$

【例 3.2.3】　设函数 $f(x)$ 在闭区间 $[a, b]$ 上连续，证明：$\displaystyle\int_a^b f(x) dx = \int_a^b f(a + b - x) dx$. （北京交通大学 2011）

证明　令 $u = a + b - x$，则

$$\int_a^b f(x)\mathrm{d}x = \int_b^a f(a+b-u)(-\mathrm{d}u) = \int_a^b f(a+b-u)\mathrm{d}u = \int_a^b f(a+b-x)\mathrm{d}x.$$

特例：$\displaystyle\int_0^{\frac{\pi}{2}} f(\sin x)\mathrm{d}x = \int_0^{\frac{\pi}{2}} f(\cos x)\mathrm{d}x.$

【例 3.2.4】 计算下列定积分：

(1) $I = \displaystyle\int_{\frac{\pi}{5}}^{\frac{3\pi}{10}} \frac{\sin^2 x}{x(\pi - 2x)}\mathrm{d}x$；（北京交通大学 2011）

(2) $I = \displaystyle\int_0^1 \frac{x}{\mathrm{e}^x + \mathrm{e}^{1-x}}\mathrm{d}x$；（吉林大学 2023）

(3) $I = \displaystyle\int_0^{\frac{\pi}{2}} \frac{\sin x}{\sin x + \cos x}\mathrm{d}x$；（广西大学 2015、吉林大学 2020、南京师范大学 2021、中南大学 2024）

(4) $I = \displaystyle\int_0^1 \frac{\mathrm{d}x}{x + \sqrt{1 - x^2}}$；（华东师范大学 2023）

(5) $I = \displaystyle\int_0^{\frac{\pi}{4}} \frac{\sin x \cos x}{\sin^4 x + \cos^4 x - 5}\mathrm{d}x.$（南开大学 2022）

解 (1) 设 $f(x) = \dfrac{\sin^2 x}{x(\pi - 2x)}$，则 $f\left(\dfrac{\pi}{5} + \dfrac{3\pi}{10} - x\right) = \dfrac{\cos^2 x}{x(2\pi - x)}$.

由例 3.2.3 有 $I = \displaystyle\int_{\frac{\pi}{5}}^{\frac{3\pi}{10}} \frac{\sin^2 x}{x(\pi - 2x)}\mathrm{d}x = \int_{\frac{\pi}{5}}^{\frac{3\pi}{10}} \frac{\cos^2 x}{x(\pi - 2x)}\mathrm{d}x.$

$\therefore I = \dfrac{1}{2}\left[\displaystyle\int_{\frac{\pi}{5}}^{\frac{3\pi}{10}} \frac{\sin^2 x}{x(\pi - 2x)}\mathrm{d}x + \int_{\frac{\pi}{5}}^{\frac{3\pi}{10}} \frac{\cos^2 x}{x(\pi - 2x)}\mathrm{d}x\right] = \int_{\frac{\pi}{5}}^{\frac{3\pi}{10}} \frac{1}{2x(\pi - 2x)}\mathrm{d}x$

$= \dfrac{1}{\pi}\left[\displaystyle\int_{\frac{\pi}{5}}^{\frac{3\pi}{10}} \frac{1}{2x}\mathrm{d}x + \int_{\frac{\pi}{5}}^{\frac{3\pi}{10}} \frac{1}{\pi - 2x}\mathrm{d}x\right] = \dfrac{1}{2\pi}\ln\dfrac{2x}{\pi - 2x}\Bigg|_{\frac{\pi}{5}}^{\frac{3\pi}{10}} = \dfrac{1}{\pi}\ln\dfrac{3}{2}.$

(2) 设 $f(x) = \dfrac{x}{\mathrm{e}^x + \mathrm{e}^{1-x}}$ 则 $f(0 + 1 - x) = \dfrac{1-x}{\mathrm{e}^x + \mathrm{e}^{1-x}}$ 由例 3.2.3 有

$$\int_0^1 \frac{x}{\mathrm{e}^x + \mathrm{e}^{1-x}}\mathrm{d}x = \int_0^1 \frac{1-x}{\mathrm{e}^x + \mathrm{e}^{1-x}}\mathrm{d}x.$$

$I = \dfrac{1}{2}\left[\displaystyle\int_0^1 \frac{x}{\mathrm{e}^x + \mathrm{e}^{1-x}}\mathrm{d}x + \int_0^1 \frac{1-x}{\mathrm{e}^x + \mathrm{e}^{1-x}}\mathrm{d}x\right] = \dfrac{1}{2}\int_0^1 \frac{1}{\mathrm{e}^x + \mathrm{e}^{1-x}}\mathrm{d}x = \dfrac{1}{2\sqrt{\mathrm{e}}}\int_0^1 \frac{1}{\mathrm{e}^{2(x-0.5)} + 1}\mathrm{d}\mathrm{e}^{x-0.5}$

$= \dfrac{1}{2\sqrt{\mathrm{e}}}\arctan \mathrm{e}^{x-0.5}\Bigg|_0^1 = \dfrac{1}{2\sqrt{\mathrm{e}}}\left(\arctan\sqrt{\mathrm{e}} - \arctan\dfrac{1}{\sqrt{\mathrm{e}}}\right).$

(3) 设 $f(x) = \dfrac{\sin x}{\sin x + \cos x}$ 则 $f\left(0 + \dfrac{\pi}{2} - x\right) = \dfrac{\cos x}{\sin x + \cos x}$ 由例 3.2.3 有

$$\int_0^{\frac{\pi}{2}} \frac{\sin x}{\sin x + \cos x}\mathrm{d}x = \int_0^{\frac{\pi}{2}} \frac{\cos x}{\sin x + \cos x}\mathrm{d}x.$$

$I = \dfrac{1}{2}\left[\displaystyle\int_0^{\frac{\pi}{2}} \frac{\sin x}{\sin x + \cos x}\mathrm{d}x + \int_0^{\frac{\pi}{2}} \frac{\cos x}{\sin x + \cos x}\mathrm{d}x\right] = \dfrac{1}{2}\int_0^{\frac{\pi}{2}}\mathrm{d}x = \dfrac{\pi}{4}.$

（4）令 $x = \sin t$ 则 $I = \displaystyle\int_0^1 \frac{\mathrm{d}x}{x + \sqrt{1 - x^2}} = \int_0^{\frac{\pi}{2}} \frac{\cos t}{\sin t + \cos t}\mathrm{d}t = \frac{\pi}{4}$.

（5）注意到 $\sin^4 x + \cos^4 x = (\sin^2 x + \cos^2 x)^2 - 2\sin^2 x \cos^2 x = 1 - 2\sin^2 x \cos^2 x$

于是 $\displaystyle\int_0^{\frac{\pi}{4}} \frac{\sin x \cos x}{\sin^4 x + \cos^4 x - 5}\mathrm{d}x = \int_0^{\frac{\pi}{4}} \frac{\sin x \cos x}{1 - 2\sin^2 x \cos^2 x - 5}\mathrm{d}x = \int_0^{\frac{\pi}{4}} \frac{\frac{1}{2}\sin 2x}{-\frac{1}{2}\sin^2 2x - 4}\mathrm{d}x$

$$= -\int_0^{\frac{\pi}{4}} \frac{\sin 2x}{\sin^2 2x + 8}\mathrm{d}x = \frac{1}{2}\int_0^{\frac{\pi}{4}} \frac{\mathrm{d}(\cos 2x)}{9 - \cos^2 2x}$$

$$= \frac{1}{12}\ln \frac{3 + \cos 2x}{3 - \cos 2x}\Big|_0^{\frac{\pi}{4}} = -\frac{\ln 2}{12}.$$

【例 3.2.5】　计算下列定积分：

（1）$\displaystyle\int_{-\frac{\pi}{2}}^{\frac{\pi}{2}} \frac{x + x^3 + \cos x}{1 + \sin^2 x}\mathrm{d}x$；（西南大学 2020）

（2）$\displaystyle\int_{-1}^1 \left(\frac{\sin x}{1 + x^2} + \sqrt{1 - \cos^2 2x} \right)\mathrm{d}x$. （湖南师范大学 2020）

解　（1）因为 $\dfrac{x + x^3}{1 + \sin^2 x}$ 是奇函数，$\dfrac{\cos x}{1 + \sin^2 x}$ 是偶函数，所以

$$\int_{-\frac{\pi}{2}}^{\frac{\pi}{2}} \frac{x + x^3 + \cos x}{1 + \sin^2 x}\mathrm{d}x = 2\int_0^{\frac{\pi}{2}} \frac{\cos x}{1 + \sin^2 x}\mathrm{d}x = 2\int_0^{\frac{\pi}{2}} \frac{\mathrm{d}\sin x}{1 + \sin^2 x}\mathrm{d}x = 2\arctan(\sin x)\Big|_0^{\frac{\pi}{2}} = \frac{\pi}{2}.$$

（2）因为 $\dfrac{\sin x}{1 + x^2}$ 是奇函数，$\sqrt{1 - \cos^2 2x}$ 是偶函数，所以

$$\int_{-1}^1 \left(\frac{\sin x}{1 + x^2} + \sqrt{1 - \cos^2 2x} \right)\mathrm{d}x = 2\int_0^1 \sqrt{1 - \cos^2 2x}\,\mathrm{d}x = 2\int_0^1 \sin 2x\,\mathrm{d}x = -2\cos 2x\Big|_0^{\frac{\pi}{2}}$$
$$= 2 - 2\cos 2.$$

3. 抽象的积分计算

【例 3.2.6】　已知函数 $f(x)$ 在 $[0,1]$ 上连续可微且 $\displaystyle\int_0^1 f(x)\mathrm{d}x = \frac{5}{2}$，$\displaystyle\int_0^1 x f(x)\mathrm{d}x = \frac{3}{2}$，计算 $\displaystyle\int_0^1 x(1-x)(3 - f'(x))\mathrm{d}x$. （中南大学 2022）

解　$I = 3\displaystyle\int_0^1 x(1-x)\mathrm{d}x - \int_0^1 x(1-x)f'(x)\mathrm{d}x = 3\left(\frac{1}{2} - \frac{1}{3}\right) - \int_0^1 x(1-x)\mathrm{d}f(x)$

$$= \frac{1}{2} - \left[x(1-x)f(x)\Big|_0^1 - \int_0^1 f(x)\mathrm{d}[x(1-x)] \right]$$

$$= \frac{1}{2} + \int_0^1 f(x)(1-2x)\mathrm{d}x = \frac{1}{2} + \frac{5}{2} - 2\times\frac{3}{2} = 0.$$

【例 3.2.7】　试找出所有定义在 $[0,1]$ 上满足 $\displaystyle\int_0^1 f(x)\mathrm{d}x = \frac{1}{3} + \int_0^1 f^2(x^2)\mathrm{d}x$ 的连续

函数 $f(x)$.

解 令 $t = \sqrt{x}$，则 $x = t^2$，$\mathrm{d}x = 2t\,\mathrm{d}t$，$\int_0^1 f(x)\mathrm{d}x = 2t\int_0^1 f(t^2)\mathrm{d}t$.

$\therefore \int_0^1 2tf(t^2)\mathrm{d}t = \dfrac{1}{3} + \int_0^1 f^2(t^2)\mathrm{d}t = \int_0^1 t^2\mathrm{d}t + \int_0^1 f^2(t^2)\mathrm{d}t.$

整理得 $\int_0^1 t^2\mathrm{d}t - \int_0^1 2tf(t^2)\mathrm{d}t + \int_0^1 f^2(t^2)\mathrm{d}t = 0$，即 $\int_0^1 (t - f(t^2))^2\mathrm{d}t = 0$.

由 f 的连续性知 $f(t^2) = t$. $\therefore f(x) = \sqrt{x}$，$f(x) = -\sqrt{x}$（舍）.

4. 利用递推公式、恒等变换计算定积分

【例 3.2.8】 求定积分 $\displaystyle\int_0^\pi \dfrac{\sin\dfrac{2n+1}{2}x}{\sin\dfrac{x}{2}}\mathrm{d}x$，其中 n 为正整数.（中国科学技术大学

2021)

解 记 $I_n = \displaystyle\int_0^\pi \dfrac{\sin\dfrac{2n+1}{2}x}{\sin\dfrac{x}{2}}\mathrm{d}x\ (n = 0,1,2,\cdots)$，注意到

$$\sin\frac{2n+1}{2}x = \sin\left(nx + \frac{x}{2}\right) = \sin nx\cos\frac{x}{2} + \cos nx\sin\frac{x}{2}$$

$$= \frac{1}{2}\left(\sin\frac{2n+1}{2}x + \sin\frac{2n-1}{2}x\right) + \cos nx\sin\frac{x}{2}\ (n = 1,2,\cdots),$$

所以上式两端同除 $\sin\dfrac{x}{2}$ 以后积分，就有

$$I_n = \int_0^\pi \frac{\sin\dfrac{2n+1}{2}x}{\sin\dfrac{x}{2}}\mathrm{d}x = \frac{1}{2}\int_0^\pi \frac{\sin\dfrac{2n+1}{2}x + \sin\dfrac{2n-1}{2}x}{\sin\dfrac{x}{2}}\mathrm{d}x + \int_0^\pi \cos nx\,\mathrm{d}x$$

$$= \frac{1}{2}(I_n + I_{n-1}) + \frac{1}{n}\sin nx\ \Big|_0^\pi = \frac{1}{2}(I_n + I_{n-1})\ (n = 1,,2,\cdots),$$

化简可得 $I_n = I_{n-1}\ (n = 1,2,\cdots)$，由此递推，对任意的正整数，有

$$I_n = \int_0^\pi \frac{\sin\dfrac{2n+1}{2}x}{\sin\dfrac{x}{2}}\mathrm{d}x = I_0 = \int_0^\pi \frac{\sin\dfrac{x}{2}}{\sin\dfrac{x}{2}}\mathrm{d}x = \pi.$$

【例 3.2.9】 求定积分 $\displaystyle\int_0^{\frac{\pi}{2}} \sin^n x\,\mathrm{d}x\ (n = 1,2,\cdots)$.（长安大学，2022）

解 首先记 $I_n = \displaystyle\int_0^{\frac{\pi}{2}} \sin^n x\,\mathrm{d}x\ (n = 1,2,\cdots)$，由分部积分公式可知

$$I_n = \int_0^{\frac{\pi}{2}} \sin^n x\,\mathrm{d}x = -\int_0^{\frac{\pi}{2}} \sin^{n-1} x\,\mathrm{d}(\cos x)$$

$$= -\sin^{n-1}x\cos x\,\Big|_0^{\frac{\pi}{2}} + (n-1)\int_0^{\frac{\pi}{2}}\cos x\sin^{n-2}x\cos x\,\mathrm{d}x$$

$$= (n-1)\int_0^{\frac{\pi}{2}}\sin^{n-2}x(1-\sin^2 x)\,\mathrm{d}x$$

$$= (n-1)(I_{n-2}-I_n)\,(n=3,4,\cdots)$$

由此可解得 $I_n = \dfrac{n-1}{n}I_{n-2}\,(n=3,4,\cdots)$.

明显 $I_1 = \displaystyle\int_0^{\frac{\pi}{2}}\sin x\,\mathrm{d}x = 1$，$I_2 = \displaystyle\int_0^{\frac{\pi}{2}}\sin^2 x\,\mathrm{d}x = \dfrac{1}{2}\int_0^{\frac{\pi}{2}}(1-\cos 2x)\,\mathrm{d}x = \dfrac{\pi}{4}$. 那么结合上述递推公式，有

$$I_n = \begin{cases} \dfrac{(n-1)!!}{n!!}, & n\text{ 为奇数;} \\[3mm] \dfrac{(n-1)!!}{n!!}\cdot\dfrac{\pi}{2}, & n\text{ 为偶数.} \end{cases}$$

3.2.3　定积分的极限

【例 3.2.10】　求极限 $\displaystyle\lim_{n\to\infty}\int_0^1 x^n\sqrt{12+4x}\,\mathrm{d}x$.（吉林大学 2023）

解　$\because x\in[0,1]$ 时，$2\sqrt{3}\leqslant\sqrt{12+4x}\leqslant 4$. $\therefore 2\sqrt{3}\displaystyle\int_0^1 x^n\,\mathrm{d}x\leqslant\int_0^1 x^n\sqrt{12+4x}\,\mathrm{d}x\leqslant 4\displaystyle\int_0^1 x^n\,\mathrm{d}x$.

而 $\displaystyle\lim_{n\to\infty}\int_0^1 x^n\,\mathrm{d}x = \lim_{n\to\infty}\dfrac{1}{n+1} = 0$，故由迫敛性质得 $\displaystyle\lim_{n\to\infty}\int_0^1 x^n\sqrt{12+4x}\,\mathrm{d}x = 0$.

【例 3.2.11】　设 $f(x)$，$g(x)$ 为定义在 $[a,b]$ 上连续函数，$f(x)\geqslant 0$，$g(x)>0$，$x\in[a,b]$. 记 $M = \sup\limits_{x\in[a,b]}f(x)$，证明：$\displaystyle\lim_{n\to\infty}\sqrt[n]{\int_a^b f^n(x)g(x)\,\mathrm{d}x} = M$.（郑州大学 2022、中国人民大学 2023）

证明　记 $a_n = \sqrt[n]{\displaystyle\int_a^b f^n(x)g(x)\,\mathrm{d}x}$ 并取 $x_0\in[a,b]$ 使得 $f(x_0) = M$.

显然 $a_n\leqslant M\sqrt[n]{\displaystyle\int_a^b g(x)\,\mathrm{d}x}$. 于是 $\varlimsup\limits_{n\to\infty}a_n\leqslant\varlimsup\limits_{n\to\infty}M\sqrt[n]{\displaystyle\int_a^b g(x)\,\mathrm{d}x} = M$.

又 $\lim\limits_{x\to x_0}f(x) = f(x_0) = M$，$\forall\varepsilon>0$，$\exists c,d\in[a,b]$，$c<d$，使得 $x\in[c,d]$ 时

$$f(x)>M-\varepsilon.$$

从而 $a_n\geqslant\sqrt[n]{\displaystyle\int_c^d f^n(x)g(x)\,\mathrm{d}x}\geqslant(M-\varepsilon)\sqrt[n]{\displaystyle\int_a^b g(x)\,\mathrm{d}x}$.

于是 $\varliminf\limits_{n\to\infty}a_n\geqslant\varliminf\limits_{n\to\infty}(M-\varepsilon)\sqrt[n]{\displaystyle\int_c^d g(x)\,\mathrm{d}x} = M-\varepsilon$. 由 ε 任意性知 $\varliminf\limits_{n\to\infty}a_n\geqslant M$.

即有 $M \leqslant \varliminf\limits_{n \to \infty} a_n \leqslant \varlimsup\limits_{n \to \infty} a_n \leqslant M$. 从而 $\lim\limits_{n \to \infty} \sqrt[n]{\int_a^b f^n(x) g(x) \mathrm{d}x} = M$.

【例 3.2.12】 证明：$\lim\limits_{n \to \infty} \int_0^{\frac{\pi}{2}} (\sin x)^{\frac{1}{n}} \mathrm{d}x = \dfrac{\pi}{2}$. （合肥工业大学 2023）

证明一 $\lim\limits_{n \to \infty} \int_0^{\frac{\pi}{2}} (\sin x)^{\frac{1}{n}} \mathrm{d}x = \lim\limits_{n \to \infty} \left[\int_0^{\frac{1}{n}} (\sin x)^{\frac{1}{n}} \mathrm{d}x + \int_{\frac{1}{n}}^{\frac{\pi}{2}} (\sin x)^{\frac{1}{n}} \mathrm{d}x \right]$.

$\because |\sin x| \leqslant 1, \therefore 0 \leqslant \int_0^{\frac{1}{n}} (\sin x)^{\frac{1}{n}} \mathrm{d}x \leqslant \int_0^{\frac{1}{n}} \mathrm{d}x = \dfrac{1}{n}$. 而 $\lim\limits_{n \to \infty} \dfrac{1}{n} = 0$, 故有 $\lim\limits_{n \to \infty} \int_0^{\frac{1}{n}} (\sin x)^{\frac{1}{n}} \mathrm{d}x = 0$.

另一方面：$x \in \left[\dfrac{1}{n}, \dfrac{\pi}{2} \right]$ 时, $1 \geqslant \sin x \geqslant \sin \dfrac{1}{n} \geqslant \dfrac{2}{n\pi}$, 故有

$$\left(\dfrac{\pi}{2} - \dfrac{1}{n} \right) \left(\dfrac{2}{\pi n} \right)^{\frac{1}{n}} = \int_{\frac{1}{n}}^{\frac{\pi}{2}} \left(\dfrac{2}{\pi n} \right)^{\frac{1}{n}} \mathrm{d}x \leqslant \int_{\frac{1}{n}}^{\frac{\pi}{2}} (\sin x)^{\frac{1}{n}} \mathrm{d}x \leqslant \int_{\frac{1}{n}}^{\frac{\pi}{2}} \mathrm{d}x = \dfrac{\pi}{2} - \dfrac{1}{n}.$$

而 $\lim\limits_{n \to \infty} \left(\dfrac{\pi}{2} - \dfrac{1}{n} \right) \left(\dfrac{2}{\pi n} \right)^{\frac{1}{n}} = \lim\limits_{n \to \infty} \left(\dfrac{\pi}{2} - \dfrac{1}{n} \right) = \dfrac{\pi}{2}$. 由迫敛性质得 $\lim\limits_{n \to \infty} \int_{\frac{1}{n}}^{\frac{\pi}{2}} (\sin x)^{\frac{1}{n}} \mathrm{d}x = \dfrac{\pi}{2}$.

因此 $\lim\limits_{n \to \infty} \int_0^{\frac{\pi}{2}} (\sin x)^{\frac{1}{n}} \mathrm{d}x = \lim\limits_{n \to \infty} \int_0^{\frac{1}{n}} (\sin x)^{\frac{1}{n}} \mathrm{d}x + \lim\limits_{n \to \infty} \int_{\frac{1}{n}}^{\frac{\pi}{2}} (\sin x)^{\frac{1}{n}} \mathrm{d}x = \dfrac{\pi}{2}$.

注: $\sin \dfrac{1}{n} \geqslant \sin \dfrac{2}{n\pi}$ 的证明参考例 3.2.25.

证明二 $\because |\sin x| \leqslant 1, \therefore \int_0^{\frac{\pi}{2}} (\sin x)^{\frac{1}{n}} \mathrm{d}x \leqslant \int_0^{\frac{\pi}{2}} \mathrm{d}x = \dfrac{\pi}{2}. \therefore \varlimsup\limits_{n \to \infty} \int_0^{\frac{\pi}{2}} (\sin x)^{\frac{1}{n}} \mathrm{d}x \leqslant \dfrac{\pi}{2}$.

对任意的 $\varepsilon \in \left(0, \dfrac{\pi}{2} \right)$, 显然有

$$\int_0^{\frac{\pi}{2}} (\sin x)^{\frac{1}{n}} \mathrm{d}x \geqslant \int_\varepsilon^{\frac{\pi}{2}} (\sin x)^{\frac{1}{n}} \mathrm{d}x \geqslant \int_\varepsilon^{\frac{\pi}{2}} (\sin \varepsilon)^{\frac{1}{n}} \mathrm{d}x = (\sin \varepsilon)^{\frac{1}{n}} \left(\dfrac{\pi}{2} - \varepsilon \right).$$

$$\therefore \varliminf\limits_{n \to \infty} \int_0^{\frac{\pi}{2}} (\sin x)^{\frac{1}{n}} \mathrm{d}x \geqslant \varliminf\limits_{n \to \infty} (\sin \varepsilon)^{\frac{1}{n}} \left(\dfrac{\pi}{2} - \varepsilon \right) = \dfrac{\pi}{2} - \varepsilon.$$

由 ε 的任意性, 我们有 $\therefore \varliminf\limits_{n \to \infty} \int_0^{\frac{\pi}{2}} (\sin x)^{\frac{1}{n}} \mathrm{d}x \geqslant \dfrac{\pi}{2}$.

于是 $\therefore \dfrac{\pi}{2} \leqslant \varliminf\limits_{n \to \infty} \int_0^{\frac{\pi}{2}} (\sin x)^{\frac{1}{n}} \mathrm{d}x \leqslant \varlimsup\limits_{n \to \infty} \int_0^{\frac{\pi}{2}} (\sin x)^{\frac{1}{n}} \mathrm{d}x \leqslant \dfrac{\pi}{2}$. 即有

$\varliminf\limits_{n \to \infty} \int_0^{\frac{\pi}{2}} (\sin x)^{\frac{1}{n}} \mathrm{d}x = \varlimsup\limits_{n \to \infty} \int_0^{\frac{\pi}{2}} (\sin x)^{\frac{1}{n}} \mathrm{d}x = \dfrac{\pi}{2}$. 因此 $\lim\limits_{n \to \infty} \int_0^{\frac{\pi}{2}} (\sin x)^{\frac{1}{n}} \mathrm{d}x = \dfrac{\pi}{2}$.

证明三 $x \in \left[0, \dfrac{\pi}{2} \right]$ 时, $\int_0^{\frac{\pi}{2}} (\sin x)^{\frac{1}{n}} \mathrm{d}x \leqslant \int_0^{\frac{\pi}{2}} x^{\frac{1}{n}} \mathrm{d}x = \dfrac{n}{n+1} \left(\dfrac{\pi}{2} \right)^{\frac{n+1}{n}}$.

$\because x \in \left[0, \dfrac{\pi}{2} \right]$ 时, $(\sin x)'' \leqslant -\sin x \leqslant 0$, 且 $y = \sin x$ 过 $(0,0)$, $\left(\dfrac{\pi}{2}, 1 \right)$,

故 $x \in \left[0, \dfrac{\pi}{2}\right]$ 时 $\sin x \geqslant \dfrac{2}{\pi} x$.

$$\therefore \int_0^{\frac{\pi}{2}} (\sin x)^{\frac{1}{n}} \mathrm{d}x \geqslant \int_0^{\frac{\pi}{2}} \left(\frac{2x}{\pi}\right)^{\frac{1}{n}} \mathrm{d}x = \left(\frac{2}{\pi}\right)^{\frac{1}{n}} \int_0^{\frac{\pi}{2}} x^{\frac{1}{n}} \mathrm{d}x = \frac{n}{n+1} \left(\frac{2}{\pi}\right)^{\frac{1}{n}} \left(\frac{\pi}{2}\right)^{\frac{n+1}{n}}.$$

又 $\displaystyle\lim_{n \to \infty} \frac{n}{n+1} \left(\frac{2}{\pi}\right)^{\frac{1}{n}} \left(\frac{\pi}{2}\right)^{\frac{n+1}{n}} = \lim_{n \to \infty} \frac{n}{n+1} \left(\frac{\pi}{2}\right)^{\frac{n+1}{n}} = \frac{\pi}{2}.$

因此，$\displaystyle\lim_{n \to \infty} \int_0^{\frac{\pi}{2}} (\sin x)^{\frac{1}{n}} \mathrm{d}x = \frac{\pi}{2}.$

【例 3.2.13】 设 $f(x)$ 在 $[0,1]$ 上黎曼可积，在 $x=1$ 处可导，$f(1)=0$，$f'(1)=a$. 证明：$\displaystyle\lim_{n \to \infty} n^2 \int_0^1 x^n f(x) \mathrm{d}x = -a.$（湖南大学 2011，第二届全国大学生数学竞赛初赛数学专业类）

证明　$\because f(1)=0, f'(1)=a, \forall \varepsilon > 0, \exists \delta \in (0,1)$，当 $\delta < x < 1$ 时 $\left| \dfrac{f(x)}{x-1} - a \right| < \varepsilon.$

即当 $\delta < x < 1$ 时 $(a+\varepsilon)(x-1) < f(x) < (a-\varepsilon)(x-1).$

(1) 因为 $f(x)$ 在 $[0,1]$ 上黎曼可积，故存在 $M>0$，使得 $|f(x)| < M, x \in [0,1]$.

$\because \left| n^2 \displaystyle\int_0^\delta x^n f(x) \mathrm{d}x \right| \leqslant n^2 \int_0^\delta |x^n f(x)| \mathrm{d}x \leqslant M n^2 \int_0^\delta x^n \mathrm{d}x = \dfrac{M n^2 \delta^n}{n+1}$，而 $\displaystyle\lim_{n \to \infty} \frac{M n^2 \delta^n}{n+1} = 0,$

故 $\displaystyle\lim_{n \to \infty} n^2 \int_0^\delta x^n f(x) \mathrm{d}x = 0.$

(2) $\because n^2 \displaystyle\int_\delta^1 (a+\varepsilon)(x-1) x^n \mathrm{d}x \leqslant n^2 \int_\delta^1 x^n f(x) \mathrm{d}x \leqslant n^2 \int_\delta^1 (a-\varepsilon)(x-1) x^n \mathrm{d}x,$

$\therefore \left(\dfrac{-a-\varepsilon}{(n+2)(n+1)} - \dfrac{a+\varepsilon}{n+2} \delta^{n+2} + \dfrac{a+\varepsilon}{n+1} \delta^{n+1} \right) \leqslant n^2 \displaystyle\int_\delta^1 x^n f(x) \mathrm{d}x$

$\leqslant n^2 \left(\dfrac{-a+\varepsilon}{(n+2)(n+1)} - \dfrac{a-\varepsilon}{n+2} \delta^{n+2} + \dfrac{a-\varepsilon}{n+1} \delta^{n+1} \right).$

又 $\displaystyle\lim_{n \to \infty} n^2 \left(\dfrac{-a+\varepsilon}{(n+2)(n+1)} - \dfrac{a-\varepsilon}{n+2} \delta^{n+2} + \dfrac{a-\varepsilon}{n+1} \delta^{n+1} \right) = -a+\varepsilon,$

且 $\displaystyle\lim_{n \to \infty} n^2 \left(\dfrac{-a-\varepsilon}{(n+2)(n+1)} - \dfrac{-a-\varepsilon}{n+2} \delta^{n+2} + \dfrac{-a-\varepsilon}{n+1} \delta^{n+1} \right) = -a-\varepsilon,$

$\therefore -a-\varepsilon \leqslant \varliminf_{n \to \infty} n^2 \displaystyle\int_\delta^1 x^n f(x) \mathrm{d}x \leqslant \varlimsup_{n \to \infty} n^2 \int_\delta^1 x^n f(x) \mathrm{d}x \leqslant -a+\varepsilon.$

由 ε 的任意性，$-a \leqslant \varliminf_{n \to \infty} n^2 \displaystyle\int_\delta^1 x^n f(x) \mathrm{d}x \leqslant \varlimsup_{n \to \infty} n^2 \int_\delta^1 x^n f(x) \mathrm{d}x \leqslant -a.$

故 $\displaystyle\lim_{n \to \infty} n^2 \int_\delta^1 x^n f(x) \mathrm{d}x = -a.$

由 (1)(2) 可得 $\displaystyle\lim_{n \to \infty} n^2 \int_0^1 x^n f(x) \mathrm{d}x = -a.$

【例 3.2.14】 设 $f(x)$ 为 $\left[0, \dfrac{\pi}{2}\right]$ 上的连续函数，求极限 $\displaystyle\lim_{n \to \infty} \int_0^{\frac{\pi}{2}} f(x) \sin^n x \, \mathrm{d}x.$（东北师范大学 2022）

证明 因为 $f(x)$ 为 $\left[0,\dfrac{\pi}{2}\right]$ 上的连续函数,故 $f(x)$ 在 $\left[0,\dfrac{\pi}{2}\right]$ 上有界,不妨设 $|f(x)|\leqslant M$.

$$\therefore \ 0\leqslant\left|\int_0^{\frac{\pi}{2}}f(x)\sin^n x\,\mathrm{d}x\right|\leqslant\int_0^{\frac{\pi}{2}}|f(x)|\sin^n x\,\mathrm{d}x\leqslant M\int_0^{\frac{\pi}{2}}\sin^n x\,\mathrm{d}x.$$

$\because\ \sin x$ 连续, $\therefore\ \forall\varepsilon>0$, 不妨设 $\varepsilon<\dfrac{\pi}{2}$.

(1) $0<\displaystyle\int_{\frac{\pi}{2}-\frac{\varepsilon}{2}}^{\frac{\pi}{2}}\sin^n x\,\mathrm{d}x\leqslant\int_{\frac{\pi}{2}-\frac{\varepsilon}{2}}^{\frac{\pi}{2}}\mathrm{d}x=\dfrac{\varepsilon}{2}$.

(2) $0<\displaystyle\int_0^{\frac{\pi}{2}-\frac{\varepsilon}{2}}\sin^n x\,\mathrm{d}x<\int_0^{\frac{\pi}{2}-\frac{\varepsilon}{2}}\sin^n\left(\dfrac{\pi}{2}-\dfrac{\varepsilon}{2}\right)\mathrm{d}x=\left(\dfrac{\pi}{2}-\dfrac{\varepsilon}{2}\right)\sin^n\left(\dfrac{\pi}{2}-\dfrac{\varepsilon}{2}\right)$.

而 $\displaystyle\lim_{n\to\infty}\left(\dfrac{\pi}{2}-\dfrac{\varepsilon}{2}\right)\sin^n\left(\dfrac{\pi}{2}-\dfrac{\varepsilon}{2}\right)=0$, 故存在 N, $n>N$ 时

$$0<\int_0^{\frac{\pi}{2}-\frac{\varepsilon}{2}}\sin^n\left(\dfrac{\pi}{2}-\dfrac{\varepsilon}{2}\right)\mathrm{d}x<\left(\dfrac{\pi}{2}-\dfrac{\varepsilon}{2}\right)\sin^n\left(\dfrac{\pi}{2}-\dfrac{\varepsilon}{2}\right)<\dfrac{\varepsilon}{2}.$$

于是由(1)(2)知, $n>N$ 时 $0<\displaystyle\int_0^{\frac{\pi}{2}}\sin^n x\,\mathrm{d}x<\varepsilon$. 即 $\displaystyle\lim_{n\to\infty}\int_0^{\frac{\pi}{2}}\sin^n x\,\mathrm{d}x=0$.

进而有 $\displaystyle\lim_{n\to\infty}M\int_0^{\frac{\pi}{2}}\sin^n x\,\mathrm{d}x=0$.

再由夹逼原理可得, $\displaystyle\lim_{n\to\infty}\int_0^{\frac{\pi}{2}}f(x)\sin^n x\,\mathrm{d}x=0$.

【例 3.2.15】 已知函数 $f(x)$ 为 (A,B) 上的连续函数, $[a,b]\subset(A,B)$, 证明:

$$\lim_{h\to0}\dfrac{1}{h}\int_a^b[f(x+h)-f(x)]\mathrm{d}x=f(b)-f(a).\ (华中科技大学 2022)$$

证明 记 $\delta=\min(B-b,a-A)$, 则当 $0<h<\delta$ 时有

$$\dfrac{1}{h}\int_a^b f(x+h)\mathrm{d}x-\dfrac{1}{h}\int_a^b f(x)\mathrm{d}x=\dfrac{1}{h}\int_{a+h}^{b+h}f(x)\mathrm{d}x-\dfrac{1}{h}\int_a^b f(x)\mathrm{d}x=\dfrac{1}{h}\int_b^{b+h}f(x)\mathrm{d}x-$$

$\dfrac{1}{h}\displaystyle\int_a^{a+h}f(x)\mathrm{d}x$.

因为函数 $f(x)$ 为 (A,B) 上的连续函数,所以 $\displaystyle\int_b^{b+h}f(x)\mathrm{d}x$, $\displaystyle\int_a^{a+h}f(x)\mathrm{d}x$ 在 (a,b) 上可导且

$$\lim_{h\to0}\dfrac{1}{h}\int_a^b[f(x+h)-f(x)]\mathrm{d}x=\lim_{h\to0}\left[\dfrac{1}{h}\int_b^{b+h}f(x)\mathrm{d}x-\dfrac{1}{h}\int_a^{a+h}f(x)\mathrm{d}x\right]$$
$$=\lim_{h\to0}[f(b+h)-f(a+h)]=f(b)-f(a).$$

3.2.4 可积性与积分中值定理

【例 3.2.16】 已知函数 $f(x)$ 在 $[a,b]$ 上可积,且满足 $|f(x)|\geqslant M>0$. 证明:

$\dfrac{1}{f(x)}$ 在 $[a,b]$ 上也可积.（湖南大学 2021）

证明　因 $f(x)$ 可积,对任给 $\varepsilon>0$,必存在某一分割 T,使得 $\sum\limits_{i=1}^{n}\omega_i\Delta x_i<M^2\varepsilon$. 设 x',x'' 是属于分割 T 的小区间 Δ_i 上的任意两点,则

$$\left|\frac{1}{f(x'')}-\frac{1}{f(x')}\right|=\left|\frac{f(x')-f(x'')}{f(x')f(x'')}\right|\leqslant\frac{\omega_i}{M^2}.$$

用 ω_i' 表示 $\dfrac{1}{f(x)}$ 在 Δ_i 上的振幅,则有 $\omega_i'\leqslant\dfrac{\omega_i}{M^2}$. 所以

$$\sum_T\omega_i'\Delta x_i\leqslant\frac{1}{M^2}\sum_T\omega_i\Delta x_i<\frac{1}{M^2}\cdot M^2\varepsilon=\varepsilon.$$

故 $\dfrac{1}{f(x)}$ 在 $[a,b]$ 上也可积.

【例 3.2.17】　设 $f(x)$ 在 $[a,b]$ 上可导,$f'(x)$ 在 $[a,b]$ 上可积,对任意的 $n\in\mathbb{N}_+$,记

$$A_n=\frac{b-a}{n}\sum_{i=1}^{n}f\left(a+i\frac{b-a}{n}\right)-\int_a^b f(x)\mathrm{d}x.$$

证明：$\lim\limits_{n\to\infty}nA_n=\dfrac{b-a}{2}[f(b)-f(a)]$.（河海大学 2020、郑州大学 2021）

证明　对任意的正整数 $n\in\mathbb{N}_+$,将 $[a,b]$ 平均分割为 n 份,记为

$$T_n=\{a=x_0,x_1,\cdots,x_n=b\}. T_n=\{a=x_0,x_1,\cdots,x_n=b\}.$$

其中 $x_i=a+\dfrac{i}{n}(b-a)$,$x_i-x_{i-1}=\dfrac{b-a}{n}(i=1,\cdots,n)$.

另外,对每个 $i=1,\cdots,n$,根据拉格朗日中值定理,存在 $\xi_i\in[x_{i-1},x_i]$,使得

$$\begin{aligned}
A_n&=\frac{b-a}{n}\sum_{i=1}^{n}f(x_i)-\int_a^b f(x)\mathrm{d}x\\
&=\sum_{i=1}^{n}\int_{x_{i-1}}^{x_i}f(x_i)\mathrm{d}x-\sum_{i=1}^{n}\int_{x_{i-1}}^{x_i}f(x)\mathrm{d}x\\
&=\sum_{i=1}^{n}\int_{x_{i-1}}^{x_i}[f(x_i)-f(x)]\mathrm{d}x\\
&=\sum_{i=1}^{n}\int_{x_{i-1}}^{x_i}f'(\xi_i)(x_i-x)\mathrm{d}x.
\end{aligned}$$

对每个 $i=1,\cdots,n$,记 $f'(x)$ 在 $[x_{i-1},x_i]$ 的上确界与下确界分别为 M_i,m_i,则有

$$m_i\int_{x_{i-1}}^{x_i}(x_i-x)\mathrm{d}x\leqslant\int_{x_{i-1}}^{x_i}f'(\xi_i)(x_i-x)\mathrm{d}x\leqslant M_i\int_{x_{i-1}}^{x_i}(x_i-x)\mathrm{d}x.$$

而 $\int_{x_{i-1}}^{x_i}(x_i-x)\mathrm{d}x=\dfrac{1}{2}(x_i-x)^2=\dfrac{(b-a)^2}{2n^2}$,所以

$$\frac{(b-a)^2}{2n}\sum_{i=1}^{n}m_i \leqslant nA_n = n\sum_{i=1}^{n}\int_{x_{i-1}}^{x_i}f'(\xi_i)(x_i-x)\mathrm{d}x \leqslant \frac{(b-a)^2}{2n}\sum_{i=1}^{n}M_i \quad (\ast)$$

由于 $f'(x)$ 在 $[a,b]$ 上可积,于是根据定积分的性质及推广的牛顿-莱布尼兹公式可知

$$\lim_{n\to\infty}\frac{b-a}{n}\sum_{i=1}^{n}M_i = \lim_{n\to\infty}\frac{b-a}{n}\sum_{i=1}^{n}m_i = \int_{a}^{b}f'(x)\mathrm{d}x = f(b)-f(a)$$

所以 $(\ast)$ 式关于 $n\to\infty$ 取极限可得 $\lim\limits_{n\to\infty}nA_n = \dfrac{b-a}{2}[f(b)-f(a)]$.

特例:设 $f(x)=\arctan x$,若 $B = \lim\limits_{n\to\infty}\left(\sum\limits_{k=1}^{n}f\left(\dfrac{k}{n}\right)-nA\right)$ 存在,求常数 A 和 B 的值. (北京师范大学 2021)

【例 3.2.18】 已知函数 $f(x)$ 在 $[0,1]$ 上连续且对 $\forall x,y\in[0,1]$,$|f(x)-f(y)|\leqslant|x-y|$. 证明:对任意的正整数 n 有 $\left|\int_{0}^{1}f(x)\mathrm{d}x-\dfrac{1}{n}\sum\limits_{k=1}^{n}f\left(\dfrac{k}{n}\right)\right|\leqslant\dfrac{1}{n}$. (北京工业大学 2021)

证明
$$\left|\int_{0}^{1}f(x)\mathrm{d}x-\frac{1}{n}\sum_{k=1}^{n}f\left(\frac{k}{n}\right)\right| = \left|\sum_{k=1}^{n}\int_{\frac{k-1}{n}}^{\frac{k}{n}}f(x)\mathrm{d}x-\sum_{k=1}^{n}\int_{\frac{k-1}{n}}^{\frac{k}{n}}f\left(\frac{k}{n}\right)\mathrm{d}x\right|$$
$$= \left|\sum_{k=1}^{n}\int_{\frac{k-1}{n}}^{\frac{k}{n}}\left[f(x)-f\left(\frac{k}{n}\right)\right]\mathrm{d}x\right|$$
$$\leqslant \sum_{k=1}^{n}\int_{\frac{k-1}{n}}^{\frac{k}{n}}\left|f(x)-f\left(\frac{k}{n}\right)\right|\mathrm{d}x$$
$$\leqslant \sum_{k=1}^{n}\int_{\frac{k-1}{n}}^{\frac{k}{n}}\left|x-\frac{k}{n}\right|\mathrm{d}x$$
$$\leqslant \sum_{k=1}^{n}\int_{\frac{k-1}{n}}^{\frac{k}{n}}\frac{1}{n}\mathrm{d}x = \frac{1}{n}.$$

【例 3.2.19】 设函数 $f(x)$ 在闭区间 $[a,b]$ 上连续,有积分中值公式 $\int_{a}^{x}f(t)\mathrm{d}t = f(\xi)(x-a)$,$(a\leqslant\xi\leqslant x\leqslant b)$. 若导数 $f'_+(a)$ 存在且非零,求解极限 $J = \lim\limits_{x\to a^+}\dfrac{\xi-a}{x-a}$ 的值. (武汉大学 2022、湖南大学 2023)

解 由导数定义 $\lim\limits_{x\to a^+}\dfrac{\xi-a}{f(\xi)-f(a)} = \dfrac{1}{f'_+(a)}$,所以

$$J = \lim_{x\to a^+}\frac{\xi-a}{f(\xi)-f(a)}\cdot\frac{f(\xi)-f(a)}{x-a}$$
$$= \frac{1}{f'_+(a)}\cdot\lim_{x\to a^+}\frac{f(\xi)-f(a)}{x-a}$$

此外 $\int_{a}^{x}f(t)\mathrm{d}t = f(\xi)(x-a)$,于是 $f(\xi) = \dfrac{\int_{a}^{x}f(t)\mathrm{d}t}{x-a}$.

那么有，

$$J = \frac{1}{f'_+(a)} \lim_{x \to a^+} \frac{1}{x-a} \left(\frac{\int_a^x f(t)\,\mathrm{d}t}{x-a} - f(a) \right)$$

$$= \frac{1}{f'_+(a)} \lim_{x \to a^+} \frac{\int_a^x f(t)\,\mathrm{d}t - (x-a)f(a)}{(x-a)^2}$$

$$= \frac{1}{f'_+(a)} \lim_{x \to a^+} \frac{f(x) - f(a)}{2(x-a)}$$

$$= \frac{1}{2f'_+(a)} \lim_{x \to a^+} \frac{f(x) - f(a)}{(x-a)} = \frac{1}{2f'_+(a)} f'_+(a) = \frac{1}{2}.$$

3.2.5　积分不等式

【例 3.2.20】　设 $p(x)$ 是定义在 $[a,b]$ 上的非负连续函数，$f(x),g(x)$ 定义在 $[a,b]$ 上的连续递增函数，证明 $\int_a^b p(x)f(x)\,\mathrm{d}x \cdot \int_a^b p(x)g(x)\,\mathrm{d}x \leqslant \int_a^b p(x)\,\mathrm{d}x \int_a^b p(x)f(x)g(x)\,\mathrm{d}x.$ （中国人民大学 2023）

证明　由已知可得 $x,y \in [a,b]$ 我们都有 $p(x)p(y)[f(x)-f(y)][g(x)-g(y)] \geqslant 0.$

$$\therefore \int_a^b \int_a^b \{p(x)p(y)[f(x)-f(y)][g(x)-g(y)]\}\mathrm{d}x\,\mathrm{d}y \geqslant 0.$$

即有

$$\int_a^b p(y)\mathrm{d}y \int_a^b p(x)f(x)g(x)\,\mathrm{d}x - \int_a^b p(y)f(y)\mathrm{d}y \cdot \int_a^b p(x)g(x)\,\mathrm{d}x +$$

$$\int_a^b p(x)\mathrm{d}x \int_a^b p(y)f(y)g(y)\,\mathrm{d}y - \int_a^b p(x)f(x)\,\mathrm{d}x \cdot \int_a^b p(y)g(y)\,\mathrm{d}y \geqslant 0$$

整理可得 $\int_a^b p(x)\mathrm{d}x \int_a^b p(x)f(x)g(x)\,\mathrm{d}x - \int_a^b p(x)f(x)\,\mathrm{d}x \cdot \int_a^b p(x)g(x)\,\mathrm{d}x \geqslant 0.$
因此结论成立.

【例 3.2.21】　证明下列命题：

(1) 若函数 $f(x),g(x)$ 在 $[a,b]$ 上连续，则 $\left[\int_a^b f(x)g(x)\,\mathrm{d}x \right]^2 \leqslant \int_a^b f^2(x)\,\mathrm{d}x \int_a^b g^2(x)\,\mathrm{d}x$；

(2) 若 $f(a) = 0$，$f(x)$ 在 $[a,b]$ 上连续可导，则 $\int_a^b f^2(x)\,\mathrm{d}x \leqslant \frac{(b-a)^2}{2} \int_a^b [f'(x)]^2\,\mathrm{d}x.$

（湖南师范大学 2022）

证明　(1) (i) 若 $\int_a^b f^2(x)\,\mathrm{d}x, \int_a^b g^2(x)\,\mathrm{d}x$ 不全为零，不妨设前者大于零，此时构造函数 $[tf(x) - g(x)]^2$，显然 $\int_a^b [tf(x) - g(x)]^2\mathrm{d}x \geqslant 0$，展开就有

$$t^2 \int_a^b f^2(x)\mathrm{d}x - 2t \int_a^b f(x)g(x)\mathrm{d}x + \int_a^b g^2(x)\mathrm{d}x \geqslant 0, \forall t \in \mathbb{R}.$$

将上述看成是关于 t 的一元二次不等式，则有判别式 $\Delta \leqslant 0$，即得：

$$\left(\int_a^b f(x)g(x)\mathrm{d}x \right)^2 \leqslant \int_a^b f^2(x)\mathrm{d}x \int_a^b g^2(x)\mathrm{d}x.$$

(ii) 若 $\int_a^b f^2(x)\mathrm{d}x = 0$，此时根据平均值不等式有：

$$\left(\int_a^b f(x)g(x)\mathrm{d}x \right)^2 \leqslant \left(\int_a^b |f(x)g(x)|\mathrm{d}x \right)^2 \leqslant \left(\frac{1}{2} \int_a^b [f^2(x) + g^2(x)]\mathrm{d}x \right)^2 = 0.$$

综合(i)，(ii)可知命题成立.

(2) 当 $f(a) = 0$ 时，由牛顿-莱布尼兹公式可知 $f(x) = f(x) - f(a) = \int_a^x f'(t)\mathrm{d}t$，结合施瓦茨不等式可知：

$$f^2(x) = \left(\int_a^x f'(t)\mathrm{d}t \right)^2 \leqslant \int_a^x 1^2 \mathrm{d}x \int_a^x [f'(x)]^2 \mathrm{d}x$$
$$\leqslant (x - a) \int_a^b [f'(x)]^2 \mathrm{d}x.$$

于是

$$\int_a^b f^2(x)\mathrm{d}x \leqslant \int_a^b (x - a)\mathrm{d}x \cdot \int_a^b [f'(x)]^2 \mathrm{d}x = \frac{(b-a)^2}{2} \int_a^b [f'(x)]^2 \mathrm{d}x.$$

【例 3.2.22】 已知 $f(x) \in C[a,b]$，且 $f(x)$ 单调递增，证明：

$$\int_a^b x f(x)\mathrm{d}x \geqslant \frac{a+b}{2} \int_a^b f(x)\mathrm{d}x. \text{（湖南大学 2020、北京大学 2020、东北大学 2024）}$$

证明 利用换元积分法，并结合 $f(x)$ 单调递增可知

$$\int_a^b \left(x - \frac{a+b}{2} \right) f(x)\mathrm{d}x \underline{\underline{x - \frac{a+b}{2} = u}} \int_{-\frac{b-a}{2}}^{\frac{b-a}{2}} u f\left(\frac{a+b}{2} + u \right)\mathrm{d}u$$

$$= \int_{-\frac{b-a}{2}}^0 u f\left(\frac{a+b}{2} + u \right)\mathrm{d}u + \int_0^{\frac{b-a}{2}} u f\left(\frac{a+b}{2} + u \right)\mathrm{d}u$$

$$= \int_0^{\frac{b-a}{2}} u f\left(\frac{a+b}{2} + u \right)\mathrm{d}u - \int_0^{\frac{b-a}{2}} u f\left(\frac{a+b}{2} - u \right)\mathrm{d}u$$

$$= \int_0^{\frac{b-a}{2}} u \left[f\left(\frac{a+b}{2} + u \right) - f\left(\frac{a+b}{2} - u \right) \right]\mathrm{d}u \geqslant 0.$$

故 $\int_a^b x f(x)\mathrm{d}x \geqslant \frac{a+b}{2} \int_a^b f(x)\mathrm{d}x.$

【例 3.2.23】 证明：$\left| \int_a^{a+1} \sin t^2 \mathrm{d}t \right| \leqslant \frac{1}{a}, (a > 0)$. （中国科学院大学 2021）

证明　$\left|\int_a^{a+1}\sin t^2\mathrm{d}t\right|=\left|\dfrac{1}{2}\int_{a^2}^{(a+1)^2}\dfrac{\sin u}{\sqrt{u}}\mathrm{d}u\right|=\left|\dfrac{1}{2}\int_{a^2}^{(a+1)^2}\dfrac{1}{\sqrt{u}}\mathrm{d}\cos u\right|$

$$=\left|\dfrac{1}{2}\dfrac{1}{\sqrt{u}}\cos u\Big|_{a^2}^{(a+1)^2}-\int_{a^2}^{(a+1)^2}\cos u\,\mathrm{d}\dfrac{1}{\sqrt{u}}\right|$$

$$\leqslant\dfrac{1}{2}\left|\dfrac{1}{\sqrt{u}}\cos u\Big|_{a^2}^{(a+1)^2}\right|+\dfrac{1}{2}\left|\int_{a^2}^{(a+1)^2}\cos u\,\mathrm{d}\dfrac{1}{\sqrt{u}}\right|$$

$$\leqslant\dfrac{1}{2}\left|\dfrac{1}{a}\cos a^2\right|+\dfrac{1}{2}\left|\dfrac{1}{a+1}\cos(a+1)^2\right|+\dfrac{1}{4}\left|\int_{a^2}^{(a+1)^2}\dfrac{\cos u}{\sqrt{u^3}}\mathrm{d}u\right|$$

$$\leqslant\dfrac{1}{2a}+\dfrac{1}{2(a+1)}+\dfrac{1}{4}\left|\int_{a^2}^{(a+1)^2}\dfrac{1}{\sqrt{u^3}}\mathrm{d}u\right|$$

$$=\dfrac{1}{a}.$$

【例 3.2.24】 设函数 $f(x)$ 在区间 $[0,1]$ 上连续且 $\int_0^1 f(x)\mathrm{d}x=0$，求证：

$$\left(\int_0^1 xf(x)\mathrm{d}x\right)^2\leqslant\dfrac{1}{12}\int_0^1 f^2(x)\mathrm{d}x.\qquad\text{（大连理工大学 2023）}$$

证明　$\because\int_0^1 f(x)\mathrm{d}x=0,\therefore\forall k\in\mathbb{R}$，

$$\left(\int_0^1 xf(x)\mathrm{d}x\right)^2=\left(\int_0^1 xf(x)\mathrm{d}x-k\int_0^1 f(x)\mathrm{d}x\right)^2=\left(\int_0^1(x-k)f(x)\mathrm{d}x\right)^2$$

$$\leqslant\int_0^1(x-k)^2\mathrm{d}x\int_0^1 f^2(x)\mathrm{d}x=\left(\dfrac{1}{3}-k+k^2\right)\int_0^1 f^2(x)\mathrm{d}x.$$

当 $k=\dfrac{1}{2}$ 时 $\left(\int_0^1 xf(x)\mathrm{d}x\right)^2\leqslant\left(\dfrac{1}{3}-k+k^2\right)\int_0^1 f^2(x)\mathrm{d}x=\dfrac{1}{12}\int_0^1 f^2(x)\mathrm{d}x.$

【例 3.2.25】 证明：$\dfrac{1}{2}<\int_{\frac{\pi}{4}}^{\frac{\pi}{2}}\dfrac{\sin x}{x}\mathrm{d}x<\dfrac{1}{\sqrt{2}}$.（北京交通大学 2022）

证明　设 $f(x)=\sin x-\dfrac{2\sqrt{2}}{\pi}x,g(x)=\sin x-\dfrac{2}{\pi}x,x\in\left[\dfrac{\pi}{4},\dfrac{\pi}{2}\right]$. 则

(1) $f'(x)=\cos x-\dfrac{2\sqrt{2}}{\pi},f''(x)=-\sin x<0$；故 $f'(x)$ 单调递减.

又 $f'\left(\dfrac{\pi}{4}\right)=\dfrac{(\pi-4)\sqrt{2}}{2\pi}<0$，于是 $f'(x)<0,f(x)$ 严格递减.

再由 $f\left(\dfrac{\pi}{4}\right)=0$，即 $f(x)<0,x\in\left(\dfrac{\pi}{4},\dfrac{\pi}{2}\right]$.

(2) $g'(x)=\cos x-\dfrac{2}{\pi},g''(x)=-\sin x<0$；故 $g'(x)$ 单调递减.

又 $g'\left(\dfrac{\pi}{2}\right)=0$，于是 $g'(x)>0,g(x)$ 严格递增. 再由 $g\left(\dfrac{\pi}{2}\right)=0$，即 $g(x)<0,x\in$

$$\left[\frac{\pi}{4},\frac{\pi}{2}\right).$$

由(1)(2)得 $\dfrac{1}{2}=\displaystyle\int_{\frac{\pi}{4}}^{\frac{\pi}{2}}\dfrac{2}{\pi}\mathrm{d}x<\int_{\frac{\pi}{4}}^{\frac{\pi}{2}}\dfrac{\sin x}{x}\mathrm{d}x<\int_{\frac{\pi}{4}}^{\frac{\pi}{2}}\dfrac{2\sqrt{2}}{\pi}\mathrm{d}x\dfrac{1}{\sqrt{2}}.$

【例 3. 2. 26】 设 $f(x)$ 在 $[a,b]$ 上可导，$f\left(\dfrac{a+b}{2}\right)=0$，$|f'(x)|\leqslant M$，证明：

$$\int_a^b|f(x)|\mathrm{d}x\leqslant\frac{M}{4}(b-a)^2. \qquad (南京航空航天大学\ 2022)$$

证明 对任意的 $x\in[a,b]$，$f(x)=f\left(\dfrac{a+b}{2}\right)+f'(\xi)\left(x-\dfrac{a+b}{2}\right)=f'(\xi)\left(x-\dfrac{a+b}{2}\right).$

于是对任意的 $x\in[a,b]$，$|f(x)|\leqslant M\left|x-\dfrac{a+b}{2}\right|.$

$\therefore \displaystyle\int_a^b|f(x)|\mathrm{d}x\leqslant M\int_a^b\left|x-\dfrac{a+b}{2}\right|\mathrm{d}x=\dfrac{M}{4}(b-a)^2.$

【例 4 - 21】 设 $f''(x)\in C[a,b]$ 且 $f(a)=f(b)=0$，求证：

$$\left|\int_a^b f(x)\mathrm{d}x\right|\leqslant\frac{(b-a)^3}{12}\max_{a\leqslant x\leqslant b}|f''(x)|. \qquad (东北大学\ 2023)$$

证明 对 $x\in(a,b)$，$\exists\xi\in(a,x)$ 使得：

$$f(a)=f(x)+f'(x)(a-x)+\frac{f''(\xi)}{2!}(a-x)^2.$$

即由 $f(a)=0$ 可得 $f(x)=f'(x)(x-a)-\dfrac{f''(\xi)}{2!}(a-x)^2,x\in[a,b].$

$\therefore \displaystyle\int_a^b f(x)\mathrm{d}x=\int_a^b f'(x)(x-a)\mathrm{d}x-\int_a^b\frac{f''(\xi)}{2}(x-a)^2\mathrm{d}x$

$\qquad\qquad =\displaystyle\int_a^b(x-a)\mathrm{d}f(x)-\int_a^b\frac{f''(\xi)}{2}(x-a)^2\mathrm{d}x$

$\qquad\qquad =-\displaystyle\int_a^b f(x)\mathrm{d}x-\int_a^b\frac{f''(\xi)}{2}(x-a)^2\mathrm{d}x$

$\therefore \left|\displaystyle\int_a^b f(x)\mathrm{d}x\right|=\dfrac{1}{4}\left|\int_a^b f''(\xi)(x-a)^2\mathrm{d}x\right|\leqslant\dfrac{1}{4}\int_a^b|f''(\xi)|(x-a)^2\mathrm{d}x$

$\qquad\qquad\leqslant\dfrac{1}{4}\max_{a\leqslant x\leqslant b}|f''(x)|\displaystyle\int_a^b(x-a)^2\mathrm{d}x=\dfrac{(b-a)^3}{12}\max_{a\leqslant x\leqslant b}|f''(x)|.$

3.2.6 变限积分

【例 3. 2. 28】 已知 $f(x)$ 是定义在 $[0,1]$ 上可导，且 $f(0)=0,0\leqslant f'(x)\leqslant 1,\forall x\in$ $[0,1]$，证明 $\displaystyle\int_0^1 f^3(x)\mathrm{d}x\leqslant\left(\int_0^1 f(x)\mathrm{d}x\right)^2.$（中国矿业大学 2020、电子科技大学 2022）

证明　由 $0 \leqslant f'(x) \leqslant 1$ 可知 $f(x)$ 在 $[0,1]$ 上单调递增,于是 $\forall x \in [0,1]$, $f(x) \geqslant f(0) = 0$.

令 $F(t) = \int_0^t f^3(x)\mathrm{d}x - \left(\int_0^t f(x)\mathrm{d}x\right)^2$, 则 $F(0) = 0$ 且

$$F'(t) = f^3(t) - 2f(t)\int_0^t f(x)\mathrm{d}x = f(t)\left[f^2(t) - 2\int_0^t f(x)\mathrm{d}x\right].$$

令 $G(t) = f^2(t) - 2\int_0^t f(x)\mathrm{d}x$, 则 $G(0) = 0$ 且

$$G'(t) = 2f(t)f'(t) - 2f(t) = 2f(t)[f'(t) - 1] \leqslant 0.$$

于是 $\forall t \in [0,1], G(t) \leqslant G(0) = 0$. 从而 $\forall t \in [0,1], F'(t) \leqslant 0$.

故 $F(t)$ 在 $[0,1]$ 上单调递减,即有 $\forall t \in [0,1], F(t) \leqslant F(0) = 0$.

特别地有 $F(1) \leqslant 0$. 因此 $\int_0^1 f^3(x)\mathrm{d}x \leqslant \left(\int_0^1 f(x)\mathrm{d}x\right)^2$.

【例 3. 2. 29】　设函数 $f(x)$ 在 $[a,b]$ 上连续且 $f(x) > 0$, 证明 $f(x)$ 在 (a,b) 内有且仅有点 ξ, 使得 $\int_a^\xi f(x)\mathrm{d}x = \int_\xi^b \frac{1}{f(x)}\mathrm{d}x$. (长安大学 2020)

证明　设 $F(t) = \int_a^t f(x)\mathrm{d}x - \int_t^b \frac{1}{f(x)}\mathrm{d}x$, 显然 $F(t)$ 在 $[a,b]$ 上连续,又由

$$F(a) = -\int_a^b \frac{1}{f(x)}\mathrm{d}x < 0, F(b) = \int_a^b f(x)\mathrm{d}x > 0,$$

可知存在 $\xi \in (a,b)$, 使得 $F(\xi) = 0$, 即 $\int_a^\xi f(x)\mathrm{d}x = \int_\xi^b \frac{1}{f(x)}\mathrm{d}x$.

又 $F'(t) = f(t) + \frac{1}{f(t)} > 0$, 故 $F(t)$ 在 $[a,b]$ 上严格递增. 于是上述 ξ 是唯一的.

【例 3. 2. 30】　设 $f(x) \in C^2[a,b]$, 且 $f''(x) < 0$, 证明:

$$\frac{f(a) + f(b)}{2} < \frac{1}{b-a}\int_a^b f(x)\mathrm{d}x. \qquad (中南大学 2021)$$

证明一　构造辅助函数 $F(x) = (x-a)\frac{f(a)+f(x)}{2} - \int_a^x f(t)\mathrm{d}t (a \leqslant x \leqslant b)$,

则 $F(a) = 0$ 且

$$F'(x) = \frac{f(a)+f(x)}{2} + \frac{x-a}{2}f'(x) - f(x) = \frac{x-a}{2}\left(f'(x) - \frac{f(x)-f(a)}{x-a}\right).$$

对于每个 $x \in (a,b]$, $\exists \xi \in (a,x)$ 使得 $\frac{f(x)-f(a)}{x-a} = f'(\xi)$,

所以 $F'(x) = \frac{x-a}{2}(f'(x) - f'(\xi))$.

因为由假设 $f''(x) < 0$. 可知 $f'(x)$ 是 (a,b) 上的严格单调减函数,所以

$f'(\xi) > f'(x),$

因而 $F'(x) < 0$. 进而可知 $F(x)$ 在 (a,b) 上严格单调减少.

于是 $F(b) - F(a) < 0$, 即 $(b-a)\dfrac{f(a)+f(a)}{2} - \displaystyle\int_a^b f(x)\mathrm{d}x < 0.$

于是 $\dfrac{f(a)+f(a)}{2} < \dfrac{1}{b-a}\displaystyle\int_a^b f(x)\mathrm{d}x.$

证明二 对于每个 $x \in (a,b)$,

$$f(a) = f(x) + f'(x)(a-x) + \frac{f''(\xi)}{2!}(a-x)^2 < f(x) + f'(x)(a-x);$$

于是 $f(x) > f(a) + f'(x)(x-a)$; 同理 $f(x) > f(b) + f'(x)(x-b)$;

相加得 $2f(x) > f(a) + f(b) + f'(x)(2x - a - b)$;

积分得 $2\displaystyle\int_a^b f(x)\mathrm{d}x > \displaystyle\int_a^b (f(a) + f(b) + f'(x)(2x - a - b))\mathrm{d}x$

$$= (f(a)+f(b))(b-a) + \int_a^b (2x-a-b))\mathrm{d}f(x)$$

$$= (f(a)+f(b))(b-a) + (2x-a-b)f(x)\Big|_a^b - 2\int_a^b f(x)\mathrm{d}x,$$

整理得 $4\displaystyle\int_a^b f(x)\mathrm{d}x > 2(f(a)+f(b))(b-a).$

即 $\dfrac{f(a)+f(b)}{2} < \dfrac{1}{b-a}\displaystyle\int_a^b f(x)\mathrm{d}x.$

 **练习题**

1. 计算下列定积分:

(1) $\displaystyle\int_0^\pi \sqrt{1 - \sin x}\,\mathrm{d}x$; (华南师范大学 2022)

(2) $\displaystyle\int_0^1 \mathrm{e}^{\sqrt{x}}\,\mathrm{d}x$; (昆明理工大学 2016)

(3) $\displaystyle\int_0^\pi \dfrac{x}{1+\cos^2 x}\,\mathrm{d}x$; (东北大学 2021)

(4) $\displaystyle\int_0^\pi \dfrac{x\sin x}{1+\cos^2 x}\,\mathrm{d}x$; (南昌大学 2021)

(5) $\displaystyle\int_0^\pi x\sin^{10} x\,\mathrm{d}x$; (南昌大学 2022)

(6) $\displaystyle\int_0^\pi \dfrac{|\cos x|}{\sin x + |\cos x|}\,\mathrm{d}x$; (西北工业大学 2022)

(7) $\displaystyle\int_{-1}^1 x(1+x^{2019})(\mathrm{e}^x - \mathrm{e}^{-x})\mathrm{d}x$; (东华大学 2020)

(8) $I = \displaystyle\int_{-\pi}^\pi \dfrac{x(\sin x)\cdot\arctan(\mathrm{e}^{-x})}{1+\cos^2 x}\mathrm{d}x$. (东北大学,2022)

2. 设 $x_n = \int_0^{\frac{\pi}{2}} \cos^n t \, dt \, (n=0,1,2,\cdots)$，证明：(1) 数列 $\{(n+1)x_{n+1}x_n\}_{n=0}^{\infty}$ 是常值数列；(2) $\lim\limits_{n\to\infty} \dfrac{x_{n+1}}{x_n} = 1$；(3) 当 $\alpha > 2$ 时，级数 $\sum\limits_{n=1}^{\infty} x_n^{\alpha}$ 收敛.（西北大学，2022）.

3. 求积分的极限：

(1) $\lim\limits_{n\to\infty} n \int_0^1 x^n e^x \, dx$；（吉林大学 2022）

(2) $\lim\limits_{n\to\infty} \int_0^{\frac{\pi}{2}} (\cos x)^n \, dx$.（西安电子科技大学 2022）

4. 证明：

(1) $\lim\limits_{h\to 0+} \int_0^1 \dfrac{h}{h^2 + x^2} e^x \, dx = \dfrac{\pi}{2}$；（北京工业大学 2022）

(2) $\lim\limits_{n\to\infty} \left(\int_0^{\frac{\pi}{2}} (\cos x)^n \, dx \right)^{\frac{1}{n}} = 1$.（吉林大学 2022）

5. 已知函数 $f(x)$ 为 $[a,b]$ 上的连续函数且 $f(x) > 0$. 证明：

$$\lim_{p\to\infty} \left\{ \int_a^b [f(x)]^p \, dx \right\}^{\frac{1}{p}} = \max_{a\leqslant x\leqslant b} f(x).$$

（福州大学 2022）

6. 设 $f(x), g(x)$ 为定义在 $[a,b]$ 上的连续函数，$f(x) \geqslant 0, g(x) > 0$. 记 $M = \max\limits_{x\in[a,b]} f(x)$. 证明：$\lim\limits_{n\to\infty} \left[\int_a^b f^n(x) g(x) \, dx \right]^{\frac{1}{n}} = M$.（郑州大学 2022、中国人民大学 2023）

7. 已知函数 $f(x)$ 在 $[1, +\infty)$ 上非负且单调递减的函数，证明：$\lim\limits_{n\to\infty} \left| \int_1^n f(x) \, dx - \sum\limits_{k=1}^n f(k) \right|$ 存在.（北京科技大学 2022）

8. 设 $f'(x)$ 在 $[0,1]$ 上有界可积，证明：$\int_0^1 f(x) \, dx = \sum\limits_{k=1}^n f\left(\dfrac{k}{n}\right) - \dfrac{1}{2n}[f(1) - f(0)] + o\left(\dfrac{1}{n}\right)$.（湖南大学 2014）

9. 设 $f(x)$ 在 $[0,1]$ 上可微且 $|f'(x)| \leqslant M$.，证明：

$$\left| \int_0^1 f(x) \, dx - \dfrac{1}{n} \right| \leqslant \dfrac{M}{n}.$$

（北京科技大学 2023）

10. 函数 $f(x)$ 在区间 $[a,b]$ 上具有二阶连续导数，则存在 $c \in (a,b)$ 使得
$$\int_a^b f(x) \, dx = (b-a) f\left(\dfrac{a+b}{2}\right) + \dfrac{1}{24}(b-a)^3 f''(c).$$（哈尔滨工业大学 2020、上海交通大学 2020）

11. 记 $A_n = \dfrac{1}{n+1} + \dfrac{1}{n+2} + \cdots + \dfrac{1}{n+n}$，证明：$\lim\limits_{n\to\infty} n(\ln 2 - A_n) = \dfrac{1}{4}$.（湖南大学 2015、武汉大学 2021）

12. 记 $A_n = \dfrac{n}{n^2 + 1^2} + \dfrac{n}{n^2 + 2^2} + \cdots + \dfrac{n}{n^2 + n^2}$，求 $\lim\limits_{n\to\infty} n\left(\dfrac{\pi}{4} - A_n\right) = \dfrac{1}{4}$.（第六届全国

大学生数学竞赛初赛非数学类）

13. 证明下列不等式：

(1) $\int_0^1 \dfrac{\cos x}{\sqrt{1-x^2}}\mathrm{d}x > \int_0^1 \dfrac{\sin x}{\sqrt{1-x^2}}\mathrm{d}x$；（中国人民大学 2022）

(2) $\int_0^{50} \dfrac{\mathrm{e}^{-x}}{50+x}\mathrm{d}x < \dfrac{1}{50}$；（北京科技大学 2022）

(3) $\left|\int_{100}^{200} \dfrac{x^3}{x^4+x-1}\mathrm{d}x - \ln 2\right| < \dfrac{1}{3}\times 10^{-6}$；（中国科学院大学 2020）

(4) $\int_0^{\frac{\pi}{2}} \dfrac{\sin x}{1+x^2}\mathrm{d}x < \int_0^{\frac{\pi}{2}} \dfrac{\cos x}{1+x^2}\mathrm{d}x$．（苏州大学 2024）

14. 若 $f(x),g(x),f^2(x),g^2(x)$ 在 $[a,b]$ 上可积，证明 Schwarz 不等式：

$$\left[\int_a^b f(x)g(x)\mathrm{d}x\right]^2 \leqslant \int_a^b f^2(x)\mathrm{d}x\int_a^b g^2(x)\mathrm{d}x.\qquad\text{（湖南大学 2023）}$$

15. 设 $f(x)$ 在 $[0,1]$ 上有连续的二阶导数且 $f(0)=f(1)=f'(0)=0, f'(1)=1$. 证明：

$$\int_0^1 [f''(x)]^2\mathrm{d}x \geqslant 4.\qquad\text{（山东大学 2022）}$$

16. 设 $f(x)\in C^2[0,1]$，且 $f(0)=f(1)=0, x\in(0,1)$ 时 $f(x)\neq 0$. 证明 $\int_0^1 \left|\dfrac{f''(x)}{f(x)}\right|\mathrm{d}x > 4$.（厦门大学 2020）

17. 设 $f(x)$ 在 R 上可导且 $f'(x)$ 单调递减，证明：$\int_0^1 f\left(\sin^2\left(\dfrac{\pi x}{2}\right)\right)\mathrm{d}x \leqslant f\left(\dfrac{1}{2}\right)$. （上海大学 2022）

18. 设 $f(x)$ 在 $[a,b]$ 上有连二阶导数且 $f'(a)=f'(b)=0$，证明：存在 $\xi\in(a,b)$ 使得

$$|f''(\xi)| \geqslant \dfrac{4}{(b-a)^2}|f(b)-f(a)|.\qquad\text{（湖南师范大学 2020）}$$

19. 函数 $f(x)$ 在区间 $[0,1]$ 内连续可导，证明：$|f(x)| \leqslant \int_0^1 [|f'(t)|+|f(t)|]\mathrm{d}t$. （南京师范大学 2020）

20. 函数 $f(x)$ 在区间 $[a,b]$ 上连续可导且 $f(b)-f(a)=b-a$，证明：

$$\int_a^b (f'(x))^2\mathrm{d}x \geqslant b-a.\qquad\text{（华南理工大学 2012）}$$

21. 函数 $f(x)$ 在区间 $[a,b]$ 上连续可导且 $f(a)=0$，证明：$(b-a)\int_a^b (f'(x))^2\mathrm{d}x \geqslant M^2$. 其中 $M=\sup\limits_{x\in[a,b]} |f(x)|$. （华南理工大学 2020）

22. 函数 $f(x)$ 在区间 $[a,b]$ 内可导且 $f(a)=0$，导函数 $f'(x)$ 在 $[a,b]$ 可积，证明：

$$|f(x)| \leqslant \int_0^x |f'(t)|\,\mathrm{d}t\,(x\in[a,b]).\qquad\text{（南京师范大学 2020）}$$

23. 设函数 $f(x)$ 在 $[0,1]$ 上有连续导数且 $\int_0^1 f(x)\mathrm{d}x = 0$，证明对任意的 $\alpha \in (0,1)$ 有 $\left|\int_0^\alpha f(x)\mathrm{d}x\right| \leqslant \dfrac{1}{8}\max_{0\leqslant x\leqslant 1}|f'(x)|$. （湖南大学 2010）

24. 函数 $f(x)$ 在区间 $[a,b]$ 上二阶连续可导且 $f(a) = f(b) = 0$，证明：

$$\max_{x\in[a,b]}|f(x)| \leqslant \frac{(b-a)^2}{8}\max_{x\in[a,b]}|f''(x)|. \text{（北京师范大学 2023）}$$

3.3 广义积分

3.3.1 主要知识点

1. 函数的广义可积分性

若函数 $f(x)$ 在每一个有限区间 $[a,b]$ 上依寻常的意义是可积的，则定义

$$\int_a^{+\infty} f(x)\mathrm{d}x = \lim_{b\to+\infty}\int_a^b f(x)\mathrm{d}x. \tag{1}$$

若函数 $f(x)$ 在点 b 的邻域内无界且在每一个区间 $[a,b-\varepsilon)(\varepsilon \geqslant 0)$ 内依寻常的意义是可积的，则取

$$\int_a^b f(x)\mathrm{d}x = \lim_{\varepsilon\to 0+}\int_a^{b-\varepsilon} f(x)\mathrm{d}x \tag{2}$$

说明 1： 若（1）或（2）中极限存在，则相应的积分称为收敛的，否则称为发散的.

说明 2： 类似可定义 $\displaystyle\int_{-\infty}^b f(x)\mathrm{d}x = \lim_{a\to-\infty}\int_a^b f(x)\mathrm{d}x$.

说明 3： 若函数 $f(x)$ 在点 a 的邻域内无界且在每一区间 $(a+\varepsilon,b](\varepsilon \geqslant 0)$ 内依寻常的意义是可积的，则取 $\displaystyle\int_a^b f(x)\mathrm{d}x = \lim_{\varepsilon\to 0}\int_{a+\varepsilon}^b f(x)\mathrm{d}x$.

说明 4： $\displaystyle\int_{-\infty}^{+\infty} f(x)\mathrm{d}x = \lim_{a\to-\infty}\int_a^0 f(x)\mathrm{d}x + \lim_{b\to+\infty}\int_0^b f(x)\mathrm{d}x$.

$\displaystyle\int_{-\infty}^{+\infty} f(x)\mathrm{d}x$ 收敛当且仅当等式右边两个极限存在；$\displaystyle\lim_{b\to+\infty}\int_{-b}^b f(x)\mathrm{d}x$ 存在不能说明 $\displaystyle\int_{-\infty}^{+\infty} f(x)\mathrm{d}x$ 收敛，但是如果 $\displaystyle\int_{-\infty}^{+\infty} f(x)\mathrm{d}x$ 收敛则 $\displaystyle\int_{-\infty}^{+\infty} f(x)\mathrm{d}x = \lim_{b\to+\infty}\int_{-b}^b f(x)\mathrm{d}x$；

说明 5： 若函数 $f(x)$ 在点 a,b 的邻域内无界且 $(a+\varepsilon,b-\varepsilon)$ 内依寻常的意义是可积的，可定义

$$\int_a^b f(x)\mathrm{d}x = \lim_{\varepsilon\to 0}\int_c^{b-\varepsilon} f(x)\mathrm{d}x + \lim_{\varepsilon\to 0}\int_{a+\varepsilon}^c f(x)\mathrm{d}x, c \in (a,b).$$

$\int_a^b f(x)\mathrm{d}x$ 收敛当且仅当等式右边两个极限存在;$\lim\limits_{\varepsilon\to 0}\int_{a+\varepsilon}^{b-\varepsilon} f(x)\mathrm{d}x$ 存在不能说明

$\int_a^b f(x)\mathrm{d}x$ 收敛;但是如果 $\int_a^b f(x)\mathrm{d}x$ 收敛则 $\int_a^b f(x)\mathrm{d}x = \lim\limits_{\varepsilon\to 0}\int_{a+\varepsilon}^{b-\varepsilon} f(x)\mathrm{d}x$.

当 $\int_a^{+\infty} |f(x)|\mathrm{d}x$ 收敛时,称 $\int_a^{+\infty} f(x)\mathrm{d}x$ 为**绝对收敛**.称收敛而不绝对收敛的无穷

积分为**条件收敛**.

2. 无穷积分的性质

性质 1 若 $\int_a^{+\infty} f(x)\mathrm{d}x$ 与 $\int_a^{+\infty} g(x)\mathrm{d}x$ 都收敛,k_1,k_2 为任意常数,则

$\int_a^{+\infty} [k_1 f(x) + k_2 g(x)]\mathrm{d}x$ 也收敛,且

$$\int_a^{+\infty} [k_1 f(x) + k_2 g(x)]\mathrm{d}x = k_1\int_a^{+\infty} f(x)\mathrm{d}x + k_2\int_a^{+\infty} g(x)\mathrm{d}x.$$

注:两个发散的无穷积分的代数和不一定发散.

性质 2 若 f 在任何有限区间 $[a,u]$ 上可积,$a<b$,则 $\int_a^{+\infty} f(x)\mathrm{d}x$ 与 $\int_b^{+\infty} f(x)$ 同

敛态(即同时收敛或同时发散),且有

$$\int_a^{+\infty} f(x)\mathrm{d}x = \int_a^b f(x)\mathrm{d}x + \int_b^{+\infty} f(x)\mathrm{d}x.$$

其中右边第一项是定积分.

注:性质 2 相当于定积分的积分区间可加性,由它又可导出 $\int_a^{+\infty} f(x)\mathrm{d}x$ 收敛的另一

充要条件:任给 $\varepsilon>0$,存在 $G>a$,当 $u>G$ 时,总有 $\left|\int_a^{+\infty} f(x)\mathrm{d}x\right|<\varepsilon$.

性质 3 若 f 在任何有限区间 $[a,u]$ 上可积,且有 $\int_a^{+\infty} |f(x)|\mathrm{d}x$ 收敛,则

$\int_a^{+\infty} f(x)\mathrm{d}x$ 亦必收敛,并有 $\left|\int_a^{+\infty} f(x)\mathrm{d}x\right| \leqslant \int_a^{+\infty} |f(x)|\mathrm{d}x$.

3. 无穷积分敛散性判别法

基本步骤:(1) 判别无穷积分是否为绝对收敛,当判得 $\int_a^{+\infty} |f(x)|\mathrm{d}x$ 收敛时

$\int_a^{+\infty} f(x)\mathrm{d}x$ 自然也收敛;(2) 当判得 $\int_a^{+\infty} |f(x)|\mathrm{d}x$ 发散时,要想知道 $\int_a^{+\infty} f(x)\mathrm{d}x$ 是

否条件收敛,这就是依赖别的方法(例如 $A-D$ 判别法:狄利克雷判别法、阿贝尔判别法,

或者直接使用收敛定义或收敛的柯西准则).

柯西准则 $\int_a^{+\infty} f(x)\mathrm{d}x$ 收敛的充要条件:对于 $\forall \varepsilon>0,\exists G>a$,当 $u,v>b$ 时,

$\left|\int_u^v f(x)\mathrm{d}x\right|<\varepsilon$.

比较判别法　设定义在 $[a,+\infty)$ 上的函数 f,g 在任何有限区间 $[a,u]$ 上可积且满足 $|f(x)|\leqslant g(x),x\in[a,+\infty)$ 则当 $\displaystyle\int_a^{+\infty}g(x)\mathrm{d}x$ 收敛时 $\displaystyle\int_a^{+\infty}|f(x)|\mathrm{d}x$ 必收敛（或当 $\displaystyle\int_a^{+\infty}|f(x)|\mathrm{d}x$ 发散时，$\displaystyle\int_a^{+\infty}g(x)\mathrm{d}x$ 必发散）.

推论 1　若 f,g 在任何有限区间 $[a,u]$ 上可积，$g(x)>0$，且 $\displaystyle\lim_{x\to+\infty}\frac{f(x)}{g(x)}=c$ 则有

(1) 当 $0<c<+\infty$ 时，$\displaystyle\int_a^{+\infty}|f(x)|\mathrm{d}x$ 与 $\displaystyle\int_a^{+\infty}g(x)\mathrm{d}x$ 与同敛态；

(2) 当 $c=0$ 时，由 $\displaystyle\int_a^{+\infty}g(x)\mathrm{d}x$ 收敛可推知 $\displaystyle\int_a^{+\infty}|f(x)|\mathrm{d}x$ 也收敛；

(3) 当 $c=+\infty$ 时，由 $\displaystyle\int_a^{+\infty}g(x)\mathrm{d}x$ 发散可推知 $\displaystyle\int_a^{+\infty}|f(x)|\mathrm{d}x$ 也发散.

充分利用 $\displaystyle\int_1^{+\infty}\frac{1}{x^p}\mathrm{d}x$：$p>1$ 时积分收敛，$p\leqslant1$ 时积分发散.

柯西判别法

推论 2　设定义在 $[a,+\infty)$ 上的函数 f 在任何有限区间 $[a,u]$ 上可积，则有：

(1) 当 $|f(x)|\leqslant\dfrac{1}{x^p}$ 且 $p>1$ 时，$\displaystyle\int_a^{+\infty}|f(x)|\mathrm{d}x$ 收敛；

(2) 当 $|f(x)|\geqslant\dfrac{1}{x^p}$ 且 $p\leqslant1$ 时，$\displaystyle\int_a^{+\infty}|f(x)|\mathrm{d}x$ 发散.

推论 3　设定义在 $[a,+\infty)$ 上的函数 f 在任何有限区间 $[a,u]$ 上可积，且 $\displaystyle\lim_{x\to+\infty}x^p|f(x)|=\lambda$. 则有：

(1) 当 $p>1,0\leqslant\lambda<+\infty$ 时，$\displaystyle\int_a^{+\infty}|f(x)|\mathrm{d}x$ 收敛；

(2) 当 $p\leqslant1,0<\lambda\leqslant+\infty$ 时，$\displaystyle\int_a^{+\infty}|f(x)|\mathrm{d}x$ 发散.

阿贝尔判别法　若 $\displaystyle\int_a^{+\infty}f(x)\mathrm{d}x$ 收敛，$g(x)$ 在 $[a,+\infty)$ 上单调有界，则 $\displaystyle\int_a^{+\infty}f(x)g(x)\mathrm{d}x$ 收敛.

狄利克雷判别法　若 $F(u)=\displaystyle\int_a^u f(x)\mathrm{d}x$ 在 $[a,+\infty)$ 上有界，$g(x)$ 在 $[a,+\infty)$ 上当 $x\to+\infty$ 时单调趋于零，则 $\displaystyle\int_a^{+\infty}f(x)g(x)\mathrm{d}x$ 收敛.

4. 瑕积分的性质

性质 1　设函数 f,g 的瑕点同为 $x=a,k_1,k_2$ 为常数，则当瑕积分 $\displaystyle\int_a^b f(x)\mathrm{d}x$ 与 $\displaystyle\int_a^b g(x)\mathrm{d}x$ 都收敛时，瑕积分 $\displaystyle\int_a^b[k_1f(x)+k_2g(x)]\mathrm{d}x$ 必定收敛，并有 $\displaystyle\int_a^b[k_1f(x)+k_2g(x)]\mathrm{d}x=k_1\displaystyle\int_a^b f(x)\mathrm{d}x+k_2\displaystyle\int_a^b g(x)\mathrm{d}x$.

性质 2　若函数 f 的瑕点为 $x=a$，$c\in(a,b]$ 为任一常数. 则瑕积分 $\int_a^b f(x)\mathrm{d}x$ 与 $\int_a^c f(x)$ 同敛态（即同时收敛或同时发散），且有 $\int_a^b f(x)\mathrm{d}x = \int_a^c f(x)\mathrm{d}x + \int_c^b f(x)\mathrm{d}x$，其中 $\int_c^b f(x)\mathrm{d}x$ 是定积分.

性质 3　若函数 f 的瑕点为 $x=a$，f 在 (a,b) 的任一内闭区间 $[u,b]$ 上可积. 则当 $\int_a^b |f(x)|\mathrm{d}x$ 收敛时 $\int_a^b f(x)\mathrm{d}x$ 也必定收敛，并有 $\int_a^b f(x)\mathrm{d}x \leqslant \int_a^b |f(x)|\mathrm{d}x$.

同样地，当 $\int_a^b |f(x)|\mathrm{d}x$ 收敛时，称 $\int_a^b f(x)\mathrm{d}x$ 为绝对收敛. 又称收敛而不绝对收敛的瑕积分是条件收敛的.

注：绝对收敛与条件收敛是在反常积分收敛的前提下互相对立的两个概念，相互之间没有蕴含关系.

5. 瑕积分敛散性判别法

关于瑕积分收敛判别的一般步骤也可类似与无穷限反常积分进行.

瑕积分收敛的柯西准则：瑕积分 $\int_a^b f(x)\mathrm{d}x$（瑕点为 $x=a$）收敛的充要条件是：$\forall \varepsilon>0,\exists \delta>0$ 当 $a<u,v<a+\delta$ 时，$\left|\int_u^v f(x)\mathrm{d}x\right|<\varepsilon$.

比较法则：设定义在 $(a,b]$ 上的函数 f,g，瑕点同为 $x=a$ 且在 $(a,b]$ 任何子区间 $[u,b]$ 上可积且满足 $|f(x)|\leqslant g(x)$，$x\in(a,b]$ 则当 $\int_a^b g(x)\mathrm{d}x$ 收敛时 $\int_a^b |f(x)|\mathrm{d}x$ 必收敛（或当 $\int_a^b |f(x)|\mathrm{d}x$ 发散时，$\int_a^b g(x)\mathrm{d}x$ 必发散）.

推论 1　若 $g(x)>0$，且 $\lim\limits_{x\to+\infty}\dfrac{f(x)}{g(x)}=c$ 则有

(1) 当 $0<c<+\infty$ 时，$\int_a^b |f(x)|\mathrm{d}x$ 与 $\int_a^b g(x)\mathrm{d}x$ 与同敛态；

(2) 当 $c=0$ 时，由 $\int_a^b g(x)\mathrm{d}x$ 收敛可推知 $\int_a^b |f(x)|\mathrm{d}x$ 也收敛；

(3) 当 $c=+\infty$ 时，由 $\int_a^b g(x)\mathrm{d}x$ 发散可推知 $\int_a^b |f(x)|\mathrm{d}x$ 也发散.

充分利用 $\int_a^b \dfrac{1}{(x-a)^p}\mathrm{d}x$：$0<p<1$ 时积分收敛，$p\geqslant 1$ 时积分发散.

柯西判别法

推论 2　若函数 f 的瑕点为 $x=a$，f 在 (a,b) 的任一内闭区间 $[u,b]$ 上可积. 则有：

(1) 当 $|f(x)|\leqslant\dfrac{1}{(x-a)^p}$ 且 $0<p<1$ 时，$\int_a^b |f(x)|\mathrm{d}x$ 收敛；

(2) 当 $|f(x)|\geqslant\dfrac{1}{(x-a)^p}$ 且 $p\geqslant 1$ 时，$\int_a^b |f(x)|\mathrm{d}x$ 发散.

推论 3　若函数 f 的瑕点为 $x=a$，f 在 (a,b) 的任一内闭区间 $[u,b]$ 上可积. 且

$$\lim_{x \to a+}(x-a)^p \mid f(x) \mid = \lambda.$$ 则有：

(1) 当 $0 < p < 1, 0 \leqslant \lambda < +\infty$ 时，$\int_a^b \mid f(x) \mid \mathrm{d}x$ 收敛；

(2) 当 $p \geqslant 1, 0 < \lambda \leqslant +\infty$ 时，$\int_a^b \mid f(x) \mid \mathrm{d}x$ 发散.

无穷积分与瑕积分存在于同一个反常积分中，例如 $I = \int_0^{+\infty} \dfrac{x^a}{x-2}\mathrm{d}x$. 若 $a < 0$，这个形式上的无穷积分，其实还含有瑕点 $x = 0, 2$. 这时需要先把它拆成几个单纯形式的反常积分：

$$I = \int_0^1 \frac{x^a}{x-1}\mathrm{d}x + \int_1^2 \frac{x^a}{x-1}\mathrm{d}x + \int_2^3 \frac{x^a}{x-1}\mathrm{d}x + \int_3^{+\infty} \frac{x^a}{x-1}\mathrm{d}x.$$

当且仅当这四个反常积分都收敛时，原来的反常积分才是收敛的. 显然，其中的瑕积分 $\int_1^2 \dfrac{x^a}{x-1}\mathrm{d}x, \int_2^3 \dfrac{x^a}{x-1}\mathrm{d}x$ 都是发散的，故原来的反常积分亦为发散.

不要把瑕积分混淆为定积分，例如 $\int_{-1}^1 \dfrac{\mathrm{d}x}{x^3}$. 其实它是一个以为 $x = 0$ 瑕点的瑕积分，必须先化为 $\int_{-1}^1 \dfrac{\mathrm{d}x}{x^3} = \int_{-1}^0 \dfrac{\mathrm{d}x}{x^3} + \int_0^1 \dfrac{\mathrm{d}x}{x^3}$.

而后讨论等号右边的两个瑕积分，当且仅当它们都收敛时，等号左边的瑕积分才是收敛的. 显然，这里两个瑕积分（等号右边）都是发散的，故原来的瑕积分亦为发散. 需要注意的是，此类型不要误将这个瑕积分当作是定积分，并利用奇函数在 $[-1, 1]$ 上的积分值为 0，轻率地得出 $\int_{-1}^1 \dfrac{\mathrm{d}x}{x^3} = 0$ 这样一个错误的结论.

6. 含参量积分的性质

连续性：若函数 $f(x, y)$ 于有界的域 $R(a \leqslant x \leqslant A, b \leqslant y \leqslant B)$ 内有定义并且是连续的，则 $F(y) = \int_a^A f(x, y)\mathrm{d}x$ 是在闭区间 $[b, B]$ 上的连续函数.

可微性：若除在 1° 中所已指明的条件之外，并且偏导函数 $f'_y(x, y)$ 在区域 R 内连续，则当 $b < y < B$ 时莱布尼兹公式 $\dfrac{\mathrm{d}}{\mathrm{d}y}\int_a^A f(x, y)\mathrm{d}x = \int_a^A f'_y(x, y)\mathrm{d}x$ 为真.

一般情况下的连续性和可微性：在更普遍的情况下，当积分的限为参数 y 的可微函数 $\alpha(y), \beta(y)$，并且当 $b < y < B$ 时 $a \leqslant \alpha(y) \leqslant A, a \leqslant \beta(y) \leqslant A$. 则

$$\frac{\mathrm{d}}{\mathrm{d}y}\int_{\alpha(y)}^{\beta(y)} f(x, y)\mathrm{d}x = f(\beta(y), y)\beta'(y) - f(\alpha(y), y)\alpha'(y) + \int_{\alpha(y)}^{\beta(y)} f'_y(x, y)\mathrm{d}x;$$

交换积分次序：若函数 $f(x, y)$ 于有界的域 $R(a \leqslant x \leqslant A, b \leqslant y \leqslant B)$ 内有定义并且是连续的，则 $F(y) = \int_a^A f(x, y)\mathrm{d}x$ 是在闭区间 $[b, B]$ 上的连续函数. 则

$$\int_b^B \int_a^A f(x, y)\mathrm{d}x\,\mathrm{d}y = \int_a^A \int_b^B f(x, y)\mathrm{d}y\,\mathrm{d}x.$$

7. 欧拉积分

$$\Gamma(s) = \int_0^{+\infty} x^{s-1} e^{-x} dx, s > 0,$$

$$B(p,q) = \int_0^1 x^{p-1}(1-x)^{q-1} dx, p > 0, q > 0,$$

在应用中经常出现,它们统称为欧拉积分,其中前者又称为**伽马(Gamma)函数**(或写作 Γ 函数),后者称为**贝塔(Beta)函数**(或写作 B 函数).

(1) $\Gamma(s)$ 在定义域 $s > 0$ 上连续且可导;

(2) $\Gamma(s+1) = s\Gamma(s)$; $\Gamma(n+1) = n!$;

(3) $B(p,q)$ 在定义域 $p > 0, q > 0$ 内连续;

(4) $B(p,q) = B(q,p)$; $B(p,q) = \dfrac{q-1}{p+q-1} B(p \cdot q-1) = \dfrac{p-1}{p+q-1} B(p-1, q)$.

3.3.2 广义积分的计算

【例 3.3.1】 计算积分 $\displaystyle\int_0^{+\infty} \frac{x\ln x}{(1+x^2)^2} dx$.

解法一 我们有 $\displaystyle\int \frac{x\ln x}{(1+x^2)^2} dx = \frac{1}{2}\int \frac{\ln x}{(1+x^2)^2} d(x^2)$

$$= -\frac{1}{2}\int \ln x \, d\left(\frac{1}{1+x^2}\right)$$

$$= -\frac{\ln x}{2(1+x^2)} + \frac{1}{2}\int \frac{1}{x(1+x^2)} dx$$

$$= -\frac{\ln x}{2(1+x^2)} + \frac{1}{4}\ln \frac{x^2}{1+x^2} + C$$

$$\int_0^{+\infty} \frac{x\ln x}{(1+x^2)^2} dx = \lim_{\substack{\varepsilon \to 0+ \\ b \to +\infty}} \int_\varepsilon^b \frac{x\ln x}{(1+x^2)^2} dx$$

$$= \lim_{\substack{\varepsilon \to 0+ \\ b \to +\infty}} \left[-\frac{\ln x}{2(1+x^2)} + \frac{1}{4}\ln \frac{x^2}{1+x^2} \right] \Bigg|_\varepsilon^b$$

$$= \lim_{\substack{\varepsilon \to 0+ \\ b \to +\infty}} \left[-\frac{\ln b}{2(1+b^2)} + \frac{1}{4}\ln \frac{b^2}{1+b^2} + \frac{\ln \varepsilon}{2(1+\varepsilon^2)} - \frac{1}{4}\ln \frac{\varepsilon^2}{1+\varepsilon^2} \right]$$

$$= \lim_{\varepsilon \to 0+} \left[\frac{\ln \varepsilon}{2(1+\varepsilon^2)} - \frac{1}{4}\ln \frac{\varepsilon^2}{1+\varepsilon^2} \right]$$

$$= \lim_{\varepsilon \to 0+} \left[\frac{\ln \varepsilon}{2(1+\varepsilon^2)} - \frac{1}{2}\ln \varepsilon + \frac{1}{4}\ln(1+\varepsilon^2) \right]$$

$$= \lim_{\varepsilon \to 0+} \left[\frac{-\varepsilon^2 \ln \varepsilon}{2(1+\varepsilon^2)} + \frac{1}{4}\ln(1+\varepsilon^2) \right]$$

$$= 0.$$

注：$\varepsilon \to 0+$ 与 $b \to +\infty$ 的极限过程是独立的，因此，可分别取极限.

解法二 $\because x \geqslant 1$ 时，$0 \leqslant x^2 \dfrac{x\ln x}{(1+x^2)^2} \leqslant \dfrac{\ln x}{x}$，且 $\lim\limits_{x\to+\infty} \dfrac{\ln x}{x} = \lim\limits_{x\to+\infty} \dfrac{\frac{1}{x}}{1} = 0$，

$\therefore \lim\limits_{x\to+\infty} x^2 \dfrac{x\ln x}{(1+x^2)^2} = 0.$

又 $\displaystyle\int_1^{+\infty} \dfrac{1}{x^2}\mathrm{d}x$ 收敛，所以 $\displaystyle\int_1^{+\infty} \dfrac{x\ln x}{(1+x^2)^2}\mathrm{d}x$ 收敛.

$\because \displaystyle\int_1^{+\infty} \dfrac{x\ln x}{(1+x^2)^2}\mathrm{d}x = \int_1^0 \dfrac{\frac{1}{t}\ln\frac{1}{t}}{\left(1+\frac{1}{t^2}\right)^2}\mathrm{d}\dfrac{1}{t} = -\int_0^1 \dfrac{t\ln t}{(1+t^2)^2}\mathrm{d}t = -\int_0^1 \dfrac{x\ln x}{(1+x^2)^2}\mathrm{d}x.$

$\therefore \displaystyle\int_0^{+\infty} \dfrac{x\ln x}{(1+x^2)^2}\mathrm{d}x = 0.$

【例 3.3.2】 若 $n > 1$ 是正整数，计算积分 $\displaystyle\int_0^1 \left(\left[\dfrac{n}{x}\right] - n\left[\dfrac{1}{x}\right]\right)\mathrm{d}x.$

解 $\because \left[\dfrac{n}{x}\right] - n\left[\dfrac{1}{x}\right] = n\left(\dfrac{1}{x} - \left[\dfrac{1}{x}\right]\right) - \left(\dfrac{n}{x} - \left[\dfrac{n}{x}\right]\right)$；

$\displaystyle\int_0^1 \left(\dfrac{n}{x} - \left[\dfrac{n}{x}\right]\right)\mathrm{d}x = n\int_0^{\frac{1}{n}} \left(\dfrac{1}{t} - \left[\dfrac{1}{t}\right]\right)\mathrm{d}t = n\int_0^{\frac{1}{n}} \left(\dfrac{1}{x} - \left[\dfrac{1}{x}\right]\right)\mathrm{d}x.$

$\therefore \displaystyle\int_0^1 \left(\left[\dfrac{n}{x}\right] - n\left[\dfrac{1}{x}\right]\right)\mathrm{d}x = n\int_0^1 \left(\dfrac{1}{x} - \left[\dfrac{1}{x}\right]\right)\mathrm{d}x - \int_0^1 \left(\dfrac{n}{x} - \left[\dfrac{n}{x}\right]\right)\mathrm{d}x$

$= n\displaystyle\int_0^1 \left(\dfrac{1}{x} - \left[\dfrac{1}{x}\right]\right)\mathrm{d}x - n\int_0^{\frac{1}{n}} \left(\dfrac{1}{x} - \left[\dfrac{1}{x}\right]\right)\mathrm{d}x = n\int_{\frac{1}{n}}^1 \left(\dfrac{1}{x} - \left[\dfrac{1}{x}\right]\right)\mathrm{d}x$

$= n\displaystyle\sum_{i=1}^{n-1} \int_{\frac{1}{n-i+1}}^{\frac{1}{n-i}} \left(\dfrac{1}{x} - \left[\dfrac{1}{x}\right]\right)\mathrm{d}x$

$= n\displaystyle\int_{\frac{1}{n}}^1 \dfrac{1}{x}\mathrm{d}x - n\sum_{i=1}^{n-1} \int_{\frac{1}{n-i+1}}^{\frac{1}{n-i}} (n-i)\mathrm{d}x$

$= n\ln n - n\displaystyle\sum_{i=1}^{n-1} \left(\dfrac{1}{n-i} - \dfrac{1}{n-i+1}\right)(n-i)$

$= n\ln n - n\left[\left(1 - \dfrac{1}{2}\right) + 2\left(\dfrac{1}{2} - \dfrac{1}{3}\right) + 3\left(\dfrac{1}{3} - \dfrac{1}{4}\right) + \cdots + (n-1)\left(\dfrac{1}{n-1} - \dfrac{1}{n}\right)\right]$

$= n\ln n - n\left[1 + \dfrac{1}{2} + \dfrac{1}{3} + \dfrac{1}{4} + \cdots + \dfrac{1}{n-1} - \dfrac{n-1}{n}\right]$

$= n\ln n - n\displaystyle\sum_{k=1}^{n-1} \dfrac{1}{k} + (n-1)$

【例 3.3.3】 求广义积分 $\displaystyle\int_0^{+\infty} (x+1)\mathrm{e}^{-x^2}\mathrm{d}x.$（中国科学技术大学 2023）

解 $\displaystyle\int_0^{+\infty} (x+1)\mathrm{e}^{-x^2}\mathrm{d}x = \int_0^{+\infty} x\mathrm{e}^{-x^2}\mathrm{d}x + \int_0^{+\infty} \mathrm{e}^{-x^2}\mathrm{d}x$

(1) $\displaystyle\int_0^{+\infty} x\,\mathrm{e}^{-x^2}\,\mathrm{d}x = \frac{1}{2}\int_0^{+\infty}\mathrm{e}^{-x^2}\,\mathrm{d}x^2 = -\frac{1}{2}\mathrm{e}^{-x^2}\Big|_0^{+\infty} = \frac{1}{2}$;

(2) $\displaystyle\left(\int_0^{+\infty}\mathrm{e}^{-x^2}\,\mathrm{d}x\right)^2 = \int_0^{+\infty}\mathrm{e}^{-x^2}\,\mathrm{d}x\int_0^{+\infty}\mathrm{e}^{-y^2}\,\mathrm{d}y = \iint\limits_{x,y\geq 0}\mathrm{e}^{-x^2-y^2}\,\mathrm{d}x\,\mathrm{d}y = \int_0^{\frac{\pi}{2}}\int_0^{+\infty} r\,\mathrm{e}^{-r^2}\,\mathrm{d}r\,\mathrm{d}\theta = \frac{\pi}{4}$;

而显然 $\displaystyle\int_0^{+\infty}\mathrm{e}^{-x^2}\,\mathrm{d}x \geq 0,\therefore\int_0^{+\infty}\mathrm{e}^{-x^2}\,\mathrm{d}x = \frac{\sqrt{\pi}}{2}$;

由(1)(2)可知 $\displaystyle\int_0^{+\infty}(x+1)\mathrm{e}^{-x^2}\,\mathrm{d}x = \frac{1+\sqrt{\pi}}{2}$.

【例 3.3.4】 计算反常积分 $\displaystyle\int_1^{+\infty}\frac{\arctan x}{x^2(1+x^2)}\,\mathrm{d}x$.（北京交通大学 2014）

解 $\displaystyle\int_1^{+\infty}\frac{\arctan x}{x^2(1+x^2)}\,\mathrm{d}x = \int_1^{+\infty}\frac{\arctan x}{x^2}\,\mathrm{d}x - \int_1^{+\infty}\frac{\arctan x}{1+x^2}\,\mathrm{d}x$

$\displaystyle = -\int_1^{+\infty}\arctan x\,\mathrm{d}\frac{1}{x} - \int_1^{+\infty}\arctan x\,\mathrm{d}\arctan x$

$\displaystyle = \frac{1}{x}\arctan x\Big|_1^{+\infty} + \int_1^{+\infty}\frac{1}{x(1+x^2)}\,\mathrm{d}x - \frac{1}{2}\arctan^2 x\Big|_1^{+\infty}$

$\displaystyle = \frac{\pi}{4} + \int_1^{+\infty}\frac{1}{x(1+x^2)}\,\mathrm{d}x - \frac{\pi^2}{32} = \frac{\pi}{4} + \int_1^{+\infty}\left(\frac{1}{x} - \frac{x}{1+x^2}\right)\mathrm{d}x - \frac{\pi^2}{32}$

$\displaystyle = \frac{\pi}{4} + \frac{1}{2}\ln\frac{x^2}{1+x^2}\Big|_1^{+\infty} - \frac{\pi^2}{32} = \frac{\pi}{4} - \frac{\ln 2}{2} - \frac{\pi^2}{32}$.

【例 3.3.5】 计算积分 $\displaystyle\int_1^2\frac{\mathrm{d}x}{x\sqrt{3x^2-2x-1}}$.（南昌大学 2022）

解法一 注意到 $3x^2-2x-1 = (3x+1)(x-1)$，令 $\sqrt{3x^2-2x-1} = t(x-1)$，则

$\displaystyle x = \frac{t^2+1}{t^2-3},\ x\sqrt{3x^2-2x-1} = \frac{t^2+1}{t^2-3}\cdot t\left(\frac{t^2+1}{t^2-3}-1\right) = \frac{4t(t^2+1)}{(t^2-3)^2},\ \mathrm{d}x = \frac{-8t}{(t^2-3)^2}\,\mathrm{d}t$.

$\displaystyle\therefore\int_1^2\frac{\mathrm{d}x}{x\sqrt{3x^2-2x-1}} = \int_{+\infty}^{\sqrt{7}}\frac{1}{\dfrac{4t(t^2+1)}{(t^2-3)^2}}\cdot\frac{-8t}{(t^2-3)^2}\,\mathrm{d}t = \int_{\sqrt{7}}^{+\infty}\frac{2}{t^2+1}\,\mathrm{d}t = \pi - 2\arctan\sqrt{7}$.

解法二 令 $x = \dfrac{1}{t}$，则

$\displaystyle\therefore\int_1^2\frac{\mathrm{d}x}{x\sqrt{3x^2-2x-1}} = \int_{\frac{1}{2}}^1\frac{\mathrm{d}t}{\sqrt{-t^2-2t+3}} = \int_{\frac{1}{2}}^1\frac{\mathrm{d}t}{\sqrt{4-(t+1)^2}} = \int_{\frac{3}{2}}^2\frac{\mathrm{d}t}{\sqrt{4-t^2}} =$

$\displaystyle\arcsin\frac{t}{2}\Big|_{\frac{3}{2}}^2 = \frac{\pi}{2} - \arcsin\frac{3}{4}$.

3.3.3 广义积分的收敛性

【例 3.3.6】 证明：广义积分 $\displaystyle\int_1^{+\infty}\frac{\mathrm{d}x}{\sqrt{1+x^3}\,\ln^2(1+x)}$ 收敛.（北京师范大学 2019）

证明　$0 < \dfrac{1}{\sqrt{1+x^3}\ln^2(1+x)} < \dfrac{1}{x^{\frac{3}{2}}\ln^2 2}$，$\forall\, x \in [1,+\infty)$

而 $\displaystyle\int_1^{+\infty}\dfrac{\mathrm{d}x}{x^{\frac{3}{2}}}$ 收敛，故广义积分 $\displaystyle\int_1^{+\infty}\dfrac{\mathrm{d}x}{\sqrt{1+x^3}\ln^2(1+x)}$ 收敛.

【例 3.3.7】　证明：广义积分 $\displaystyle\int_0^{+\infty}\dfrac{\mathrm{e}^{\sin x}\sin 2x}{x^p}\mathrm{d}x$，当 $1 < p < 2$ 时绝对收敛，当 $0 <$ $p \leqslant 1$ 时条件收敛，在其余条件下发散.（湖南大学 2016、北京理工大学 2021）

证明　(1) $\dfrac{\mathrm{e}^{\sin x}\sin 2x}{x^p} \sim \dfrac{1 \cdot 2x}{x^p} = 2x^{1-p}\,(x \to 0)$

故当 $1-p > -1 \Leftrightarrow p < 2$ 时，$\displaystyle\int_0^1\dfrac{\mathrm{e}^{\sin x}\sin 2x}{x^p}\mathrm{d}x$ 绝对收敛；

当 $p \geqslant 2$ 时，$\displaystyle\int_0^1\dfrac{\mathrm{e}^{\sin x}\sin 2x}{x^p}\mathrm{d}x$ 发散.

(2) (i) 由 $\left|\dfrac{\mathrm{e}^{\sin x}\sin 2x}{x^p}\right| \leqslant \dfrac{\mathrm{e}}{x^p}$ 知当 $p > 1$ 时，$\displaystyle\int_1^{+\infty}\dfrac{\mathrm{e}^{\sin x}\sin 2x}{x^p}\mathrm{d}x$ 绝对收敛.

(ii) 当 $0 < p \leqslant 1$ 时，$\dfrac{1}{x^p}$ 递减，且 $\displaystyle\lim_{x\to+\infty}\dfrac{1}{x^p} = 0$，

$$\int \mathrm{e}^{\sin x}\sin 2x\,\mathrm{d}x = 2\int \sin x \cdot \mathrm{e}^{\sin x}\cos x\,\mathrm{d}x$$
$$= 2\int \sin x\,\mathrm{d}\mathrm{e}^{\sin x}$$
$$= 2\left[\mathrm{e}^{\sin x}\sin x - \int \cos x\,\mathrm{e}^{\sin x}\,\mathrm{d}x\right]$$
$$= 2\mathrm{e}^{\sin x}(\sin x - 1) + C,$$

则

$$\left|\int_{A_1}^{A_2}\mathrm{e}^{\sin x}\sin 2x\,\mathrm{d}x\right|$$
$$= 2\left|\mathrm{e}^{\sin A_2}(\sin A_2 - 1) - \mathrm{e}^{\sin A_1}(\sin A_1 - 1)\right|$$
$$\leqslant 2(2\mathrm{e} + 2\mathrm{e}) = 8\mathrm{e}.$$

据狄利克雷判别法知 $\displaystyle\int_0^{+\infty}\dfrac{\mathrm{e}^{\sin x}\sin 2x}{x^p}\mathrm{d}x$ 收敛. 进一步，由 $0 < p \leqslant 1$，有

$$\int_1^{+\infty}\dfrac{\mathrm{e}^{\sin x}\sin 2x}{x^p}\mathrm{d}x \geqslant \sum_{k=1}^{\infty}\int_{k\pi+\frac{\pi}{8}}^{k\pi+\frac{3\pi}{8}}\dfrac{\mathrm{e}^{\sin x}\,|\sin 2x|}{x^p}\mathrm{d}x \geqslant \sum_{k=1}^{\infty}\dfrac{1 \cdot \frac{\sqrt{2}}{2}}{[(k+1)\pi]^p} \cdot \dfrac{\pi}{4} = +\infty.$$

则当 $0 \leqslant p < 1$ 时，$\displaystyle\int_1^{+\infty}\dfrac{\mathrm{e}^{\sin x}\sin 2x}{x^p}\mathrm{d}x$ 条件收敛.

(iii) 最后当 $p \leqslant 0$ 时，由 $\displaystyle\int_{k\pi+\frac{\pi}{8}}^{k\pi+\frac{3\pi}{8}}\dfrac{\mathrm{e}^{\sin x}\sin 2x}{x^p}\mathrm{d}x \geqslant 1 \cdot \dfrac{\sqrt{2}}{2} \cdot (k\pi)^{-p} \geqslant \dfrac{\sqrt{2}}{2}$ 及柯西收敛准

则知 $\int_1^{+\infty} \dfrac{\mathrm{e}^{\sin x}\sin 2x}{x^p}\mathrm{d}x$ 发散.

【例 3.3.8】 p 取何值时广义积分 $\int_0^{+\infty} \dfrac{1}{x^2+x^p}\mathrm{d}x$ 收敛.（湖南师范大学 2022）

解 ∵ $x \geqslant 1$ 时，$\dfrac{1}{x^2+x^p} < \dfrac{1}{x^2}$，$\int_1^{+\infty}\dfrac{\mathrm{d}x}{x^2}$ 收敛，故 $\int_1^{+\infty}\dfrac{1}{x^2+x^p}\mathrm{d}x$ 收敛.

现在只要再看瑕积分 $\int_0^1 \dfrac{1}{x^2+x^p}\mathrm{d}x$ 的收敛性即可.

若 $p \geqslant 1$，则 $x \to 0^+$ 时 $\dfrac{1}{x^2+x^p} \sim \begin{cases} \dfrac{1}{x^p}, 1 \leqslant p < 2 \\[2mm] \dfrac{1}{2x^2}, p=2 \\[2mm] \dfrac{1}{x^2}, p>2 \end{cases}$.

但只要 $\alpha \geqslant 1$，$\int_0^1 \dfrac{\mathrm{d}x}{x^\alpha}$ 就发散，因此，$\int_0^1 \dfrac{1}{x^2+x^p}\mathrm{d}x$ 发散.

若 $p < 1$，则 $x \to 0^+$ 时，$\dfrac{1}{x^2+x^p} \sim \dfrac{1}{x^p}$，$\int_0^1 \dfrac{\mathrm{d}x}{x^p}$ 收敛，故 $\int_0^1 \dfrac{1}{x^2+x^p}\mathrm{d}x$ 收敛.

综上所述，$p < 1$，$\int_0^{+\infty} \dfrac{1}{x^2+x^p}\mathrm{d}x$ 收敛，$p \geqslant 1$，$\int_0^{+\infty}\dfrac{1}{x^2+x^p}\mathrm{d}x$ 发散，

因此，使广义积分 $\int_0^{+\infty}\dfrac{1}{x^2+x^p}\mathrm{d}x$ 收敛的参数 p 的取值范围是 $(-\infty, 1)$.

【例 3.3.9】 讨论 $\int_0^{+\infty} x^{p-1}\mathrm{e}^{-x}\mathrm{d}x$ 的收敛性.

解 将积分分成 $\int_0^{+\infty} x^{p-1}\mathrm{e}^{-x}\mathrm{d}x = \int_0^1 x^{p-1}\mathrm{e}^{-x}\mathrm{d}x + \int_1^{+\infty} x^{p-1}\mathrm{e}^{-x}\mathrm{d}x$

对于积分 $\int_0^1 x^{p-1}\mathrm{e}^{-x}\mathrm{d}x$，由于 $\lim\limits_{x \to 0+} x^{1-p}x^{p-1}\mathrm{e}^{-x}=1$.

故当 $p > 0$（即 $1-p < 1$）时积分 $\int_0^1 x^{p-1}\mathrm{e}^{-x}\mathrm{d}x$ 收敛.

对于积分 $\int_1^{+\infty} x^{p-1}\mathrm{e}^{-x}\mathrm{d}x$，由于 $\lim\limits_{x \to +\infty} x^2 x^{p-1}\mathrm{e}^{-x} = \lim\limits_{x \to +\infty}\dfrac{x^{p+1}}{\mathrm{e}^x}=0$，

故对任意的 p 积分 $\int_1^{+\infty} x^{p-1}\mathrm{e}^{-x}\mathrm{d}x$ 收敛.

综上可得故当 $p > 0$ 时积分 $\int_0^{+\infty} x^{p-1}\mathrm{e}^{-x}\mathrm{d}x$ 收敛.

【例 3.3.10】 讨论 $\int_0^\pi \dfrac{\sin^{p-1} x}{\mid 1+q\cos x \mid^p}\mathrm{d}x$ 的敛散性.

解 （i）当 $\mid q \mid < 1$ 时，此时 $x = 0, \pi$ 为可疑点，且显然有

$$\lim_{x \to 0+} \frac{\sin^{p-1} x}{|\,1 + q\cos x\,|^p}(1+q)^p x^{1-p} = 1; \quad \lim_{x \to \pi-} \frac{\sin^{p-1} x}{|\,1 + q\cos x\,|^p}(1-q)^p(\pi-x)^{1-p} = 1;$$

故当 $p > 0$（即 $1 - p < 1$）时积分 $\displaystyle\int_0^\pi \frac{\sin^{p-1} x}{|\,1 + q\cos x\,|^p}\mathrm{d}x$ 收敛. 当 $p \leqslant 0$ 时

$\displaystyle\int_0^\pi \frac{\sin^{p-1} x}{|\,1 + q\cos x\,|^p}\mathrm{d}x$ 发散.

(ii) 当 $q = -1$ 时，$|\,1 - \cos x\,|^p = 0 \Rightarrow x = 0$. 此时可疑点依然为 $x = 0, \pi$.

(ii - 1) $\because \displaystyle\lim_{x \to \pi-} \frac{\dfrac{\sin^{p-1} x}{|\,1 - \cos x\,|^p}}{2^{-p}(\pi-x)^{p-1}} = 1$; 故当 $p > 0$（即 $1 - p < 1$）时 积 分

$\displaystyle\int_{\frac{\pi}{2}}^\pi \frac{\sin^{p-1} x}{|\,1 - \cos x\,|^p}\mathrm{d}x$ 收敛. 当 $p \leqslant 0$ 时 $\displaystyle\int_{\frac{\pi}{2}}^\pi \frac{\sin^{p-1} x}{|\,1 - \cos x\,|^p}\mathrm{d}x$ 发散.

(ii - 2) $\because \displaystyle\lim_{x \to 0+} \frac{\dfrac{\sin^{p-1} x}{|\,1 - \cos x\,|^p}}{2^p x^{p+1}} = 1$; 故当 $p < 0$（即 $1 + p < 1$）时 积 分

$\displaystyle\int_0^{\frac{\pi}{2}} \frac{\sin^{p-1} x}{|\,1 - \cos x\,|^p}\mathrm{d}x$ 收敛. 当 $p \geqslant 0$ 时 $\displaystyle\int_0^{\frac{\pi}{2}} \frac{\sin^{p-1} x}{|\,1 - \cos x\,|^p}\mathrm{d}x$ 发散.

从而说明当 $q = -1$ 时，$\displaystyle\int_0^\pi \frac{\sin^{p-1} x}{|\,1 - \cos x\,|^p}\mathrm{d}x$ 发散.

同理当 $q = 1$ 时，$\displaystyle\int_0^\pi \frac{\sin^{p-1} x}{|\,1 + \cos x\,|^p}\mathrm{d}x$ 发散.

(iii) 当 $|\,q\,| > 1$ 时，$|\,1 + q\cos x_0\,|^p = 0 \Rightarrow x_0 = \arccos\left(-\dfrac{1}{q}\right)$. 此时可疑点为 $x = 0$,

x_0, π.

$$\lim_{x \to 0+} \frac{\sin^{p-1} x}{|\,1 + q\cos x\,|^p}(1+q)^p x^{1-p} = 1; \quad \lim_{x \to \pi-} \frac{\sin^{p-1} x}{|\,1 + q\cos x\,|^p}(1-q)^p(\pi-x)^{1-p} = 1;$$

故当 $p > 0$（即 $1 - p < 1$）时，积分 $\displaystyle\int_0^a \frac{\sin^{p-1} x}{|\,1 + q\cos x\,|^p}\mathrm{d}x$, $\displaystyle\int_b^\pi \frac{\sin^{p-1} x}{|\,1 + q\cos x\,|^p}\mathrm{d}x$ 收敛.

当 $p \leqslant 0$ 时，$\displaystyle\int_0^a \frac{\sin^{p-1} x}{|\,1 + q\cos x\,|^p}\mathrm{d}x$, $\displaystyle\int_b^\pi \frac{\sin^{p-1} x}{|\,1 + q\cos x\,|^p}\mathrm{d}x$ 发散（$0 < a < x_0 <$

$b < \pi$）.

当 $p > 0, x \to x_0$ 时，

$$1 + q\cos x = q\left(\cos x + \frac{1}{q}\right) = q(\cos x - \cos x_0) \sim -q(x - x_0)\sin x_0.$$

$\therefore \dfrac{\sin^{p-1} x}{|\,1 + q\cos x\,|^p} \sim \dfrac{\sin^{p-1} x_0}{|\,q\,|^p|\,x - x_0\,|^p(\sin x_0)^p}, x \to x_0.$

从而对 $x \to x_0$，瑕积分收敛当且仅当 $p < 1$.

故当 $|\,q\,| > 1, 0 < p < 1$ 时 $\displaystyle\int_0^\pi \frac{\sin^{p-1} x}{|\,1 + q\cos x\,|^p}\mathrm{d}x$.

综上所述：$\int_0^\pi \dfrac{\sin^{p-1}x}{|1+q\cos x|^p}\mathrm{d}x$ 收敛当且仅当 $|q|>1,0<p<1$ 或 $|q|<1,p>0$.

【例 3.3.11】 讨论 $\int_0^{+\infty} x^p\sin x^q\mathrm{d}x$ 的绝对收敛性和条件收敛性.$(q\neq 0)$

解 设 $t=x^q$，则 $\mathrm{d}x=\dfrac{1}{q}t^{\frac{1}{q}-1}\mathrm{d}t$，于是

$$\int_0^{+\infty} x^p\sin x^q\mathrm{d}x=\frac{1}{|q|}\int_0^{+\infty} t^{\frac{p+1}{q}-1}\sin t\,\mathrm{d}t$$

(1) 先考虑积分 $\int_0^1 t^{\frac{p+1}{q}-1}\sin t\,\mathrm{d}t$ 的收敛性. 由于

$$\lim_{t\to 0}t^{-\frac{p+1}{q}}t^{\frac{p+1}{q}-1}\sin t=\lim_{t\to 0}t^{-1}\sin t=1.$$

故积分 $\int_0^1 t^{\frac{p+1}{q}-1}\sin t\,\mathrm{d}t$ 仅当 $-\dfrac{p+1}{q}<1$，即 $\dfrac{p+1}{q}>-1$ 时收敛，而被积函数是非负的，故也绝对收敛.

(2) 考虑积分 $\int_1^{+\infty} t^{\frac{p+1}{q}-1}\sin t\,\mathrm{d}t$ 的收敛性.

如果 $\dfrac{p+1}{q}<1$，则由于对任意的 $A>1$，$\left|\int_1^A \sin t\,\mathrm{d}t\right|\leqslant 2$ 且 $t^{\frac{p+1}{q}-1}$ 单调地趋于零（当 $t\to +\infty$ 时），故此时积分 $\int_1^{+\infty} t^{\frac{p+1}{q}-1}\sin t\,\mathrm{d}t$ 收敛.

如果 $\dfrac{p+1}{q}\geqslant 1$，则由于 $t^{\frac{p+1}{q}-1}\geqslant 1$，对任给的 $A>0$，总存在正整数 N，使有 $2N\pi>A$. 取 $A_1=2N\pi,A_2=2N\pi+\pi$，则有 $\int_{A_1}^{A_2} t^{\frac{p+1}{q}-1}\sin t\,\mathrm{d}t\geqslant \int_{A_1}^{A_2}\sin t\,\mathrm{d}t=2.\therefore \int_1^{+\infty} t^{\frac{p+1}{q}-1}\sin t\,\mathrm{d}t$ 发散.

于是仅当 $-1<\dfrac{p+1}{q}<1$ 时 $\int_0^{+\infty} t^{\frac{p+1}{q}-1}\sin t\,\mathrm{d}t$ 收敛且当 $\dfrac{p+1}{q}>-1$ 时 $\int_0^1 t^{\frac{p+1}{q}-1}\sin t\,\mathrm{d}t$ 绝对收敛.

(3) 考虑积分 $\int_1^{+\infty} t^{\frac{p+1}{q}-1}\sin t\,\mathrm{d}t$ 的绝对收敛性.

(i) 当 $-1<\dfrac{p+1}{q}<0$ 时.

因 $|t^{\frac{p+1}{q}-1}\sin t|\leqslant t^{\frac{p+1}{q}-1}$ 且 $\int_1^{+\infty} t^{\frac{p+1}{q}-1}\mathrm{d}t$ 收敛，故 $-1<\dfrac{p+1}{q}<0$ 时 $\int_1^{+\infty} t^{\frac{p+1}{q}-1}\sin t\,\mathrm{d}t$ 绝对收敛；

(ii) 当 $0\leqslant \dfrac{p+1}{q}<1$ 时.

$\because |t^{\frac{p+1}{q}-1}\sin t|\geqslant \left|\dfrac{\sin t}{t}\right|\geqslant \left|\dfrac{\sin^2 t}{t}\right|=\dfrac{1}{2t}-\dfrac{\cos 2t}{2t}$ 且 $\int_1^{+\infty}\dfrac{1}{2t}\mathrm{d}t$ 发散，$\int_1^{+\infty}\dfrac{\cos 2t}{2t}\mathrm{d}t$ 收敛，

$$\therefore \int_1^{+\infty} \left| t^{\frac{p+1}{q}-1} \sin t \right| dt \geqslant 发散.$$

故 $0 \leqslant \dfrac{p+1}{q} < 1$ 时 $\displaystyle\int_1^{+\infty} t^{\frac{p+1}{q}-1} \sin t\, dt$ 条件收敛.

综上可知当 $-1 < \dfrac{p+1}{q} < 0$ 时 $\displaystyle\int_1^{+\infty} t^{\frac{p+1}{q}-1} \sin t\, dt$ 绝对收敛, $0 \leqslant \dfrac{p+1}{q} < 1$ 时 $\displaystyle\int_1^{+\infty} t^{\frac{p+1}{q}-1} \sin t\, dt$ 条件收敛;

特殊情形 1: 判断无穷限积分 $\displaystyle\int_1^{+\infty} \dfrac{\sin x}{x^\lambda} dx\,(0<\lambda<1)$ 的敛散性, 并指出是绝对收敛还是条件收敛. (南昌大学 2020)

特殊情形 2: 证明无穷限积分 $\displaystyle\int_1^{+\infty} \dfrac{\sin x}{x} dx$ 条件收敛. (大连理工大学 2023、东北大学 2023)

【例 3.3.12】 设 $f(x) > 0$ 且单调减少, 试证明 $\displaystyle\int_a^{+\infty} f(x) dx,\ \int_a^{+\infty} f(x) \sin^2 x\, dx$ 同敛散.

证明 (1) 若 $\displaystyle\lim_{x \to +\infty} f(x) = 0$.

注意到 $\displaystyle\int_a^{+\infty} f(x) \sin^2 x\, dx = \dfrac{1}{2}\int_a^{+\infty} f(x) dx - \dfrac{1}{2}\int_a^{+\infty} f(x)\cos 2x\, dx$,

由狄利克雷判别法知右边第二个积分收敛. 因此 $\displaystyle\int_a^{+\infty} f(x) dx,\ \int_a^{+\infty} f(x) \sin^2 x\, dx$ 同敛散.

(2) 若 $\displaystyle\lim_{x \to \infty} f(x) = A > 0$. 此时 $\displaystyle\int_a^{+\infty} f(x) dx$ 发散, 且存在 $M > 0$, 当 $x \geqslant M$ 时 $f(x) > \dfrac{A}{2} > 0$.

取 k_0, 使 $k_0 \pi > M$. 于是当 $k \geqslant k_0$ 时

$$\int_{k\pi}^{(k+1)\pi} f(x) \sin^2 x\, dx \geqslant \dfrac{A}{2}\int_{k\pi}^{(k+1)\pi} \sin^2 x\, dx = \pi A.$$

由柯西准则, $\displaystyle\int_a^{+\infty} f(x) \sin^2 x\, dx$.

【例 3.3.13】 设 $f(x)$ 是在 $[a, +\infty)$ 上单调递减且广义积分 $\displaystyle\int_a^{+\infty} f(x) dx$ 收敛, 试证明 $\displaystyle\lim_{x \to +\infty} x f(x) = 0$. (大连理工大学 2022)

证明 若 $\exists x_0 \geqslant a$ 使得 $f(x_0) < 0$. 由于 $f(x)$ 是在 $[a, +\infty)$ 上单调递减, 则 $\forall x > x_0, f(x) \leqslant f(x_0) < 0$. 这与积分 $\displaystyle\int_a^{+\infty} f(x) dx$ 收敛矛盾. 因此 $\forall x \geqslant a, f(x) \geqslant 0$.

同样由积分 $\displaystyle\int_a^{+\infty} f(x) dx$ 收敛及柯西收敛原理知, $\forall \varepsilon > 0$, $\exists$ 正数 $N \geqslant a$, 当 $x'' >$

$x' > N$ 时总有 $0 < \int_{x'}^{x''} f(x)\mathrm{d}x < \varepsilon$. 于是当 $2x > N$ 时:

$$0 < xf(x) = 2\int_{\frac{x}{2}}^{x} f(x)\mathrm{d}t \leqslant 2\int_{\frac{x}{2}}^{x} f(t)\mathrm{d}t < 2\varepsilon.$$

因此 $\lim\limits_{x \to +\infty} xf(x) = 0$.

【例 3.3.14】 设 f 在任何区间 $[0,u]$ 上可积. 证明:若 $\lim\limits_{x \to +\infty} f(x) = 0, \lim\limits_{n \to \infty}\int_0^n f(x)\mathrm{d}x = A$,

(n 为正整数),则 $\int_0^{+\infty} f(x)\mathrm{d}x = A$.

证明 $\because \lim\limits_{x \to +\infty} f(x) = 0 \, \forall \varepsilon > 0, \exists X > 0$, 使得当 $x > X$ 时 $|f(x)| < \dfrac{\varepsilon}{2}$.

$\because \lim\limits_{n \to \infty}\int_0^n f(x)\mathrm{d}x = A, \exists N > 0, N \in \mathbb{N}_+$, 使得 $n > N$ 时,

$$\left| \int_0^n f(x)\mathrm{d}x - A \right| < \dfrac{\varepsilon}{2}.$$

不妨设 $N > X$, 则当 $N < n < u < n+1$ 时,有

$$\left| \int_0^u f(x)\mathrm{d}x - A \right| \leqslant \left| \int_0^u f(x)\mathrm{d}x - \int_0^n f(x)\mathrm{d}x \right| + \left| \int_0^n f(x)\mathrm{d}x - A \right|$$

$$< \left| \int_n^u f(x)\mathrm{d}x \right| + \dfrac{\varepsilon}{2} \leqslant \dfrac{\varepsilon}{2}(u-n) + \dfrac{\varepsilon}{2} \leqslant \dfrac{\varepsilon}{2} + \dfrac{\varepsilon}{2} = \varepsilon.$$

这就证得 $\int_0^{+\infty} f(x)\mathrm{d}x = A$.

【例 3.3.15】 设 $f(x)$ 是在 $[a, +\infty)$ 上一致连续且广义积分 $\int_a^{+\infty} f(x)\mathrm{d}x$ 收敛,试求证明: $\lim\limits_{x \to +\infty} f(x) = 0$. (湖南大学 2023)

证明 设 $\lim\limits_{x \to +\infty} f(x) = 0$ 不成立,则存在 $\varepsilon_0 > 0$, 及点列 $\{x_n\}$ 使用得 $\lim\limits_{n \to \infty} x_n = +\infty$, 且 $|f(x_n)| \geqslant \varepsilon_0, n = 1, 2, \cdots$ 不妨设 $f(x_n) \geqslant \varepsilon_0, n = 1, 2, \cdots$

由于 $f(x)$ 是在 $[a, +\infty)$ 上一致连续,对这个 $\varepsilon_0 > 0$, 存在 $\delta > 0$, 使得

$$\text{当 } x \in [x_n, x_n + \delta] \text{ 时 } f(x) \geqslant \dfrac{\varepsilon_0}{2}.$$

于是 $\int_{x_n}^{x_n+\delta} f(x)\mathrm{d}x \geqslant \dfrac{\varepsilon_0 \delta}{2}$. 这个与积分 $\int_a^{+\infty} f(x)\mathrm{d}x$ 收敛矛盾,故 $\lim\limits_{x \to +\infty} f(x) = 0$.

3.3.4 含参量正常积分

【例 3.3.16】 计算积分 $F(\alpha) = \int_0^{\frac{\pi}{2}} \ln\dfrac{1+\alpha\cos x}{1-\alpha\cos x} \cdot \dfrac{1}{\cos x}\mathrm{d}x$, 其中 $-1 < \alpha < 1$.

解 $\ln\dfrac{1+\alpha\cos x}{1-\alpha\cos x} \cdot \dfrac{1}{\cos x} = \dfrac{\ln(1+\alpha\cos x) - \ln(1-\alpha\cos x)}{\cos x} = \int_{-\alpha}^{\alpha} \dfrac{\mathrm{d}y}{1+y\cos x}$

由于 $\dfrac{1}{1+y\cos x}$ 在 $\left[0,\dfrac{\pi}{2}\right]\times[-\alpha,\alpha]$ 上连续,所以

$$F(\alpha)=\int_0^{\frac{\pi}{2}}\mathrm{d}x\int_{-\alpha}^{\alpha}\frac{\mathrm{d}y}{1+y\cos x}=\int_{-\alpha}^{\alpha}\mathrm{d}y\int_0^{\frac{\pi}{2}}\frac{1}{1+y\cos x}\mathrm{d}x.$$

$$\int_0^{\frac{\pi}{2}}\frac{1}{1+y\cos x}\mathrm{d}x=\frac{2}{\sqrt{1-y^2}}\arctan\left(\sqrt{\frac{1-y}{1+y}}\tan\frac{x}{2}\right)\Bigg|_0^{\frac{\pi}{2}}=\frac{2}{\sqrt{1-y^2}}\arctan\sqrt{\frac{1-y}{1+y}}.$$

$$\therefore\ F(\alpha)=\int_{-\alpha}^{\alpha}\frac{2}{\sqrt{1-y^2}}\arctan\sqrt{\frac{1-y}{1+y}}\mathrm{d}y$$

$$=\int_{-\alpha}^{0}\frac{2}{\sqrt{1-y^2}}\arctan\sqrt{\frac{1-y}{1+y}}\mathrm{d}y+\int_{0}^{\alpha}\frac{2}{\sqrt{1-y^2}}\arctan\sqrt{\frac{1-y}{1+y}}\mathrm{d}y$$

$$=\int_{0}^{\alpha}\frac{2}{\sqrt{1-y^2}}\arctan\sqrt{\frac{1+y}{1-y}}\mathrm{d}y+\int_{0}^{\alpha}\frac{2}{\sqrt{1-y^2}}\arctan\sqrt{\frac{1-y}{1+y}}\mathrm{d}y$$

$$=\int_{0}^{\alpha}\frac{2}{\sqrt{1-y^2}}\left(\arctan\sqrt{\frac{1+y}{1-y}}+\arctan\sqrt{\frac{1-y}{1+y}}\right)\mathrm{d}y=\pi\int_{0}^{\alpha}\frac{1}{\sqrt{1-y^2}}\mathrm{d}y$$

$$=\pi\arcsin\alpha.$$

【例 3.3.17】　计算积分 $\displaystyle\int_0^{\frac{\pi}{2}}\ln\sin x\,\mathrm{d}x$, $\displaystyle\int_0^{\frac{\pi}{2}}\ln\cos x\,\mathrm{d}x$.

解　$\because\displaystyle\int_0^{\frac{\pi}{2}}\ln\cos x\,\mathrm{d}x=\int_0^{\frac{\pi}{2}}\ln\sin x\,\mathrm{d}x.$

$$\therefore\int_0^{\frac{\pi}{2}}\ln\sin 2x\,\mathrm{d}x=\int_0^{\frac{\pi}{2}}\ln\sin x\,\mathrm{d}x+\int_0^{\frac{\pi}{2}}\ln\cos x\,\mathrm{d}x+\int_0^{\frac{\pi}{2}}\ln 2\,\mathrm{d}x$$

$$=2\int_0^{\frac{\pi}{2}}\ln\sin x\,\mathrm{d}x+\frac{\pi}{2}\ln 2.$$

又 $\displaystyle\int_0^{\frac{\pi}{2}}\ln\sin 2x\,\mathrm{d}x=\frac{1}{2}\int_0^{\pi}\ln\sin u\,\mathrm{d}u=\int_0^{\frac{\pi}{2}}\ln\sin u\,\mathrm{d}u$.

$$\therefore\int_0^{\frac{\pi}{2}}\ln\sin x\,\mathrm{d}x=\int_0^{\frac{\pi}{2}}\ln\cos x\,\mathrm{d}x=-\frac{\pi}{2}\ln 2.$$

【例 3.3.18】　计算积分 $F(\alpha)=\displaystyle\int_0^{\pi}\ln(1+\alpha\cos x)\mathrm{d}x$,其中 $(-1\leqslant\alpha\leqslant 1)$.

解　(1) $F(1)=\displaystyle\int_0^{\pi}\ln(1+\cos x)\mathrm{d}x=\int_0^{\pi}\ln\left(2\cos^2\frac{x}{2}\right)\mathrm{d}x$

$$=\pi\ln 2+\int_0^{\pi}\ln\left(\cos^2\frac{x}{2}\right)\mathrm{d}x=\pi\ln 2+2\int_0^{\frac{\pi}{2}}\ln(\cos^2 u)\mathrm{d}u$$

$$=\pi\ln 2+4\int_0^{\frac{\pi}{2}}\ln(\cos u)\mathrm{d}u=\pi\ln 2+4\times\left(-\frac{\pi}{2}\ln 2\right)=-\pi\ln 2.$$

同理可知 $F(-1)=-\pi\ln 2.$

(2) $-1 < \alpha < 1$ 时,记 $f(x,\alpha) = \ln(1+\alpha\cos x)$,则 $f_\alpha(x,\alpha) = \dfrac{\cos x}{1+\alpha\cos x}$. 因为 $f(x,\alpha)$,$f_\alpha(x,\alpha)$ 在 $[0,\pi] \times (-1,1)$ 上连续,于是当 $0 < |\alpha| < 1$ 时有:

$$F'(\alpha) = \int_0^\pi f_\alpha(x,\alpha)\mathrm{d}x = \int_0^\pi \frac{\cos x}{1+\alpha\cos x}\mathrm{d}x = \frac{1}{\alpha}\int_0^\pi \frac{1+\alpha\cos x - 1}{1+\alpha\cos x}\mathrm{d}x$$

$$= \frac{\pi}{\alpha} - \frac{1}{\alpha}\int_0^\pi \frac{1}{1+\alpha\cos x}\mathrm{d}x,$$

$$\int_0^\pi \frac{1}{1+\alpha\cos x}\mathrm{d}x = \int_0^{+\infty} \frac{1}{1+\alpha\dfrac{1-t^2}{1+t^2}}\frac{2}{1+t^2}\mathrm{d}t$$

$$= \int_0^{+\infty} \frac{2}{(1+\alpha)+(1-\alpha)t^2}\mathrm{d}t$$

$$= \frac{2}{\sqrt{1-\alpha^2}}\arctan\left(t\sqrt{\frac{1-\alpha}{1+\alpha}}\right)\Bigg|_0^{+\infty}$$

$$= \frac{\pi}{\sqrt{1-\alpha^2}}.$$

$$\therefore F'(\alpha) = \frac{\pi}{\alpha} - \frac{1}{\alpha}\int_0^\pi \frac{1}{1+\alpha\cos x}\mathrm{d}x = \frac{\pi}{\alpha} - \frac{\pi}{\alpha\sqrt{1-\alpha^2}}.$$

$$F(\alpha) = \int\left[\frac{\pi}{\alpha} - \frac{\pi}{\alpha\sqrt{1-\alpha^2}}\right]\mathrm{d}\alpha = \pi\ln|\alpha| + \pi\ln\left|\frac{1+\sqrt{1-\alpha^2}}{\alpha}\right| + C$$

$$= \pi\ln(1+\sqrt{1-\alpha^2}) + C$$

又 $F(\alpha)$ 在 $(-1,1)$ 连续,所以

$$0 = F(0) = \lim_{\alpha\to 0}F(\alpha) = \lim_{\alpha\to 0}[\pi\ln(1+\sqrt{1-\alpha^2}) + C] = \pi\ln 2 + C.$$

$\therefore C = -\pi\ln 2.$ 于是 $F(\alpha) = \pi\ln(1+\sqrt{1-\alpha^2}) - \pi\ln 2.$

经验证 $\alpha = \pm 1$ 时 $F(\alpha) = \pi\ln(1+\sqrt{1-\alpha^2}) - \pi\ln 2.$

所以 $-1 \leqslant \alpha \leqslant 1$ 时 $F(\alpha) = \pi\ln(1+\sqrt{1-\alpha^2}) - \pi\ln 2.$

【例 3.3.19】 计算积分 $F(a) = \int_0^\pi \ln(1-2a\cos x + a^2)\mathrm{d}x.$

解 $F(a) = \int_0^\pi \ln(1-2a\cos x + a^2)\mathrm{d}x$

$$= \int_0^\pi \ln\left[(1+a^2)\left(1-\frac{2a}{1+a^2}\cos x\right)\right]\mathrm{d}x$$

$$= \ln(1+a^2)\pi + \int_0^\pi \ln\left(1-\frac{2a}{1+a^2}\cos x\right)\mathrm{d}x$$

$$= \ln(1+a^2)\pi + \pi\ln\left(1+\sqrt{1-\left(\frac{2a}{1+a^2}\right)^2}\right) - \pi\ln 2.$$

$$= \pi[\ln(1+a^2+|a^2-1|) - \ln 2]$$

$$= \begin{cases} 0, & a^2 < 1; \\ 2\pi\ln|a|, & a^2 \geqslant 1. \end{cases}$$

【例 3.3.20】 计算积分 $I = \int_0^1 \frac{\ln(1+x)}{1+x^2}\mathrm{d}x$.

解法一 令 $x = \tan t$, 有

$$I = \int_0^{\frac{\pi}{4}} \ln(1+\tan t)\mathrm{d}t = \int_0^{\frac{\pi}{4}} \ln\frac{\sin t + \cos t}{\cos t}\mathrm{d}t = \int_0^{\frac{\pi}{4}} \ln\frac{\sqrt{2}\sin\left(t+\frac{\pi}{4}\right)}{\cos t}\mathrm{d}t$$

$$= \frac{\pi}{8}\ln 2 + \int_0^{\frac{\pi}{4}} \ln\sin\left(t+\frac{\pi}{4}\right)\mathrm{d}t - \int_0^{\frac{\pi}{4}} \ln\cos t\,\mathrm{d}t$$

$$= \frac{\pi}{8}\ln 2 - \int_{\frac{\pi}{4}}^0 \ln\sin\left(\frac{\pi}{2}-u\right)\mathrm{d}u - \int_0^{\frac{\pi}{4}} \ln\cos t\,\mathrm{d}t$$

$$= \frac{\pi}{8}\ln 2 + \int_0^{\frac{\pi}{4}} \ln\cos u\,\mathrm{d}u - \int_0^{\frac{\pi}{4}} \ln\cos t\,\mathrm{d}t = \frac{\pi}{8}\ln 2.$$

解法二 记 $f(x,\alpha) = \frac{\ln(1+\alpha x)}{1+x^2}$, $F(\alpha) = \int_0^1 f(x,\alpha)\mathrm{d}x$, 显然 $f(x,\alpha)$, $f_a(x,\alpha)$ 在 $[0,1]\times[0,1]$ 上连续, 所以由华东师大数学科学学院编《数学分析》中定理 19.3 可知

$$F'(\alpha) = \int_0^1 f_a(x,\alpha)\mathrm{d}x = \int_0^1 \frac{x}{(1+x^2)(1+\alpha x)}\mathrm{d}x$$

$$= \frac{1}{1+\alpha^2}\int_0^1 \left(\frac{\alpha+x}{1+x^2} - \frac{\alpha}{1+\alpha x}\right)\mathrm{d}x$$

$$= \frac{1}{1+\alpha^2}\left(\alpha\arctan x + \frac{1}{2}\ln(1+x^2) - \ln(1+\alpha x)\right)\Big|_0^1$$

$$= \frac{1}{1+\alpha^2}\left(\frac{\pi}{4}\alpha + \frac{1}{2}\ln 2 - \ln(1+\alpha)\right).$$

$$\therefore F(1) = \int_0^1 F'(\alpha)\mathrm{d}\alpha = \int_0^1 \frac{1}{1+\alpha^2}\left(\frac{\pi}{4}\alpha + \frac{1}{2}\ln 2 - \ln(1+\alpha)\right)\mathrm{d}\alpha$$

$$= \frac{\pi}{4}\ln 2 - F(1).$$

$$\therefore I = F(1) = \frac{\pi}{8}\ln 2.$$

【例 3.3.21】 已知 $f(x) \in C[a,b]$, $F(y) = \int_a^b f(x)|y-x|\mathrm{d}x$, $y \in [a,b]$. 问: $F''(y)$ 的值是多少？（湖南大学 2020）

解 $F(y) = \int_a^b f(x)|y-x|\mathrm{d}x = \int_a^y f(x)(y-x)\mathrm{d}x + \int_y^b f(x)(x-y)\mathrm{d}x$

$$= y\int_a^y f(x)\mathrm{d}x - \int_a^y xf(x)\mathrm{d}x + \int_y^b xf(x)\mathrm{d}x - y\int_y^b f(x)\mathrm{d}x,$$

于是 $F'(y) = \int_a^y f(x)\mathrm{d}x + yf(y) - yf(y) - yf(y) - \int_y^b f(x)\mathrm{d}x + yf(y)$

$$= \int_a^y f(x)\mathrm{d}x - \int_y^b f(x)\mathrm{d}x = \int_a^y f(x)\mathrm{d}x + \int_b^y f(x)\mathrm{d}x,$$

进而 $F''(y) = 2f(y)$.

3.3.5 含参量非正常积分

【例 3.3.22】 讨论积分 $\int_0^{+\infty} x\mathrm{e}^{-xy}\mathrm{d}y$ 在 $(1, +\infty)$ 和 $(0, +\infty)$ 上的一致收敛性.（中南大学 2022）

解 (i) 令 $u = xy$，所以 $\int_A^{+\infty} x\mathrm{e}^{-xy}\mathrm{d}y = \int_{Ax}^{+\infty} \mathrm{e}^{-u}\mathrm{d}u$，其中 $A > 0$.

由于 $\int_0^{+\infty} \mathrm{e}^{-u}\mathrm{d}u$ 收敛，所以对 $\forall \varepsilon > 0, \exists M > 0$，使得当 $A > M$ 时，$0 < \int_A^{+\infty} \mathrm{e}^{-u}\mathrm{d}u < \varepsilon$.

则当 $A > M$ 时，对 $\forall x \in (1, +\infty)$，有 $0 < \int_{Ax}^{+\infty} \mathrm{e}^{-u}\mathrm{d}u < \int_A^{+\infty} \mathrm{e}^{-u}\mathrm{d}u < \varepsilon$.

即 $0 < \int_A^{+\infty} x\mathrm{e}^{-xy}\mathrm{d}y < \varepsilon$，所以 $\int_0^{+\infty} x\mathrm{e}^{-xy}\mathrm{d}y$ 在 $(1, +\infty)$ 上一致收敛.

(ii) 对任意的 $M > 0$，记 $xy = u$，则

$$\sup_{x \in (0, +\infty)} \left| \int_M^{+\infty} x\mathrm{e}^{-xy}\mathrm{d}y \right| = \sup_{x \in (0, +\infty)} \int_{Mx}^{+\infty} \mathrm{e}^{-u}\mathrm{d}u = \int_0^{+\infty} \mathrm{e}^{-u}\mathrm{d}u = 1 \neq 0.$$

所以 $\int_0^{+\infty} x\mathrm{e}^{-xy}\mathrm{d}y$ 在 $(0, +\infty)$ 上不一致收敛.

【例 3.3.23】 证明函数 $I(y) = \int_0^{+\infty} \dfrac{\cos x}{1 + (x + y)^2}\mathrm{d}x$ 在 $(-\infty, +\infty)$ 上可导.（南京师范大学 2021）

证明 先记 $f(x, y) = \dfrac{\cos x}{1 + (x + y)^2}$,

$\forall y_0 \in (-\infty, +\infty)$，记 $M = \max\{|y_0 - 1|, |y_0 + 1|\}$，则 $x > M + 1$ 时，

$|f(x, y)| \leqslant \dfrac{1}{1 + (x - M)^2}$ 在 $[y_0 - 1, y_0 + 1]$ 上恒成立，

故由 $\int_{M+1}^{+\infty} \dfrac{1}{1 + (x - M)^2}\mathrm{d}x$ 收敛及 M 判别法知：

$$\int_{M+1}^{+\infty} \dfrac{\cos x}{1 + (x + y)^2}\mathrm{d}x \text{ 在 } [y_0 - 1, y_0 + 1] \text{ 上一致收敛}.$$

注意到 $\int_0^{+\infty} \dfrac{\cos x}{1 + (x + y)^2}\mathrm{d}x$ 没有瑕点，故 $\int_0^{+\infty} \dfrac{\cos x}{1 + (x + y)^2}\mathrm{d}x$ 也在 $[y_0 - 1, y_0 + 1]$

上一致收敛. 同时考虑 $\int_0^{+\infty} \dfrac{-2(x + y)\cos x}{[1 + (x + y)^2]^2}\mathrm{d}x$，当 $x > M + 1$ 时

$$\left| \frac{-2(x+y)\cos x}{[1+(x+y)^2]^2} \right| \leqslant \frac{2(x+M)}{[1+(x-M)^2]^2} \sim \frac{1}{x^3},$$

由 $\displaystyle\int_{M+1}^{+\infty} \frac{1}{x^3} \mathrm{d}x$ 收敛及 M 判别法 $\displaystyle\int_{M+1}^{+\infty} \frac{-2(x+y)\cos x}{[1+(x+y)^2]^2} \mathrm{d}x$ 在 $[y_0-1, y_0+1]$ 上一致收敛.

$\displaystyle\int_0^{+\infty} \frac{-2(x+y)\cos x}{[1+(x+y)^2]^2} \mathrm{d}x$ 没有瑕点, 故 $\displaystyle\int_0^{+\infty} \frac{-2(x+y)\cos x}{[1+(x+y)^2]^2} \mathrm{d}x$ 在 $[y_0-1, y_0+1]$ 上一致收敛, 那么 $\displaystyle\int_0^{+\infty} f(x,y)\mathrm{d}x$, $\displaystyle\int_0^{+\infty} f_y(x,y)\mathrm{d}x$ 均在 $[y_0-1, y_0+1]$ 上一致收敛, 从而由含参反常积分的可微性定理知 $\displaystyle\int_0^{+\infty} f(x,y)\mathrm{d}x$ 在 y_0 可微.

由 y_0 任意性知: $\displaystyle\int_0^{+\infty} f(x,y)\mathrm{d}x$ 在 $(-\infty, +\infty)$ 上可微.

【例 3.3.24】 设 $a>0$, 已知 $\displaystyle\int_0^{+\infty} \mathrm{e}^{-x^2} \mathrm{d}x = \frac{\sqrt{\pi}}{2}$, 求 $I(y) = \displaystyle\int_0^{+\infty} \mathrm{e}^{-a^2 x^2} \cos 2yx \, \mathrm{d}x$. (湖南师范大学 2022)

解　设 $g(x,y) = \mathrm{e}^{-a^2 x^2} \cos 2yx$, 则 $g'_y(x,y) = -2x \mathrm{e}^{-a^2 x^2} \sin 2yx$. 显然 $g(x,y)$, $g'_y(x,y)$ 在 $0 \leqslant x < +\infty, y \in \mathbb{R}$ 上连续.

因为 $|g(x,y)| \leqslant \mathrm{e}^{-a^2 x^2}$, 而 $\displaystyle\int_0^{+\infty} \mathrm{e}^{-a^2 x^2} \mathrm{d}x = \frac{1}{a} \int_0^{+\infty} \mathrm{e}^{-x^2} \mathrm{d}x = \frac{\sqrt{\pi}}{2a}$, 所以 $\displaystyle\int_0^{+\infty} g(x,y)\mathrm{d}x$ 关于 $y \in (-\infty, +\infty)$ 是一致收敛的. 又因为 $|g'_y(x,y)| \leqslant 2x \mathrm{e}^{-a^2 x^2}$, 而 $\displaystyle\int_0^{+\infty} 2x \mathrm{e}^{-a^2 x^2} \mathrm{d}x = \frac{1}{a^2}$, 所以 $\displaystyle\int_0^{+\infty} g'_y(x,y)\mathrm{d}x$ 关于 $y \in (-\infty, +\infty)$ 是一致收敛的. 于是可在积分下求导, 即

$$I'(y) = \int_0^{+\infty} g'_y(x,y)\mathrm{d}x = \int_0^{+\infty} -2x \mathrm{e}^{-a^2 x^2} \sin 2yx \, \mathrm{d}x = \frac{1}{a^2} \int_0^{+\infty} \sin 2yx \, \mathrm{d}\mathrm{e}^{-a^2 x^2}$$

$$= \frac{1}{a^2} \mathrm{e}^{-a^2 x^2} \sin 2yx \bigg|_0^{+\infty} - 2y \int_0^{+\infty} \mathrm{e}^{-a^2 x^2} \cos 2yx \, \mathrm{d}x = \frac{-2y}{a^2} I(y).$$

所以有 $I(y) = c \mathrm{e}^{-\frac{y^2}{a^2}}$, 其中 c 为任意常数. 又因为 $I(0) = \frac{\sqrt{\pi}}{2a}$, 故 $c = I(0) = \frac{\sqrt{\pi}}{2a}$. 因此

$$I(y) = \frac{\sqrt{\pi}}{2a} \mathrm{e}^{-\frac{y^2}{a^2}}.$$

【例 3.3.25】 求积分 $\displaystyle\int_0^1 \frac{x^b - x^a}{\ln x} \mathrm{d}x, b > a > 0$. (南昌大学 2021)

解　因为 $\dfrac{x^b - x^a}{\ln x} = \displaystyle\int_a^b x^y \mathrm{d}y$ 且 x^y 在 $[0,1] \times [a,b]$ 上连续, 所以

$$\int_0^1 \frac{x^b - x^a}{\ln x} dx = \int_0^1 \int_a^b x^y dy dx = \int_a^b \int_0^1 x^y dx dy$$

$$= \int_a^b \frac{x^{y+1}}{y+1} \Big|_0^1 dy = \int_a^b \frac{1}{1+y} dy$$

$$= \ln |1+y| \Big|_a^b = \ln \frac{1+b}{1+a}.$$

【例 3.3.26】 计算 $\int_0^1 \frac{x^b - x^a}{\ln x} \sin\left(\ln \frac{1}{x}\right) dx, b > a > 0$. (北京工业大学 2021、电子科技大学 2023)

解 因为 $\frac{x^b - x^a}{\ln x} = \int_a^b x^y dy$ 且 x^y 在 $[0,1] \times [a,b]$ 上连续, 所以

$$\int_0^1 \frac{x^b - x^a}{\ln x} \sin\left(\ln \frac{1}{x}\right) dx = \int_0^1 \int_a^b x^y \sin\left(\ln \frac{1}{x}\right) dy dx.$$

$\because |\sin\left(\ln \frac{1}{x}\right)| \leqslant 1, \lim\limits_{x \to 0+} x^y = 0, \therefore \lim\limits_{x \to 0+} \sin\left(\ln \frac{1}{x}\right) x^y = 0.$

于是 $\sin\left(\ln \frac{1}{x}\right) x^y$ 可以看作是 $[0,1] \times [a,b]$ 上的连续函数. 因此

$$\int_0^1 \frac{x^b - x^a}{\ln x} \sin\left(\ln \frac{1}{x}\right) dx = \int_0^1 \int_a^b x^y \sin\left(\ln \frac{1}{x}\right) dy dx = \int_a^b \int_0^1 x^y \sin\left(\ln \frac{1}{x}\right) dx dy.$$

令 $t = \ln \frac{1}{x}$ 则 $x = e^{-t}, dx = -e^{-t} dt$,

$$\int_0^1 x^y \sin\left(\ln \frac{1}{x}\right) dx = \int_{+\infty}^0 e^{-ty} \sin t (-e^{-t}) dt = \int_0^{+\infty} e^{-t(y+1)} \sin t \, dt$$

$$= \frac{e^{-(y+1)t}}{(y+1)^2 + 1} [-(y+1)\sin t - \cos t] \Big|_{t=0}^{t=+\infty}$$

$$= \frac{1}{(y+1)^2 + 1}.$$

$\therefore \int_0^1 \frac{x^b - x^a}{\ln x} \sin\left(\ln \frac{1}{x}\right) dx = \int_a^b \frac{1}{(y+1)^2 + 1} dy = \arctan(b+1) - \arctan(a+1).$

【例 3.3.27】 求积分 $\int_0^{+\infty} \frac{\cos bx - \cos ax}{\ln x} dx$, 其中 $0 < a < b$. (南昌大学 2022、北京师范大学 2022)

解 $\frac{\cos bx - \cos ax}{x}$ 在 $(0, +\infty)$ 内连续, 且

$$\lim\limits_{x \to 0} \frac{\cos bx - \cos ax}{x} = \lim\limits_{x \to 0} (a \sin ax - b \sin bx) = 0,$$

故 $\int_0^{+\infty} \frac{\cos bx - \cos ax}{x} dx$ 仅仅是无穷限积分.

$\dfrac{1}{x}$ 在 $[1,+\infty)$ 上单调递减,且 $\lim\limits_{x\to+\infty}\dfrac{1}{x}=0$. 对任意 $A,B>0$,

$$\left|\int_A^B(\cos bx-\cos ax)\mathrm{d}x\right|\leqslant\frac{2}{b}+\frac{2}{a}.$$

由狄利克雷判别法,$\int_1^{+\infty}\dfrac{\cos bx-\cos ax}{x}\mathrm{d}x$ 收敛,即 $\int_0^{+\infty}\dfrac{\cos bx-\cos ax}{x}\mathrm{d}x$ 收敛.

任取 $\alpha\in[0,+\infty)$,则 $\mathrm{e}^{-\alpha x}$ 是 $x\in[0,+\infty)$ 的单调递减且一致有界的函数.

由阿贝尔判别法,$\int_0^{+\infty}\mathrm{e}^{-\alpha x}\dfrac{\cos bx-\cos ax}{x}\mathrm{d}x$ 关于 $\alpha\in[0,+\infty)$ 一致收敛.

令 $I(\alpha)=\int_0^{+\infty}\mathrm{e}^{-\alpha x}\dfrac{\cos bx-\cos ax}{x}\mathrm{d}x,\alpha\in[0,+\infty)$.

$\mathrm{e}^{-\alpha x}\dfrac{\cos bx-\cos ax}{x}$ 为 (x,α) 的连续函数,故 $I(\alpha)$ 也是连续函数.

$$\frac{\partial}{\partial\alpha}\left(\mathrm{e}^{-\alpha x}\frac{\cos bx-\cos ax}{x}\right)=\mathrm{e}^{-\alpha x}(\cos ax-\cos bx),$$

任取 $\delta>0$,则对任意 $\alpha\in[\delta,+\infty)$ 和 $x\in[0,+\infty)$,有

$$|\mathrm{e}^{-\alpha x}(\cos ax-\cos bx)|\leqslant2\mathrm{e}^{-\delta x}.$$

$\int_0^{+\infty}\mathrm{e}^{-\delta x}\mathrm{d}x$ 收敛,故 $\int_0^{+\infty}\dfrac{\partial}{\partial\alpha}\left(\mathrm{e}^{-\alpha x}\dfrac{\cos bx-\cos ax}{x}\right)\mathrm{d}x$ 在 $\alpha\in[\delta,+\infty)$ 一致收敛,故

$$I'(\alpha)=\int_0^{+\infty}\frac{\partial}{\partial\alpha}\left(\mathrm{e}^{-\alpha x}\frac{\cos bx-\cos ax}{x}\right)\mathrm{d}x=\int_0^{+\infty}\mathrm{e}^{-\alpha x}(\cos ax-\cos bx)\mathrm{d}x,\alpha\in[\delta,+\infty).$$

由 δ 的任意性,对任意 $\alpha\in(0,+\infty)$,都有

$$\begin{aligned}I'(\alpha)&=\int_0^{+\infty}\mathrm{e}^{-\alpha x}(\cos ax-\cos bx)\mathrm{d}x\\&=\left[\frac{\mathrm{e}^{-\alpha x}(-\alpha\cos ax+a\sin ax)}{(-\alpha)^2+a^2}-\frac{\mathrm{e}^{-\alpha x}(-\alpha\cos bx+b\sin bx)}{(-\alpha)^2+b^2}\right]\Big|_0^{+\infty}\\&=\frac{\alpha}{\alpha^2+a^2}-\frac{\alpha}{\alpha^2+b^2}.\end{aligned}$$

故 $I(\alpha)=\int\left(\dfrac{\alpha}{\alpha^2+a^2}-\dfrac{\alpha}{\alpha^2+b^2}\right)\mathrm{d}\alpha=\dfrac{1}{2}\ln\dfrac{\alpha^2+a^2}{\alpha^2+b^2}+C$,

$\lim\limits_{x\to0}\dfrac{\cos bx-\cos ax}{x}=\lim\limits_{x\to+\infty}\dfrac{\cos bx-\cos ax}{x}=0$,故 $\dfrac{\cos bx-\cos ax}{x}$ 在 $(0,+\infty)$ 上

有界,即存在正常数 M,使得对任意 $x\in(0,+\infty)$,有 $\left|\dfrac{\cos bx-\cos ax}{x}\right|\leqslant M$,故

$$\begin{aligned}|I(\alpha)|&=\left|\int_0^{+\infty}\mathrm{e}^{-\alpha x}\frac{\cos bx-\cos ax}{x}\mathrm{d}x\right|\\&\leqslant\int_0^{+\infty}\mathrm{e}^{-\alpha x}\left|\frac{\cos bx-\cos ax}{x}\right|\mathrm{d}x\\&\leqslant M\int_0^{+\infty}\mathrm{e}^{-\alpha x}\mathrm{d}x=\frac{M}{\alpha}\to0,\alpha\to+\infty\end{aligned}$$

故 $\lim\limits_{\alpha\to+\infty} I(\alpha)=0.$

另一方面，

$$\lim_{\alpha\to+\infty} I(\alpha)=\frac{1}{2}\lim_{\alpha\to+\infty}\ln\frac{\alpha^2+a^2}{\alpha^2+b^2}+C=C,$$

故 $C=0$，故 $I(\alpha)=\frac{1}{2}\ln\frac{\alpha^2+a^2}{\alpha^2+b^2},\alpha\in[0,+\infty)$，而

$$\int_0^{+\infty}\frac{\cos bx-\cos ax}{x}\mathrm{d}x=I(0)=\frac{1}{2}\ln\frac{a^2}{b^2}=\ln\frac{a}{b}.$$

【例 3.3.28】 考虑含参量的反常积分 $I(\alpha)=\int_1^{+\infty}\mathrm{e}^{-\alpha x}\sin x\,\mathrm{d}x$，证明:该反常积分在 $\alpha\in(0,1]$ 不是一致收敛的.（中国科学技术大学 2023）

证明
$$\sup_{0<\alpha\leqslant 1}\left|\int_{2k\pi+\frac{1}{4}\pi}^{2k\pi+\frac{3}{4}\pi}\mathrm{e}^{-\alpha x}\sin x\,\mathrm{d}x\right|\geqslant\frac{1}{\sqrt 2}\sup_{0<\alpha\leqslant 1}\left|\int_{2k\pi+\frac{1}{4}\pi}^{2k\pi+\frac{3}{4}\pi}\mathrm{e}^{-\alpha x}\,\mathrm{d}x\right|$$
$$\geqslant\frac{1}{\sqrt 2}\lim_{\alpha\to 0+}\left|\int_{2k\pi+\frac{1}{4}\pi}^{2k\pi+\frac{3}{4}\pi}\mathrm{e}^{-\alpha x}\,\mathrm{d}x\right|$$
$$\geqslant\frac{1}{\sqrt 2}\cdot\frac{\pi}{2}=\frac{\pi}{2\sqrt 2}.$$

由柯西收敛准则知 $I(\alpha)=\int_1^{+\infty}\mathrm{e}^{-\alpha x}\sin x\,\mathrm{d}x$，在 $\alpha\in(0,1]$ 不是一致收敛的.

【例 3.3.29】 证明含参量的反常积分 $I(\alpha)=\int_0^{+\infty}\mathrm{e}^{-\alpha x^2}\mathrm{d}x$ 在 $0<\alpha_0\leqslant\alpha<+\infty$ 上一致收敛,并问其在 $0<\alpha<+\infty$ 是否一致收敛的.（华东师范大学 2023）

证明 （1）$\alpha_0>0$ 时，$\int_0^{+\infty}\mathrm{e}^{-\alpha_0 x^2}\mathrm{d}x=\frac{1}{\sqrt{\alpha_0}}\int_0^{+\infty}\mathrm{e}^{-(\sqrt{\alpha_0}x)^2}\mathrm{d}\sqrt{\alpha_0}x=\frac{1}{\sqrt{\alpha_0}}\int_0^{+\infty}\mathrm{e}^{-u^2}\mathrm{d}u=$

$\dfrac{\sqrt\pi}{2\sqrt{\alpha_0}}.$

又 $\because\alpha\geqslant\alpha_0$ 时 $|\mathrm{e}^{-\alpha x^2}|\leqslant\mathrm{e}^{-\alpha_0 x^2}$，由 Weierstrass 判别法可知:

$$I(\alpha)=\int_0^{+\infty}\mathrm{e}^{-\alpha x^2}\mathrm{d}x \text{ 在 } 0<\alpha_0\leqslant\alpha<+\infty \text{ 上一致收敛.}$$

（2）$\sup\limits_{\alpha>0}\int_{n-1}^n\mathrm{e}^{-\alpha x^2}\mathrm{d}x\geqslant\int_{n-1}^n\mathrm{e}^{-\frac{x^2}{n^2}}\mathrm{d}x\geqslant\int_{n-1}^n\mathrm{e}^{-1}\mathrm{d}x=\mathrm{e}^{-1}$，故由柯西收敛准则知:

$$I(\alpha)=\int_0^{+\infty}\mathrm{e}^{-\alpha x^2}\mathrm{d}x \text{ 在 } 0<\alpha<+\infty \text{ 不是一致收敛的.}$$

**练习题**

1. 证明反常积分 $I = \int_0^{+\infty} \dfrac{\ln x}{1 + x^2} \mathrm{d}x$ 收敛并求其值.（中国矿业大学·徐州 2022）

2. 计算积分 $I = \int_0^{+\infty} \dfrac{\sin^2 3x}{x^2} \mathrm{d}x$.（四川大学 2022）

3. 计算积分 $I = \int_0^{+\infty} \dfrac{\sqrt[4]{x}}{(1 + x)^2} \mathrm{d}x$.（北京师范大学 2016）

4. 计算积分 $I = \int_0^{+\infty} \dfrac{1}{(1 + x^2)(1 + x^3)} \mathrm{d}x$.（四川大学 2023）

5. 计算积分 $I = \int_0^{+\infty} \dfrac{1}{(1 + x^2)(1 + x^{2\,019})} \mathrm{d}x$.（西安电子科技大学 2020）

6. 计算积分 $I = \int_0^1 \left[\dfrac{x(1 + x)}{\sqrt{1 + 2x}} + \ln x \right] \mathrm{d}x$.（华南理工大学 2014）

7. 设 $f(x)$ 是在 $[a, +\infty)$ 上连续且广义积分 $\int_a^{+\infty} f(x) \mathrm{d}x$ 收敛,试证明存在数列 $\{x_n\}$,使得 $\lim\limits_{n \to \infty} x_n = +\infty$, $\lim\limits_{n \to \infty} f(x_n) = 0$.（华南理工大学 2022）

8. 设 $f(x)$ 是在 $[a, +\infty)$ 上连续且广义积分 $\int_a^{+\infty} |f(x)| \mathrm{d}x$ 收敛,试证明存在数列 $\{x_n\}$ 使得 $\lim\limits_{n \to +\infty} x_n = +\infty$ 且 $\lim\limits_{n \to +\infty} x_n f(x_n) = 0$.（西安电子科技大学 2022）

9. 证明: $\int_0^{+\infty} \dfrac{\sin x^2}{1 + x^p} \mathrm{d}x$ 当 $p \geqslant 0$ 收敛.（厦门大学 2022）

10. 研究积分 $\int_0^{+\infty} \dfrac{\sin(x + x^{-1})}{x^{\alpha}} \mathrm{d}x$ 的绝对收敛性和条件收敛性.（西南财经大学 2023）

11. 设 $f(x)$ 是在 $[a, +\infty)$ 上连续且广义积分 $\int_a^{+\infty} f(x) \mathrm{d}x$ 收敛,试证明函数 $f(x)$ 是在 $[a, +\infty)$ 上一致连续的充分必要条件是 $\lim\limits_{x \to +\infty} f(x) = 0$.（兰州大学 2022）

12. 设 $f(x)$ 当 $x \to 0$ 时单调趋于 $+\infty$,试证:若 $\int_0^1 f(x) \mathrm{d}x$ 收敛,必有 $\lim\limits_{x \to 0+} x f(x) = 0$.（杭州师范大学 2019）

13. 设 $f(x)$ 是在 $[0, +\infty)$ 上连续且对任意的 $b > 0$, $f(x)$ 在区间 $[0, b]$ 上可积且 $\lim\limits_{x \to +\infty} f(x) = a$. 若 $\varphi(t)$ 在 $[0, +\infty)$ 上非负连续且 $\int_0^{+\infty} \varphi(t) \mathrm{d}t = 1$. 证明: $\lim\limits_{t \to 0+} t \int_0^{+\infty} \varphi(tx) f(x) \mathrm{d}x = a$.（北京科技大学 2023）

14. 设函数 $f(x)$ 连续, $g(x) = \dfrac{1}{n!} \int_a^x (x - t)^n f(t) \mathrm{d}t$,计算 $g^{(n+1)}(x)$.（大连理工大学 2023）

15. 计算含参量积分的极限 $\lim\limits_{\alpha \to 0} \int_{\alpha}^{1+\alpha} \dfrac{1}{1+x^2+\alpha^2} dx$. （湖南大学 2020）

16. 计算 $\int_{0}^{+\infty} \dfrac{\arctan bx - \arctan ax}{x} dx$ ，其中 $b > a > 0$. （北京工业大学 2022）

17. 计算 $\int_{0}^{1} \dfrac{x^b - x^a}{\ln x} \cos\left(\ln \dfrac{1}{x}\right) dx$, $b > a > 0$. （上海财经大学 2022）

18. 求 $\int_{0}^{+\infty} \dfrac{e^{-ax} - e^{-bx}}{x} dx$ ，其中 $b > a > 0$ 为常数. （南昌大学 2019、长安大学 2022）

19. 计算积分 $\int_{1}^{+\infty} \dfrac{\arctan(tx)}{x^2 \sqrt{1-x^2}} dx$. （兰州大学 2022）

20. 计算含参量积分 $I(\alpha) = \int_{0}^{+\infty} e^{-\alpha x^2} \cos \alpha x \, dx$. （湖南大学 2015、中国科学院大学 2023）

21. 设 $I(\alpha) = \int_{0}^{+\infty} \dfrac{e^{-\alpha x}}{1+x^2} dx$ ，证明 $I(\alpha)$ 在 $[0, +\infty)$ 上连续且当 $\alpha > 0$ 时，$I''(\alpha) + I(\alpha) = \dfrac{1}{\alpha}$. （安徽大学 2022）

22. 证明函数 $\int_{0}^{+\infty} \dfrac{\cos x}{1+(x+y)^2} dx$ 在 $(-\infty, +\infty)$ 上可导. （南京师范大学 2021）

23. 确定积分 $\int_{0}^{+\infty} \dfrac{\ln(1+x^2)}{x^\alpha} dx$ 的收敛区间和连续区间. （北京师范大学 2023）

24. 设 $f(x)$ 连续，$g(x) = \dfrac{1}{n!} \int_{a}^{x} (x-t)^n f(t) dt$ ，计算 $g^{(n+1)}(x)$. （大连理工大学 2023）

25. 讨论 $\int_{0}^{+\infty} \dfrac{\sin x}{x^{p-1} + \dfrac{1}{x}} dx \, (p \geqslant 0)$ 的条件收敛和绝对收敛性. （郑州大学 2024）

第4章 级 数

4.1 正项级数

4.1.1 主要知识点

1. 级数的收敛性

（1）级数收敛和发散的定义

若数项级数 $\sum\limits_{n=1}^{\infty} u_n$ 的部分和数列 $\{S_n\}$ 收敛于 S（即 $\lim\limits_{n\to\infty} S_n = S$），则称数项级数收敛，称 S 为数项级数的和，记为

$$S = \sum_{n=1}^{\infty} u_n \ \text{或} \ S = \sum u_n.$$

若 $\{S_n\}$ 发散，则称级数 $\sum\limits_{n=1}^{\infty} u_n$ 发散.

（2）级数收敛的条件

① 级数收敛的必要条件：级数 $\sum\limits_{n=1}^{\infty} u_n$ 收敛 $\Rightarrow \lim\limits_{n\to\infty} u_n = 0$.

② 级数收敛的柯西准则（充要条件）

（i）级数 $\sum\limits_{n=1}^{\infty} u_n$ 收敛 $\Leftrightarrow \forall \varepsilon > 0, \exists N \in \mathbb{N}_+, \forall n > N, \forall p \in \mathbb{N}_+$，有

$$\mid u_{n+1} + u_{n+2} + \cdots + u_{n+p} \mid < \varepsilon.$$

（ii）级数 $\sum\limits_{n=1}^{\infty} u_n$ 发散 $\Leftrightarrow \exists \varepsilon_0 > 0, \forall N \in \mathbb{N}_+, \exists n_0 > N, \exists p_0 \in \mathbb{N}_+$，使得

$$\mid u_{n_0+1} + u_{n_0+2} + \cdots + u_{n_0+p_0} \mid \geqslant \varepsilon_0.$$

（3）收敛级数的性质

① 线性运算性质：若级数 $\sum u_n$ 和 $\sum v_n$ 都收敛，则对任意常数 c, d，级数 $\sum (cu_n + dv_n)$ 也收敛，且

$$\sum (cu_n + \mathrm{d}v_n) = c\sum u_n + d\sum v_n.$$

② 级数的收敛性与前面有限项的值无关:去掉,增加或改变级数的有限项并不改变级数的敛散性.

③ 在收敛级数的项中任意加括号,既不改变级数的收敛性,也不改变它的和.

2. 正项级数收敛性的判别

(1)(充要条件) 正项级数 $\sum u_n$ 收敛 $\Leftrightarrow$ 部分和数列 $\{S_n\}$ 有界(即 $\exists M \in \mathbb{R}_+$, $\forall n \in \mathbb{N}_+$,有 $S_n \leqslant M$).

(2)(比较原则) 设 $\sum u_n$ 和 $\sum v_n$ 是两个正项级数,且 $\exists N \in \mathbb{N}_+$,$\forall n > N$,有 $u_n \leqslant v_n$,则

① $\sum v_n$ 收敛 $\Rightarrow \sum u_n$ 收敛;

② $\sum u_n$ 发散 $\Rightarrow \sum v_n$ 发散.

(3)(比较原则的极限形式) 设 $\sum u_n$ 和 $\sum v_n$ 是两个正项级数,$\lim\limits_{n\to\infty} \dfrac{u_n}{v_n} = l$,则

① 当 $0 < l < +\infty$ 时,级数 $\sum u_n$ 和 $\sum v_n$ 同敛态;

② 当 $l = 0$ 且级数 $\sum v_n$ 收敛 $\Rightarrow \sum u_n$ 收敛;

③ 当 $l = +\infty$ 且级数 $\sum v_n$ 发散 $\Rightarrow \sum u_n$ 发散.

(4)(比式判别法或称达朗贝尔判别法) 设 $\sum u_n$ 是正项级数,且 $\exists N_0 \in \mathbb{N}_+$ 及常数 $q \in (0,1)$.

① $\forall n > N_0$ 有 $\dfrac{u_{n+1}}{u_n} \leqslant q \Rightarrow \sum u_n$ 收敛;

② $\forall n > N_0$ 有 $\dfrac{u_{n+1}}{u_n} \geqslant 1 \Rightarrow \sum u_n$ 发散.

(5)(比式判别法的极限形式) 设 $\sum u_n$ 是正项级数,且 $\lim\limits_{n\to\infty} \dfrac{u_{n+1}}{u_n} = q$,则

① 当 $q < 1$ 时,级数 $\sum u_n$ 收敛;

② 当 $q > 1$ 或 $q = +\infty$ 时,级数 $\sum u_n$ 发散.

注: 当 $q = 1$ 时不能用本法判别级数的敛散性.

(6)(根式判别法或称柯西判别法) 设 $\sum u_n$ 是正项级数,且 $\exists N_0 \in \mathbb{N}_+$ 及正常数 l.

① $\forall n > N_0$ 有 $\sqrt[n]{u_n} \leqslant l < 1 \Rightarrow \sum u_n$ 收敛;

② $\forall n > N_0$ 有 $\sqrt[n]{u_n} \geqslant 1 \Rightarrow \sum u_n$ 发散.

(7)(根式判别法的极限形式) 设 $\sum u_n$ 是正项级数,且 $\sqrt[n]{u_n} = l$,则

① 当 $l < 1$ 时,级数 $\sum u_n$ 收敛;

② 当 $l > 1$ 或 $l = +\infty$ 时, 级数 $\sum u_n$ 发散.

注: 当 $l = 1$ 时不能用本法判别级数的敛散性.

(8)(**积分判别法**) 设 f 为 $[1, +\infty)$ 上的非负减函数, 则正项级数 $\sum f(n)$ 与反常积分 $\int_1^{+\infty} f(x) \mathrm{d}x$ 同时收敛或同时发散.

4.1.2 正项级数收敛性的判定

【**例 4.1.1**】 判断数项级数 $\sum_{n=1}^{\infty} (\sqrt[n]{a} - 1)(a > 1)$ 的敛散性.

解 当 $a = 1$ 时, 部分和为 0, 故收敛, 当 $a > 1$ 时,

$$a^{\frac{1}{n}} = 1 + \frac{1}{n} \ln a + \frac{1}{2n^2} \ln^2 a + \left(\frac{1}{n^3}\right),$$

$$a^{\frac{1}{n}} - 1 = \frac{1}{n} \ln a + \frac{1}{2n^2} \ln^2 a + \left(\frac{1}{n^3}\right) \sim \frac{\ln a}{n}.$$

而 $\sum_{n=1}^{\infty} \frac{\ln a}{n}$ 发散, 故 $a > 1$, 原级数发散.

【**例 4.1.2**】 判断数项级数 $\sum_{n=1}^{\infty} n! \left(\frac{x}{n}\right)^n$ 的敛散性.

解 由于 $\frac{|u_{n+1}|}{|u_n|} = \lim_{n \to \infty} \frac{|x|}{\left(1 + \frac{1}{n}\right)^n} \to \frac{|x|}{\mathrm{e}} (n \to \infty)$, 故当 $|x| < \mathrm{e}$ 时, 原级数绝对收敛;

当 $|x| \geqslant \mathrm{e}$ 时, $|u_{n+1}| \geqslant |u_n| \geqslant |u_1| > 0$, 故 $\lim_{n \to \infty} u_n \neq 0$, 从而原级数发散.

【**例 4.1.3**】 判断数项级数 $\sum_{n=1}^{\infty} \ln\left(\cos \frac{1}{n}\right)$ 的敛散性. (南京师范大学 2011)

解 因为 $-\ln\cos \frac{1}{n} = -\ln\left(1 - 2\sin^2 \frac{1}{2n}\right) \sim \frac{1}{2n^2} (n \to \infty)$, $\sum_{n=1}^{\infty} \frac{1}{2n^2}$ 收敛,

故 $\sum_{n=1}^{\infty} \left(-\ln\cos \frac{1}{n}\right)$ 收敛, 从而 $\sum_{n=1}^{\infty} \ln\left(\cos \frac{1}{n}\right)$ 收敛.

【**例 4.1.4**】 判断数项级数 $\sum_{n=1}^{\infty} \left(\frac{1}{n} - \sin \frac{1}{n}\right)^a$ 的敛散性. (南京理工大学 2004)

解 由 $\sin x = x - \frac{1}{3!} x^3 + o(x^4)$ 得

$$\frac{1}{n} - \sin \frac{1}{n} = \frac{1}{n} - \left(\frac{1}{n} - \frac{1}{6n^3} + o\left(\frac{1}{n^4}\right)\right) = \frac{1}{6n^3} + o\left(\frac{1}{n^4}\right),$$

所以 $\left(\dfrac{1}{n}-\sin\dfrac{1}{n}\right)^{\alpha}\sim\left(\dfrac{1}{6n^3}\right)^{\alpha}=\dfrac{1}{6^{\alpha}n^{3\alpha}}$. 因为 $\sum\limits_{n=1}^{\infty}\dfrac{1}{n^p}(p>1)$ 收敛,于是当且仅当 $\alpha>\dfrac{1}{3}$ 时,级数 $\sum\limits_{n=1}^{\infty}\left(\dfrac{1}{n}-\sin\dfrac{1}{n}\right)^{\alpha}$ 收敛.

【例 4.1.5】 若 $p>1$,证明:数项级数 $\sum\limits_{n=2}^{\infty}\dfrac{\sin(2\pi\sqrt{n^2+1})}{\ln^p n}$ 收敛.(电子科技大学 2023)

证明 令 $a_n=\dfrac{\sin(2\pi\sqrt{n^2+1})}{\ln^p n}$,则

$$a_n=\frac{\sin 2\pi(\sqrt{n^2+1}-2n\pi)}{\ln^p n}=\frac{1}{\ln^p n}\sin\frac{2\pi}{\sqrt{n^2+1}+n}\sim\frac{1}{\ln^p n}\frac{2\pi}{2\pi}=\frac{\pi}{n\ln^p n},$$

由 p 级数可知:当 $p>1$ 时,数项级数 $\sum\limits_{n=2}^{\infty}\dfrac{\sin(2\pi\sqrt{n^2+1})}{\ln^p n}$ 收敛.

【例 4.1.6】 判断数项级数 $\sum\limits_{n=1}^{\infty}\dfrac{1}{n}\left(\mathrm{e}-\left(1+\dfrac{1}{n}\right)^n\right)^p$ 的敛散性.(四川大学 2023)

解 因为 $\left(1+\dfrac{1}{n}\right)^n$ 单调递增且趋近于 e,所以这是一个正项级数.

由 $n\ln\left(1+\dfrac{1}{n}\right)-1=-\dfrac{1}{2n}+\dfrac{1}{3n^2}+o\left(\dfrac{1}{n^2}\right)$,可得

$$\mathrm{e}-\left(1+\frac{1}{n}\right)^n=\mathrm{e}\left[1-\mathrm{e}^{n\ln\left(1+\frac{1}{n}\right)-1}\right]$$

$$=-\mathrm{e}\left[\left(-\frac{1}{2n}+\frac{1}{3n^2}+o\left(\frac{1}{n^2}\right)\right)+\frac{1}{2}\left(-\frac{1}{2n}+\frac{1}{3n^2}+o\left(\frac{1}{n^2}\right)\right)^2+o\left(\frac{1}{n^2}\right)\right]$$

$$=\mathrm{e}\left(\frac{1}{2n}-\frac{11}{24n^2}+o\left(\frac{1}{n^2}\right)\right).$$

于是有

$$a_n=\frac{1}{n}\left(\mathrm{e}-\left(1+\frac{1}{n}\right)^n\right)^p$$

$$=\frac{\mathrm{e}^p}{n}\left(\frac{1}{2n}-\frac{11}{24n^2}+o\left(\frac{1}{n^2}\right)\right)^p\sim\left(\frac{\mathrm{e}}{2}\right)^p\frac{1}{n^{1+p}}(n\to\infty).$$

由此可见,当 $p>0$ 时级数收敛;当 $p\leqslant 0$ 时,级数发散.

【例 4.1.7】 判断数项级数 $\sum\limits_{n=1}^{\infty}\left[\mathrm{e}-\left(1+\dfrac{1}{1!}+\dfrac{1}{2!}+\cdots+\dfrac{1}{n!}\right)\right]$ 的敛散性.(南开大学 2005)

解 由泰勒公式 $\mathrm{e}=1+\dfrac{1}{1!}+\dfrac{1}{2!}+\cdots+\dfrac{1}{n!}+\dfrac{\mathrm{e}^{\xi}}{(n+1)!}$,则

$$0 < e - \left(1 + \frac{1}{1!} + \frac{1}{2!} + \cdots + \frac{1}{n!}\right) = \frac{e^\xi}{(n+1)!} \leqslant \frac{e}{(n+1)!}.$$

而 $\sum\limits_{n=1}^{\infty} \dfrac{e}{(n+1)!}$ 收敛,由比较原则,级数 $\sum\limits_{n=1}^{\infty} \left[e - \left(1 + \dfrac{1}{1!} + \dfrac{1}{2!} + \cdots + \dfrac{1}{n!}\right) \right]$ 收敛.

【例 4.1.8】 设 $\{a_n\}$ 为 Fibonacci 数列,即 $a_1 = a_2 = 1, a_{n+2} = a_{n+1} + a_n$,已知某数项级数的部分和为:$S_n = \sum\limits_{k=1}^{n} \dfrac{a_k}{2^k} (n \geqslant 1)$.

(1) 证明级数 $\sum\limits_{n=1}^{\infty} \dfrac{a_n}{2^n}$ 收敛;

(2) 求级数 $\sum\limits_{n=1}^{\infty} \dfrac{a_n}{2^n}$ 的和.

解　(1) 由于 $\lim\limits_{n \to \infty} \dfrac{a_{n+1}}{a_n} = \dfrac{1+\sqrt{5}}{2}$,故 $\lim\limits_{n \to \infty} \dfrac{\frac{a_{n+1}}{2^{n+1}}}{\frac{a_n}{2^n}} = \dfrac{1+\sqrt{5}}{4} < 1$,从而级数 $\sum\limits_{n=1}^{\infty} \dfrac{a_n}{2^n}$ 收敛.

(2) $S_{n+2} = \dfrac{a_1}{2} + \dfrac{a_2}{4} + \dfrac{a_3}{2^3} + \dfrac{a_4}{2^4} + \cdots + \dfrac{a_{n+2}}{2^{n+2}}$

$\qquad = \dfrac{a_1}{2} + \dfrac{a_2}{4} + \dfrac{a_1 + a_2}{2^3} + \dfrac{a_2 + a_3}{2^4} + \cdots + \dfrac{a_n + a_{n+1}}{2^{n+2}}$

$\qquad = \dfrac{a_1}{2} + \dfrac{a_2}{4} + \dfrac{a_1}{2^3} + \dfrac{a_2}{2^4} + \cdots + \dfrac{a_n}{2^{n+2}} + \dfrac{a_2}{2^3} + \dfrac{a_3}{2^4} + \cdots + \dfrac{a_{n+1}}{2^{n+2}}$

$\qquad = \dfrac{a_1}{2} + \dfrac{a_2}{4} + \dfrac{S_n}{2^2} + \dfrac{S_{n+1}}{2} - \dfrac{a_1}{4}.$

设 $\lim\limits_{n \to \infty} S_n = S$,则 $S = \dfrac{1}{2} + \dfrac{1}{4} + \dfrac{S}{2^2} + \dfrac{S}{2} - \dfrac{1}{4}$.

于是 $\lim\limits_{n \to \infty} S_n = 2$,即 $\sum\limits_{n=1}^{\infty} \dfrac{a_n}{2^n} = 2$.

【例 4.1.9】 设 $x^n + nx - 1 = 0, n = 1, 2, \cdots$ 证明:此方程存在唯一的正实根 x_n,并证明当 $\alpha > 1$ 时,级数 $\sum\limits_{n=1}^{\infty} x_n^\alpha$ 收敛.（中国科学院大学 2012）

证明　记 $f_n(x) = x^n + xn - 1$. 当 $x > 0$ 时,$f_n'(x) = nx^{n-1} + n > 0$,故 $f_n(x)$ 在 $[0, +\infty)$ 上严格单调增加. 又 $f_n(0) = -1 < 0, f_n(1) = n > 0$,由连续函数的介值定理知方程 $x^n + nx - 1 = 0$ 存在唯一正实根 x_n.

由 $x_n^n + nx_n - 1 = 0$ 与 $x_n > 0$ 知 $0 < x_n = \dfrac{1 - x_n^n}{n} < \dfrac{1}{n}$. 故当 $\alpha > 1$ 时,$0 < x_n^\alpha < \dfrac{1}{n^\alpha}$.

又正项级数 $\sum\limits_{n=1}^{\infty} \dfrac{1}{n^\alpha}$ 收敛,所以当 $\alpha > 1$ 时级数 $\sum\limits_{n=1}^{\infty} x_n^\alpha$ 收敛.

【例 4.1.10】 设 $\{a_n\}$ 是正的单调递增数列,证明:级数 $\sum\limits_{n=1}^{\infty}\left(1-\dfrac{a_n}{a_{n+1}}\right)$ 收敛的充分必要条件是数列 $\{a_n\}$ 有界.(中国海洋大学 2020)

证明 由题设可知 $\sum\limits_{n=1}^{\infty}\left(1-\dfrac{a_n}{a_{n+1}}\right)$ 为非负数项级数.

先证充分性:若 $\{a_n\}$ 有界,再结合 $\{a_n\}$ 是正的单调递增数列,可设 $a_1 \leqslant a_2 \leqslant M$,于是

$$\sum_{n=1}^{\infty}\left(1-\frac{a_n}{a_{n+1}}\right)=\sum_{n=1}^{\infty}\frac{a_{n+1}-a_n}{a_{n+1}}\leqslant\frac{1}{a_1}\sum_{k=1}^{n}(a_{k+1}-a_k)=\frac{a_{n+1}-a_1}{a_1}\leqslant\frac{M-a_1}{a_1},$$

则 $\sum\limits_{n=1}^{\infty}\left(1-\dfrac{a_n}{a_{n+1}}\right)$ 的部分和有上界,从而 $\sum\limits_{n=1}^{\infty}\left(1-\dfrac{a_n}{a_{n+1}}\right)$ 收敛.

再证必要性:$\sum\limits_{n=1}^{\infty}\left(1-\dfrac{a_n}{a_{n+1}}\right)$ 收敛,若 $\{a_n\}$ 无界,$a_n \to +\infty$,取 $\varepsilon_0=\dfrac{1}{2}$.

对任意的 $N>0$,任取 $n_0>N$,有

$$\lim_{p\to+\infty}\frac{a_{n_0+1}}{a_{n_0+p+1}}=0,$$

这说明存在 $p_0>0$,使得 $0<\dfrac{a_{n_0+1}}{a_{n_0+p+1}}<\dfrac{1}{2}$,从而结合 $\{a_n\}$ 是正的单调递增数列可知

$$\sum_{k=n_0+1}^{n_0+p_0}\left(1-\frac{a_k}{a_{k+1}}\right)=\sum_{k=n_0+1}^{n_0+p_0}\frac{a_{k+1}-a_k}{a_{k+1}}\geqslant\sum_{k=n_0+1}^{n_0+p_0}\frac{a_{k+1}-a_k}{a_{n_0+p_0+1}}=1-\frac{a_{n_0+1}}{a_{n_0+p_0+1}}>\frac{1}{2}=\varepsilon_0.$$

由柯西准则可知级数 $\sum\limits_{n=1}^{\infty}\left(1-\dfrac{a_n}{a_{n+1}}\right)$ 发散,这个与已知条件矛盾,所以 $\{a_n\}$ 有界.综上可知,级数 $\sum\limits_{n=1}^{\infty}\left(1-\dfrac{a_n}{a_{n+1}}\right)$ 收敛的充分必要条件是数列 $\{a_n\}$ 有界.

 练习题

1. 判断数项级数 $\sum\limits_{n=2}^{\infty}\dfrac{n}{\ln 4+\ln 27+\cdots+\ln n^n}$ 的敛散性.(哈尔滨工业大学 2007)

2. 判断数项级数 $\sum\limits_{n=1}^{\infty}(a^{\frac{1}{n}}+a^{-\frac{1}{n}}-2)\,(a>0)$ 的敛散性.

3. 判断数项级数 $\sum\limits_{n=1}^{\infty}\dfrac{\sqrt[n]{n}-1}{n^a}$ 的敛散性.(南开大学 2004)

4. 判断数项级数 $\sum\limits_{n=1}^{\infty}\left(\dfrac{1}{\sqrt{n}}-\sqrt{\ln\left(1+\dfrac{1}{n}\right)}\right)$ 的敛散性.(东南大学 2005)

5. 判断数项级数 $\sum\limits_{n=1}^{\infty}\left[\left(1+\dfrac{1}{n}\right)^{n+1}-e\right]$ 的敛散性.(首都师范大学 2010)

6. 判断数项级数 $\displaystyle\sum_{n=1}^{\infty}\dfrac{\ln(n!)}{n^{\alpha}}$ 的敛散性.

7. 判断数项级数 $\displaystyle\sum_{n=1}^{\infty}\dfrac{n^{n}}{a^{n}n!}(a>0,a\neq e)$ 的敛散性.(武汉大学 2020)

8. 设正项级数 $\displaystyle\sum_{n=1}^{\infty}a_{n}$ 发散,且 $S_{n}=\displaystyle\sum_{k=1}^{n}a_{k}$,则(1) $\displaystyle\sum_{n=1}^{\infty}\dfrac{a_{n}}{S_{n}}$ 发散;(2) $\displaystyle\sum_{n=1}^{\infty}\dfrac{a_{n}}{S_{n}^{\alpha}}$ 收敛 $(\alpha>1)$.(四川大学 2012)

9. 设 $\displaystyle\sum_{n=1}^{\infty}a_{n}$ 为正项级数,满足: $\displaystyle\lim_{n\to\infty}n\left(\dfrac{a_{n}}{a_{n+1}}-1\right)=r>1$,

证明:此时交错级数 $\displaystyle\sum_{n=1}^{\infty}(-1)^{n-1}a_{n}$ 收敛.(东南大学 2022)

10. 设 $\displaystyle\sum_{n=1}^{\infty}a_{n}$ 为一个收敛的正项级数,令 $f(x)=\displaystyle\sum_{n=1}^{\infty}a_{n}\mid\sin nx\mid$,已知 $f(x)$ 在 $(-\infty,$ $+\infty)$ 上利普希兹连续,即存在常数 $L>0$,使得对任意实数 x,y,都有 $\mid f(x)-f(y)\mid\leqslant$ $L\mid x-y\mid$,证明:级数 $\displaystyle\sum_{n=1}^{\infty}na_{n}$ 收敛.(南开大学 2024)

4.2　一般项级数

4.2.1　主要知识点

1. 交错级数

交错级数的莱布尼茨判别法: 若交错级数 $\displaystyle\sum(-1)^{n+1}u_{n}$ $(u_{n}>0)$ 满足条件:数列 $\{u_{n}\}$ 单调递减且趋于 0,则 $\displaystyle\sum(-1)^{n+1}u_{n}$ 收敛.

2. 级数条件收敛和绝对收敛的定义

① 若级数 $\displaystyle\sum\mid u_{n}\mid$ 收敛,则称级数 $\displaystyle\sum u_{n}$ 绝对收敛;

② 若级数 $\displaystyle\sum u_{n}$ 收敛而 $\displaystyle\sum\mid u_{n}\mid$ 发散,则称级数 $\displaystyle\sum u_{n}$ 条件收敛;

③ 绝对级数的级数一定收敛.

3. 阿贝尔判别法

若 $\{a_{n}\}$ 为单调有界数列,且级数 $\displaystyle\sum b_{n}$ 收敛,则 $\displaystyle\sum a_{n}b_{n}$ 也收敛.

4. 狄利克雷判别法

若数列 $\{a_{n}\}$ 单调递减,且 $\displaystyle\lim_{n\to\infty}a_{n}=0$,又级数 $\displaystyle\sum b_{n}$ 的部分和数列有界,则 $\displaystyle\sum a_{n}b_{n}$ 收敛.

4.2.2　一般项级数收敛性的判定

【例 4.2.1】 判断数项级数 $\sum\limits_{n=1}^{\infty}\dfrac{(-1)^n}{\sqrt{n}-\ln n}$ 的敛散性.（中山大学 2011）

解　$\dfrac{(-1)^n}{\sqrt{n}+(-1)^n}=(-1)^n\dfrac{\sqrt{n}-(-1)^n}{n-1}=\dfrac{(-1)^n\sqrt{n}}{n-1}+\dfrac{1}{n-1}.$

由于 $\left(\dfrac{\sqrt{x}}{x-1}\right)'=\dfrac{\dfrac{1}{2\sqrt{x}}(x-1)-\sqrt{x}}{(x-1)^2}=\dfrac{-1-x}{2\sqrt{x}\,(x-1)^2}<0\,(x>0),$

由莱布尼兹判别法知，$\sum\limits_{n=1}^{\infty}(-1)^n\dfrac{\sqrt{n}}{n-1}$ 收敛，而 $\sum\limits_{n=1}^{\infty}\dfrac{1}{n-1}$ 发散，故原级数发散.

【例 4.2.2】 判断数项级数 $\sum\limits_{n=1}^{\infty}(-1)^n\tan n\ln\left(1+\dfrac{1}{\sqrt{n}}\right)$ 的敛散性.（吉林大学 2010）

解　由于 $\tan n\geqslant n$，所以 $\left|(-1)^n\tan n\ln\left(1+\dfrac{1}{\sqrt{n}}\right)\right|\geqslant n\ln\left(1+\dfrac{1}{\sqrt{n}}\right)$，

又由 $\lim\limits_{n\to\infty}n\ln\left(1+\dfrac{1}{\sqrt{n}}\right)=\infty$ 知 $\lim\limits_{n\to\infty}(-1)^n\tan n\ln\left(1+\dfrac{1}{\sqrt{n}}\right)\neq0,$

故 $\sum\limits_{n=1}^{\infty}(-1)^n\tan n\ln\left(1+\dfrac{1}{\sqrt{n}}\right)$ 发散.

【例 4.2.3】 判断数项级数 $\sum\limits_{n=1}^{\infty}(-1)^{n-1}\dfrac{\sqrt{n}}{\sqrt{n}+(-1)^{n-1}}\sin\dfrac{1}{\sqrt{n}}$ 的敛散性.

解　因为

$$(-1)^{n-1}\dfrac{\sqrt{n}}{\sqrt{n}+(-1)^{n-1}}\sin\dfrac{1}{\sqrt{n}}=(-1)^{n-1}\dfrac{\sqrt{n}+(-1)^{n-1}-(-1)^{n-1}}{\sqrt{n}+(-1)^{n-1}}\sin\dfrac{1}{\sqrt{n}}$$

$$=(-1)^{n-1}\sin\dfrac{1}{\sqrt{n}}-\dfrac{1}{\sqrt{n}+(-1)^{n-1}}\sin\dfrac{1}{\sqrt{n}},$$

且 $\left\{\sin\dfrac{1}{\sqrt{n}}\right\}$ 单调递减趋于 0，故 $\sum\limits_{n=1}^{\infty}(-1)^{n-1}\sin\dfrac{1}{\sqrt{n}}$ 收敛.

$$\dfrac{1}{\sqrt{n}+(-1)^{n-1}}\sin\dfrac{1}{\sqrt{n}}\sim\dfrac{1}{n}\,(n\to\infty)$$

且 $\sum\limits_{n=1}^{\infty}\dfrac{1}{n}$ 发散，故 $\sum\limits_{n=1}^{\infty}\dfrac{1}{\sqrt{n}+(-1)^{n-1}}\sin\dfrac{1}{\sqrt{n}}$ 发散，

故 $\sum\limits_{n=1}^{\infty}(-1)^{n-1}\dfrac{\sqrt{n}}{\sqrt{n}+(-1)^{n-1}}\sin\dfrac{1}{\sqrt{n}}$ 发散.

【例 4.2.4】 讨论级数 $\sum\limits_{n=1}^{\infty} \dfrac{(-1)^{n+1}}{n} \cdot \dfrac{a}{1+a^n}\,(a>0)$ 的条件收敛性和绝对收敛性.
（南京师范大学 2021）

解 （1）当 $0<a<1$ 时，由莱布尼茨判别法 $\sum\limits_{n=1}^{\infty} \dfrac{(-1)^{n+1}}{n}$ 收敛，且 $\dfrac{a}{1+a^n}$ 单调递增，

且 $\dfrac{a}{1+a^n} \leqslant a$，故 $\dfrac{a}{1+a^n}$ 有上界，那么由阿贝尔判别法 $\sum\limits_{n=1}^{\infty} \dfrac{(-1)^{n+1}}{n} \cdot \dfrac{a}{1+a^n}$ 收敛，但是

$$\left| \frac{(-1)^{n+1}}{n} \frac{a}{1+a^n} \right| = \frac{1}{n} \frac{a}{1+a^n},\ \lim_{n\to\infty} \sqrt{\frac{1}{n} \frac{a}{1+a^n}} = \frac{1}{a} > 1,$$

故由达朗贝尔判别法 $\sum\limits_{n=1}^{\infty} \dfrac{1}{n} \cdot \dfrac{a}{1+a^n}$ 收敛，故 $\sum\limits_{n=1}^{\infty} \dfrac{(-1)^{n+1}}{n} \cdot \dfrac{a}{1+a^n}\,(a>0)$ 绝对
收敛.

（2）当 $a=1$ 时，该级数为 $\sum\limits_{n=1}^{\infty} \dfrac{(-1)^{n+1}}{n} \cdot \dfrac{a}{1+a^n} = \dfrac{1}{2} \sum\limits_{n=1}^{\infty} \dfrac{(-1)^{n+1}}{n}$ 条件收敛.

（3）当 $a>1$ 时，$\left| \dfrac{(-1)^{n+1}}{n} \cdot \dfrac{a}{1+a^n} \right| = \dfrac{1}{n} \cdot \dfrac{a}{1+a^n},\ \lim\limits_{n\to\infty} \sqrt[n]{\dfrac{1}{n} \cdot \dfrac{a}{1+a^n}} = \dfrac{1}{a} < 1$,

故由达朗贝尔判别法 $\sum\limits_{n=1}^{\infty} \dfrac{1}{n} \cdot \dfrac{a}{1+a^n}$ 收敛，故 $\sum\limits_{n=1}^{\infty} \dfrac{(-1)^{n+1}}{n} \cdot \dfrac{a}{1+a^n}$ 绝对收敛.

【例 4.2.5】 判断数项级数 $\sum\limits_{n=1}^{\infty} \sin(\pi\sqrt{n^2+1})$ 绝对收敛与条件收敛.（广西师范大学 2013）

解 由于 $\sin(\pi\sqrt{n^2+1}) = (-1)^n \sin(\pi\sqrt{n^2+1} - n\pi) = (-1)^n \sin\left(\dfrac{\pi}{\sqrt{n^2+1}+n} \right)$,

且 $\left\langle \sin\left(\dfrac{\pi}{\sqrt{n^2+1}+n} \right) \right\rangle$ 为单调递减趋于 0 的数列，

于是 $\sum\limits_{n=1}^{\infty} \sin(\pi\sqrt{n^2+1}) = \sum\limits_{n=1}^{\infty} (-1)^n \sin(\pi\sqrt{n^2+1} - n\pi)$ 收敛，

但因为 $\lim\limits_{n\to\infty} n \left| \sin(\pi\sqrt{n^2+1}) \right| = \lim\limits_{n\to\infty} n \sin\left(\dfrac{\pi}{\sqrt{n^2+1}+n} \right) = \dfrac{\pi}{2}$，且级数 $\sum\limits_{n=1}^{\infty} \dfrac{1}{n}$ 发散，

由比较判别法知 $\sum\limits_{n=1}^{\infty} \left| \sin(\pi\sqrt{n^2+1}) \right|$ 发散，因此 $\sum\limits_{n=1}^{\infty} \sin(\pi\sqrt{n^2+1})$ 条件收敛.

【例 4.2.6】 判断数项级数 $\sum\limits_{n=1}^{\infty} (\sqrt{n+1} - \sqrt{n})^\alpha \sin n$ 的敛散性.（中国科学技术大学 2015）

解 由于 $\sum\limits_{n=1}^{\infty} (\sqrt{n+1} - \sqrt{n})^\alpha \sin n = \sum\limits_{n=1}^{\infty} \dfrac{\sin n}{(\sqrt{n+1}+\sqrt{n})^\alpha}$,

且 $\left| \dfrac{\sin n}{(\sqrt{n+1}+\sqrt{n})^\alpha} \right| \leqslant \dfrac{1}{2^\alpha n^{\frac{\alpha}{2}}}$，故当 $\alpha>2$ 时，级数 $\sum\limits_{n=1}^{\infty} (\sqrt{n+1}-\sqrt{n})^\alpha \sin n$ 绝对收敛.

当 $0 < \alpha \leqslant 2$ 时，由于 $\sum\limits_{n=1}^{\infty} \sin n$ 的部分和数列有界. $\left\{ \dfrac{\sin n}{(\sqrt{n+1}+\sqrt{n})^{\alpha}} \right\}$ 单调递减且

$\lim\limits_{n \to \infty} \dfrac{1}{(\sqrt{n+1}+\sqrt{n})^{\alpha}} = 0$. 由狄利克雷判别法，级数 $\sum\limits_{n=1}^{\infty} (\sqrt{n+1}-\sqrt{n})^{\alpha} \sin n$ 收敛.

又 因 为 $\left| \dfrac{\sin n}{(\sqrt{n+1}+\sqrt{n})^{\alpha}} \right| \geqslant \dfrac{\sin^{2} n}{(\sqrt{n+1}+\sqrt{n})^{\alpha}} = \dfrac{1}{2(\sqrt{n+1}+\sqrt{n})^{\alpha}} -$

$\dfrac{\cos 2n}{2(\sqrt{n+1}+\sqrt{n})^{\alpha}}$，而且级数 $\sum\limits_{n=1}^{\infty} \dfrac{1}{2(\sqrt{n+1}+\sqrt{n})^{\alpha}}$ 发散，$\sum\limits_{n=1}^{\infty} \dfrac{\cos 2n}{2(\sqrt{n+1}+\sqrt{n})^{\alpha}}$ 收敛，

故 $\sum\limits_{n=1}^{\infty} (\sqrt{n+1}-\sqrt{n})^{\alpha} \sin n$ 发散. 综上得当 $\alpha > 2$ 时，原级数收敛，$0 < \alpha \leqslant 2$，原级数条件收敛.

【例 4.2.7】 证明：级数 $\sum\limits_{n=1}^{\infty} \left(\dfrac{1}{\sqrt{n}} - \sqrt{\ln\left(\dfrac{1+n}{n}\right)} \right)$ 收敛，并且其级数和小于 1. （哈尔滨工业大学 2023）

证明 由不等式 $\dfrac{x}{1+x} < \ln(1+x) < x, x > 0$ 可知

$$\frac{1}{\sqrt{n}} - \sqrt{\ln\left(\frac{1+n}{n}\right)} = \sqrt{\frac{1}{n}} - \sqrt{\ln\left(\frac{1}{n}+1\right)}$$

$$= \frac{\left(\sqrt{\dfrac{1}{n}} - \sqrt{\ln\left(\dfrac{1}{n}+1\right)}\right)\left(\sqrt{\dfrac{1}{n}} + \sqrt{\ln\left(\dfrac{1}{n}+1\right)}\right)}{\left(\sqrt{\dfrac{1}{n}} + \sqrt{\ln\left(\dfrac{1}{n}+1\right)}\right)} = \frac{\dfrac{1}{n} - \ln(1+n)}{\sqrt{\dfrac{1}{n}} + \sqrt{\ln\left(\dfrac{1}{n}+1\right)}} > 0.$$

所以可知级数 $\sum\limits_{n=1}^{\infty} \left(\dfrac{1}{\sqrt{n}} - \sqrt{\ln\left(\dfrac{1+n}{n}\right)} \right)$ 为正项级数. 再由微分中值定理得，存在 $\xi \in (n, n+1)$ 使得

$$\ln\left(\frac{n+1}{n}\right) = \ln(1+n) - \ln n = \ln \xi,$$

进而 $\dfrac{1}{1+n} < \ln\left(\dfrac{1+n}{n}\right) < \dfrac{1}{n}$，从而

$$0 < \frac{1}{\sqrt{n}} - \sqrt{\ln\left(\frac{1+n}{n}\right)} < \frac{1}{\sqrt{n}} - \frac{1}{\sqrt{1+n}}.$$

又因为 $\sum\limits_{n=1}^{\infty} \left(\dfrac{1}{\sqrt{n}} - \dfrac{1}{\sqrt{1+n}} \right) = \lim\limits_{n \to \infty} \sum\limits_{k=1}^{\infty} \left(\dfrac{1}{\sqrt{n}} - \dfrac{1}{\sqrt{1+n}} \right) = \lim\limits_{n \to \infty} \left(1 - \dfrac{1}{\sqrt{1+k}} \right) < 1$，

所以级数 $\sum\limits_{n=1}^{\infty} \left(\dfrac{1}{\sqrt{n}} - \sqrt{\ln\left(\dfrac{1+n}{n}\right)} \right)$ 收敛，并且其级数和小于 1.

【例 4.2.8】 证明：$\lim\limits_{n\to\infty}\left[\sum\limits_{k=2}^{n}\dfrac{1}{k\ln k}-\ln(\ln n)\right]$ 存在极限.

证明 $f(x)=\dfrac{1}{x\ln x}$ 在 $(1,+\infty)$ 非负单调递增，

所以 $\int_2^n\dfrac{1}{x\ln x}\mathrm{d}x<\int_2^{1+n}\dfrac{1}{x\ln x}\mathrm{d}x<\sum\limits_{k=2}^{n}\dfrac{1}{k\ln k}$，即 $\ln\ln n-\ln\ln 2<\sum\limits_{k=2}^{n}\dfrac{1}{k\ln k}$，

即

$$a_n=\sum_{k=2}^{n}\frac{1}{k\ln k}-\ln\ln n>-\ln\ln 2,$$

$$a_{n+1}-a_n=\frac{1}{(1+n)\ln(n+1)}-\left[\ln\ln(n+1)-\ln\ln n\right],$$

$$a_{n+1}-a_n=\frac{1}{(1+n)\ln(n+1)}-\int_n^{n+1}\frac{1}{x\ln x}\mathrm{d}x\leqslant\frac{1}{(1+n)\ln(n+1)}-\int_n^{n+1}\frac{1}{(1+n)\ln(n+1)}.$$

由上可知 $\{a_n\}$ 单调递减且有下界. 所以 $\lim\limits_{n\to+\infty}\left[\sum\limits_{k=2}^{n}\dfrac{1}{k\ln k}-\ln(\ln n)\right]$ 存在(有限).

【例 4.2.9】 设 $\sum\limits_{n=1}^{\infty}a_n$ 是数项级数，$f(x)$ 是定义在上的函数，使得 $f\left(\dfrac{1}{n}\right)=a_n$，$(n=1,2,\cdots)$，且 $f''(x)$ 在 $x=0$ 处存在. 证明：$\sum\limits_{n=1}^{\infty}a_n$ 绝对收敛的充分必要条件是 $f(0)=f'(0)=0$. *（中南大学 2012）*

证明 由于 $f''(x)$ 在 $x=0$ 处存在，故 $\lim\limits_{n\to\infty}\dfrac{f(x)-f(0)-f'(0)}{x^2}=\dfrac{f''(0)}{2}$，

故 $\lim\limits_{n\to\infty}\dfrac{f(x)-f(0)-f'(0)}{x^2}=\dfrac{|f''(0)|}{2}$，故 $\lim\limits_{n\to\infty}\dfrac{\left|f\left(\frac{1}{n}\right)-f(0)-f'(0)x\right|}{\frac{1}{n^2}}=\dfrac{|f''(0)|}{2}$.

由 $\sum\limits_{n=1}^{\infty}\dfrac{1}{n^2}$ 收敛，故 $\sum\limits_{n=1}^{\infty}\left|f\left(\dfrac{1}{n}\right)-f(0)-\dfrac{f'(0)}{n}\right|$ 收敛.

因为 $f\left(\dfrac{1}{n}\right)=a_n$，故 $\sum\limits_{n=1}^{\infty}\left|a_n-f(0)-\dfrac{f'(0)}{n}\right|$ 收敛.

$$0\leqslant\left|f(0)+\frac{f'(0)}{n}\right|\leqslant|a_n|+\left|a_n-f(0)-\frac{f'(0)}{n}\right|,$$

$$0\leqslant|a_n|\leqslant\left|a_n-f(0)-\frac{f'(0)}{n}\right|+\left|f(0)+\frac{f'(0)}{n}\right|,$$

而 $\sum\limits_{n=1}^{\infty}\left|a_n-f(0)-\dfrac{f'(0)}{n}\right|$ 收敛，故 $\sum\limits_{n=1}^{\infty}a_n$ 收敛当且仅当 $\sum\limits_{n=1}^{\infty}\left|f(0)+\dfrac{f'(0)}{n}\right|$ 收敛.

若 $f(0)\neq 0$ 则 $\lim\limits_{n\to\infty}\left|f(0)+\dfrac{f'(0)}{n}\right|=|f(0)|>0$，故 $\sum\limits_{n=1}^{\infty}\left|f(0)+\dfrac{f'(0)}{n}\right|$ 发散

若 $f(0)=0, f'(0) \neq 0$，由于 $\sum\limits_{n=1}^{\infty} \dfrac{1}{n}$ 发散，故 $\sum\limits_{n=1}^{\infty} \left| f(0) + \dfrac{f'(0)}{n} \right| = \sum\limits_{n=1}^{\infty} \left| \dfrac{f'(0)}{n} \right|$ 发散.

若 $f(0)=0, f'(0)=0$，则 $\left| f(0) + \dfrac{f'(0)}{n} \right| = 0$，故 $\sum\limits_{n=1}^{\infty} \left| f(0) + \dfrac{f'(0)}{n} \right|$ 收敛.

由此可见 $\sum\limits_{n=1}^{\infty} \left| f(0) + \dfrac{f'(0)}{n} \right|$ 收敛,仅当 $f(0)=0, f'(0)=0$.

即 $\sum\limits_{n=1}^{\infty} a_n$ 收敛仅当 $f(0)=0, f'(0)=0$.

即 $\sum\limits_{n=1}^{\infty} a_n$ 绝对收敛的充分必要条件是 $f(0)=0, f'(0)=0$.

练习题

1. 判断数项级数 $\sum\limits_{n=1}^{\infty} \dfrac{(-1)^n \ln(n+1)}{n+1}$ 的敛散性.

2. 讨论数项级数 $\sum\limits_{n=2}^{\infty} \dfrac{(-1)^n}{\sqrt{n}+(-1)^n}$ 的敛散性.（中山大学 2018）

3. 讨论数项级数 $\sum\limits_{n=1}^{\infty} (-1)^n \dfrac{n+3}{n+2} \dfrac{1}{\sqrt[3]{n}}$ 绝对收敛与条件收敛.（南昌大学 2020）

4. 判断数项级数 $\sum\limits_{n=1}^{\infty} (-1)^n \dfrac{1}{\sqrt{1+n}} \sin \dfrac{1}{\sqrt{n}}$ 的敛散性.（中山大学 2006）

5. 讨论数项级数 $\sum\limits_{n=1}^{\infty} \dfrac{\sin nx}{\sqrt{n}}$ 的绝对收敛性和条件收敛性.（中国人民大学 2021）

6. 判断数项级数 $\sum\limits_{n=1}^{\infty} \dfrac{(-1)^n}{n} \dfrac{x^n}{1+x^n} (x>0)$ 的敛散性.

7. 已知函数 f 在 $[0,1]$ 上有二阶连续导数, $\lim\limits_{n \to \infty} \dfrac{f(x)}{x} = 0$, 证明 $\sum\limits_{n=1}^{\infty} f\left(\dfrac{1}{n}\right)$ 绝对收敛.（中南大学 2014、同济大学 2021）

8. 求级数 $\sum\limits_{n=1}^{\infty} \dfrac{(-1)^n}{n(2n-1)}$ 的和.（重庆大学 2024）

9. 设级数 $\sum\limits_{n=1}^{\infty} a_n$ 收敛,且 $\sum\limits_{n=1}^{\infty} (b_{n+1} - b_n)$ 绝对收敛.

(1) 叙述阿贝尔变换,并求 $\sum\limits_{n=1}^{\infty} a_n b_n$ 的部分和.

(2) 证明:数列 $\{b_n\}$ 收敛.

(3) 证明: $\sum\limits_{n=1}^{\infty} a_n b_n$ 收敛.（华中师范大学 2024）

4.3　函数列与函数项级数

4.3.1　主要知识点

1. 函数列及其一致收敛性

（1）函数列的收敛域及极限函数

① 设有一定义于同一数集 E 上的函数列 $\{f_n(x)\}$，若对 $x_0 \in E$，数列 $\{f_n(x_0)\}$ 收敛，则称 x_0 为函数列 $\{f_n(x)\}$ 的收敛点，若数列 $\{f_n(x_0)\}$ 发散，则称 x_0 为函数列 $\{f_n(x)\}$ 的发散点，函数列 $\{f_n(x)\}$ 的所有收敛点的集合称为它的收敛域. 若 $\forall x \in D \subset E$，数列 $\{f_n(x)\}$ 收敛，设 $\lim\limits_{n \to \infty} f_n(x) = f(x)$，则称 $f(x)$ 为函数列 $\{f_n(x)\}$ 的极限函数或称函数列 $\{f_n(x)\}$ 在 D 上点点收敛于函数 $f(x)$，记为

$$\lim\limits_{n \to \infty} f_n(x) = f(x), x \in D.$$

或

$$f_n(x) \to f(x)(n \to \infty), x \in D.$$

② 函数列极限的 $\varepsilon - N$ 定义：$\lim\limits_{n \to \infty} f_n(x) = f(x), x \in D \Leftrightarrow$ 对每一固定的 $x \in D$，$\forall \varepsilon > 0$，恒存在正数 $N = N(\varepsilon, x)$（一般说来 N 的值与 ε 和 x 有关），使得当 $n > N$ 时，总有

$$|f_n(x) - f(x)| < \varepsilon.$$

（2）函数列一致收敛的定义

① 函数列 $\{f_n(x)\}$ 在 D 上一致收敛于函数 $f(x) \Leftrightarrow \forall \varepsilon > 0, \exists N \in \mathbb{R}_+$，使得当 $n > N$ 时，对一切 $x \in D$，有

$$|f_n(x) - f(x)| < \varepsilon.$$

记为

$$f_n(x) \rightrightarrows f(x)(n \to \infty), x \in D.$$

② 函数列 $\{f_n(x)\}$ 在 D 上不一致收敛于函数 $f(x) \Leftrightarrow \exists \varepsilon_0 > 0, \forall N \in \mathbb{R}_+$，总存在正整数 $n_0 > N$ 与点 $x_0 \in D$，使得

$$|f_{n_0}(x_0) - f(x_0)| \geqslant \varepsilon_0.$$

（3）函数列一致收敛的判别法

① 利用函数列一致收敛的定义.

② 柯西准则：$f_n(x) \rightrightarrows f(x)(n \to \infty), x \in D. \Leftrightarrow \forall \varepsilon > 0, \exists N \in \mathbb{R}_+$，使得当 $n, m >$

N 时,对一切 $x \in D$,都有

$$|f_n(x) - f_m(x)| < \varepsilon.$$

③ 确界极限判别法:函数列 $\{f_n(x)\}$ 在 D 上一致收敛于函数 $f(x)$

$$\Leftrightarrow \lim_{n \to \infty} \sup_{x \in D} |f_n(x) - f(x)| = 0.$$

④ 优数列判别法:若 $\exists N \in \mathbb{R}_+$,当 $n > N$ 时,对一切 $x \in D$,有 $|f_n(x) - f(x)| \leqslant a_n$,且 $\lim_{n \to \infty} a_n = 0$,则函数列 $\{f_n(x)\}$ 在 D 上一致收敛于 $f(x)$.

注:数列 $\{a_n\}$ 称为优数列.

(4)一致收敛函数列的性质

① 连续性:若函数列 $\{f_n(x)\}$ 在 D 上一致收敛,且每一项都连续,则其极限函数 $f(x)$ 在 D 上也连续,且 $\forall x_0 \in D$,有

$$\lim_{x \to x_0} \lim_{n \to \infty} f_n(x) = \lim_{n \to \infty} \lim_{x \to x_0} f_n(x).$$

② 可积性:若函数列 $\{f_n(x)\}$ 在 $[a,b]$ 上一致收敛于 $f(x)$,且每一项都连续,则 $f(x)$ 在 $[a,b]$ 上也可积,且

$$\int_a^b f(x) \mathrm{d}x = \int_a^b \lim_{n \to \infty} f_n(x) \mathrm{d}x = \lim_{n \to \infty} \int_a^b f_n(x) \mathrm{d}x.$$

③ 可微性:设函数列 $\{f_n(x)\}$ 在 $[a,b]$ 上有定义,若 $x_0 \in [a,b]$ 为 $\{f_n(x)\}$ 的收敛点,$\{f_n(x)\}$ 的每一项在 $[a,b]$ 上有连续的导数,且 $\{f_n'(x)\}$ 在 $[a,b]$ 上一致收敛,则 $\{f_n(x)\}$ 在 $[a,b]$ 上一致收敛,其极限函数 $f(x)$ 在 $[a,b]$ 上可导,且

$$\frac{\mathrm{d}}{\mathrm{d}x} f(x) = \frac{\mathrm{d}}{\mathrm{d}x} (\lim_{n \to \infty} f_n(x)) = \lim_{n \to \infty} \frac{\mathrm{d}}{\mathrm{d}x} f_n(x).$$

2. 函数项级数及其一致收敛性

(1) 函数项级数的收敛域及和函数

设有一定义于同一数集 E 上的函数列 $\{u_n(x)\}$,称

$$u_1(x) + u_2(x) + \cdots + u_n(x) + \cdots, x \in E.$$

为定义在 E 上的函数项级数,记为 $\sum_{n=1}^{\infty} u_n(x)$ 或 $\sum u_n(x)$. 并称

$$S_n(x) = \sum_{k=1}^{n} u_k(x), x \in E, = 1, 2, \cdots$$

为函数项级数 $\sum u_n(x)$ 的部分和数列.若 $x_0 \in E$,部分和数列 $\{S_n(x_0)\}$ 收敛,则称 x_0 为函数项级数 $\sum u_n(x)$ 的收敛点,若数列 $\{S_n(x_0)\}$ 发散,则称 x_0 为函数项级数 $\sum u_n(x)$ 的发散点. 级数 $\sum u_n(x)$ 的所有收敛点的集合称为它的收敛域. 若 $\forall x \in D \subset E$,级数 $\sum u_n(x)$ 的和数列 $\{S_n(x)\}$ 收敛于函数 $S(x)$,则称 $S(x)$ 为级数

$\sum u_n(x)$ 的和函数,记为

$$u_1(x)+u_2(x)+\cdots+u_n(x)+\cdots=S(x),x\in D.$$

注:函数项级数的收敛性指的就是它的和函数列的收敛性.

(2) 函数项级数一致收敛的定义

设 $\{S_n(x)\}$ 是函数项级数 $\sum u_n(x)$ 的部分和数列,若 $\{S_n(x)\}$ 在 D 上一致收敛于函数 $S(x)$,则称函数项级数 $\sum u_n(x)$ 在 D 上一致收敛于函数 $S(x)$,或称 $\sum u_n(x)$ 在 D 上一致收敛,即

$$\forall \varepsilon>0,\exists N\in\mathbb{R}_+,\forall n>N,\forall x\in D,有\mid S_n(x)-S(x)\mid<\varepsilon.$$

(3) 函数项级数一致收敛的判别法

① 利用函数项级数一致收敛的定义.

② 柯西准则:函数项级数 $\sum u_n(x)$ 在数集 D 上一致收敛 $\Leftrightarrow \forall \varepsilon>0,\exists N\in\mathbb{R}_+$,使得当 $n>N$ 时,对一切 $x\in D$ 和一切正整数 p,都有

$$\mid S_{n+p}(x)-S_n(x)\mid<\varepsilon.$$

或

$$\mid u_{n+1}(x)+u_{n+2}(x)+\cdots+u_{n+p}(x)\mid<\varepsilon.$$

注 1:当 $p=1$ 时得到函数项级数一致收敛的必要条件: $\sum u_n(x)$ 在数集 D 上一致收敛 $\Leftrightarrow$ 函数列 $\{u_n(x)\}$ 在 D 上一致收敛于零.

③ 确界极限判别法:函数项级数 $\sum u_n(x)$ 在 D 上一致收敛于函数 $S(x)$

$$\Leftrightarrow\lim_{n\to\infty}\sup_{x\in D}\mid S_n(x)-S(x)\mid=0.$$

④ 优级数判别法:设函数项级数 $\sum u_n(x)$ 定义在数集 D 上, $\sum M_n$ 为收敛的正项级数,若对一切 $x\in D$,有

$$\mid u_n(x)\mid\leqslant M_n,n=1,2,\cdots$$

则级数 $\sum u_n(x)$ 在 D 上一致收敛.

⑤ 阿贝尔判别法:设

(i) $\sum u_n(x)$ 在区间 I 上一致收敛;

(ii) $\forall x\in I,\{v_n(x)\}$ 是单调的;

(iii) $\{v_n(x)\}$ 在 I 上一致有界.

则级数 $\sum u_n(x)v_n(x)$ 在 I 上一致收敛.

⑥ 狄利克雷判别法:设

(i) $\sum u_n(x)$ 的部分和数列在区间 I 上一致有界;

(ii) $\forall x \in I, \{v_n(x)\}$ 是单调的；

(iii) 在 I 上 $v_n(x) \rightrightarrows 0 (n \to \infty)$.

则级数 $\sum u_n(x) v_n(x)$ 在 I 上一致收敛.

(4) 一致收敛函数项级数的性质

① 连续性：若函数项级数 $\sum u_n(x)$ 在区间 $[a,b]$ 上一致收敛，且每一项都连续，则其和函数在 $[a,b]$ 上也连续.

② 逐项求积：若函数项级数 $\sum u_n(x)$ 在区间 $[a,b]$ 上一致收敛，且每一项都连续，则

$$\sum \int_a^b u_n(x)\mathrm{d}x = \int_a^b \sum u_n(x)\mathrm{d}x.$$

③ 逐项求导：若函数项级数 $\sum u_n(x)$ 在 $[a,b]$ 上每一项都有连续的导函数，$x_0 \in [a,b]$ 为 $\sum u_n(x)$ 的收敛点，且 $\sum u_n'(x)$ 在 $[a,b]$ 上一致收敛，则 $S(x) = \sum u_n(x)$ 在 $[a,b]$ 上可导，且可逐项求导，即

$$\sum \left(\frac{\mathrm{d}}{\mathrm{d}x} u_n(x) \right) = \frac{\mathrm{d}}{\mathrm{d}x} \left(\sum u_n(x) \right).$$

4.3.2 函数列一致收敛性的判定

【例 4.3.1】 证明函数列 $f_n(x) = nx(1-x)^n$ 在 $[0,1]$ 上收敛，但非一致收敛.

证明 易证对 $\forall x \in [0,1]$，$\lim\limits_{n \to +\infty} f_n(x) = 0$，即 $f_n(x)$ 在 $[0,1]$ 上收敛.

$$\lim_{n \to +\infty} \sup_{x \in [0,1]} |f_n(x) - 0| \geqslant \lim_{n \to +\infty} \left| f_n\left(\frac{1}{n}\right) - 0 \right| = \lim_{n \to +\infty} \left(1 - \frac{1}{n}\right)^n = \frac{1}{\mathrm{e}} \neq 0,$$

所以 $f_n(x) = nx(1-x)^n$ 在 $[0,1]$ 上非一致收敛.

【例 4.3.2】 判断函数列 $f_n(x) = nx\mathrm{e}^{-nx^2}, n = 1,2,\cdots, x \in [0,1]$ 的一致收敛性. (重庆大学 2006)

解 极限函数 $f(x) = 0, x \in [0,1]$.

因 $\lim\limits_{n \to \infty} \sup\limits_{0 < x < 1} |f_n(x) - f(x)| = \lim\limits_{n \to \infty} f_n\left(\frac{1}{\sqrt{2n}}\right) = \lim\limits_{n \to \infty} \sqrt{\frac{n}{2}} \mathrm{e}^{\frac{1}{2}} = \infty$，故 $\{nx\mathrm{e}^{-nx^2}\}$ 在 $[0,1]$ 上非一致收敛.

【例 4.3.3】 讨论函数列 $f_n(x) = \mathrm{e}^{-n^2|x|} \sin nx, n \geqslant 1, x \in (-\infty, +\infty)$ 的一致收敛性. (西安交通大学 2009)

证明 极限函数 $f(x) = \lim\limits_{n \to \infty} \mathrm{e}^{-n^2|x|} \sin nx = 0, x \in (-\infty, +\infty)$. 又

$$| \mathrm{e}^{-n^2|x|} \sin nx | \leqslant \frac{|\sin nx|}{\mathrm{e}^{n^2|x|}} \leqslant \frac{|nx|}{1+n^2|x|} \leqslant \frac{1}{n}, \forall x \in (-\infty, +\infty).$$

于是 $\lim\limits_{n \to \infty} \sup\limits_{-\infty < x < +\infty} | f_n(x) - f(x) | = 0$，所以 $\{f_n(x)\}$ 在 $(-\infty, +\infty)$ 上一致收敛.

【例 4.3.4】 讨论函数列 $f_n(x) = \dfrac{x}{1+n^2 x^2}, n=1,2,\cdots, x \in (-\infty, +\infty)$ 的一致收敛性.

证明 极限函数 $\lim\limits_{n \to \infty} f_n(x) = 0 = f(x), x \in (-\infty, +\infty)$.

因 $\sup\limits_{x \in (-\infty, +\infty)} | f_n(x) - f(x) | = \sup\limits_{x \in (-\infty, +\infty)} \dfrac{|x|}{1+n^2|x|^2} \leqslant \dfrac{1}{2n}$,

故 $\lim\limits_{n \to \infty} \sup\limits_{x \in \mathbb{R}} | f_n(x) - f(x) | = 0$，所以 $\{f_n(x)\}$ 在 $(-\infty, +\infty)$ 上一致收敛.

对 $\forall x \in (-\infty, +\infty)$ 有 $f_n' = \dfrac{1-n^2 x^2}{(1+n^2 x^2)^2}$，从而 $g(x) = \lim\limits_{n \to \infty} f_n'(x) = \begin{cases} 1, x = 0, \\ 0, x \neq 0. \end{cases}$

由于 $\{f_n'(x)\}$ 极限函数在 $(-\infty, +\infty)$ 上不连续，而每项 $\{f_n'(x)\}$ 在 $(-\infty, +\infty)$ 上连续. 因此 $\{f_n'(x)\}$ 在 $(-\infty, +\infty)$ 上非一致收敛.

【例 4.3.5】 设函数列 $f_n(x) = \left(\dfrac{\sin x}{x}\right)^n$，请说明 $\{f_n(x)\}$ 在 $(0,1)$ 上的一致收敛性.(哈尔滨工业大学 2023)

解 因为当 $0 < x < 1$ 时，有 $0 < \dfrac{\sin x}{x} < 1$，所以 $f_n(x) \to 0, n \to +\infty$，取 $x_n = \dfrac{1}{n} \in (0,1)$,

则 $\lim\limits_{n \to \infty} f_n(x_n) = \lim\limits_{n \to \infty} \left(\dfrac{\sin\left(\dfrac{1}{n}\right)}{\dfrac{1}{n}}\right)^n$.

又因为 $\lim\limits_{y \to 0^+} \ln\left(\dfrac{\sin y}{y}\right)^{\frac{1}{y}} = \lim\limits_{y \to 0^+} \dfrac{1}{y} \ln\left(1 + \dfrac{\sin y}{y} - 1\right) = \lim\limits_{y \to 0^+} \dfrac{1}{y}\left(\dfrac{\sin y}{y} - 1\right)$

$$= \lim\limits_{y \to 0^+} \dfrac{1}{y^2}(\sin y - y) = \lim\limits_{y \to 0^+} \dfrac{1}{y^2}\left(-\dfrac{y^3}{3} + o(y^4)\right) = 0.$$

所以 $\lim\limits_{n \to \infty} f_n(x_n) = \lim\limits_{y \to 0+} \left(\dfrac{\sin y}{y}\right)^{\frac{1}{y}} = 1$. 当 n 充分大时，就有 $| f_n(x_n) | > \dfrac{1}{2}$.

因此 $f_n(x) = \left(\dfrac{\sin x}{x}\right)^n$ 在 $(0,1)$ 上不一致收敛.

【例 4.3.6】 设 $f_n(x) = \sum\limits_{k=1}^{n} \dfrac{1}{n} \sin\left(x + \dfrac{k}{n}\right)$，证明 $f_n(x)$ 在 $(-\infty, +\infty)$ 上一致收敛.(中南大学 2020)

证明 因为

$$f_n(x) = \sum_{k=1}^{n} \frac{1}{n} \sin\left(x + \frac{k}{n}\right)$$

$$= \sum_{k=1}^{n} \frac{1}{n} \left(\sin x \cos \frac{k}{n} + \cos x \sin \frac{k}{n} \right)$$

$$= \sin x \cdot \frac{1}{n} \sum_{k=1}^{n} \cos \frac{k}{n} + \cos x \cdot \frac{1}{n} \sum_{k=1}^{n} \sin \frac{k}{n},$$

而 $\displaystyle\lim_{n \to \infty} \frac{1}{n} \sum_{k=1}^{n} \cos \frac{k}{n} = \int_0^1 \cos x \, \mathrm{d}x = \sin 1, \lim_{n \to \infty} \frac{1}{n} \sum_{k=1}^{n} \sin \frac{k}{n} = \int_0^1 \sin x \, \mathrm{d}x = 1 - \cos 1,$

故 $\left\{ \dfrac{1}{n} \sum_{k=1}^{n} \sin \dfrac{k}{n} \right\}, \left\{ \dfrac{1}{n} \sum_{k=1}^{n} \cos \dfrac{k}{n} \right\}$ 都是收敛的，$\cos x, \sin x$ 都是有界的.

故 $\left\{ \sin x \cdot \dfrac{1}{n} \sum_{k=1}^{n} \cos \dfrac{k}{n} \right\}, \left\{ \cos x \cdot \dfrac{1}{n} \sum_{k=1}^{n} \sin \dfrac{k}{n} \right\}$ 在 $(-\infty, +\infty)$ 上一致收敛.

故明 $f_n(x)$ 在 $(-\infty, +\infty)$ 上一致收敛.

【例 4.3.7】 设 $f(x)$ 在 $(-\infty, +\infty)$ 上连续，

$$f_n(x) = \sum_{k=1}^{\infty} \frac{1}{n} f\left(x + \frac{k}{n} \right), n = 1, 2, \cdots$$

(1) 证明函数列 $\{f_n(x)\}$ 在 $(-\infty, +\infty)$ 上处处收敛，并指出极限函数.

(2) 证明 $\{f_n(x)\}$ 在任意有限区间 $[a, b]$ 上一致收敛. (华东师范大学 2022)

证明 (1) 由 $f(x)$ 连续，$\forall x_0$，积分有意义，当 $n \to \infty$，$f_n(x) \to \int_0^x f(x + t) \mathrm{d}t$.

(2) $f(x)$ 在任意有限闭区间 $[a, b+1]$ 上一致连续，故对任意 $\varepsilon > 0$，存在 $\delta > 0$，使得对任意 $x, y \in (a, b+1)$，只要 $|x - y| < \delta$，就有 $|f(x) - f(y)| < \varepsilon$. 存在正整数 N，使得对任意 $n > N$，恒有 $\dfrac{1}{n} < \delta$. 对任意 $x \in [a, b]$ 和 $k \in \{0, 1, 2, \cdots, n-1\}$，$x + \dfrac{k}{n} \in [a, b+1]$，于是

$$\left| f_n(x) - \int_x^{x+1} f(t) \mathrm{d}t \right| = \left| \frac{1}{n} \sum_{k=0}^{n-1} f\left(x + \frac{k}{n} \right) - \int_x^{x+1} f(t) \mathrm{d}t \right|$$

$$= \left| \sum_{k=0}^{n-1} \int_{x+\frac{k}{n}}^{x+\frac{k+1}{n}} \left[f\left(x + \frac{k}{n} \right) - f(t) \right] \mathrm{d}t \right|$$

$$\leqslant \sum_{k=0}^{n-1} \int_{x+\frac{k}{n}}^{x+\frac{k+1}{n}} \left| f\left(x + \frac{k}{n} \right) - f(t) \right| \mathrm{d}t$$

$$\leqslant \sum_{k=0}^{n-1} \int_{x+\frac{k}{n}}^{x+\frac{k+1}{n}} \varepsilon \, \mathrm{d}t = \varepsilon \sum_{k=0}^{n-1} \frac{1}{n} \mathrm{d}t = \varepsilon,$$

故 $\{f_n(x)\}$ 在有限区间 $[a, b]$ 上一致收敛于 $\int_x^{x+1} f(t) \mathrm{d}t$.

【例 4.3.8】 设 $f(x)$ 为定义在 $[0, 1]$ 上的连续函数，令 $f_n(x) = \int_0^x f(t^n) \mathrm{d}t$，$x \in [0, 1], n \geqslant 1$.

证明:函数列 $f(x)$ 在$[0,1]$上一致收敛.（中国人民大学 2023）

证明 注意到有

$$f_n(x) = \int_0^x f(t^n)\mathrm{d}t, x \in [0,1], n \geqslant 1.$$

$$\mid f_n(x) - f(0)x \mid = \left|\int_0^x (f(t^n) - f(0))\mathrm{d}t\right| \leqslant \int_0^x \mid f(t^n) - f(0) \mid \mathrm{d}t \leqslant \int_0^1 \mid f(t^n) - f(0) \mid \mathrm{d}t$$

则有

$$\sup_{x \in [0,1]} \mid f_n(x) - f(0)x \mid \leqslant \int_0^1 \mid f(t^n) - f(0) \mid \mathrm{d}t$$

下证 $\lim\limits_{n \to \infty}\int_0^1 \mid f(t^n) - f(0) \mid \mathrm{d}t = 0$ 设 $M = \max\limits_{x \in [0,1]} \mid f(x) \mid$. 对 $0 < \delta < 1$, 会有

$$\int_0^1 \mid f(t^n) - f(0) \mid \mathrm{d}t = \int_0^{1-\delta} \mid f(t^n) - f(0) \mid \mathrm{d}t + \int_{1-\delta}^1 \mid f(t^n) - f(0) \mid \mathrm{d}t$$

$$\leqslant \max_{\xi \in [0,1-\delta]} \mid f(t^n) - f(0) \mid + 2M\delta,$$

结合连续性,再让 $\delta \to 0^+$,进而有 $\lim\limits_{n \to \infty}\int_0^1 \mid f(t^n) - f(0) \mid \mathrm{d}t = 0$,即有

$$\lim_{n \to \infty}\sup_{x \in [0,1]} \mid f_n(x) - f(0)x \mid = 0,$$

故一致收敛.

【例 4.3.9】 设 $f(x)$ 为定义在$[0,1]$上的连续函数,有 $f_1(x) = f(x), f_{n+1}(x) = \int_x^1 f_n(t)\mathrm{d}t, \forall x \in [0,1], n = -1,2,3\cdots$,求证:$\sum\limits_{n=1}^{\infty} f_n(x)$ 在 $0 \leqslant x \leqslant 1$ 上一致收敛.（北京航空航天大学 2001）

证明 因为 $f(x)$ 为定义在$[0,1]$上的连续函数,$\exists M > 0$ 使 $\mid f(x) \mid < M, x \in [0,1]$,从而

$$\mid f_2(x) \mid = \left|\int_x^1 f_1(t)\mathrm{d}t\right| \leqslant M(1-x) \leqslant M,$$

$$\mid f_3(x) \mid = \left|\int_x^1 f_2(t)\mathrm{d}t\right| \leqslant \frac{M(1-x)^2}{2!} \leqslant \frac{M}{2!},$$

$$\cdots\cdots$$

$$\mid f_n(x) \mid \leqslant \frac{M(1-x)^{n-1}}{(n-1)!} \leqslant \frac{M}{(n-1)!}.$$

又由于 $\sum\limits_{n=1}^{\infty} \frac{M}{(n-1)!}$ 收敛,所以 $\sum\limits_{n=1}^{\infty} f_n(x)$ 在 $x \in [0,1]$ 上一致收敛.

【例 4.3.10】 已知函数 $f(x)$ 为定义在$[0,1]$上的连续函数且 $f(1) = 0$,证明函数列 $\{x^n f(x)\}$ 在$[0,1]$上一致收敛.（山东大学 2021）

证明 对任意的 $\varepsilon > 0$,取 $\delta > 0$,当 $\delta < x \leqslant 1$ 时,$\mid f(x) \mid < \varepsilon$.

(1) 从而当 $\delta < x \leqslant 1$ 时，$\mid x^n f(x) - 0 \mid \leqslant \mid f(x) \mid < \varepsilon$.

(2) 当 $0 \leqslant x \leqslant \delta$ 时，$\mid x^n f(x) - 0 \mid \leqslant M\delta^n$，其中 $M = \max\limits_{x \in [0,\delta]} \mid f(x) \mid$.

因为 $\lim\limits_{n \to \infty} M\delta^n = 0$，存在 $N, n > N$ 时，$0 < M\delta^n < \varepsilon$，从而 $\mid x^n f(x) - 0 \mid \leqslant \varepsilon$.

(3) 由 (1)(2) 可知，$n > N$ 对任意的，$x \in [0,1]$，$\mid x^n f(x) - 0 \mid \leqslant \varepsilon$，即 $f_n(x) \rightrightarrows 0$.

4.3.3 函数项级数一致收敛性的判定

【例 4.3.11】 讨论级数 $\sum\limits_{n=0}^{\infty} \dfrac{nx}{1+n^5x^2}$ 在 $(-\infty, +\infty)$ 上的一致收敛性.（东北大学 2023）

解 由基本不等式知：

$$\frac{1}{\dfrac{1}{n^{\frac{5}{2}}x} + n^{\frac{5}{2}}x} \leqslant \frac{1}{2\sqrt{\dfrac{1}{n^{\frac{5}{2}}x} \cdot n^{\frac{5}{2}}x}} = \frac{1}{2},$$

$$\left| \frac{nx}{1+n^5x^2} \right| = \left| \frac{1}{n^{\frac{3}{2}}} \cdot \frac{n^{\frac{5}{2}}x}{1+n^5x^2} \right| = \left| \frac{1}{n^{\frac{3}{2}}} \cdot \frac{1}{\dfrac{1}{n^{\frac{5}{2}}x} + n^{\frac{5}{2}}x} \right| \leqslant \frac{1}{2n^{\frac{3}{2}}},$$

由于 $\sum\limits_{n=1}^{\infty} \dfrac{1}{2n^{\frac{3}{2}}}$ 收敛，由 M 判别法可知原级数在 $(-\infty, +\infty)$ 上一致收敛.

【例 4.3.12】 试证：无穷级数 $\sum\limits_{n=0}^{\infty} \dfrac{n}{1+n^3x}$ 在 $0 < x < 1$ 时收敛，但不一致收敛.

证明 $\forall x_0 \in (0,1)$，有 $0 < \dfrac{n}{1+n^3x_0} < \dfrac{n}{n^3x_0} = \dfrac{1}{n^2x_0}$，

$\sum\limits_{n=1}^{\infty} \dfrac{1}{n^2x_0}$ 收敛，所以 $\sum\limits_{n=1}^{\infty} \dfrac{n}{1+n^3x_0}$ 收敛.

取 $\varepsilon_0 = \dfrac{1}{2}$，则对 $\forall N > 0$，$\exists n_0 > N$ 及 $x'_0 = \dfrac{1}{n_0^2}$，使得 $\dfrac{n_0}{1+n_0^3\left(\dfrac{1}{n_0^2}\right)} = \dfrac{n_0}{1+n_0} \geqslant \dfrac{1}{2}$，

所以 $\sum\limits_{n=0}^{\infty} \dfrac{n}{1+n^3x}$ 在 $(0,1)$ 上不一致收敛.

【例 4.3.13】 (1) 已知级数 $\sum\limits_{n=1}^{\infty} (-1)^n \dfrac{\mathrm{e}^{x^2} + \sqrt{n}}{n^{\frac{3}{2}}}$，证明：

(1) 上述已知级数在任何有限区间 $[a,b]$ 上一致收敛；

(2) 上述已知级数任何一点 $x = x_0$ 处不绝对收敛.（湖南大学 2023）

证明 (1) 狄利克雷判别法.

① 首先 $\left| \sum\limits_{k=1}^{n} (-1)^k \right| \leqslant 2 (n = 1,2,\cdots)$ 有界，

② 因为 $\dfrac{e^{x^2}+\sqrt{n}}{\sqrt{n^3}}=\dfrac{e^{x^2}}{\sqrt{n^3}}+\dfrac{\sqrt{n}}{\sqrt{n^3}}\geqslant\dfrac{e^{x^2}}{(n+1)^{\frac{3}{2}}}+\dfrac{1}{n+1}\,(n=1,2,\cdots).$

即 $\dfrac{e^{x^2}+\sqrt{n}}{\sqrt{n^3}}$ 关于 n 是严格单调下降的.

③ 对 $x\in[a,b]$ 时,注意到

$$\left|\dfrac{e^{x^2}+\sqrt{n}}{\sqrt{n^3}}\right|\leqslant\dfrac{e^{c^2}+\sqrt{n}}{\sqrt{n^3}}\to 0,n\to\infty.$$

其中 $c=\max\{|a|,|b|\}$,因此 $\dfrac{e^{x^2}+\sqrt{n}}{\sqrt{n^3}}\rightrightarrows 0$,由狄利克雷判别法可知:

级数 $\displaystyle\sum_{n=1}^{\infty}(-1)^n\,\dfrac{e^{x^2}+\sqrt{n}}{n^{\frac{3}{2}}}$ 在 $[a,b]$ 上一致收敛.

【例 4.3.14】 讨论函数项级数 $\displaystyle\sum_{n=2}^{\infty}\dfrac{x^n}{n\ln n}$ 在 $[0,1)$ 上的一致收敛性.(中山大学 2018)

解 假设 $\displaystyle\sum_{n=2}^{\infty}\dfrac{x^n}{n\ln n}$ 在 $[0,1]$ 上一致收敛,则对于任意的 $\varepsilon>0$,存在 $N>0$,使得对任意的 $m\geqslant n>N$ 和 $x\in[0,1)$,成立 $\left|\displaystyle\sum_{k=n}^{m}\dfrac{x^k}{n\ln n}\right|<\varepsilon$,故

$$\left|\sum_{k=n}^{m}\dfrac{1}{k\ln k}\right|=\lim_{x\to 1^-}\left|\sum_{k=n}^{m}\dfrac{x^k}{k\ln k}\right|\leqslant\varepsilon,$$

故 $\displaystyle\sum_{n=2}^{\infty}\dfrac{1}{n\ln n}$ 收敛. 但是 $\dfrac{1}{x\ln x}$ 在 $x\geqslant 2$ 为单调递减正函数,故 $\displaystyle\sum_{n=2}^{\infty}\dfrac{1}{n\ln n}$ 收敛性和反常积分 $\displaystyle\int_{2}^{+\infty}\dfrac{\mathrm{d}x}{x\ln x}$ 收敛性相同,而

$$\int_{2}^{A}\dfrac{\mathrm{d}x}{x\ln x}=\ln\ln A-\ln\ln 2\to+\infty,$$

则 $\displaystyle\int_{2}^{+\infty}\dfrac{\mathrm{d}x}{x\ln x}$ 发散,故 $\displaystyle\sum_{n=2}^{\infty}\dfrac{1}{n\ln n}$ 发散,矛盾,因此,$\displaystyle\sum_{n=1}^{\infty}\dfrac{x^n}{n\ln n}$ 在 $[0,1)$ 上不一致收敛.

【例 4.3.15】 讨论级数 $\displaystyle\sum_{n=1}^{\infty}\dfrac{x+n(-1)^n}{x^2+n^2}$ 的和函数在 $(-\infty,+\infty)$ 上的连续性.(上海交通大学 2008)

解 因为 $\displaystyle\sum_{n=1}^{\infty}\dfrac{x+n(-1)^n}{x^2+n^2}=\sum_{n=1}^{\infty}\dfrac{x}{x^2+n^2}+\sum_{n=1}^{\infty}\dfrac{n(-1)^n}{x^2+n^2}.$

由于对 $x\in[a,b]$,$\left|\dfrac{x}{x^2+n^2}\right|\leqslant(|a|+|b|)\dfrac{1}{n^2}$,所以 $\displaystyle\sum_{n=1}^{\infty}\dfrac{x}{x^2+n^2}$ 在 $(-\infty,+\infty)$ 上内闭一致收敛.

又由级数 $\sum\limits_{n=1}^{\infty}\dfrac{n(-1)^n}{x^2+n^2}$ 在 $(-\infty,+\infty)$ 上一致收敛,于是级数 $\sum\limits_{n=1}^{\infty}\dfrac{x+n(-1)^n}{x^2+n^2}$ 在 $(-\infty,+\infty)$ 上内闭一致收敛. 又级数的每一项在 $(-\infty,+\infty)$ 上连续,故级数 $\sum\limits_{n=1}^{\infty}\dfrac{x+n(-1)^n}{x^2+n^2}$ 的和函数在 $(-\infty,+\infty)$ 上连续.

【例 4.3.16】 证明函数项级数 $\sum\limits_{n=1}^{\infty}\dfrac{x^n}{1+x^n}$ 在 $(0,1)$ 上不一致收敛,但在 $[-\delta,\delta]$ $(0<\delta<1)$ 上一致收敛. (南京理工大学 2007)

解 记 $u_n(x)=\dfrac{x^n}{1+x^n}$,则 $\lim\limits_{n\to\infty}u_n(x)=0$.

由于 $\sup\limits_{x\in(0,1)}|\,f_n(x)-f(x)\,|=\sup\limits_{x\in(0,1)}\dfrac{x^n}{1+x^n}=\dfrac{1}{2}\not\to 0(n\to\infty)$,因此 $\{u_n(x)\}$ 在 $(0,1)$ 上不一致收敛于 0,从而函数项级数 $\sum\limits_{n=1}^{\infty}\dfrac{x^n}{1+x^n}$ 在 $(0,1)$ 上不一致收敛.

又 $\forall x\in[-\delta,\delta]$,$\left|\dfrac{x^n}{1+x^n}\right|\leqslant\dfrac{|\,x\,|^n}{1-|\,x\,|^n}\leqslant\dfrac{\delta^n}{1-\delta^n}$. 由于 $\lim\limits_{n\to\infty}\dfrac{\frac{\delta^n}{1-\delta^n}}{\delta^n}=\lim\limits_{n\to\infty}\dfrac{1}{1-\delta^n}=1$,且 $\sum\limits_{n=1}^{\infty}\delta^n$ 收敛,于是级数 $\sum\limits_{n=1}^{\infty}\dfrac{\delta^n}{1-\delta^n}$ 收敛,从而函数项级数 $\sum\limits_{n=1}^{\infty}\dfrac{x^n}{1+x^n}$ 在 $[-\delta,\delta]$ $(0<\delta<1)$ 上一致收敛.

【例 4.3.17】 设 $S(x)=\sum\limits_{n=1}^{\infty}\dfrac{\cos nx}{n\cdot\sqrt{n}}$,$x\in(-\infty,+\infty)$,计算积分 $\int_0^x S(x)\mathrm{d}t$.

解 因为 $\left|\dfrac{\cos nx}{n\cdot\sqrt{n}}\right|\leqslant\dfrac{1}{n^{\frac{3}{2}}}$,$x\in(-\infty,+\infty)$,由 M 判别法知 $\sum\limits_{n=1}^{\infty}\dfrac{\cos nx}{n\cdot\sqrt{n}}$ 在 $(-\infty,+\infty)$ 上一致收敛. 显然 $\dfrac{\cos nx}{n\cdot\sqrt{n}}(n=1,2,\cdots)$ 在 $(-\infty,+\infty)$ 上连续,有

$$\int_0^x S(t)\mathrm{d}t=\sum\limits_{n=1}^{\infty}\int_0^x\dfrac{\cos nx}{n\cdot\sqrt{n}}\mathrm{d}t=\sum\limits_{n=1}^{\infty}\dfrac{\sin nx}{n^2\sqrt{n}}.$$

【例 4.3.18】 解答如下问题:

(1) 证明: $\sum\limits_{n=0}^{\infty}\dfrac{\mathrm{e}^{-nx}}{n^2+1}$ 当 $x\geqslant 0$ 时收敛,当 $x<0$ 时发散.

(2) 证明: $f(x)=\sum\limits_{n=0}^{\infty}\dfrac{\mathrm{e}^{-nx}}{n^2+1}$ 在 $[0,+\infty)$ 上连续,在 $(0,+\infty)$ 上有任意阶导数. (郑州大学 2021)

证明 (1) 当 $x\geqslant 0$ 时,$\left|\dfrac{\mathrm{e}^{-nx}}{n^2+1}\right|\leqslant\dfrac{1}{n^2+1}$,而 $\sum\limits_{n=0}^{\infty}\dfrac{1}{n^2+1}$ 收敛,所以 $\sum\limits_{n=0}^{\infty}\dfrac{\mathrm{e}^{-nx}}{n^2+1}$ 收敛. 当 $x<0$ 时,$\lim\limits_{n\to+\infty}\dfrac{\mathrm{e}^{-nx}}{n^2+1}=+\infty$,故 $\sum\limits_{n=0}^{\infty}\dfrac{\mathrm{e}^{-nx}}{n^2+1}$ 发散.

(2) 由(1)知,当 $x \geqslant 0$ 时, $\displaystyle\sum_{n=0}^{\infty} \frac{\mathrm{e}^{-nx}}{n^2+1}$ 收敛且一致收敛,对任意的正整数 n, $\dfrac{\mathrm{e}^{-nx}}{n^2+1}$ 都

在 $[0,+\infty)$ 上连续,故 $f(x) = \displaystyle\sum_{n=0}^{\infty} \frac{\mathrm{e}^{-nx}}{n^2+1}$ 在 $[0,+\infty)$ 上连续. 记 $u_n(x) = \dfrac{\mathrm{e}^{-nx}}{n^2+1}$, 则

$$u_n^{(k)}(x) = \frac{(-1)^k n^k \mathrm{e}^{-nx}}{n^2+1} = \frac{(-1)^k n^k}{n^2+1} \cdot \left(\sum_{k=0}^{\infty} \frac{n^k}{k!} x^k \right)^{-1}.$$

对 $\forall \delta > 0$, 当 $x \geqslant \delta$ 时,

$$| u_n^{(k)}(x) | \leqslant \frac{n^k}{n^2+1} \cdot \frac{k!}{n^k \delta^k} = \frac{k!}{\delta^k} \cdot \frac{1}{n^2+1},$$

$\displaystyle\sum_{n=0}^{\infty} \frac{1}{n^2+1}$ 收敛,故 $\displaystyle\sum_{n=0}^{\infty} u_n^{(k)}(x), k=1,2,\cdots$ 在 $[\delta,+\infty)$ 上一致收敛.

又 $\displaystyle\sum_{n=0}^{\infty} u_n^{(k)}(x) \in [\delta,+\infty), k=1,2,\cdots$ 故 $\displaystyle\sum_{n=0}^{\infty} u_n^{(k)}(x)$ 在 $(0,+\infty)$ 上内闭一致收敛,
且在 $(0,+\infty)$ 上有任意阶导数,即 $f(x)$ 在 $(0,+\infty)$ 上有任意阶导数.

【例 4.3.19】 (1) 证明: $\displaystyle\sum_{n=1}^{\infty} \frac{(-1)^n n(n+1)}{n(n+1)x^2+2^n}$ 关于 $x \in (-\infty,+\infty)$ 一致收敛.

(2) 计算 $\displaystyle\lim_{x \to 0} \sum_{n=1}^{\infty} \frac{(-1)^n n(n+1)}{n(n+1)x^2+2^n}$. (华中科技大学 2022)

解 (1) $\left| \dfrac{(-1)^n n(n+1)}{n(n+1)x^2+2^n} \right| \leqslant \dfrac{n(n+1)}{2^n}$, 而

$$\lim_{n \to \infty} \frac{\dfrac{(n+1)(n+2)}{2^{n+1}}}{\dfrac{n(n+1)}{2^n}} = \frac{1}{2} < 1,$$

故 $\displaystyle\sum_{n=1}^{\infty} \frac{n(n+1)}{2^n}$ 收敛,故原级数关于 $x \in (-\infty,+\infty)$ 一致收敛.

(2) 由(1)可知:

$$\lim_{x \to 0} \sum_{n=1}^{\infty} \frac{(-1)^n n(n+1)}{n(n+1)x^2+2^n} = \sum_{n=1}^{\infty} \frac{(-1)^n n(n+1)}{2^n},$$

考虑级数 $\displaystyle\sum_{n=1}^{\infty} (-1)^n n(n+1)x^n$, 令 $f(x) = \displaystyle\sum_{n=1}^{\infty} (-1)^n n(n+1)x^n, x \in (-1,1)$,

$$g(x) = \frac{f(x)}{x} = \frac{\displaystyle\sum_{n=1}^{\infty} (-1)^n n(n+1)x^n}{x} = \sum_{n=1}^{\infty} (-1)^n n(n+1)x^{n-1}.$$

逐项求导可知,

$$h(x) = \int_0^x g(t)dt = \sum_{n=1}^{\infty}(-1)^n(n+1)x^n = \frac{-2x-x^2}{(1+x)^2},$$

所以 $g(x) = h'(x) = \frac{-2}{(1+x)^3}, f(x) = xg(x) = \frac{-2x}{(1+x)^3},$

从而得 $\sum_{n=1}^{\infty} \frac{(-1)^n n(n+1)}{2^n} = f\left(\frac{1}{2}\right) = -\frac{8}{27}.$

【例 4.3.20】 证明函数项级数 $\sum_{n=1}^{\infty} \frac{(1-x)x^n}{1-x^{2n}}\cos n\pi,$

(1) 在区间 $\left[0, \frac{1}{2}\right]$ 上一致收敛；

(2) 在区间 $\left(\frac{1}{2}, 1\right)$ 上一致收敛. (中国科学技术大学 2021)

解 （1）由于 $\left|\frac{(1-x)x^n}{1-x^{2n}}\cos n\pi\right| \leqslant \left|\frac{x^n}{1+x+x^2+\cdots+x^{2n-1}}\right| < \left(\frac{1}{2}\right)^n$，且

$\sum_{n=1}^{\infty}\left(\frac{1}{2}\right)^n$ 收敛，所以由魏尔斯特拉斯判别法知：级数 $\sum_{n=1}^{\infty}\frac{(1-x)x^n}{1-x^{2n}}\cos n\pi$ 在 $\left[0,\frac{1}{2}\right]$ 上

一致收敛.

（2）令 $a_n = \frac{(1-x)x^n}{1-x^{2n}}$，由于 $1-x^{2n} > 0$ 且递增，$(1-x)x^n > 0$ 且递减，所以 a_n 单

调递减又 $\lim_{n\to\infty}\frac{(1-x)x^n}{1-x^{2n}} = 0, 2\sin\frac{\pi}{2}\sum_{k=1}^{n}\cos kx = \sin\left(n+\frac{1}{2}\right) - \sin\frac{x}{2},$

则 $\left|\sum_{k=1}^{n}\cos kx\right| \leqslant \frac{1}{\sin\frac{x}{2}} \leqslant \frac{1}{\sin\frac{1}{4}}$，所以 $\sum_{k=1}^{n}\cos kx$ 有界.

由狄利克雷判别法知：$\sum_{n=1}^{\infty}\frac{(1-x)x^n}{1-x^{2n}}\cos n\pi$ 在区间 $\left(\frac{1}{2}, 1\right)$ 上一致收敛.

【例 4.3.21】 证明级数 $\sum_{n=0}^{\infty}\int_0^x t^n\sin\pi t\,dt$ 在 $x \in [0,1]$ 上一致收敛. (厦门大学 2022)

证明 由于

$$\left|\int_0^x t^n\sin\pi t\,dt\right| \leqslant \left|\int_0^1 t^n\sin\pi t\,dt\right| \leqslant \frac{\pi}{n+1}\int_0^1 t^{n+1}dt \leqslant \frac{\pi}{n+1}\int_0^1 t^n dt = \frac{\pi}{(n+1)^2}$$

且级数 $\sum_{n=1}^{\infty}\frac{\pi}{(n+1)^2}$ 收敛，所以原级数一致收敛.

【例 4.3.22】 对狄利克雷级数 $\sum_{n=1}^{\infty}\frac{a_n}{n^x}$，若级数 $\sum_{n=1}^{\infty}\frac{a_n}{n^x}$ 在 $x=x_0$ 处收敛，证明：级数

$\sum_{n=1}^{\infty}\frac{a_n}{n^x}$ 在 $[x_0, +\infty)$ 上一致收敛，特别地，级数 $\sum_{n=1}^{\infty}\frac{a_n}{n^x}$ 在 $x > x_0+1$ 时绝对收敛. (中国

科学院大学 2023)

证明　由题意可知级数 $\displaystyle\sum_{n=1}^{\infty}\frac{a_n}{n^x}$ 在 $x=x_0$ 处收敛,即 $\displaystyle\sum_{n=1}^{\infty}\frac{a_n}{n^{x_0}}$ 收敛.

(1) 当 $x>x_0$ 时,由于 $\dfrac{1}{n^x}$ 关于 n 递减,又关于 x 一致有界.由阿贝尔判别法可知:级

数 $\displaystyle\sum_{n=1}^{\infty}\frac{a_n}{n^x}$ 在 $[x_0,+\infty)$ 上一致收敛.

(2) 当 $x>x_0+1$ 时,显然级数 $\displaystyle\sum_{n=1}^{\infty}\frac{a_n}{n^{\frac{x-1+x_0}{2}}}$ 收敛,即 $\exists M>0,\forall n\geqslant 1$,有

$\left|\dfrac{a_n}{n^{\frac{x-1+x_0}{2}}}\right|\leqslant M$,从而

$$\left|\frac{a_n}{n^x}\right|=\left|\frac{a_n}{n^{\frac{x-1+x_0}{2}}}\right|\cdot\frac{1}{n^{\frac{x+1-x_0}{2}}}\leqslant\frac{M}{n^{\frac{x+1-x_0}{2}}}.$$

由比较判别法可知:狄利克雷级数在 $x>x_0+1$ 时绝对收敛.

【例 4.3.23】　(1) 设对每个 $n=1,2,\cdots,u_n(x)$ 在 $[a,b]$ 上连续,函数项级数 $\displaystyle\sum_{n=1}^{\infty}u_n(x)$

在 (a,b) 内一致收敛,证明:数项级数 $\displaystyle\sum_{n=1}^{\infty}u_n(a),\sum_{n=1}^{\infty}u_n(b)$ 均收敛.

(2) 设 $f(x)=\displaystyle\sum_{n=1}^{\infty}\left(x+\frac{1}{n}\right)^n$,确定 $f(x)$ 的定义域 D,并证明:$\displaystyle\sum_{n=1}^{\infty}\left(x+\frac{1}{n}\right)^n$ 在 D

上不一致收敛.（中南大学 2013）

证明　(1) 数 $\displaystyle\sum_{n=1}^{\infty}u_n(x)$ 在 (a,b) 上一致收敛,故对任意 $\varepsilon>0$,存在 $N>0$,使得对

任意 $m>n>N$ 和 $x\in(a,b)$,有 $\left|\displaystyle\sum_{k=n}^{m}u_k(x)\right|<\varepsilon$.

对每个 $n=1,2,\cdots,u_n(x)$ 在 $[a,b]$ 上连续,取极限,可得

$$\left|\sum_{k=n}^{m}u_k(a)\right|\leqslant\varepsilon,\quad\left|\sum_{k=n}^{m}u_k(b)\right|\leqslant\varepsilon,$$

故数项级数 $\displaystyle\sum_{n=1}^{\infty}u_n(a),\sum_{n=1}^{\infty}u_n(b)$ 均收敛.

(2) $\displaystyle\lim_{n\to\infty}\sqrt[n]{\left|\left(x+\frac{1}{n}\right)^n\right|}=|x|$,故当 $|x|<1$ 时,级数收敛,当 $|x|\geqslant 1$ 时,级数发

散,而 $\left(\pm 1+\dfrac{1}{n}\right)^n$ 不趋于零,故级数在 $x=\pm 1$ 发散,故 $D=(-1,1)$.

但 $\displaystyle\lim_{n\to\infty}\sup_{x\in D}\left|\left(x+\frac{1}{n}\right)^n\right|=\lim_{n\to\infty}\left(1+\frac{1}{n}\right)^n=\mathrm{e}$,故级数在 D 上不一致收敛.

 **练习题**

1. 证明函数列 $f_n(x) = x^n - x^{2n}, n = 1, 2, \cdots$，在 $[0,1]$ 上非一致收敛.（湖北大学 2010）

2. 讨论函数列 $f_n(x) = \mathrm{e}^{-nx^2} \cos x, n \geqslant 1, x \in [-1,1]$ 的一致收敛性.（厦门大学 2011）

3. 讨论函数列 $f_n(x) = \dfrac{nx}{1+nx}, n = 1, 2, \cdots$，在 $[0, +\infty)$ 和 $[a, +\infty)(a > 0)$ 所定义区间上的一致收敛性及其极限函数的连续性，可积性和可微性.

4. 设函数列 $f_n(x) = \dfrac{x}{1+n^2 x^2}, n = 1, 2, \cdots$，证明：① $\{f_n(x)\}$ 在 $(-\infty, +\infty)$ 内一致收敛；$\{f_n'(x)\}$ 在 $(-\infty, +\infty)$ 内非一致收敛.（中国科学院大学 2012）

5. 讨论函数列 $f_n(x) = \begin{cases} -(n+1)x + 1, & \left(0 \leqslant x \leqslant \dfrac{1}{1+n}\right), \\ 0, & \left(\dfrac{1}{1+n} < x \leqslant 1\right), \end{cases} n = 1, 2, \cdots$，的一致收敛性.

6. 讨论函数列 $f_n(x) = \sin \dfrac{x}{n}, n = 1, 2, \cdots$，在 $[-L, L]$ 和 $(-\infty, +\infty)$ 的一致收敛性.

7. 设 f 为定义在区间 (a,b) 内的任一函数，记 $f_n(x) = \dfrac{[nf(x)]}{n}, n = 1, 2, \cdots$，证明函数列 $\{f_n\}$ 在 (a,b) 内一致收敛于 f.

8. 设 $f_n(x) = \displaystyle\sum_{k=1}^{\infty} \dfrac{1}{n} \cos\left(x + \dfrac{k}{n}\right), n = 1, 2, \cdots$，证明：在 $(-\infty, +\infty)$ 上 $\{f_n(x)\}$ 一致收敛.

9. 设 $f(x)$ 在 $[a,b]$ 上连续，$f(x) > 0$，证明：$\{\sqrt[n]{f(x)}\}$ 在 $[a,b]$ 上一致收敛于 1.（四川大学 2023）

10. 设 $f(x)$ 在 $[a,b]$ 上可微，且存在 $M > 0$ 对所有的 $x \in [a,b]$ 及 n 都有 $|f'(x)| < M$，若 $\lim\limits_{n \to \infty} f_n(x) = f(x)$，证明：$\{f_n(x)\}$ 一致收敛于 $f(x)$.（中国科学技术大学 2020）

11. 证明：函数项级数 $\displaystyle\sum_{n=1}^{\infty} 2^n \sin \dfrac{1}{3^n x}$ 在 $(0, +\infty)$ 上处处收敛，而不一致收敛.

12. 证明当 $\alpha > 2$ 时函数项级数 $\displaystyle\sum_{n=1}^{\infty} x^\alpha \mathrm{e}^{-nx^2}$ 在 $(0, +\infty)$ 上一致收敛.（中国科学院大学 2012）

13. 讨论级数 $\displaystyle\sum_{n=1}^{\infty} \sqrt{n} x^2 (1-x)^n$ 在 $[0,1]$ 上是否一致收敛并判断和函数的连续性.（福州大学 2021）

14. 证明函数项级数 $\displaystyle\sum_{n=1}^{\infty} \dfrac{x^n(1-x)}{\ln(n+1)}$ 在 $[0,1]$ 上一致收敛.（湖南师范大学 2008）

15. 讨论函数项级数 $\sum\limits_{n=1}^{\infty}\dfrac{(-1)^n}{(1+x^2)^n}$ 在 $(-\infty,+\infty)$ 上的收敛性和一致收敛性.（浙江大学 2011）

16. 讨论函数项级数 $\sum\limits_{n=1}^{\infty}\dfrac{(-1)^{n-1}x^2}{(1+x^2)^n},x\in(-\infty,+\infty)$ 的一致收敛性.

17. 讨论函数项级数 $\sum\limits_{n=1}^{\infty}\dfrac{(-1)^{n-1}}{x^2+n},x\in(-\infty,+\infty)$ 的一致收敛性.

18. 证明：函数项级数 $\sum\limits_{n=1}^{\infty}\dfrac{\sin nx}{n^x}$ 在 $(0,+\infty)$ 内非一致收敛，但在 $(0,+\infty)$ 内连续.（南开大学 2014）

19. 设 $S(x)=\sum\limits_{n=1}^{\infty}n\mathrm{e}^{-nx}(x>0)$，计算积分 $\int_{\ln 2}^{\ln 3}S(x)\mathrm{d}t$.

20. 求极限 $\lim\limits_{x\to 0^+}\sum\limits_{n=1}^{\infty}\dfrac{1}{2^n n^x}$.（北京大学 1998）

21. 证明：级数 $\sum\limits_{n=1}^{\infty}\left(x+\dfrac{3}{2n}\right)^n$ 在 $(-1,1)$ 上连续.（东北师范大学 2022）

22. 讨论函数项级数 $\sum\limits_{n=1}^{\infty}\dfrac{\sin nx}{\sqrt{n+x}},x\in[0,\pi]$ 的一致收敛性.（西安交通大学 2011）

23. 已知 $u_n(x)=\dfrac{\cos nx}{n\sqrt{n}},x\in(-\infty,+\infty)$，证明：

(1) $\sum\limits_{n=1}^{\infty}u_n(x)$ 在 $(-\infty,+\infty)$ 上一致收敛；

(2) 设 $S(x)=\sum\limits_{n=1}^{\infty}u_n(x)$，求 $\int_0^{\pi}S(x)\mathrm{d}x$；

(3) 在区间 $(0,2\pi)$ 上 $S(x)$ 是否可以逐项求导，若可以，求 $S'(x),x\in(0,2\pi)$；若不可，说明理由.（湖南大学 2020）

24. 若级数 $\sum\limits_{n=1}^{\infty}a_n$ 收敛，证明：级数 $\sum\limits_{n=1}^{\infty}\dfrac{a_n}{n^x}$ 关于 $x\in[0,+\infty)$ 一致收敛.（厦门大学 2023）

25. 设 $f(x)=\sum\limits_{n=1}^{\infty}\left(x+\dfrac{1}{n}\right)^n$. 请确定 $f(x)$ 的定义域，并讨论 $f(x)$ 在定义域内的连续性.（合肥工业大学 2023）

26. 若函数项级数 $\sum\limits_{n=0}^{\infty}u_n(x)$ 在 $\mathbb{R}$ 上一致收敛于 $S(x)$，且对每个 $n,u_n(x)$ 在 $\mathbb{R}$ 上一致连续，证明：$S(x)$ 在 $\mathbb{R}$ 上也一致连续.（中南大学 2011）

27. 讨论级数 $\sum\limits_{n=1}^{\infty}\dfrac{(-1)^n}{n^{\alpha+\frac{1}{n}}}(\alpha>0)$ 的绝对收敛性和一致收敛性.（南昌大学 2024）

28. 设 $\{f_n\}$ 是 $[a,b]$ 上的连续函数列，且对 $\forall x\in[a,b]$，有 $f_n(x)\leqslant f_{n+1}(x)$，$n=1,2,\cdots$证明：如果 $\{f_n\}$ 收敛于连续函数 f，那么 $\{f_n\}$ 必定一致收敛于 f.（东北师范大学 2024）

29. 设 $\phi(x)$ 对 $x>0$ 有意义,对充分大的 x,有

$$\phi(x)=a_0+\frac{a_1}{x}+\frac{a_2}{x^2}+\cdots+\frac{a_k}{x^k}+\cdots=a_0+\sum_{k=1}^{+\infty}\frac{a_k}{x^k},$$

其中 a_k 为实数,证明:级数 $\phi(1)+\phi(2)+\phi(3)+\cdots+\phi(n)+\cdots=\sum_{n=1}^{+\infty}\phi(n)$ 收敛的充要条件为 $a_0=a_1=0$.(安徽大学 2024)

30. 设 $\{f_n(x)\}$ 是闭区间 $[a,b]$ 上一致收敛于 $f(x)$ 的可积函数列. 证明:函数 $f(x)$ 在闭区间 $[a,b]$ 上可积,且 $\int_a^b f(x)\mathrm{d}x=\lim_{n\to+\infty}\int_a^b f_n(x)\mathrm{d}x$.(武汉大学 2024)

31. 设 $f_n(x)=n^\alpha x\mathrm{e}^{-nx}$,$(n=1,2,\cdots)$,问

(1) 当 α 为何值时,$\{f_n(x)\}$ 在$[0,1]$上收敛?

(2) 当 α 为何值时,$\{f_n(x)\}$ 在$[0,1]$上一致收敛?

(3) 当 α 为何值时,等式 $\lim_{n\to+\infty}\int_0^1 f_n(x)\mathrm{d}x=\int_0^1\lim_{n\to+\infty}f_n(x)\mathrm{d}x$ 成立?(东南大学 2024)

4.4 幂级数

4.4.1 主要知识点

1. 幂级数的形式

一般形式:$\sum_{n=0}^{\infty}a_n(x-x_0)^n$;特殊形式:$\sum_{n=0}^{\infty}a_n x^n$.

2. 阿贝尔定理

若幂级数 $\sum_{n=0}^{\infty}a_n x^n$ 在 $x=\bar{x}\neq 0$ 收敛,则对满足不等式 $|x|<|\bar{x}|$ 的任何 x,幂级数 $\sum_{n=0}^{\infty}a_n x^n$ 收敛而且绝对收敛;若幂级数 $\sum_{n=0}^{\infty}a_n x^n$ 在 $x=\bar{x}$ 发散,则对满足不等式 $|x|>|\bar{x}|$ 的任何 x,幂级数 $\sum_{n=0}^{\infty}a_n x^n$ 发散.

3. 幂级数的收敛半径和收敛区间

幂级数 $\sum_{n=0}^{\infty}a_n x^n$ 的收敛域是以原点为中心的区间,若以 $2R$ 表示区间的长度,则称 R 为幂级数的收敛半径.

(1) 当 $R=0$ 时,幂级数 $\sum_{n=0}^{\infty}a_n x^n$ 仅在 $x=0$ 处收敛;

（2）当 $R = \infty$ 时，幂级数 $\sum\limits_{n=0}^{\infty} a_n x^n$ 在 $(-\infty, +\infty)$ 上收敛；

（3）当 $R > 0$ 时，幂级数 $\sum\limits_{n=0}^{\infty} a_n x^n$ 在 $(-R, +R)$ 内收敛；对一切满足不等式 $|x| > R$ 的 x，幂级数 $\sum\limits_{n=0}^{\infty} a_n x^n$ 都发散；在 $x = \pm R$ 处，可能收敛也可能发散.

（4）$(-R, R)$ 称为幂级数 $\sum\limits_{n=0}^{\infty} a_n x^n$ 的收敛区间.

4. 幂级数收敛半径定理

对于幂级数 $\sum\limits_{n=0}^{\infty} a_n x^n$，若 $\lim\limits_{n \to \infty} \sqrt[n]{|a_n|} = \rho$，或 $\lim\limits_{n \to \infty} \dfrac{|a_{n+1}|}{|a_n|} = \rho$，则

（1）当 $0 < \rho < +\infty$ 时，幂级数 $\sum\limits_{n=0}^{\infty} a_n x^n$ 的收敛半径是 $R = \dfrac{1}{\rho}$；

（2）当 $\rho = 0$ 时，幂级数 $\sum\limits_{n=0}^{\infty} a_n x^n$ 的收敛半径是 $R = +\infty$；

（3）当 $\rho = +\infty$ 时，幂级数 $\sum\limits_{n=0}^{\infty} a_n x^n$ 的收敛半径是 $R = 0$.

5. 幂级数的一致收敛性质

（1）设幂级数 $\sum\limits_{n=0}^{\infty} a_n x^n$ 的收敛半径为 $R(> 0)$，则在它的收敛区间 $(-R, R)$ 内任意闭区间 $[a, b]$ 上幂级数都一致收敛.

（2）设幂级数 $\sum\limits_{n=0}^{\infty} a_n x^n$ 的收敛半径为 $R(> 0)$，且在 $x = R$（或 $x = -R$）时收敛，则幂级数在 $[0, R]$（或 $[-R, 0]$）上一致收敛.

6. 幂级数的分析性质

（1）幂级数 $\sum\limits_{n=0}^{\infty} a_n x^n$ 的和函数是 $(-R, R)$ 内的连续函数；若幂级数在收敛区间的左（右）端点上收敛，则其和函数也在这一端点上右（或左）连续.

（2）幂级数 $\sum\limits_{n=0}^{\infty} a_n x^n$ 与其逐项求导及逐项积分所得的幂级数具有相同的收敛区间.

（3）设幂级数 $\sum\limits_{n=0}^{\infty} a_n x^n$ 在收敛区间 $(-R, R)$ 内的和函数为 $f(x)$，$\forall x \in (-R, R)$，则

① $f(x)$ 在 x 可导，且 $f'(x) = \sum\limits_{n=1}^{\infty} n a_n x^{n-1}$；

② $f(x)$ 在 0 与 x 这个区间上可积，且 $\int_0^x f(t)\mathrm{d}t = \sum\limits_{n=0}^{\infty} \dfrac{a_n}{n+1} x^{n+1}$.

（4）记 $f(x)$ 为幂级数 $\sum\limits_{n=0}^{\infty} a_n x^n$ 在收敛区间 $(-R, R)$ 内的和函数，则在 $(-R, R)$ 内具有任意阶导数，求可逐项求导任意次，即

$$f'(x) = a_1 + 2a_2x + 3a_3x^2 + \cdots + na_nx^{n-1} + \cdots$$

$$f''(x) = 2a_2 + 3 \cdot 2a_3x + \cdots + n(n-1)a_nx^{n-2} + \cdots$$

$$f^{(n)}(x) = n! \, a_n + (n+1)n(n-1)\cdots 2a_{n+1}x + \cdots$$

(5) 记 $f(x)$ 为幂级数 $\sum\limits_{n=0}^{\infty} a_nx^n$ 在 $x=0$ 的某邻域内的和函数,则幂级数的系数与 $f(x)$ 在 $x=0$ 处的各阶导数有如下关系:

$$a_0 = f(0), a_n = \frac{f^{(n)}(0)}{n!}, n = 1, 2, \cdots \qquad .$$

7. 幂级数的运算

(1) 若幂级数 $\sum\limits_{n=0}^{\infty} a_nx^n$ 与 $\sum\limits_{n=0}^{\infty} b_nx^n$ 在 $x=0$ 的某邻域内有相同的和函数,则称这两个幂级数在此邻域内相等.

(2) 幂级数 $\sum\limits_{n=0}^{\infty} a_nx^n$ 与 $\sum\limits_{n=0}^{\infty} b_nx^n$ 在 $x=0$ 的某邻域内相等 $\Rightarrow a_n = b_n, n = 0, 1, 2, \cdots$

(3) 若幂级数 $\sum\limits_{n=0}^{\infty} a_nx^n$ 与 $\sum\limits_{n=0}^{\infty} b_nx^n$ 的收敛半径分别为 R_a 与 R_b,则有

$$\lambda \sum_{n=0}^{\infty} a_nx^n = \sum_{n=0}^{\infty} \lambda a_nx^n, \mid x \mid < R_a,$$

$$\sum_{n=0}^{\infty} a_nx^n \pm \sum_{n=0}^{\infty} b_nx^n = \sum_{n=0}^{\infty} (a_n + b_n)x^n, \mid x \mid < R,$$

$$\left(\sum_{n=0}^{\infty} a_nx^n\right) \left(\sum_{n=0}^{\infty} b_nx^n\right) = \sum_{n=0}^{\infty} c_nx^n, \mid x \mid < R,$$

其中 λ 为常数,$R = \min\{R_a, R_b\}$,$c_n = \sum\limits_{k=0}^{n} a_kb_{n-k}$.

8. 泰勒级数

(1) 设 $f(x)$ 在 $x = x_0$ 处存在任意阶的导数,则称

$$f(x_0) + f'(x_0)(x - x_0) + \frac{f''(x_0)}{2!}(x - x_0)^2 + \cdots + \frac{f^{(n)}(x_0)}{n!}(x - x_0)^n + \cdots$$

为 $f(x)$ 在 x_0 的泰勒级数,当 $x_0 = 0$ 时,称级数

$$f(0) + f'(0)x + \frac{f''(0)}{2!}x^2 + \cdots + \frac{f^{(n)}(0)}{n!}x^n + \cdots$$

为函数的麦克劳林级数.

(2) $f(x)$ 在 x_0 的泰勒级数收敛于 $f(x) \Leftrightarrow \lim\limits_{n\to\infty} R_n(x) = 0$,其中 $R_n(x)$ 为 $f(x)$ 在 x_0 的泰勒公式余项.

(3) 余项的形式

① 皮亚诺型余项

$$R_n(x) = o((x-x_0)^n), R_n(x) = o(x^n).$$

② 拉格朗日型余项

$$R_n(x) = \frac{f^{(n+1)}(\xi)}{(n+1)!}(x-x_0)^{n+1} \ (\xi \text{ 介于 } x_0 \text{ 与 } x \text{ 之间})$$

$$= \frac{f^{(n+1)}(x_0+\theta(x-x_0))}{(n+1)!}(x-x_0)^{n+1}, 0 < \theta < 1.$$

$$R_n(x) = \frac{f^{(n+1)}(\xi)}{(n+1)!}x^{n+1} \ (\xi \text{ 介于 } 0 \text{ 与 } x \text{ 之间})$$

$$= \frac{f^{(n+1)}(\theta x)}{(n+1)!}x^{n+1}, 0 < \theta < 1.$$

③ 柯西型余项

$$R_n(x) = \frac{f^{(n+1)}(\xi)}{n!}(x-\xi)^n(x-x_0) \ (\xi \text{ 介于 } x_0 \text{ 与 } x \text{ 之间})$$

$$= \frac{f^{(n+1)}(x_0+\theta(x-x_0))}{n!}(1-\theta)^n(x-x_0)^{n+1}, 0 < \theta < 1.$$

$$R_n(x) = \frac{f^{(x)}(x)}{n!}(x-\xi)^n x \ (\xi \text{ 介于 } 0 \text{ 与 } x \text{ 之间})$$

$$= \frac{f^{(n+1)}(x_0+\theta(x-x_0))}{n!}(1-\theta)^n x^{n+1}, 0 < \theta < 1.$$

④ 积分型余项

$$R_n(x) = \frac{1}{n!}\int_{x_0}^{x} f^{(n+1)}(t)(x-t)^n \mathrm{d}t,$$

$$R_n(x) = \frac{1}{n!}\int_{0}^{x} f^{(n+1)}(t)(x-t)^n \mathrm{d}t.$$

(4) 五个基本展开式

① $e^x = 1 + x + \dfrac{x^2}{2!} + \cdots + \dfrac{x^n}{n!} + \cdots, x \in \mathbb{R}.$

② $\sin x = x - \dfrac{x^3}{3!} + \dfrac{x^5}{5!} - \cdots + (-1)^{n-1}\dfrac{x^{2n-1}}{(2n-1)!} + \cdots, x \in \mathbb{R}.$

③ $\cos x = 1 - \dfrac{x^2}{2!} + \dfrac{x^4}{4!} - \cdots + (-1)^n\dfrac{x^{2n}}{(2n)!} + \cdots, x \in \mathbb{R}.$

④ $(1+x)^a = 1 + \alpha x + \dfrac{\alpha(\alpha-1)}{2!}x^2 + \cdots + \dfrac{\alpha(\alpha-1)\cdots(\alpha-n+1)}{n!}x^n + \cdots, |x| < 1.$

⑤ $\ln(1+x) = x - \dfrac{x^2}{2} + \dfrac{x^3}{3} - \cdots + (-1)^{n-1}\dfrac{x^n}{n} + \cdots, x \in (-1,1].$

9. 函数的幂级数展开的方法

(1) 直接法

先求出函数在 $x = x_0$ 处的各阶导数,其次估计余项,证明 $\lim\limits_{n \to \infty} R_n(x) = 0$,最后写出函

数的展开式.

（2）间接法

利用基本展开式,经过四则运算或变量替换得到函数的幂级数展开式,或在收敛区间内用逐项求导或逐项积分求出函数的导数或原函数,再经逆运算得到函数的幂级数展开式.

4.4.2 幂级数的收敛域与和函数的求法

【例 4.4.1】 求幂级数的 $\sum_{n=1}^{\infty} \dfrac{(n!)^2}{(2n)!} x^n$ 收敛半径与收敛域.

解 由于 $\dfrac{a_{n+1}}{a_n} = \dfrac{[(n+1)!]^2}{[(n+1)!]} \dfrac{(2n)!}{(n!)^2} = \dfrac{(n+1)^2}{(2n+2)(2n+1)}$, 所以 $\lim\limits_{n\to\infty} \left| \dfrac{a_{n+1}}{a_n} \right| = \dfrac{1}{4}$,

收敛半径 $R=4$, 当 $x=\pm 4$ 时,这个级数为 $\sum_{n=0}^{\infty} \dfrac{(n!)^2}{(2n)!} (\pm 4)^n$, 记通项为 u_n,

则有 $|u_n| = \dfrac{(n!)^2 4^n}{(2n)!} = \dfrac{(n!)^2 \cdot 2^{2n}}{(2n)!} = \dfrac{2\cdot 4\cdot 6\cdots 2n}{1\cdot 3\cdot 5\cdots(2n-1)} > \sqrt{2n+1}$.

于是 $\lim\limits_{n\to\infty} |u_n| = +\infty$, 所以当 $x=\pm 4$ 时,级数 $\sum_{n=0}^{\infty} \dfrac{(n!)^2}{(2n)!} x^n$ 发散,从而可知这个级数的收敛域为 $(-4,4)$.

【例 4.4.2】 求幂级数 $\sum_{n=1}^{\infty} \dfrac{1}{2^n} \left(\dfrac{x-1}{2x+1} \right)^{n^2}$ 的收敛域. (武汉大学 2006)

解 令 $t = \dfrac{x-1}{2x+1}$, $u_n(t) = \dfrac{t^{n^2}}{2^n}$, 则 $\lim\limits_{n\to\infty} \dfrac{|u_{n+1}(t)|}{|u_n(t)|} = \dfrac{1}{2} \lim\limits_{n\to\infty} |t|^{2n+1} = \begin{cases} 0, & |t|<1, \\ 2^{-1}, & |t|=1, \\ +\infty, & |t|>1, \end{cases}$

于是级数 $\sum_{n=1}^{\infty} \dfrac{1}{2^n} t^{n^2}$ 的收敛域为 $[-1,1]$. 由 $-1 \leqslant \dfrac{x-1}{2x+1} \leqslant 1$ 得原级数的收敛域为 $(-\infty,-2) \bigcup [0,+\infty)$.

【例 4.4.3】 求幂级数 $\sum_{n=1}^{+\infty} \left(1 - n\ln\left(1+\dfrac{1}{n}\right) \right) x^n$ 的收敛半径和收敛域. (中南大学 2022)

解 记 $a_n = 1 - n\ln\left(1+\dfrac{1}{n}\right)$. 当 $n \to \infty$ 时, $a_n \sim \dfrac{1}{2n}$.

所以 $\sum_{n=1}^{n} a_n$ 发散,且 $R = \lim\limits_{n\to\infty} \dfrac{a_n}{a_{n+1}} = \lim\limits_{n\to\infty} \dfrac{n+1}{n} = 1$.

为了证明 $\{a_n\}$ 是单调递减数列,考虑函数

$$f(x) = x\ln\left(1+\dfrac{1}{x}\right), x \geqslant 1,$$

$$f'(x) = \ln\left(1+\dfrac{1}{x}\right) - \dfrac{1}{1+x}, \text{令 } t = \dfrac{1}{x} \in (0,1], g(t) = \ln(1+t) - \dfrac{t}{1+t},$$

则 $g'(t) = \dfrac{t}{1+t} - \dfrac{1}{(1+t)^2} = \dfrac{t}{(1+t)^2} > 0$, 故 $g(x)$ 在 $(0,1]$ 上单调递增,

所以 $g(t) > g(0) = 0$, 即 $f'(x) > 0$, 所以 $f(x)$ 是 $[1, +\infty)$ 上的增函数, 所以

$$a_n - a_{n+1} = (n+1)\ln\left(1 + \frac{1}{n+1}\right) - n\ln\left(1 + \frac{1}{n}\right) > 0,$$

根据莱布尼兹判别法,级数 $\displaystyle\sum_{n=1}^{\infty}(-1)^n a_n$ 收敛. 因此 $\displaystyle\sum_{n=1}^{\infty} a_n x^n$ 的收敛半径为 1, 收敛域为 $[-1,1)$.

【例 4.4.4】 计算 $\displaystyle\sum_{n=1}^{\infty} \dfrac{n^2 + 3n}{2^n}$. (东北师范大学 2022)

解 令 $S(x) = \displaystyle\sum_{n=1}^{\infty} n x^n$, 定义 $\dfrac{S(x)}{x}$ 在 $x = 0$ 处为 1, 则

$$\frac{S(x)}{x} = \frac{\mathrm{d}}{\mathrm{d}x}\int_0^x \sum_{n=1}^{\infty} n t^{n-1} \mathrm{d}t = \frac{\mathrm{d}}{\mathrm{d}x}\sum_{n=1}^{\infty}\left(\int_0^x n t^{n-1}\mathrm{d}t\right) = \frac{\mathrm{d}}{\mathrm{d}x}\sum_{n=1}^{\infty} x^n = \frac{\mathrm{d}}{\mathrm{d}x}\left(\frac{x}{1-x}\right) = \frac{1}{(1-x)^2},$$

所以 $\dfrac{S(x)}{x} = \dfrac{x}{(1-x)^2}$, 于是

$$\sum_{n=1}^{\infty}\frac{3n}{2^n} = 3S\left(\frac{1}{2}\right) = 6, \quad S'(x) = \sum_{n=1}^{\infty} n^2 x^{n-1} = \frac{1+x}{(1-x)^3},$$

即

$$\sum_{n=1}^{\infty}\frac{n^2}{2^n} = \frac{1}{2}S'\left(\frac{1}{2}\right) = 6,$$

即

$$\sum_{n=1}^{\infty}\frac{n^2 + 3n}{2^n} = 6 + 6 = 12.$$

【例 4.4.5】 设 $\{a_n\}$ 满足 $a_1 = 1$, $(n+1)a_{n+1} = \left(n + \dfrac{1}{2}\right)a_n$, $n = 1, 2, 3\cdots$, 证明:

$|x| < 1$ 时,级数 $\displaystyle\sum_{n=0}^{\infty} a_n x^n$ 收敛并求其和函数.

解 (1) 因为 $\displaystyle\lim_{n\to\infty}\left|\dfrac{a_{n+1}}{a_n}\right| = \lim_{n\to\infty}\dfrac{n + \dfrac{1}{2}}{n+1} = 1$, 故 $|x| < 1$ 时,级数 $\displaystyle\sum_{n=0}^{\infty} a_n x^n$ 收敛.

(2) **解法一** 令 $S(x) = \displaystyle\sum_{n=1}^{\infty} a_n x^n$, 则

$$S'(x) = \sum_{n=1}^{\infty} n a_n x^{n-1} = \sum_{n=0}^{\infty}(n+1)a_{n+1}x^n$$

$$= a_1 + \sum_{n=1}^{\infty}\left(n + \frac{1}{2}\right)a_n x^n = 1 + xS'(x) + \frac{1}{2}S(x),$$

即 $S'(x) - \dfrac{1}{2(1-x)}S(x) = \dfrac{1}{1-x}$, 解得 $S(x) = \dfrac{C}{\sqrt{1-x}} - 2$.

又 $S(0)=0$，可得 $C=2$，故 $S(x)=\dfrac{2}{\sqrt{1-x}}-2$.

解法二 令 $a_n=2\dfrac{(2n-1)!!}{(2n)!!}$.

$$S(x)=\sum_{n=1}^{\infty}a_nx^n=2\sum_{n=1}^{\infty}\frac{(2n-1)!!}{(2n)!!}x^n$$

$$=\frac{4}{\pi}\sum_{n=1}^{\infty}x^n\int_0^{\frac{\pi}{2}}\sin^{2n}t\,\mathrm{d}t=\frac{4}{\pi}\int_0^{\frac{\pi}{2}}\sum_{n=1}^{\infty}x^n\sin^{2n}t\,\mathrm{d}t$$

$$=\frac{4}{\pi}\int_0^{\frac{\pi}{2}}\frac{x\sin^2t}{1-x\sin^2t}\mathrm{d}t=\frac{4}{\pi}\int_0^{\frac{\pi}{2}}\left[\frac{1}{1-x\sin^2t}-1\right]\mathrm{d}t,$$

令 $u=\tan t$，$\sin^2t=\dfrac{u^2}{1+u^2}$，$\mathrm{d}t=\dfrac{1}{1+u^2}\mathrm{d}u$.

$$S(x)=\frac{4}{\pi}\int_0^{+\infty}\frac{1}{1+(1-x)u^2}\mathrm{d}u=\frac{4}{\pi\sqrt{1-x}}\arctan(u\sqrt{1-x})\Big|_0^{+\infty}=\frac{2}{\sqrt{1-x}}-2.$$

【例 4.4.6】 求幂级数 $\displaystyle\sum_{n=1}^{\infty}\frac{n(n+1)}{2^{n+1}}x^{n-1}$ 的和函数，并计算级数 $\displaystyle\sum_{n=1}^{\infty}\frac{n^2+n-1}{2^n}$ 的和.（南昌大学 2020）

解 幂级数 $\displaystyle\sum_{n=1}^{\infty}n(n+1)x^{n-1}$ 的收敛半径为

$$\lim_{n\to\infty}\frac{n(n+1)}{(n+1)(n+2)}=1,$$

且其在 $x=\pm1$ 处通项为无穷大量，故其在 $x=\pm1$ 处不收敛，故其收敛域为 $(-1,1)$，在 $(-1,1)$ 内

$$\sum_{n=1}^{\infty}n(n+1)x^{n-1}=\left(\sum_{n=1}^{\infty}(x^{n+1})\right)''=\left(\sum_{n=2}^{\infty}x^n\right)''=\left(\sum_{n=0}^{\infty}x^n\right)''=\frac{2}{(1-x)^3},$$

故级数 $\displaystyle\sum_{n=1}^{\infty}\frac{n(n+1)}{2^{n-1}}x^{n-1}=\sum_{n=1}^{\infty}n(n+1)\left(\frac{x}{2}\right)^{n-1}$ 收敛域为 $(-2,2)$，且其和函数为

$$\sum_{n=1}^{\infty}\frac{n(n+1)}{2^{n-1}}x^{n-1}=\frac{16}{(2-x)^3}.$$

【例 4.4.7】 已知数列 a_n 满足 $a_0=4$，$a_1=4$，$a_{n-2}=n(n-1)a_n(n\geqslant2)$.

(1) 求幂级数 $\displaystyle\sum_{n=0}^{\infty}a_nx^n$ 的和函数 $S(x)$；

(2) 求 $S(x)$ 的极值.（重庆大学 2021）

解 由 $a_{n-2}=n(n-1)a_n(n\geqslant2)$ 知，$a_n=\dfrac{1}{n(n-1)}a_{n-2}$，

$$a_{2n}=\frac{1}{2n(2n-1)}a_{2n-2}=\cdots=\frac{1}{(2n)!}a_0=\frac{4}{(2n)!},$$

$$a_{2n-1} = \frac{1}{(2n-1)(2n-2)} a_{2n-3} = \cdots = \frac{4}{(2n-1)!},$$

所以 $a_n = \dfrac{4}{n!}$，$S(x) = \displaystyle\sum_{n=0}^{\infty} a_n x^n = 4 \sum_{n=0}^{\infty} \frac{x^n}{n!} = 4e^x$.

由于 $S'(x) = 4e^x > 0$ 知，S 无极值.

【例 4.4.8】 设幂级数 $\displaystyle\sum_{n=0}^{\infty} a_n x^n$ 的系数满足关系式：$a_{n+2} + c_1 a_{n+1} + c_2 a_n = 0 (n \geqslant 0)$，其中 c_1, c_2 是常数，$a_0 = 1, a_1 = -7, a_2 = -1, a_3 = -43$. 又设 $S(x)$ 是幂级数在收敛域内的和函数.

(1) 证明：$S(x) = \dfrac{1-8x}{(1-3x)(1+2x)}$；

(2) 求幂级数 $\displaystyle\sum_{n=0}^{\infty} a_n x^n$ 的收敛半径；

(3) 求 a_n 一般表达式.（中南大学 2011）

解　$a_{n+2} + c_1 a_{n+1} + c_2 a_n = 0, a_0 = 1, a_1 = -7, a_2 = -1, a_3 = -43$，故

$$\begin{cases} a_2 + c_1 a_1 + c_2 a_0 = -1 - 7c_1 + c_2 = 0, \\ a_3 + c_1 a_2 + c_2 a_1 = -43 - c_1 - 7c_2 = 0, \end{cases}$$

求解可得 $\begin{cases} c_1 = -1, \\ c_2 = -6. \end{cases}$ 特征方程为 $r^2 - r - 6 = 0$，其两根为 $-2, 3$，

故 $a_n = c_1(-2)^n + c_2 3^n$，故 $\begin{cases} a_0 = c_1 + c_2 = 1, \\ a_1 = -2c_1 + 3c_2 = -7, \end{cases}$ 求解可得 $\begin{cases} c_1 = 2, \\ c_2 = -1, \end{cases}$

故 $a_n = 2(-2)^n - 3^n$，故幂级数为 $\displaystyle\sum_{n=0}^{\infty} [2(-2)^n - 3^n] x^n$，其收敛半径为

$\displaystyle\lim_{n\to\infty} \left| \frac{2(-2)^n - 3^n}{2(-2)^{n+1} - 3^{n+1}} \right| = \frac{1}{3}$，且其在 $x = \pm\dfrac{1}{3}$ 都是发散的，故收敛域为 $\left(-\dfrac{1}{3}, \dfrac{1}{3}\right)$.

在 $\left(-\dfrac{1}{3}, \dfrac{1}{3}\right)$ 内，和函数

$$S(x) = \sum_{n=0}^{\infty} [2(-2)^n - 3^n] x^n = \frac{2}{1+2x} - \frac{1}{1-3x} = \frac{1-8x}{(1+2x)(1-3x)}.$$

4.4.3　函数的幂级数展开式

【例 4.4.9】 求函数 $f(x) = \dfrac{x}{1+x-2x^2}$ 在 $x = 0$ 处的幂级数展开式.（郑州大学 2008）

解

$$\frac{x}{1+x-2x^2} = \frac{1}{3}\left(\frac{1}{1-x} - \frac{1}{1+2x} \right) = \frac{1}{3}\left[\sum_{n=0}^{\infty} x^n - \sum_{n=0}^{\infty} (-1)^n (2x)^n \right]$$

$$=\frac{1}{3}\sum_{n=0}^{\infty}[1-(-2)^n]x^n, x\in\left(-\frac{1}{2},\frac{1}{2}\right).$$

【例 4.4.10】 求下列函数在 $x=0$ 处的幂级数展开式,并确定它收敛于该函数的区间:

(1) $\sin^2 x$;　(2) $\ln(x+\sqrt{1+x^2})$.

解 因为 $\cos x=\sum_{n=0}^{\infty}(-1)^n\frac{x^{2n}}{(2n)!}, (|x|<\infty)$,所以

$$\sin^2 x=\frac{1}{2}(1-\cos 2x)=\frac{1}{2}-\frac{1}{2}\sum_{n=0}^{\infty}(-1)^n\frac{(2x)^{2n}}{(2n)!}=\sum_{n=1}^{\infty}(-1)^{n+1}\frac{2^{2n-1}}{(2n)!}x^{2n}, (|x|<+\infty).$$

(2) 因为 $\frac{1}{\sqrt{1+t^2}}=1+\sum_{n=1}^{\infty}(-1)^n\frac{(2n-1)!!}{(2n)!!}t^{2n}, t\in[-1,1]$,从而有

$$\ln(x+\sqrt{1+x^2})=\int_0^x[\ln(t+\sqrt{1+t^2})]'dt=\int_0^x\frac{1}{\sqrt{1+t^2}}dt$$

$$=\int_0^x\left[1+\sum_{n=1}^{\infty}(-1)^n\frac{(2n-1)!!}{(2n)!!}t^{2n}\right]dt$$

$$=x+\sum_{n=2}^{\infty}(-1)^n\frac{(2n-1)!!}{(2n)!!}t^{2n}\int_0^x t^{2n}dt$$

$$=1+\sum_{n=2}^{\infty}(-1)^n\frac{(2n-1)!!}{(2n)!!}\frac{-x^{2n+1}}{(2n+1)}, (|x|\leqslant 1).$$

(当 $x=-1$ 时,该幂级数收敛).

【例 4.4.11】 求下列函数 $(1-x)\ln(1-x)$ 在 $x=0$ 处的幂级数展开式.

解 利用 $\ln(1+x)=\sum_{n=1}^{\infty}(-1)^{n-1}\frac{x^n}{n}$,得

$$(1-x)\ln(1-x)=(1-x)\left(-\sum_{n=1}^{\infty}\frac{x^n}{n}\right)=-\sum_{n=1}^{\infty}\frac{x^n}{n}+\sum_{n=1}^{\infty}\frac{x^{n+1}}{n}$$

$$=-x-\sum_{n=2}^{\infty}\frac{x^n}{n}+\sum_{n=2}^{\infty}\frac{x^n}{n-1}=-x+\sum_{n=2}^{\infty}\frac{x^n}{n(n-1)}, x\in(-1,1).$$

$(1-x)\ln(1-x)$ 在 $x=-1$ 处连续,在 $x=1$ 处没有定义,而级数 $\sum_{n=2}^{\infty}\frac{x^n}{n(n-1)}$ 的收敛域为 $[-1,1]$,所以

$$(1-x)\ln(1-x)=-x+\sum_{n=2}^{\infty}\frac{x^n}{n(n-1)}, x\in[-1,1).$$

【例 4.4.12】 将 $\frac{d}{dx}\left(\frac{e^x-1}{x}\right)$ 展成 x 的幂级数,并由此推出 $\sum_{n=1}^{\infty}\frac{n}{(n+1)!}=1$. (郑州大学 2021)

解 因为 $e^x = \sum\limits_{n=0}^{\infty} \dfrac{x^n}{n!}, x \in \mathbf{R}$，所以 $\dfrac{e^x - 1}{x} = \sum\limits_{n=1}^{\infty} \dfrac{x^{n-1}}{n!} = \sum\limits_{n=0}^{\infty} \dfrac{x^n}{(n+1)!}$，

从而 $\dfrac{\mathrm{d}}{\mathrm{d}x}\left(\dfrac{e^x - 1}{x}\right) = \sum\limits_{n=1}^{\infty} \dfrac{nx^{n-1}}{(n+1)!}$，

又 $\dfrac{\mathrm{d}}{\mathrm{d}x}\left(\dfrac{e^x - 1}{x}\right) = \dfrac{(x-1)e^x + 1}{x^2}$，所以 $\sum\limits_{n=1}^{\infty} \dfrac{nx^{n-1}}{(n+1)!} = \dfrac{(x-1)e^x + 1}{x^2}$，

令 $x = 1$ 得，$\sum\limits_{n=1}^{\infty} \dfrac{n}{(n+1)!} = 1$.

练习题

1. 求下列幂级数的收敛半径与收敛域：

(1) $\sum\limits_{n=1}^{\infty} \dfrac{x^n}{n^2 \cdot 2^n}$；(2) $\sum\limits_{n=1}^{\infty} \dfrac{3^n + (-2)^n}{n}(x+1)^n$.

2. 求幂级数 $\sum\limits_{n=1}^{\infty} \left(1 + \dfrac{1}{2} + \cdots + \dfrac{1}{n}\right)x^n$ 的收敛域. (中南大学 2021)

3. 求幂级数 $\sum\limits_{n=0}^{+\infty} \dfrac{x^n}{2^n(n+1)}$ 收敛半径，收敛点集及和函数表达式. (北京理工大学 2021)

4. 求幂级数 $\sum\limits_{n=1}^{\infty} \dfrac{x^{n^2}}{2^n}$ 的收敛半径和收敛域. (中南大学 2019)

5. 求下列幂级数的和函数或数列级数的和：

(1) $\sum\limits_{n=0}^{\infty} (n^2 + 1)3^n x^n$；(2) $\sum\limits_{n=1}^{\infty} (-1)^{n-1}\dfrac{2n+1}{n}x^{2n}$. (兰州大学 2005)

6. 求幂级数 $\sum\limits_{n=1}^{\infty} \dfrac{(-1)^n}{n!}\left(\dfrac{n}{e}\right)^n x^n$ 的收敛半径.

7. 求级数 $\sum\limits_{n=0}^{\infty} \dfrac{2^n(n+1)}{n!}$ 的和.

8. 求幂级数 $\sum\limits_{n=1}^{\infty} \dfrac{x^{2n}}{(2n)!}$ 的收敛半径，并求其和函数. (中南大学 2017)

9. 求下列函数项级数的收敛域：

(1) $\sum\limits_{n=1}^{\infty} \dfrac{x^n}{1 + x^{2n}}$；(2) $\sum\limits_{n=1}^{\infty} \dfrac{2^n + x^n}{1 + (3x)^n}, x \neq -\dfrac{1}{3}$.

10. 求级数 $\sum\limits_{n=1}^{\infty} \dfrac{x^{2n+1}}{2n}$ 的和. (东北大学 2023)

11. 求级数 $\sum\limits_{n=1}^{\infty} \dfrac{(-1)^{n-1}}{n(2n+1)}$ 的和. (南开大学 2022)

12. 求幂级数 $\sum\limits_{n=1}^{\infty} \dfrac{2n-1}{2^n}x^{2n-2}$ 的收敛域与和函数，并求 $\sum\limits_{n=1}^{\infty} \dfrac{2n-1}{2^{2n-1}}$ 的和. (中南大学 2015)

13. 求级数 $\sum\limits_{n=0}^{\infty} \dfrac{(n+1)^2}{4^n n!}$ 的和.（四川大学 2022）

14. 求函数 $f(x) = \dfrac{1}{x^2 - 3x + 2}$ 在 $x = 0$ 处的幂级数展开式.（天津大学 2005）

15. 求下列函数在 $x = 0$ 处的幂级数展开式，并确定它收敛于该函数的区间.

(1) $\dfrac{x}{\sqrt{1-2x}}$; (2) $\displaystyle\int_0^x \dfrac{\sin t}{t} \mathrm{d}t$.

16. 求幂级数 $\sum\limits_{n=0}^{\infty}(n+2)(n+1)x^n$ 的收敛域及和函数.（合肥工业大学 2024）

17. 求幂级数 $\sum\limits_{n=0}^{\infty} \dfrac{x^{4n+1}}{4n+1}$ 的和.（南昌大学 2024）

18. 求幂级数 $\sum\limits_{n=1}^{\infty} \dfrac{n+1}{n! \, 2^n}(x-2)^n$ 的收敛域与和函数.（东南大学 2024）

4.5 傅里叶级数

4.5.1 主要知识点

1. 三角函数系与三角级数

（1）函数列 $1, \cos x, \sin x, \cos 2x, \sin 2x, \cdots, \cos nx, \sin nx, \cdots$ 统称为三角函数列或三角函数系.

（2）三角函数系具有正交性，即在三角函数系中，任何两个不同的函数的乘积在 $[-\pi, \pi]$ 上的积分都等于零，而其中任何一个函数的平方在 $[-\pi, \pi]$ 上的积分都不等于零.

（3）由三角函数系产生的形如 $\dfrac{a_0}{2} + \sum\limits_{n=1}^{\infty}(a_n \cos nx + b_n \sin nx)$ 的级数称为三角级数.

（4）若级数 $\dfrac{|a_0|}{2} + \sum\limits_{n=1}^{\infty}(|a_n| + |b_n|)$ 收敛，则级数 $\dfrac{a_0}{2} + \sum\limits_{n=1}^{\infty}(a_n \cos nx + b_n \sin nx)$ 在整个数轴上绝对收敛且一致收敛.

2. 以 2π 为周期的函数的傅里叶级数

（1）傅里叶系数公式

若在整个数轴上 $f(x) = \dfrac{a_0}{2} + \sum\limits_{n=1}^{\infty}(a_n \cos nx + b_n \sin nx)$ 且等式右边级数一致收敛，则有如下关系：

$$a_n = \dfrac{1}{\pi}\int_{-\pi}^{\pi} f(x)\cos nx \, \mathrm{d}x, \quad n = 0, 1, 2, \cdots$$

$$b_n = \frac{1}{\pi} \int_{-\pi}^{\pi} f(x) \sin x \, \mathrm{d}x, n = 1, 2, \cdots$$

（2）傅里叶级数

以 $f(x)$ 的傅里叶系数为系数的三角级数称为 $f(x)$ 的傅里叶级数，记为

$$f(x) \sim \frac{a_0}{2} + \sum_{n=1}^{\infty} (a_n \cos nx + b_n \sin nx).$$

（3）收敛定理

若以 2π 为周期的函数 $f(x)$ 在 $[-\pi, \pi]$ 上按段光滑，则在没一点 $x \in [-\pi, \pi]$，$f(x)$ 的傅里叶级数收敛于 $f(x)$ 在点 x 处的左、右极限的算术平均值，即

$$\frac{f(x+0) + f(x-0)}{2} = \frac{a_0}{2} + \sum_{n=1}^{\infty} (a_n \cos nx + b_n \sin nx),$$

其中 a_n, b_n 为 $f(x)$ 的傅里叶系数.

（4）收敛定理的推论

若 $f(x)$ 是以 2π 为周期的连续函数，且在 $[-\pi, \pi]$ 上按段光滑，则 $f(x)$ 的傅里叶级数在 $(-\infty, +\infty)$ 上收敛于 $f(x)$.

3. 以 $2l$ 为周期的函数的傅里叶级数

设 $f(x)$ 是以 $2l$ 为周期的函数，级数

$$\frac{a_0}{2} + \sum_{n=1}^{\infty} \left(a_n \cos \frac{n\pi x}{l} + b_n \sin \frac{n\pi x}{l} \right),$$

其中

$$a_n = \frac{1}{l} \int_{-l}^{l} f(x) \cos \frac{n\pi x}{l} \mathrm{d}x, n = 0, 1, 2, \cdots$$

$$b_n = \frac{1}{l} \int_{-l}^{l} f(x) \sin \frac{n\pi x}{l} \mathrm{d}x, n = 0, 1, 2, \cdots$$

称为函数 $f(x)$ 的傅里叶级数，a_n, b_n 称为傅里叶系数.

4. 正弦级数与余弦级数

（1）设 $f(x)$ 是以 $2l$ 为周期的可积偶函数，或是定义在 $[-l, l]$ 上的可积偶函数，则 $f(x)$ 可展成余弦级数

$$f(x) \sim \frac{a_0}{2} + \sum_{n=1}^{\infty} a_n \cos \frac{n\pi x}{l},$$

其中 $a_n = \frac{2}{l} \int_0^l f(x) \cos \frac{n\pi x}{l} \mathrm{d}x, n = 0, 1, 2, \cdots$

（2）设 $f(x)$ 是以 $2l$ 为周期的可积奇函数，或是定义在 $[-l, l]$ 上的可积奇函数，则 $f(x)$ 可展成正弦级数

$$f(x) \sim \sum_{n=1}^{\infty} b_n \sin \frac{n\pi x}{l},$$

其中 $b_n = \frac{2}{l} \int_0^l f(x) \sin \frac{n\pi x}{l} \mathrm{d}x$，$n = 1, 2, \cdots$

5. 贝塞尔不等式及其推论

（1）贝塞尔不等式

若函数 $f(x)$ 在 $[-\pi, \pi]$ 上可积，则

$$\frac{a_0^2}{2} + \sum_{n=1}^{\infty} (a_n^2 + b_n^2) \leqslant \frac{1}{\pi} \int_{-\pi}^{\pi} f^2(x) \mathrm{d}x,$$

其中 a_n, b_n 为 $f(x)$ 的傅里叶系数.

（2）推论1（黎曼-勒贝格定理）：若 $f(x)$ 为可积函数，则

$$\lim_{n \to \infty} \int_{-\pi}^{\pi} f(x) \cos nx \, \mathrm{d}x = 0,$$

$$\lim_{n \to \infty} \int_{-\pi}^{\pi} f(x) \sin nx \, \mathrm{d}x = 0.$$

（3）推论2：若 $f(x)$ 为可积函数，则

$$\lim_{n \to \infty} \int_0^{\pi} f(x) \cos \left(n + \frac{1}{2}\right) x \, \mathrm{d}x = 0,$$

$$\lim_{n \to \infty} \int_0^{\pi} f(x) \sin \left(n + \frac{1}{2}\right) x \, \mathrm{d}x = 0.$$

5. 傅里叶级数部分和的积分表达式

若 $f(x)$ 是以 2π 为周期的函数，且在 $[-\pi, \pi]$ 可积，则它的傅里叶级数部分和 $S_n(x)$ 可写成

$$S_n(x) = \frac{1}{\pi} \int_{-\pi}^{\pi} f(x+t) \frac{\sin\left(n + \frac{1}{2}\right) t}{2 \sin \frac{t}{2}} \mathrm{d}t,$$

当 $t = 0$ 时，被积函数中的不定式由极限

$$\lim_{t \to 0} \frac{\sin\left(n + \frac{1}{2}\right) t}{2 \sin \frac{t}{2}} = n + \frac{1}{2}$$

来确定.

4.5.2 以 2π 为周期的函数傅里叶级数

【例 4.5.1】 将函数 $f(x) = \frac{\pi}{2} - x$ 在 $[0, \pi]$ 上展开成余弦级数.

解 把 f 展开为余弦级数,对 f 作偶式周期延拓

$$a_0 = \frac{2}{\pi} \int_0^\pi f(x) \mathrm{d}x = \frac{2}{\pi} \int_0^\pi \left(\frac{\pi}{2} - x \right) \mathrm{d}x = 0,$$

$$a_n = \frac{2}{\pi} \int_0^\pi f(x) \cos nx \, \mathrm{d}x = \frac{2}{\pi} \int_0^\pi \left(\frac{\pi}{2} - x \right) \cos nx \, \mathrm{d}x$$

$$= \frac{2}{\pi} \frac{1}{n^2} (-\cos nx) \Big|_0^\pi = \begin{cases} 0, & \text{当 } n \text{ 为偶数时,} \\ \dfrac{4}{n^2 \pi}, & \text{当 } n \text{ 为奇数时.} \end{cases}$$

由收敛定理及 f 延拓后连续知:

$$\frac{\pi}{2} - x = \frac{4}{\pi} \sum_{n=1}^\infty \frac{\cos(2n-1)x}{(2n-1)^2}, x \in [0, \pi].$$

【例 4.5.2】 在 $[-\pi, \pi]$ 上展开函数 $f(x) = x^2$ 为傅里叶级数,并证明 $\sum_{n=1}^\infty \frac{1}{n^2} = \frac{\pi^2}{6}$.
(中南大学 2012)

解 $f(x) = x^2$ 为偶函数,故 $b_n = 0, n = 1, 2, \cdots$,

$$a_0 = \frac{2}{\pi} \int_0^\pi f(x) \mathrm{d}x = \frac{2}{\pi} \int_0^\pi x^2 \mathrm{d}x = \frac{2}{3} \pi^2,$$

$$a_n = \frac{2}{\pi} \int_0^\pi f(x) \cos nx \, \mathrm{d}x = \frac{2}{\pi} \int_0^\pi x^2 \cos nx \, \mathrm{d}x$$

$$= \frac{2}{n\pi} \int_0^\pi x^2 d\sin nx = \frac{2}{n\pi} x^2 \sin nx \Big|_0^\pi - \frac{2}{n\pi} \int_0^\pi \sin nx \, \mathrm{d}x^2$$

$$= -\frac{4}{n\pi} \int_0^\pi x \sin nx \, \mathrm{d}x = \frac{4}{n^2\pi} \int_0^\pi x d\cos nx$$

$$= \frac{4}{n^2\pi} x \cos nx \Big|_0^\pi - \frac{4}{n^2\pi} \int_0^\pi \cos nx \, \mathrm{d}x = \frac{4(-1)^n}{n^2},$$

故 $f(x)$ 的傅里叶级数为 $\frac{1}{3} \pi^2 + 4 \sum_{n=1}^\infty \frac{(-1)^n}{n^2} \cos nx$.

由傅里叶级数收敛定理,其和函数为 $f(x)$ 本身.

因为 $f(0) = \frac{1}{3} \pi^2 + 4 \sum_{n=1}^\infty \frac{1}{n^2} = \pi^2$,故 $\sum_{n=1}^\infty \frac{1}{n^2} = \frac{\pi^2}{6}$.

【例 4.5.3】 求函数 $f(x) = \cos \alpha x$ 在 $[-\pi, \pi]$ 上的傅里叶级数,其中 α 不是整数,并证明:

(1) $\dfrac{1}{\alpha} + 2\alpha \sum_{n=1}^\infty \dfrac{(-1)^n}{\alpha^2 - n^2} = \dfrac{\pi}{\sin \alpha \pi}$;

(2) $\sum_{n=1}^\infty \dfrac{1}{4n^2 - 1^2} = \dfrac{\pi^2 - 8}{16}$. (中国科学技术大学 2021)

解
$$a_0 = \frac{1}{\pi}\int_{-\pi}^{\pi}\cos\alpha x\,\mathrm{d}x = \frac{2\sin\alpha\pi}{\alpha\pi}, b_n = 0,$$

$$a_n = \frac{2}{\pi}\int_0^{\pi}\cos\alpha x\cos nx\,\mathrm{d}x$$

$$= \frac{1}{\pi}\int_0^{\pi}[\cos(\alpha x + nx) + \cos(\alpha x - nx)]\mathrm{d}x$$

$$= \frac{1}{\pi}\left[\frac{1}{\alpha+n}\sin(\alpha+n)x + \frac{1}{\alpha-n}\sin(\alpha-n)x\right]\Big|_0^{\pi}$$

$$= \frac{1}{\pi}\left[\frac{(-1)^n\sin\alpha x}{\alpha+n} + \frac{(-1)^n\sin\alpha x}{\alpha-n}\right]$$

$$= \frac{(-1)^n}{\pi}\left(\frac{2\alpha\sin\alpha x}{\alpha^2-n^2}\right),$$

$$\Rightarrow \cos\alpha x = \frac{\sin\alpha\pi}{\alpha\pi} + \frac{2\alpha\sin\alpha\pi}{\pi}\sum_{n=1}^{+\infty}\frac{(-1)^n\cos nx}{\alpha^2-n^2}.$$

(1) 在 $\cos\alpha x$ 的傅里叶级数展开中令 $x = 0$

$$\Rightarrow \frac{\pi}{\sin\alpha\pi} = \frac{1}{\alpha} + \sum_{n=1}^{+\infty}(-1)^{\alpha}\frac{2\alpha}{\alpha^2-n^2}.$$

(2) 由帕赛瓦尔等式,有

$$\int_{-\pi}^{\pi}\cos^2\frac{x}{2}\,\mathrm{d}x = \pi\left(\frac{8}{\pi^2} + \frac{16}{\pi^2}\sum_{n=1}^{\infty}\frac{1}{4n^2-1^2}\right)$$

$$\Rightarrow \pi = \pi\left(\frac{8}{\pi^2} + \frac{16}{\pi^2}\sum_{n=1}^{\infty}\frac{1}{4n^2-1^2}\right)$$

$$\Rightarrow \frac{\pi^2-8}{16} = \sum_{n=1}^{\infty}\frac{1}{4n^2-1^2}.$$

【例 4.5.4】 设 $f(x)$ 在 $[0,2\pi]$ 上单调,a_n, b_n 为其傅里叶级数,利用积分第二中值定理证明 na_n, nb_n 有界.（中南大学 2021）

证明 因为 $f(x)$ 在 $[0,2\pi]$ 上单调,由积分第二中值定理,对任意正整数 n,存在 ξ,$\eta \in [0,2\pi]$,使得:

$$a_n = \frac{1}{\pi}\int_0^{2\pi}f(x)\cos nx\,\mathrm{d}x$$

$$= \frac{1}{\pi}\left[f(0)\int_0^{\xi}\cos nx\,\mathrm{d}x + f(2\pi)\int_{\xi}^{2\pi}\cos nx\,\mathrm{d}x\right]$$

$$= \frac{1}{\pi}\left[\frac{f(0)}{n}\sin n\xi - \frac{f(2\pi)}{n}\sin n\xi\right],$$

$$b_n = \frac{1}{\pi}\int_0^{2\pi}f(x)\sin nx\,\mathrm{d}x$$

$$= \frac{1}{\pi}\left[f(0)\int_0^{\eta}\sin nx\,\mathrm{d}x + f(2\pi)\int_{\eta}^{2\pi}\sin nx\,\mathrm{d}x\right]$$

$$= \frac{1}{\pi}\left[\frac{1-\cos n\eta}{n}f(0) + \frac{\cos n\eta - 1}{n}f(2\pi)\right],$$

故

$$|a_n| = \frac{1}{\pi}\left|\frac{f(0)}{n}\sin n\xi - \frac{f(2\pi)}{n}\sin n\xi\right|$$

$$\leqslant \frac{1}{\pi}\left[\frac{|f(0)|}{n}|\sin n\xi| - \frac{|f(2\pi)|}{n}|\sin n\xi|\right]$$

$$\leqslant \frac{|f(0)| + |f(2\pi)|}{n\pi},$$

$$|b_n| = \frac{1}{\pi}\left|\frac{1-\cos n\eta}{n}f(0) + \frac{\cos n\eta - 1}{n}f(2\pi)\right|$$

$$\leqslant \frac{1}{\pi}\left[\left|\frac{1-\cos n\eta}{n}\right||f(0)| + \left|\frac{\cos n\eta - 1}{n}\right||f(2\pi)|\right]$$

$$\leqslant \frac{2(|f(0)| + |f(2\pi)|)}{n\pi},$$

因此

$$|na_n| \leqslant \frac{|f(0)| + |f(2\pi)|}{\pi}, \quad |nb_n| \leqslant \frac{2(|f(0)| + |f(2\pi)|)}{\pi},$$

所以 na_n, nb_n 有界.

【例 4.5.5】 设 $f(x)$ 在 $[-\pi,\pi]$ 二阶连续可微,且 $f(-\pi)=f(\pi)$, $f'(-\pi)=f'(\pi)$,证明 $f(x)$ 的傅里叶系数有如下估计:

$$a_n = o\left(\frac{1}{n^2}\right), b_n = o\left(\frac{1}{n^2}\right)(n \to \infty). \qquad (南京师范大学 2021)$$

解　由于 f 二阶连续可微,则 f, f', f'' 的傅里叶展开式都收敛到其本身,设

$$f = \frac{a_0}{2} + \sum_{n=1}^{\infty}a_n\cos nx + b_n\sin nx, \qquad (1)$$

$$f' = \frac{a_0'}{2} + \sum_{n=1}^{\infty}a_0'\cos nx + b_0'\sin nx, \qquad (2)$$

$$f'' = \frac{a_0''}{2} + \sum_{n=1}^{\infty}a_0''\cos nx + b_0''\sin nx, \qquad (3)$$

同时 $\qquad f' = \sum_{n=1}^{\infty}(nb_n)\cos nx + (-na_n)\sin nx, \qquad (4)$

故比较(2)与(4)得 $a_0'=0, b_n'=-na_n, a_n'=nb_n$,
同理可知 $a_n''=nb_n'=-n^2a_n, b_n''=-na_n'=-n^2b_n$,
由黎曼引理可知 $\lim\limits_{n\to\infty}a_n''=\lim\limits_{n\to\infty}b_n''=0$,故 $\lim\limits_{n\to\infty}n^2a_n=\lim\limits_{n\to\infty}n^2b_n=0$,

从而 $a_n = o\left(\dfrac{1}{n^2}\right), b_n = o\left(\dfrac{1}{n^2}\right)$.

【例 4.5.6】 设 $f(x)$ 的周期为 2π, 且 $f(x)$ 的傅里叶级数为 $\dfrac{a_0}{2} + \sum\limits_{k=1}^{\infty} a_k \cos kx + b_k \sin kx$,

$$F(x) = \int_0^x \left[f(t) - \frac{a_0}{2} \right] \mathrm{d}t.$$

(1) 证明: $F(x)$ 的周期为 2π;

(2) 求与 $F(x)$ 的值相等的级数. (北京师范大学 2019)

解 (1) $F(x + 2\pi) - F(x) = \displaystyle\int_0^{x+2\pi} \left[f(t) - \frac{a_0}{2} \right] \mathrm{d}t - \int_0^x \left[f(t) - \frac{a_2}{2} \right] \mathrm{d}t$

$$= \int_x^{x+2\pi} \left[f(t) - \frac{a_0}{2} \right] \mathrm{d}t + \int_0^{2\pi} \left[f(t) - \frac{a_0}{2} \right] \mathrm{d}t = \pi a_0 - \pi a_0 = 0,$$

故 $F(x)$ 的周期为 2π.

(2) $F(x) = \displaystyle\int_0^1 \left[f(t) \frac{a_0}{2} \right] \mathrm{d}t = \int_0^\infty \sum_{k=1}^n a_k \cos kx + b_k \sin kx \, \mathrm{d}t$

$$= \sum_{k=1}^n \int_0^\infty a_k \cos kt + b_k \sin kt \, \mathrm{d}t = \sum_{k=1}^\infty \left[\frac{a_k}{k} \sin kx + \frac{b_k(1 - \cos kx)}{k} \right],$$

故 $F(x) = \displaystyle\sum_{k=1}^\infty \left[\frac{a_k}{k} \sin kx + \frac{b_k(1 - \cos kx)}{k} \right]$.

4.5.3 以 $2l$ 为周期的函数傅里叶级数

【例 4.5.7】 把 $f(x) = x$ 在 $(0, 2)$ 内展开成: (1) 正弦级数; (2) 余弦级数.

解 (1) 为了把 f 展开为正弦级数, 对 f 作奇式周期延拓, 并有

$$a_n = 0, n = 0, 1, 2, \cdots$$

$$b_n = \frac{2}{2} \int_0^2 x \sin \frac{n\pi x}{2} \mathrm{d}x = -\frac{4}{n\pi} \cos n\pi = \frac{4}{n\pi}(-1)^{n+1}, n = 1, 2, \cdots$$

所以当 $x \in (0, 2)$ 时, 由收敛定理得到

$$f(x) = x = \sum_{n=1}^\infty \frac{4}{n\pi}(-1)^{n+1} \sin \frac{n\pi x}{2} = \frac{4}{\pi}\left(\sin \frac{\pi x}{2} - \frac{1}{2} \sin \frac{2\pi x}{2} + \frac{1}{3} \sin \frac{3\pi x}{2} + \cdots \right).$$

但当 $x = 0, 2$ 时, 右边级数收敛于 0.

(2) 为了把 f 展开为余弦级数, 对 f 作偶式周期延拓, f 的傅里叶系数为

$$b_n = 0, n = 1, 2, \cdots$$

$$a_0 = \int_0^2 x \, \mathrm{d}x = 2$$

$$a_n = \frac{2}{2}\int_0^2 x\cos\frac{n\pi x}{2}\mathrm{d}x = \frac{4}{n^2\pi^2}(\cos n\pi - 1)$$

$$= \frac{4}{n^2\pi^2}\big[(-1)^n - 1\big], n = 1,2,\cdots$$

或

$$a_{2k-1} = \frac{-8}{(2k-1)^2\pi^2}, a_{2k} = 0, k = 1,2,\cdots$$

所以当 $x \in (0,2)$ 时,由收敛定理得到

$$f(x) = x = 1 + \sum_{k=1}^{\infty}\frac{-8}{(2k-1)^2\pi^2}\cos\frac{(2k-1)\pi x}{2}$$

$$= 1 - \frac{8}{\pi^2}\Big(\cos\frac{\pi x}{2} + \frac{1}{3^2}\cos\frac{3\pi x}{2} + \frac{1}{5^2}\cos\frac{5\pi x}{2} + \cdots\Big).$$

【例 4.5.8】　将函数 $f(x) = (x-1)^2$ 在 $(0,1)$ 上展开成余弦级数,并推出

$$\pi^2 = 6\Big(1 + \frac{1}{2^2} + \frac{1}{3^2} + \cdots\Big).$$

解　为将 f 展开为余弦级数,对 f 作偶式周期延拓,

$$a_0 = 2\int_0^1 (x-1)^2\mathrm{d}x = \frac{2}{3},$$

$$a_n = 2\int_0^1 (x-1)^2\cos n\pi x\,\mathrm{d}x$$

$$= 2\Big[\frac{1}{n\pi}(x-1)^2\sin n\pi x\,\big|_0^1 - \frac{2}{n\pi}\int_0^1 (x-1)\sin n\pi x\,\mathrm{d}x\Big]$$

$$= \frac{4}{n\pi}\frac{1}{n\pi}\Big[(x-1)\cos n\pi x\,\big|_0^1 - \int_0^1\cos n\pi x\,\mathrm{d}x\Big] = \frac{4}{n^2\pi^2}.$$

根据收敛定理,在区间 $(0,1)$ 上

$$f(x) = \frac{1}{3} + \frac{4}{\pi^2}\sum_{n=1}^{\infty}\frac{\cos n\pi x}{n^2},$$

当 $x = 0$ 时,由 f 延拓后连续,可得

$$1 = \frac{1}{3} + \frac{4}{\pi^2}\sum_{n=1}^{\infty}\frac{1}{n^2},$$

即 $\pi^2 = 6\Big(1 + \frac{1}{2^2} + \frac{1}{3^2} + \cdots\Big).$

【例 4.5.9】　将函数 $f(x) = 2 + |x|\ (-1 \leqslant x \leqslant 1)$ 展开以 2 为周期的傅里叶级数,并用之求级数 $\sum_{n=1}^{\infty}\frac{1}{n^2}$ 的和.

解　因为 $f(x)$ 是 $[-1,1]$ 上的偶函数,所以有

$$a_0 = 2\int_0^1 (2+x)\mathrm{d}x = 5,$$

$$a_n = 2\int_0^1 (2+x)\cos\pi x\,\mathrm{d}x = \frac{2(\cos n\pi - 1)}{n^2\pi^2}, n = 1,2,\cdots$$

$$b_n = 0, n = 1,2,\cdots$$

利用收敛定理,有

$$2 + |x| = \frac{5}{2} + \sum_{n=1}^{\infty} \frac{2(\cos n\pi - 1)}{n^2\pi^2}\cos(n\pi x) = \frac{5}{2} - \frac{4}{\pi^2}\sum_{n=0}^{\infty}\frac{\cos(2n+1)\pi x}{(2n+1)^2},$$

在上式两端令 $x = 0$,得

$$2 = \frac{5}{2} - \frac{4}{\pi^2}\sum_{n=0}^{\infty}\frac{1}{(2n+1)^2}, \quad \text{即} \quad \sum_{n=0}^{\infty}\frac{1}{(2n+1)^2} = \frac{\pi^2}{8}.$$

又 $\sum_{n=1}^{\infty}\dfrac{1}{n^2} = \sum_{n=0}^{\infty}\dfrac{1}{(2n+1)^2} + \sum_{n=1}^{\infty}\dfrac{1}{(2n)^2} = \dfrac{\pi^2}{8} + \dfrac{1}{4}\sum_{n=1}^{\infty}\dfrac{1}{n^2}$,由此可得 $\sum_{n=1}^{\infty}\dfrac{1}{n^2} = \dfrac{\pi^2}{6}$.

 **练习题**

1. 在指定区间内把下列函数展开成傅里叶级数:
(1) $f(x) = x$,(i) $-\pi < x < \pi$,(ii) $0 < x < 2\pi$,
(2) $f(x) = x^2$,(i) $-\pi < x < \pi$,(ii) $0 < x < 2\pi$.

2. 将 $f(x) = \begin{cases} -\dfrac{\pi}{4}, & x \in [-\pi,0); \\ \dfrac{\pi}{4} & x \in [0,\pi). \end{cases}$ 展开成傅里叶级数,并计算 $\sum_{n=1}^{\infty}\dfrac{1}{(2n-1)^2}$.

(华中科技大学 2020、厦门大学 2024)

3. 将 $f(x) = \pi - x, x \in (0,\pi)$ 展开成正弦级数并写出该级数在 $[-\pi,\pi]$ 上的和函数.(中南大学 2019)

4. 若函数 $f(x) = \dfrac{\mathrm{e}^x + \mathrm{e}^{-x}}{\mathrm{e}^\pi + \mathrm{e}^{-\pi}}$,(1) 计算 $f(x)$ 在 $[-\pi,\pi]$ 上的傅里叶级数;(2) 计算 $\sum_{n=1}^{\infty}\dfrac{(-1)^n}{1+(2n)^2}$ 的值.(北京师范大学 2020)

5. 设 $f(x)$ 是以 2π 为周期的函数,且 $f(x) = \dfrac{1}{4}x(2\pi - x), x \in [0,2\pi]$. 求证:$\sum_{n=1}^{\infty}\dfrac{1}{n^2} = \dfrac{\pi^2}{6}$,且 $\sum_{n=1}^{\infty}\dfrac{1}{n^4} = \dfrac{\pi^4}{90}$.(中国人民大学 2022)

6. 已知周期为 2π 的函数:$f(x) = \dfrac{1}{4}x(2\pi - x), x \in [0,2\pi]$.

(1) 将函数 $f(x)$ 展开为傅里叶级数,并计算 $\sum_{n=1}^{+\infty}\dfrac{1}{n^2}$.

（2）通过将函数 $f(x)$ 的傅里叶级数逐项积分，并计算 $\sum\limits_{n=1}^{+\infty}\dfrac{1}{n^4}$．（湖南大学 2024）

7. 设 $f(x) \in \mathbb{R}[-\pi,\pi]$ 且是以 2π 为周期的函数，其傅里叶级数

$$f(x) \sim \frac{a_0}{2} + \sum_{n=1}^{+\infty}(a_n \cos nx + b_n \sin nx).$$

证明：对 $\forall[a,b] \in [-\pi,\pi]$ 有 $\displaystyle\int_a^b f(x)\mathrm{d}x = \int_a^b \frac{a_0}{2}\mathrm{d}x + \sum_{n=1}^{+\infty}\int_a^b(a_n \cos nx + b_n \sin nx)\mathrm{d}x$．（中国科学技术大学 2024）

8. 设 $f(x)$ 是 $\mathbb{R}$ 上以 2π 为周期的函数，以 a_n, b_n 为其傅里叶级数的系数，求

$$F(x) = \frac{1}{\pi}\int_{-\pi}^{\pi} f(t)f(x+t)\mathrm{d}t$$ 的傅里叶系数（用 a_n, b_n 表示）．（中国科学技术大学 2024）

第5章　多元函数微分学

$$\boxed{5.1} \; 多元函数的极限$$

5.1.1　主要知识点

1. 平面点集

任意一点 A 与任意点集 E 的关系：

(1) **内点**：若存在点 A 的某邻域 $U(A)$，使得 $U(A) \subset E$，则称点 A 是点集 E 的内点.

(2) **外点**：若存在点 A 的某邻域 $U(A)$，使得 $U(A) \bigcap E = \varnothing$，则称点 A 是点集 E 的外点.

(3) **界点(边界点)**：若在点 A 的任何邻域内既含有属于 E 得的点，又含有不属于 E 的点，则称点 A 是点集 E 的界点.

(4) **聚点**：若在点 A 的任何空心邻域 $\mathring{U}(A)$ 内部都含有 E 中的点，则称点 A 是点集 E 的聚点.

(5) **孤立点**：若点 $A \in E$，但不是 E 的聚点，则称点 A 是点集 E 的孤立点.

2. 几种特殊的平面点集

(1) **开集**：若平面点集 E 所属的每一点都是 E 的内点，则称 E 为开集.

(2) **闭集**：若平面点集 E 的所有聚点都属于 E，则称 E 为闭集.

(3) **开域**：若非空开集 E 具有连通性，即 E 中任意两点之间都可用一条完全含于 E 的有限折线相连接，则称 E 为开域.

(4) **闭域**：开域连同其边界所成的点集称为闭域.

(5) **区域**：开域. 闭域或者开域连同某一部分界点所成的点集，统称为区域.

若 F_1, F_2 为闭集，则 $F_1 \bigcup F_2$ 与 $F_1 \bigcap F_2$ 都为闭集；若 F_1, F_2 为开集，则 $F_1 \bigcup F_2$ 与 $F_1 \bigcap F_2$ 都为开集；若 F 为闭集，若 E 为开集，则 $E \backslash F$ 为开集，$F \backslash E$ 为闭集.

3. 平面点列收敛定义

设 $\{P_n\} \subset \mathbb{R}^2$ 为平面点列，$P_0 \in \mathbb{R}^2$ 为一固定点. 若对任给的正数 ε，存在正整数 N，使得当 $n > N$ 时，有 $P_n \in U(P_0, \varepsilon)$，则称点列 $\{P_n\}$ 收敛于点 P_0，记作

$$\lim_{n \to \infty} P_n = P_0 \text{ 或 } P_n \to P_0, (n \to \infty).$$

4. 平面点列收敛定理(柯西准则)

平面点列 $\{P_n\}$ 收敛的充要条件是:任给正数 ε,存在正整数 N,使得当 $n > N$ 时,对一切自然数 k,都有 $\rho(P_n, P_{n+k}) < \varepsilon$.

5. 二元函数定义

设平面点集 $D \subset \mathbb{R}^2$,若按照某对应法则 f,D 中每一点 $P(x, y)$ 都有唯一确定的实数 z 与之对应,则称 f 为定义在 D 上的二元函数(或称 f 为 D 到 $\mathbb{R}$ 的一个映射),记作 $f: D \to \mathbb{R}$,且称 D 为 f 的定义域,$P \in D$ 所对应的 z 为 f 在点 P 的函数值,记作 $z = f(P)$ 或 $z = f(x, y)$. 其他多元函数与二元函数相似.

6. 二元函数的极限定义

设 f 为定义在 $D \subset \mathbb{R}^2$ 上的二元函数,P_0 为 D 的一个聚点,A 是一个确定的实数,若对 $\forall \varepsilon > 0$,都存在一个 $\delta > 0$,使得 $P \in \overset{\circ}{U}(P_0, \delta) \bigcap D$ 时,都有

$$| f(P) - A | < \varepsilon,$$

则称 f 在 D 上当 $P \to P_0$ 时,以 A 为极限,记作 $\lim\limits_{\substack{P \to P_0 \\ P \in D}} f(P) = A$. 有时简记为 $\lim\limits_{P \to P_0} f(P) = A$.

当 P, P_0 分别用 $(x, y), (x_0, y_0)$ 表示时,上式也可写作 $\lim\limits_{(x, y) \to (x_0, y_0)} f(x, y) = A$.

7. 二元函数极限的重要结论

(1) $\lim\limits_{\substack{P \to P_0 \\ P \in D}} f(P) = A$ 的充要条件:对于 D 的任一子集 E,只要 P_0 是 E 的聚点就有 $\lim\limits_{\substack{P \to P_0 \\ P \in E}} f(P) = A$.

(2) 设 $E_1 \subset D$,P_0 是 E_1 的聚点,若 $\lim\limits_{\substack{P \to P_0 \\ P \in E_1}} f(P)$ 不存在,则 $\lim\limits_{\substack{P \to P_0 \\ P \in D}} f(P)$ 也不存在.

(3) 设 E_1、$E_2 \subset D$,P_0 是它们的聚点. 若 $\lim\limits_{\substack{P \to P_0 \\ P \in E_1}} f(P) = A_1, \lim\limits_{\substack{P \to P_0 \\ P \in E_2}} f(P) = A_2$,但 $A_1 \neq A_2$,则 $\lim\limits_{\substack{P \to P_0 \\ P \in D}} f(P)$ 不存在.

(4) 极限 $\lim\limits_{\substack{P \to P_0 \\ P \in D}} f(P)$ 存在的充要条件是:对于 D 中任一满足条件 $P_n \neq P_0$ 的点列 $\{P_n\}$,它所对应的函数列 $\{f(P_n)\}$ 都收敛.

8. 二元函数极限的四则运算

若 $\lim\limits_{(x, y) \to (x_0, y_0)} f(x, y) = A$,$\lim\limits_{(x, y) \to (x_0, y_0)} g(x, y) = B$,则

(1) $\lim\limits_{(x, y) \to (x_0, y_0)} [f(x, y) \pm g(x, y)] = A \pm B$;

(2) $\lim\limits_{(x, y) \to (x_0, y_0)} f(x, y) g(x, y) = A \cdot B$;

(3) $\lim\limits_{(x,y)\to(x_0,y_0)} \dfrac{f(x,y)}{g(x,y)} = \dfrac{A}{B}, (B \neq 0)$.

9. 二元函数累次极限的定义

对于函数 $f(x,y)$,若固定 $y \neq y_0$, $\lim\limits_{x\to x_0} f(x,y) = \varphi(y)$ 存在,且 $\lim\limits_{y\to y_0} \varphi(y) = A$ 也存在,则称 A 为 $f(x,y)$ 在 $P_0 = (x_0, y_0)$ 处先对 x 后对 y 的累次极限,记为 $\lim\limits_{y\to y_0}\lim\limits_{x\to x_0} f(x,y)$,类似可定义 $\lim\limits_{x\to x_0}\lim\limits_{y\to y_0} f(x,y)$.

10. 二元函数累次极限与重极限的关系

(1) 若 $\lim\limits_{(x,y)\to(x_0,y_0)} f(x,y)$ 与 $\lim\limits_{x\to x_0}\lim\limits_{y\to y_0} f(x,y)$ (或 $\lim\limits_{y\to y_0}\lim\limits_{x\to x_0} f(x,y)$)都存在,则它们相等;

(2) 若 $\lim\limits_{(x,y)\to(x_0,y_0)} f(x,y)$, $\lim\limits_{x\to x_0}\lim\limits_{y\to y_0} f(x,y)$ 和 $\lim\limits_{y\to y_0}\lim\limits_{x\to x_0} f(x,y)$ 都存在,则三者相等;

(3) 若 $\lim\limits_{x\to x_0}\lim\limits_{y\to y_0} f(x,y)$ 与 $\lim\limits_{y\to y_0}\lim\limits_{x\to x_0} f(x,y)$ 都存在但不相等,则 $\lim\limits_{(x,y)\to(x_0,y_0)} f(x,y)$ 不存在.

(4) 两个累次极限存在且相等,但重极限不存在.

例如:$f(x,y) = \dfrac{xy}{x^2+y^2}$ 在 $(0,0)$ 处, $\lim\limits_{x\to0}\lim\limits_{y\to0} \dfrac{xy}{x^2+y^2} = \lim\limits_{y\to0}\lim\limits_{x\to0} \dfrac{xy}{x^2+y^2} = 0$,

重极限不存在,令 $y = kx$,则 $\lim\limits_{x\to0} \dfrac{xy}{x^2+y^2} = \lim\limits_{x\to0} \dfrac{kx^2}{(1+k^2)x^2} = \dfrac{k}{(1+k^2)}$.

(5) 两个累次极限不存在,但重极限存在.

例如:$f(x,y) = x\sin\dfrac{1}{y} + y\sin\dfrac{1}{x}$ 在 $(0,0)$ 处, $\lim\limits_{(x,y)\to(0,0)} \left(x\sin\dfrac{1}{y} + y\sin\dfrac{1}{x}\right) = 0$,

$\lim\limits_{x\to0}\lim\limits_{y\to0} \left(x\sin\dfrac{1}{y} + y\sin\dfrac{1}{x}\right)$ 不存在, $\lim\limits_{y\to0}\lim\limits_{x\to0} \left(x\sin\dfrac{1}{y} + y\sin\dfrac{1}{x}\right)$ 不存在.

(6) 一个累次极限存在,另一个累次极限不存在,但重极限存在.

例如:$f(x,y) = x\sin\dfrac{1}{y}$ 在 $(0,0)$ 处,有 $\lim\limits_{(x,y)\to(0,0)} \left(x\sin\dfrac{1}{y}\right) = 0$,

但 $\lim\limits_{x\to0}\lim\limits_{y\to0} \left(x\sin\dfrac{1}{y}\right)$ 不存在, $\lim\limits_{y\to0}\lim\limits_{x\to0} \left(x\sin\dfrac{1}{y}\right) = 0$.

5.1.2 二元函数极限存在的判定方法

1. 定义法

【例 5.1.1】 求 $\lim\limits_{(x,y)\to(0,0)} \dfrac{xy(x^2-y^2)}{x^2+y^2}$

解 $\forall \varepsilon > 0$, 取 $\delta = \dfrac{\sqrt{\varepsilon}}{\sqrt{2}} > 0$, 当 $|x-0| < \delta$, $|y-0| < \delta$, 时,有

$$\left| \frac{xy(x^2 - y^2)}{x^2 + y^2} \right| \leqslant x^2 + y^2 \leqslant \left(\frac{\sqrt{\varepsilon}}{\sqrt{2}} \right)^2 + \left(\frac{\sqrt{\varepsilon}}{\sqrt{2}} \right)^2 = \varepsilon.$$

所以 $\displaystyle \lim_{(x,y) \to (0,0)} \frac{xy(x^2 - y^2)}{x^2 + y^2} = 0.$

【例 5.1.2】 求 $\displaystyle \lim_{(x,y) \to (0,0)} \frac{x^2 + y^2}{|x| + |y|}.$（广西师范大学 2013）

解　$\forall \varepsilon > 0$，取 $\delta = \dfrac{\varepsilon}{2} > 0$，当 $|x - 0| < \delta, |y - 0| < \delta$ 时，由于

$$\left| \frac{x^2 + y^2}{|x| + |y|} \right| = \frac{x^2}{|x| + |y|} + \frac{y^2}{|x| + |y|} \leqslant \frac{x^2}{|x|} + \frac{y^2}{|y|} \leqslant |x| + |y|,$$

从而有 $\left| \dfrac{x^2 + y^2}{|x| + |y|} \right| < \varepsilon.$

$\therefore \displaystyle \lim_{(x,y) \to (0,0)} \frac{x^2 + y^2}{|x| + |y|} = 0.$

2. 极坐标方法

【例 5.1.3】 求 $\displaystyle \lim_{(x,y) \to (0,0)} \frac{\sqrt{|x-y|} \sin(x^2 + y^2)}{x^2 + y^2}.$（东华大学 2010）

解　作极坐标变换 $x = r\cos\theta, y = r\sin\theta.$ 此时，$(x,y) \to (0,0)$ 等价于对任意的 θ 都有 $r \to 0.$ 由于

$$\frac{\sqrt{|x-y|} \sin(x^2 + y^2)}{x^2 + y^2} = \frac{\sqrt{r} \sqrt{|\cos\theta - \sin\theta|} \sin r^2}{r^2},$$

因为 $\displaystyle \lim_{r \to 0} \frac{\sqrt{r} \sqrt{|\cos\theta - \sin\theta|} \sin r^2}{r^2} = 0,$

所以 $\displaystyle \lim_{(x,y) \to (0,0)} \frac{\sqrt{|x-y|} \sin(x^2 + y^2)}{x^2 + y^2} = 0.$

【例 5.1.4】 求 $\displaystyle \lim_{(x,y) \to (0,0)} (|x|^\alpha + |y|^\alpha) \ln(x^2 + y^2), (\alpha > 0).$（南京大学 2006）

解　作极坐标变换 $x = r\cos\theta, y = r\sin\theta.$ 此时，$(x,y) \to (0,0)$ 等价于对任意的 θ 都有 $r \to 0.$ 由于

$$(|x|^\alpha + |y|^\alpha) \ln(x^2 + y^2) = r^\alpha \ln r^2 (|\cos\theta|^\alpha + |\sin\theta|^\alpha)$$

因为 $\displaystyle \lim_{r \to 0} r^\alpha \ln r^2 = 0,$

所以 $\displaystyle \lim_{(x,y) \to (0,0)} (|x|^\alpha + |y|^\alpha) \ln(x^2 + y^2) = 0.$

3. 不等式放缩法与两边夹

【例 5.1.5】 求 $\displaystyle \lim_{(x,y) \to (\infty, \infty)} \frac{|x| + |y|}{x^2 + y^2}.$

解 由于

$$0 \leqslant \frac{|x|+|y|}{x^2+y^2} \leqslant \frac{|x|+|y|}{2|x||y|} = \frac{1}{2}\left(\frac{1}{|x|}+\frac{1}{|y|}\right),$$

又因为 $\lim\limits_{(x,y)\to(\infty,\infty)} \frac{1}{2}\left(\frac{1}{|x|}+\frac{1}{|y|}\right)=0.$

根据两边夹定理,可得: $\lim\limits_{(x,y)\to(\infty,\infty)} \frac{|x|+|y|}{x^2+y^2}=0.$

【例5.1.6】 求 $\lim\limits_{(x,y)\to(+\infty,+\infty)} \frac{x-y}{x^2-xy+y^2}$. (大连理工大学 2022)

解 由于

$$x^2-xy+y^2 \geqslant 2|xy|-|xy|=|xy|,$$

于是当 $x,y \neq 0$ 时,有

$$\left|\frac{x-y}{x^2-xy+y^2}\right| \leqslant \frac{|x-y|}{|xy|} \leqslant \frac{|x|+|y|}{|xy|} = \frac{1}{|x|}+\frac{1}{|y|},$$

$$\lim_{(x,y)\to(+\infty,+\infty)} \left(\frac{1}{|x|}+\frac{1}{|y|}\right)=0,$$

根据两边夹定理,可得: $\lim\limits_{(x,y)\to(+\infty,+\infty)} \frac{x-y}{x^2-xy+y^2}=0.$

4. 取对数方法

【例5.1.7】 求 $\lim\limits_{(x,y)\to(+\infty,a)} \left(\cos\frac{y}{x}\right)^{\frac{x^3}{x+y^3}}$. (兰州大学 2008)

解 由于

$$\lim_{(x,y)\to(+\infty,a)} \left(\cos\frac{y}{x}\right)^{\frac{x^3}{x+y^3}} = \lim_{(x,y)\to(+\infty,a)} e^{\frac{x^3}{x+y^3}\ln\left(1+\cos\frac{y}{x}-1\right)} = \lim_{(x,y)\to(+\infty,a)} e^{\frac{x^3}{x+y^3}\left(\cos\frac{y}{x}-1\right)},$$

又因为

$$\lim_{(x,y)\to(+\infty,a)} \frac{x^3}{x+y^3}\left(\cos\frac{y}{x}-1\right) = 2\lim_{(x,y)\to(+\infty,a)} \frac{x^3}{x+y^3}\sin^2\left(\frac{y}{2x}\right)$$

$$=2\lim_{(x,y)\to(+\infty,a)} \frac{x^3}{x+y^3}\left(\frac{y}{2x}\right)^2 = -\frac{a^2}{2}.$$

所以 $\lim\limits_{(x,y)\to(+\infty,a)} \left(\cos\frac{y}{x}\right)^{\frac{x^3}{x+y^3}} = e^{-\frac{a^2}{2}}$.

【例5.1.8】 求 $\lim\limits_{(x,y)\to(0,0)} (x^2+y^2)^{x^2y^2}$. (中山大学 2010、中南大学 2015)

解 由于

$$\lim_{(x,y)\to(0,0)}(x^2+y^2)^{x^2y^2}=\lim_{(x,y)\to(0,0)}e^{x^2y^2\ln(x^2+y^2)}=e^{\lim\limits_{(x,y)\to(0,0)}x^2y^2\ln(x^2+y^2)},$$

又因为 $\lim\limits_{(x,y)\to(0,0)}x^2y^2\ln(x^2+y^2)=0,$

所以 $\lim\limits_{(x,y)\to(0,0)}(x^2+y^2)^{x^2y^2}=1.$

5. 极限不存在

【**例 5.1.9**】　求 $\lim\limits_{(x,y)\to(0,0)}\dfrac{xy+1}{x^4+y^4}.$

解法一　当 $x^2+y^2<1$ 时,有 $x^4+y^4<\sqrt{x^4+y^4}$ 成立,

$$\left|\frac{xy+1}{x^4+y^4}\right|\geq\frac{1}{\sqrt{x^4+y^4}}-\frac{|xy|}{\sqrt{x^4+y^4}}\geq\frac{1}{\sqrt{x^4+y^4}}-\frac{1}{2}\frac{x^2+y^2}{\sqrt{x^4+y^4}}\geq\frac{1}{\sqrt{x^4+y^4}}-1,$$

又因为 $\lim\limits_{(x,y)\to(0,0)}\dfrac{1}{\sqrt{x^4+y^4}}=\infty,$

所以 $\lim\limits_{(x,y)\to(0,0)}\dfrac{xy+1}{x^4+y^4}$ 不存在.

解法二　因为 $\lim\limits_{(x,y)\to(0,0)}\dfrac{x^4+y^4}{xy+1}=0,$ 所以 $\lim\limits_{(x,y)\to(0,0)}\dfrac{xy+1}{x^4+y^4}$ 不存在.

【**例 5.1.10**】　求 $\lim\limits_{(x,y)\to(0,0)}\dfrac{x^3y^2}{x^3+y^3}.$

解　当 (x,y) 沿着直线 $y=0$ 趋向于 $(0,0)$ 时,有

$$\lim_{x\to0,y=0}\frac{x^3y^2}{x^3+y^3}=\lim_{x\to0}0=0;$$

当 (x,y) 沿着直线 $y=x\sqrt[3]{x^2-1}$,趋向于 $(0,0)$ 时,有

$$\lim_{x\to0,y=x\sqrt[3]{x^2-1}}\frac{x^3y^2}{x^3+y^3}=\lim_{x\to0}\frac{x^3\cdot x^2(\sqrt[3]{x^2-1})^2}{x^5}=1.$$

根据二元函数极限的重要结论(1) 可知: $\lim\limits_{(x,y)\to(0,0)}\dfrac{x^3y^2}{x^3+y^3}$ 不存在.

5.1.3　二元函数的累次极限

【**例 5.1.11**】　设二元函数

$$f(x,y)=\frac{x^3y^2}{x^3+y^3},$$

计算累次极限 $\lim\limits_{x\to0}\lim\limits_{y\to0}f(x,y),\lim\limits_{y\to0}\lim\limits_{x\to0}f(x,y),$ 并证明重极限 $\lim\limits_{(x,y)\to(0,0)}f(x,y)$ 不存在.
(华南师范大学 2022)

解 对任意的 $x \neq 0$，显然有 $\lim\limits_{y \to 0} f(x,y) = \lim\limits_{y \to 0} \dfrac{x^3 y^2}{x^3 + y^3} = 0$，从而有

$$\lim\limits_{x \to 0}\lim\limits_{y \to 0} f(x,y) = \lim\limits_{x \to 0} 0 = 0.$$

同理，对任意的 $y \neq 0$，显然有 $\lim\limits_{x \to 0} f(x,y) = \lim\limits_{x \to 0} \dfrac{x^3 y^2}{x^3 + y^3} = 0$，从而有

$$\lim\limits_{y \to 0}\lim\limits_{x \to 0} f(x,y) = \lim\limits_{y \to 0} 0 = 0.$$

另外，当 (x,y) 沿着直线 $y = x$ 趋向于 $(0,0)$ 时，有

$$\lim\limits_{x \to 0, y = x} f(x,y) = \lim\limits_{x \to 0} \dfrac{x^5}{2x^3} = 0.$$

而当 (x,y) 沿着直线 $y = \sqrt[3]{x^5 - x^3}$ 趋向于 $(0,0)$ 时，有

$$\lim\limits_{x \to 0, y = \sqrt[3]{x^5 - x^3}} f(x,y) = \lim\limits_{x \to 0} \dfrac{x^3 (x^5 - x^3)^{\frac{2}{3}}}{x^5} = 1.$$

由此可见，重极限 $\lim\limits_{(x,y) \to (0,0)} f(x,y)$ 不存在.

5.1.4　二元函数极限存在的判定方法

【**例 5.1.12**】　讨论函数 $f(x,y)$ 在 $P_0(0,0)$ 处的二重极限和累次极限：

$$f(x,y) = \begin{cases} \dfrac{x^3 + y}{x^2 + y}, & (x,y) \neq (0,0), \\ 0, & (x,y) = (0,0). \end{cases}$$

解 因为 $\lim\limits_{x \to 0} \dfrac{x^3 + y}{x^2 + y} = 1$，所以 $\lim\limits_{y \to 0}\lim\limits_{x \to 0} \dfrac{x^3 + y}{x^2 + y} = 1$.

因为 $\lim\limits_{y \to 0} \dfrac{x^3 + y}{x^2 + y} = x$，所以 $\lim\limits_{x \to 0}\lim\limits_{y \to 0} \dfrac{x^3 + y}{x^2 + y} = \lim\limits_{x \to 0} x = 0$.

因为 $\lim\limits_{x \to 0}\lim\limits_{y \to 0} \dfrac{x^3 + y}{x^2 + y} \neq \lim\limits_{y \to 0}\lim\limits_{x \to 0} \dfrac{x^3 + y}{x^2 + y}$，所以 $\lim\limits_{\substack{x \to 0 \\ y \to 0}} \dfrac{x^3 + y}{x^2 + y}$ 不存在.

【**例 5.1.13**】　设函数 $f(x,y)$ 在 $\mathring{U}(P_0(x_0,y_0))$ 上有定义，且满足

(1) 在 $\mathring{U}(P_0(x_0,y_0))$ 上，对每个 $y \neq y_0$，存在极限 $\lim\limits_{x \to x_0} f(x,y) = g(y)$；

(2) 在 $\mathring{U}(P_0(x_0,y_0))$ 上，关于 x 一致地存在极限 $\lim\limits_{y \to y_0} f(x,y) = h(x)$.

证明 $\lim\limits_{y \to y_0}\lim\limits_{x \to x_0} f(x,y) = \lim\limits_{x \to x_0}\lim\limits_{y \to y_0} f(x,y)$.（辽宁大学 2006）

证明　由条件（2），得 $\forall \varepsilon > 0, \exists \delta_1 > 0. \forall y_1, y_2 \in \mathring{U}(P_0(x_0,y_0))$，当 $0 < |y_1 - y_2| < \delta_1$ 时，对一切 $0 < |x - x_0| < \delta_1$，都有 $|f(x,y_1) - f(x,y_2)| < \varepsilon$　　(1)

令(1)式两边 $x \to x_0$，则 $|g(y_1) - g(y_2)| \leqslant \varepsilon$.

$\therefore \lim\limits_{y \to y_0} g(y)$ 存在，令 $\lim\limits_{y \to y_0} g(y) = a$.

由条件(2)，得 $\exists \delta_2 > 0$. 当 $0 < |y - y_0| < \delta_2$ 时，有 $|h(x) - f(x,y)| < \dfrac{\varepsilon}{3}$. 　(2)

由条件(1)，得 $\exists \delta_3 > 0$. 当 $0 < |x - x_0| < \delta_3$ 时，有 $|f(x,y) - g(y)| < \dfrac{\varepsilon}{3}$. 　(3)

由 $\lim\limits_{y \to y_0} g(y) = a$.，得 $\exists \delta_4 > 0$. 当 $0 < |y - y_0| < \delta_4$ 时有 $|g(y) - a| < \dfrac{\varepsilon}{3}$.

取 $\delta = \min\{\delta_1, \delta_2, \delta_3, \delta_4\}$，当 $0 < |x - x_0| < \delta$，$0 < |y - y_0| < \delta$ 时，有 $|h(x) - a| < \varepsilon$，

$\therefore \lim\limits_{x \to x_0} h(x) = a$.　即 $\lim\limits_{x \to x_0}\lim\limits_{y \to y_0} f(x,y) = a = \lim\limits_{y \to y_0}\lim\limits_{x \to x_0} f(x,y)$.

 **练习题**

1. 求 $\lim\limits_{(x,y) \to (\infty, a)} \left(1 + \dfrac{1}{x}\right)^{\frac{x^2}{x+y}}$.

2. 求 $\lim\limits_{(x,y) \to (+\infty, +\infty)} (x^2 + y^2) \mathrm{e}^{-(x+y)}$.

3. 求 $\lim\limits_{(x,y) \to (0,0)} \dfrac{x^2 + y^2}{|x| + |y|}$. （广西师范大学 2013）

4. 求 $\lim\limits_{(x,y) \to (0,0)} xy \dfrac{3x - 4y}{x^2 + y^2}$. （同济大学 2022）

5. 求 $\lim\limits_{(x,y) \to (0,0)} \dfrac{\sin(x^3 + y^3)}{x^2 + y^2}$. （哈尔滨工程大学 2022）

6. 求 $\lim\limits_{(x,y) \to (0,0)} \dfrac{\sin(x^3 y^2)}{x^2 + y^2}$. （华南师范大学 2022）

7. 设 $f(x,y)$ 在区域 $D(|x| \leqslant 1, |y| \leqslant 1)$ 上的有界 k 次奇次函数 $(k \geqslant 1)$，试求极限：

$$\lim\limits_{(x,y) \to (0,0)} [f(x,y) + (x-1)\mathrm{e}^y].$$

8. 讨论函数 $f(x,y)$ 在 $P_0(0,0)$ 处的二重极限与累次极限：

$$f(x,y) = \dfrac{x^2 y^2}{x^3 + y^3}.$$

9. 讨论函数 $f(x,y) = \dfrac{x^4 y^4}{(x^3 + y^6)^2}$ 在 $P_0(0,0)$ 处的二重极限与累次极限.

10. 判断极限 $\lim\limits_{(x,y) \to (0,0)} \dfrac{xy}{\sqrt{x+y+1} - 1}$ 的存在性，若存在，写出证明过程，若不存在，请说明理由.（华东师范大学 2022）

5.2 多元函数的连续性与一致连续性

5.2.1 主要知识点

1. 二元函数连续的定义

设 f 为定义在点集 $D \subset \mathbb{R}^2$ 上的二元函数，$P_0 \in D$，若对 $\forall \varepsilon > 0$，都存在一个 $\delta > 0$，只要 $P \in U(P_0, \delta) \bigcap D$，就有

$$| f(P) - f(P_0) | < \varepsilon,$$

则称 f 关于集合 D 在点 P_0 连续. 若 f 在 D 上任何点都连续，则称 f 为 D 上的连续函数.

若 $\lim\limits_{y \to y_0} [f(x_0, y) - f(x_0, y_0)] = 0$，则称 $f(x, y)$ 在 $P_0 = (x_0, y_0)$ 处关于 y 连续.

若 $\lim\limits_{x \to x_0} [f(x, y_0) - f(x_0, y_0)] = 0$，则称 $f(x, y)$ 在 $P_0 = (x_0, y_0)$ 处关于 x 连续.

函数 $f(x, y)$ 在 $P_0 = (x_0, y_0)$ 处既关于 x 连续，又关于 y 连续，但 $f(x, y)$ 在 $P_0 = (x_0, y_0)$ 处不一定连续. 例如 $f(x, y) = \begin{cases} 1, & xy \neq 0, \\ 0, & xy = 0, \end{cases}$ 在 $(0, 0)$ 既关于 x 连续，又关于 y 连续，但在 $(0, 0)$ 处不连续.

如果 P_0 是平面点集 D 的孤立点，则 P_0 必是 f 关于 D 的连续点. 若 P_0 是平面点集 D 的聚点，则 f 关于集合 D 在点 P_0 连续等价于 $\lim\limits_{\substack{P \to P_0 \\ P \in D}} f(P) = f(P_0)$.

若 P_0 是平面点集 D 的聚点，且有 $\lim\limits_{\substack{P \to P_0 \\ P \in D}} f(P) \neq f(P_0)$，则称 P_0 是 f 的不连续点；若 P_0 是 f 的不连续点，且 $\lim\limits_{\substack{P \to P_0 \\ P \in D}} f(P)$ 存在，则称 P_0 是 f 的可去间断点.

2. 二元函数一致连续的定义

设 f 为定义在点集 $D \subset \mathbb{R}^2$ 上的二元函数，对任意 $\varepsilon > 0$，都存在只依赖于 ε 的 $\delta > 0$，对一切点 $P, Q \in D$，只要 $\rho(P, Q) < \delta$，就有

$$| f(P) - f(Q) | < \varepsilon,$$

则称 f 在集合 D 上一致连续.

3. 有界闭域上连续函数的性质

(1) 若函数 f 在有界闭域 $D \subset \mathbb{R}^2$ 上连续，则 f 在 D 上有界，且能取得最大值与最小值；

(2) 若函数 f 在有界闭域 $D \subset \mathbb{R}^2$ 上连续，则 f 在 D 上一致连续；

（3）若函数 f 在有界闭域 $D \subset \mathbb{R}^2$ 上连续，对任意的 P_1、$P_2 \in D$，且 $f(P_1) < f(P_2)$，则对任何满足不等式 $f(P_1) < \mu < f(P_2)$ 的实数 μ，必存在点 $P_0 \in D$，使得 $f(P_0) = \mu$.

4. 复合函数的连续性定理

设二元函数 $u = \varphi(x, y)$ 和 $v = \psi(x, y)$ 在 $P_0 = (x_0, y_0)$ 点连续，函数 $z = f(u, v)$ 在点 (u_0, v_0) 处连续，其中 $\varphi(x_0, y_0)$，$v_0 = \psi(x_0, y_0)$，则复合函数 $z = f(\varphi(x, y), \psi(x, y))$ 在点 P_0 连续.

5. 闭区域定理

设 $\{D_n\}$ 是 $\mathbb{R}^2$ 中的闭域列，它满足：

（1）$D_n \supset D_{n+1}, n = 1, 2, \cdots$　（2）$d_n = d(D_n), \lim\limits_{n \to \infty} d_n = 0$.

则存在唯一的点 $P_0 \in D_n, n = 1, 2, \cdots$

6. 聚点定理

设 $E \subset \mathbb{R}^2$ 为有界无限点集，则 E 在 $\mathbb{R}^2$ 中至少有一个聚点.

7. 有界闭域的有限覆盖定理

设 $D \subset \mathbb{R}^2$ 为一有界闭域，$\{\Delta_\alpha\}$ 为一开域族，它覆盖了 D（即 $D \subset \bigcup\limits_\alpha \Delta_\alpha$），则在 $\{\Delta_\alpha\}$ 中必存在有限个开域 $\Delta_1, \Delta_2, \cdots, \Delta_m$，它们同样覆盖了 D（即 $D \subset \bigcup\limits_{i=1}^m \Delta_\alpha$）.

5.2.2　多元函数的连续性

【例 5.2.1】　设二元函数

$$f(x, y) = \begin{cases} \dfrac{x^2 - y^2}{x^3 - y^3}, & (x, y) \neq (0, 0), \\ 0, & (x, y) = (0, 0). \end{cases}$$

讨论函数 $f(x, y)$ 在 $P_0(0, 0)$ 处的连续性.（安徽工业大学 2008）

解　二元函数 $f(x, y)$ 的定义域为 $D = \{(x, y) \mid y \neq x\}$. 若取路径 $y = kx^2 - x$，其中 k 为任意常数，从而有

$$\lim\limits_{x \to 0} f(x, y) = \lim\limits_{x \to 0} \frac{x^2 - y^2}{x^3 - y^3} = \lim\limits_{x \to 0} \frac{x + y}{x^2 + xy + y^2} = \lim\limits_{x \to 0} \frac{kx^2}{kx^3 + x^2(kx - 1)^2} = k.$$

所以，函数 $f(x, y)$ 在 $P_0(0, 0)$ 处极限不存在，从而 $f(x, y)$ 在 $P_0(0, 0)$ 处不连续.

【例 5.2.2】　证明：函数 $f(x, y) = \begin{cases} \dfrac{x^2 y}{x^4 + y}, & (x, y) \neq (0, 0) \\ 0, & (x, y) = (0, 0) \end{cases}$ 在原点沿任意一条射线都连续，但在原点不连续.（湖南大学 2004）

证明　当 $y = kx$，其中 k 为任意常数时，

$$\lim_{x \to 0} f(x,y) = \lim_{x \to 0} \frac{x^2 y}{x^4 + y} = \lim_{x \to 0} \frac{kx^3}{x^4 + kx} = 0 = f(0,0).$$

当 $x = 0$ 时，

$$\lim_{\substack{y \to 0 \\ x = 0}} f(x,y) = \lim_{\substack{y \to 0 \\ x = 0}} \frac{x^2 y}{x^4 + y} = 0 = f(0,0).$$

综上所述，函数 $f(x,y)$ 在原点沿任意一条射线都连续.

选取特殊路径：$y = x^6 - x^4$，则有

$$f(x,y) = \frac{x^2(x^6 - x^4)}{x^4 + (x^6 - x^4)} = \frac{x^8 - x^6}{x^6} \to -1, (x \to 0),$$

所以，函数 $f(x,y)$ 在 $P_0(0,0)$ 处极限不存在，从而 $f(x,y)$ 在 $P_0(0,0)$ 处不连续.

【例 5.2.3】 讨论函数 $f(x,y) = \begin{cases} \dfrac{x}{y^2} e^{-\frac{x^2}{y^2}}, & y \neq 0; \\ 0, & y = 0 \end{cases}$ 的连续性.

解 当 $(x_0, y_0) \in D_1 = \{(x,y) \mid y \neq 0\}$ 时，函数 $f(x,y) = \dfrac{x}{y^2} e^{-\frac{x^2}{y^2}}$ 是初等函数，从而 $f(x,y)$ 在 (x_0, y_0) 处连续.

对任意的点 $(x_0, 0) \in D_2 = \{(x,y) \mid y = 0\}$，当 $x_0 \neq 0$ 时，有 $f(x_0, 0) = 0$ 且

$$\lim_{\substack{x \to x_0 \\ y \to 0}} \frac{x}{y^2} e^{-\frac{x^2}{y^2}} = \frac{1}{x_0} \lim_{u \to \infty} u e^{-u} = 0.$$

所以，函数 $f(x,y)$ 在 $(x_0, 0), x_0 \neq 0$ 处连续.

当 $x_0 = 0$ 时，选取特殊路径：$y = \sqrt{x}$，则有

$$f(x,y) = \frac{x}{(\sqrt{x})^2} e^{-\frac{x^2}{(\sqrt{x})^2}} \to 1, (x \to 0).$$

所以，函数 $f(x,y)$ 在 $(0,0)$ 处不连续.

【例 5.2.4】 设函数 $f(x,y)$ 是 $D = [a,b] \times [c,d]$ 上的实值连续函数，求证 $g(x) = \sup\limits_{y \in [c,d]} \{f(x,y)\}$ 在 $[a,b]$ 上连续.（中国科学技术大学 2008）

证明 对任意的 $x_0 \in [a,b], x \in [a,b]$，因为

$$f(x,y) = f(x,y) - f(x_0,y) + f(x_0,y) \leqslant \sup_{y \in [c,d]} \{f(x,y) - f(x_0,y)\} + \sup_{y \in [c,d]} \{f(x_0,y)\},$$

所以 $\sup\limits_{y \in [c,d]} f(x,y) \leqslant \sup\limits_{y \in [c,d]} \{f(x,y) - f(x_0,y)\} + \sup\limits_{y \in [c,d]} \{f(x_0,y)\},$

即 $g(x) \leqslant \sup\limits_{y \in [c,d]} \{f(x,y) - f(x_0,y)\} + g(x_0),$

所以 $g(x) - g(x_0) \leqslant \sup\limits_{y \in [c,d]} \{f(x,y) - f(x_0,y)\} \leqslant \sup\limits_{y \in [c,d]} \{|f(x,y) - f(x_0,y)|\}.$

另一方面，

$$f(x_0,y) = f(x_0,y) - f(x,y) + f(x,y) \leqslant \sup_{y \in [c,d]}\{f(x_0,y) - f(x,y)\} + \sup_{y \in [c,d]}\{f(x,y)\},$$

所以 $\sup\limits_{y \in [c,d]} f(x_0,y) \leqslant \sup\limits_{y \in [c,d]}\{f(x_0,y) - f(x,y)\} + \sup\limits_{y \in [c,d]}\{f(x,y)\}$,

即 $g(x_0) \leqslant \sup\limits_{y \in [c,d]}\{f(x_0,y) - f(x,y)\} + g(x)$,

所以 $g(x_0) - g(x) \leqslant \sup\limits_{y \in [c,d]}\{f(x_0,y) - f(x,y)\} \leqslant \sup\limits_{y \in [c,d]}\{|f(x,y) - f(x_0,y)|\}$.

因为函数 $f(x,y)$ 在 $D = [a,b] \times [c,d]$ 上连续，从而函数 $f(x,y)$ 在 $D = [a,b] \times [c,d]$ 上一致连续，即对任意 $\varepsilon > 0$，存在 $\delta > 0$，对一切 $x, x_0 \in [a,b]$，只要 $|x - x_0| < \delta$，就有

$$|f(x,y) - f(x_0,y)| < \varepsilon,$$

从而有 $|g(x_0) - g(x)| \leqslant \sup\limits_{y \in [c,d]}\{|f(x,y) - f(x_0,y)|\} \leqslant \varepsilon$.

所以，$g(x) = \sup\limits_{y \in [c,d]}\{f(x,y)\}$ 在点 x_0 连续，即 $g(x)$ 在 $[a,b]$ 上连续.

【例 5.2.5】 设函数 $f(x,y)$ 在 $D = \{(x,y) \mid x \geqslant 0, y \geqslant 0\}$ 连续，且 $\lim\limits_{\substack{x \to +\infty \\ y \to +\infty}} f(x,y)$ 存在，则函数 $f(x,y)$ 在 D 上一致连续.

证明 设 $\lim\limits_{\substack{x \to +\infty \\ y \to +\infty}} f(x,y) = A$，则由柯西准则可知：对任意的 $\varepsilon > 0$，存在 $M \geqslant 1$，当 $x_1 \geqslant M, x_2 \geqslant M, y_1 \geqslant M, y_2 \geqslant M$ 时，有 $|f(x_1,y_1) - f(x_2,y_2)| < \varepsilon$.

又因为 $f(x,y)$ 在 $D = \{(x,y) \mid x \geqslant 0, y \geqslant 0\}$ 连续，从而 $f(x,y)$ 在 D_1 上一致连续，其中 $D_1 = \{(x,y) \mid 0 \leqslant x \leqslant M+1, 0 \leqslant y \leqslant M+1\}$. 对上述 $\varepsilon > 0$，存在 $\delta_1 > 0$，对一切 $(x_1,y_1) \in D_1, (x_2,y_2) \in D_1$，当 $|x_1 - x_2| < \delta_1, |y_1 - y_2| < \delta_1$ 时，就有

$$|f(x_1,y_1) - f(x_2,y_2)| < \varepsilon.$$

综上，取 $\delta = \min\{1, \delta_1\}$，对任意的 $(x_1,y_1), (x_2,y_2) \in D$，当 $|x_1 - x_2| < \delta$，$|y_1 - y_2| < \delta$ 时，恒有 $|f(x_1,y_1) - f(x_2,y_2)| < \varepsilon$. 根据一致连续的定义可知：函数 $f(x,y)$ 在 D 上一致连续.

【例 5.2.6】 证明：函数 $f(x,y) = \dfrac{1}{1-xy}$ 在 $[0,1) \times [0,1)$ 上不一致连续.（厦门大学 2022）

证明 取 $\varepsilon_0 = \dfrac{5}{8}$，对任意的 $\delta \in \left(0, \dfrac{1}{2}\right)$，取

$$x_1 = y_1 = 1 - \frac{\delta}{2}, x_2 = y_2 = 1 - \delta.$$

记 $P_1(x_1,y_1), P_2(x_2,y_2)$，显然有 $\rho(P_1,P_2) = \sqrt{\dfrac{\delta^2}{4} + \dfrac{\delta^2}{4}} = \dfrac{\delta}{\sqrt{2}} < \delta$，却有

$$| f(x_1,y_1) - f(x_2,y_2) | = \left| \frac{1}{1-x_1 y_1} - \frac{1}{1-x_2 y_2} \right| = \frac{x_1 y_1 - x_2 y_2}{(1-x_1 y_1)(1-x_2 y_2)}$$

$$= \frac{4-3\delta}{\delta(4-\delta)(2-\delta)} > \frac{4-\dfrac{3}{2}}{\dfrac{1}{2} \cdot 4 \cdot 2} = \frac{5}{8} = \varepsilon_0,$$

所以,函数 $f(x,y) = \dfrac{1}{1-xy}$ 在 $[0,1)\times[0,1)$ 上不一致连续.

5.2.3　多元函数累次连续与连续性关系

【例 5.2.7】　设函数 $f(x,y)$ 在区域 $D\subset\mathbb{R}^2$ 上对变量 x 连续,对变量满足李普希兹条件:对任意的 $(x,y'),(x,y'')\in D$ 有 $| f(x,y') - f(x,y'') | \leqslant L | y' - y'' |$,($L$ 为常数),证明函数 $f(x,y)$ 在 D 连续.(北京科技大学 2014)

证明　任取 $(x_0,y_0)\in D$,由函数 $f(x,y)$ 在区域 $D\subset\mathbb{R}^2$ 上对变量 x 连续,从而可知:函数 $f(x,y_0)$ 关于变量 x 连续.对任意 $\varepsilon>0$,存在 $\delta_1>0$,当 $| x - x_0 |<\delta_1$ 时,便有

$$| f(x,y_0) - f(x_0,y_0) |<\varepsilon. \tag{1}$$

由题意可得,对上述 ε 和任意的 x 取 $\delta_2 = \dfrac{\varepsilon}{L}>0$,当 $| y - y_0 |<\delta_2$ 时,有

$$| f(x,y) - f(x,y_0) |\leqslant L | y - y_0 |<L\frac{\varepsilon}{L}=\varepsilon. \tag{2}$$

对上述 ε,取 $\delta =\min\{\delta_1,\delta_2\}$,当 $| x - x_0 |<\delta$,$| y - y_0 |<\delta$ 时,有

$$| f(x,y) - f(x_0,y_0) |\leqslant| f(x,y) - f(x,y_0) |+| f(x,y_0) - f(x_0,y_0) |<2\varepsilon.$$

所以,函数 $f(x,y)$ 在 (x_0,y_0) 连续,从而函数 $f(x,y)$ 在 D 连续.

【例 5.2.8】　设函数 $f(x,y)$ 在 $D =[a,b]\times[c,d]$ 上有定义,若 $f(x,y)$ 在 $[c,d]$ 上关于变量 x 连续,对变量 y 在 $[a,b]$ 上(关于变量 x)一致连续,证明函数 $f(x,y)$ 在 D 连续.(西南交通大学 2022)

证明　任取 $(x_0,y_0)\in D$,由函数 $f(x,y)$ 在区域 $D\subset\mathbb{R}^2$ 上对变量 x 连续,从而可知:函数 $f(x,y_0)$ 关于变量 x 连续.对任意 $\varepsilon>0$,存在 $\delta_1>0$,当 $| x - x_0 |<\delta_1$ 时,便有

$$| f(x,y_0) - f(x_0,y_0) |<\varepsilon. \tag{1}$$

函数 $f(x,y)$ 对变量 y 在 $[a,b]$ 上关于变量 x 是一致连续的,对上述 ε 和任意的 x,存在只依赖于 ε 的 $\delta_2>0$,当 $| y - y_0 |<\delta_2$ 时,有

$$| f(x,y) - f(x,y_0) |<\varepsilon. \tag{2}$$

对上述 ε，取 $\delta=\min\{\delta_1,\delta_2\}$，当 $|x-x_0|<\delta$，$|y-y_0|<\delta$ 时，有

$$|f(x,y)-f(x_0,y_0)|\leqslant|f(x,y)-f(x,y_0)|+|f(x,y_0)-f(x_0,y_0)|<2\varepsilon.$$

所以，函数 $f(x,y)$ 在 (x_0,y_0) 连续，从而函数 $f(x,y)$ 在 D 连续.

【例 5.2.9】　设函数 $f(x,y)$ 在 $\mathbb{R}^2$ 上关于变量 x 和变量 y 连续，且固定 x 时 f 对 y 是单调的，证明函数 $f(x,y)$ 在 $\mathbb{R}^2$ 连续.（陕西师范大学 2014、兰州大学 2007 2008 2011）

证明　任取 $(x_0,y_0)\in\mathbb{R}^2$，由函数 $f(x,y)$ 在区域 $\mathbb{R}^2$ 上对变量 y 连续，从而可知：函数 $f(x_0,y)$ 关于变量 y 连续. 对任意 $\varepsilon>0$，存在 $\delta_1>0$，当 $|y-y_0|<\delta_1$ 时，便有

$$|f(x_0,y)-f(x_0,y_0)|<\varepsilon. \tag{1}$$

固定 $x=x_0$ 时，$f(x_0,y)$ 对 y 是单调的，从而有

$$|f(x_0,y)-f(x_0,y_0)|\leqslant\max\{|f(x_0,y_0\pm\delta_1)-f(x_0,y_0)|\}. \tag{2}$$

函数 $f(x,y)$ 对变量 x 是连续的，从而有 $f(x,y_0\pm\delta_1)$ 是变量 x 的连续函数. 对上述 ε，存在 $\delta_2>0$，当 $|x-x_0|<\delta_2$ 时，有

$$|f(x,y_0\pm\delta_1)-f(x_0,y_0\pm\delta_1)|<\varepsilon. \tag{3}$$

对上述 ε，取 $\delta=\min\{\delta_1,\delta_2\}$，当 $|x-x_0|<\delta$，$|y-y_0|<\delta$ 时，有
$$\begin{aligned}|f(x,y)-f(x_0,y_0)|&\leqslant\max\{|f(x,y_0\pm\delta_1)-f(x_0,y_0)|\\&\leqslant\max\{|f(x,y_0\pm\delta_1)-f(x_0,y_0\pm\delta_1)|+\max\{|f(x_0,\\y_0\pm\delta_1)-f(x_0,y_0)|<2\varepsilon.\end{aligned}$$

所以，函数 $f(x,y)$ 在 (x_0,y_0) 连续，从而函数 $f(x,y)$ 在 $\mathbb{R}^2$ 连续.

5.2.4　多元函数的完备性定理

【例 5.2.10】　已知 $f(x,y)$ 是有界开区域 $D\subseteq\mathbb{R}^2$ 上的一致连续函数. 证明：

(1) 可将 f 延拓到 D 的边界；

(2) f 在 D 上有界.（南京师范大学 2021、郑州大学 2011）

证明　对任意的 $P\in\partial D$，则对任意的 n 都有集合 $U\left(P,\dfrac{1}{n}\right)$ 非空. 取 $P_n\in U\left(P,\dfrac{1}{n}\right)\bigcap D$，则有 $P_n\in D$，且 $\lim\limits_{n\to\infty}P_n=P$. 由 f 在 D 内一致连续，对任意 $\varepsilon>0$，存在 $\delta>0$，对一切 $P^*\in D,P^{**}\in D$，当 $\rho(P^*,P^{**})<\delta$ 时，便有 $f(P^*)-f(P^{**})<\varepsilon$. 因为 $\lim\limits_{n\to\infty}P_n=P$，对上述 δ 存在 N，当 $n,m>N$ 时，有 $\rho(P_n,P_m)<\delta$，从而有 $f(P_n)-f(P_m)<\varepsilon$. 根据数列极限的柯西准则，可知：$\lim\limits_{n\to\infty}f(P_n)$ 存在.

若对任意的 $P_n,Q_n\in D$ 且有 $\lim\limits_{n\to\infty}P_n=\lim\limits_{n\to\infty}Q_n=P$，则对上述 δ 存在 N，当 $n>N$ 时，

有 $\rho(P_n,P)<\dfrac{\delta}{2}$，$\rho(Q_n,P)<\dfrac{\delta}{2}$，从而有 $\rho(P_n,Q_n)\leqslant\rho(P_n,P)+\rho(Q_n,P)<\delta$. 因为 f 在 D 内一致连续，可得 $|f(P_n)-f(Q_n)|<\varepsilon$，即有 $\lim\limits_{n\to\infty}f(P_n)=\lim\limits_{n\to\infty}f(Q_n)$. 所以，对任意的 $P\in\partial D$，都存在唯一的实数 $\lim\limits_{n\to\infty}f(P_n)$ 与之对应.

定义 $F(P)=\begin{cases}f(P), & P\in D\\ \lim\limits_{n\to\infty}f(P_n),P_n\in D,P_n\to P, & P\in\partial D\end{cases}$ 为 f 在 $\bar{D}$ 上的延拓.

（2）由（1）知 F 在有界闭区域 $\bar{D}$ 上连续，故有界，即 $\exists M>0$ 使得对任意 $(x,y)\in\bar{D}$ 有，$|F(x,y)|<M$，故在 D 上 $|F(x,y)|<M$，也就是 $|f(x,y)|<M$，故 f 在 D 上有界.

【例 5.2.11】 若区域 D 为一有界闭集，$f(x,y)$ 是 D 上连续函数，证明 $f(x,y)$ 在 D 上有界，且一定能取到最大值和最小值.

解 若 $f(x,y)$ 在 D 上无界，则对任意的 n，存在 $\{P_n\}\subset D$ 使得 $f(P_n)>n$. 因为 D 为有界闭集，且 $\{P_n\}\subset D$，故存在 $\{P_{n_k}\}\subset\{P_n\}$ 使得 $\lim\limits_{k\to\infty}P_{n_k}=P_0$. 因为 f 在 D 上连续，故有 $\lim\limits_{k\to\infty}f(P_{n_k})=f(P_0)$. 这与 $f(P_{n_k})>n_k$ 矛盾，从而 f 在 D 上有界.

设 $M=\sup\limits_{P\in D}f(P)$，则只需证明存在 $P_0\in D$ 使得 $f(P_0)=M$. 若对任意的 $P\in D$，都有 $f(P)<M$. 令 $h(P)=\dfrac{1}{M-f(P)}>0$，且 $h(P)$ 在有界闭集 D 上连续，从而 $h(P)$ 在 D 有界. 因为 $M=\sup\limits_{P\in D}f(P)$，存在 $\{P_n\}\subset D$ 使得 $\lim\limits_{n\to\infty}f(P_n)=M$，从而有 $\lim\limits_{n\to\infty}h(P_n)=+\infty$. 这与 $h(P)$ 在 D 有界矛盾. 所以，存在 $P_0\in D$ 使得 $f(P_0)=M$.

【例 5.2.12】 若 $f(x,y)$ 在有界闭域 D 上连续，则 $f(x,y)$ 在 D 上一致连续.

证明 若 $f(x,y)$ 在 D 上不一致连续，则存在 $\varepsilon_0>0$，对任意的 $\delta>0$（不妨取 $\delta=\dfrac{1}{n}$）都存在 $P_n,Q_n\in D$，虽有 $\rho(P_n,Q_n)<\delta$，却有 $|f(P_n)-f(Q_n)|\geqslant\varepsilon_0$.

因为 D 为有界闭域，故存在 $\{P_{n_k}\}\subset\{P_n\}$ 使得 $\lim\limits_{k\to\infty}P_{n_k}=P_0$. 选取 $\{Q_{n_k}\}\subset\{Q_n\}$，则有 $\rho(P_{n_k},Q_{n_k})<\delta_{n_k}=\dfrac{1}{n_k}\to 0,(k\to\infty)$. 所以，$\lim\limits_{k\to\infty}P_{n_k}=\lim\limits_{k\to\infty}Q_{n_k}=P_0$. 由的连续性可知：$\lim\limits_{k\to\infty}f(P_{n_k})=\lim\limits_{k\to\infty}f(Q_{n_k})=f(P_0)$. 这与 $|f(P_{n_k})-f(Q_{n_k})|\geqslant\varepsilon_0$ 相矛盾.

练习题

1. 设函数 $f(x,y)$ 在 $D=[a,b]\times[c,d]$ 上连续，又 $x=\varphi(t)$ 为定义在 $[\alpha,\beta]$ 上其值含于 $[a,b]$ 的可微函数，令 $F(t,y)=\displaystyle\int_a^{\varphi(t)}f(x,y)\mathrm{d}x,(t,y)\in[\alpha,\beta]\times[c,d]$，试证明 $F(t,y)$ 在 $[\alpha,\beta]\times[c,d]$ 上收敛.（暨南大学 2010）

2. 举例说明函数 $f(x,y)$ 在 $\mathbb{R}^2$ 上关于变量 x 和变量 y 连续，但函数 $f(x,y)$ 在 $\mathbb{R}^2$

不连续.

3. 函数 $f(x,y,z)=\dfrac{1}{1-xyz}$ 在 $[0,1)\times[0,1)\times[0,1)$ 上不一致连续.(广西大学 2010)

4. 函数 $f(x,y)=\sin\dfrac{\pi}{1-x^2-y^2}$ 在区域 $\{(x,y)\mid x^2+y^2<1\}$ 上是否一致连续? 并证明你的结论.(中国科学技术大学 2022)

5. 证明:二元函数 $f(x,y)=\begin{cases} y & x=0 \\ \dfrac{\sin xy}{x} & x\neq 0 \end{cases}$ 在平面上处处连续,但不一致连续.

6. 设函数 $f(x,y)$ 在区域 $D=\{(x,y)\mid x^2+y^2\leqslant 1\}$ 上有定义,且 $f(x,0)$ 在点 $x=0$ 处连续,且 $f'_y(x,y)$ 在 D 上有界,则函数 $f(x,y)$ 在 $(0,0)$ 处连续.(北京大学 1998)

7. 设函数 $f(x,y)$ 在 $D=[a,b]\times[c,d]$ 上连续,又有函数列 $\{\varphi_k(x)\}$ 在 $[a,b]$ 上一致收敛,且 $c\leqslant\varphi_k(x)\leqslant d,x\in[a,b],k=1,2,\cdots$ 试证明函数列 $\{F_k(x,\varphi_k(x))\}$ 在 $[a,b]$ 上一致收敛.

8. 设函数 $f(x,y)$ 在 R^2 上连续,且有 $\lim\limits_{x^2+y^2\to+\infty}f(x,y)=0$,证明 $f(x,y)$ 在 R^2 上的最大值或最小值至少存在一个.

9. 设函数 $f(x,y)$ 在 $x,y\geqslant 0$ 上连续,在 $x,y>0$ 内可微,且存在唯一的点 (x_0,y_0) 使得 $f_x(x_0,y_0)=f_y(x_0,y_0)=0$. 设 $f(x_0,y_0)>0,f(x,0)=f(0,y)=0$,$(x,y\geqslant 0)$,且有 $\lim\limits_{x^2+y^2\to+\infty}f(x,y)=0$,证明 $f(x_0,y_0)$ 是 $f(x,y)$ 在 $x,y\geqslant 0$ 上的最大值.

5.3　多元函数的偏导数与可微性

5.3.1　主要知识点

1. 偏导数的定义

设函数 $z=f(x,y),(x,y)\in D$,若 $(x_0,y_0)\in D$,且 $f(x,y_0)$ 在 $U(x_0)$ 内有定义,当 $\lim\limits_{x\to x_0}\dfrac{f(x,y_0)-f(x_0,y_0)}{x-x_0}$ 存在时,则称这个极限为函数 $z=f(x,y)$ 在点 (x_0,y_0) 关于 x 的偏导数,记作 $z'_x(x_0,y_0),f'_x(x_0,y_0)$.

定义中 $\lim\limits_{x\to x_0}\dfrac{f(x,y_0)-f(x_0,y_0)}{x-x_0}$ 可换写为 $\lim\limits_{\Delta x\to x_0}\dfrac{f(x_0+\Delta x,y_0)-f(x_0,y_0)}{\Delta x}$,其中,$\Delta x=x-x_0$ 是关于 x 的偏增量.

类似可以定义 $z=f(x,y)$ 在点 (x_0,y_0) 关于 y 的偏导数 $z'_y(x_0,y_0),f'_y(x_0,y_0)$.

2. 函数可微的定义

设函数 $z = f(x, y)$ 在其定义域 D 的内点 (x_0, y_0) 的全增量 Δz 可表示为：

$$\Delta z = f(x_0 + \Delta x, y_0 + \Delta y) - f(x_0, y_0) = A\Delta x + B\Delta y + o(\rho),$$

其中，A, B 是仅与 (x_0, y_0) 有关的常数，$o(\rho)$ 是 $\rho = \sqrt{(\Delta x)^2 + (\Delta y)^2}$ 的高阶无穷小，则称函数 $z = f(x, y)$ 在点 (x_0, y_0) 可微.

若存在只依赖于 (x_0, y_0) 的常数 A, B 使得

$$\lim_{\rho \to 0} \frac{\Delta z - A\Delta x - B\Delta y}{\rho} = \lim_{\rho \to 0} \frac{f(x_0 + \Delta x, y_0 + \Delta y) - f(x_0, y_0) - A\Delta x - B\Delta y}{\rho} = 0,$$

则称 $z = f(x, y)$ 在点 (x_0, y_0) 可微.

定义中 $A\Delta x + B\Delta y$ 为函数 $z = f(x, y)$ 在点 (x_0, y_0) 处的全微分，记作 $\mathrm{d}z = \mathrm{d}f = A\Delta x + B\Delta y$.

函数 $z = f(x, y)$ 在点 (x_0, y_0) 连续可微是指偏导数 $f'_x(x, y), f'_y(x, y)$ 在 (x_0, y_0) 点连续.

3. 函数可微的必要条件

函数 $z = f(x, y)$ 在其定义域 D 的内点 (x_0, y_0) 可微，则函数 $z = f(x, y)$ 在 (x_0, y_0) 的偏导数 $f'_x(x_0, y_0), f'_y(x_0, y_0)$. 存在，且有 $A = f'_x(x_0, y_0), B = f'_y(x_0, y_0)$.

4. 函数可微的充分条件

函数 $z = f(x, y)$ 的偏导数 $f'_x(x, y), f'_y(x, y)$ 在 (x_0, y_0) 的邻域内存在，且在 (x_0, y_0) 处连续，则函数 $z = f(x, y)$ 在 (x_0, y_0) 可微.

5. 二元函数中值定理(Ⅰ)

设函数 $z = f(x, y)$ 在点 (x_0, y_0) 的邻域内存在偏导数，若 (x, y) 属于该邻域，则存在 $\xi = x_0 + \theta_1(x - x_0), \eta = y_0 + \theta_2(y - y_0), 0 < \theta_1, \theta_2 < 1$，使得

$$f(x, y) - f(x_0, y_0) = f_x(\xi, y)(x - x_0) + f_y(x_0, \eta)(y - y_0).$$

6. 二元函数中值定理(Ⅱ)

设函数 $z = f(x, y)$ 在凸开域 $D \subset \mathbb{R}^2$ 上连续，在 D 的所有内点都可微，且 $(x_0, y_0) \in D$，则对 $(x, y) \in D$ 存在 $\xi = x_0 + \theta(x - x_0), \eta = y_0 + \theta(y - y_0), 0 < \theta < 1$ 使得

$$f(x, y) - f(x_0, y_0) = f_x(\xi, \eta)(x - x_0) + f_y(\xi, \eta)(y - y_0).$$

7. 隐函数的存在与连续可微性定理

若(1) 函数 $F(x_1, x_2, \cdots, x_n, y)$ 在以 $P(x_1^0, x_2^0, \cdots, x_n^0, y^0)$ 为内点的 $n + 1$ 维空间区域 D 内连续；

(2) 偏导数 $F'_{x_1}, F'_{x_2}, \cdots, F'_{x_n}, F'_y$ 在 D 内存在且连续；

(3) $F(x_1^0, x_2^0, \cdots, x_n^0, y^0) = 0$；

(4) $F'_y(x_1^0, x_2^0, \cdots, x_n^0, y^0) \neq 0$；

则在 P 的某一邻域 $U(P)$ 内，方程 $F(x_1, x_2, \cdots, x_n, y) = 0$ 唯一地确定了一个定义在 $Q(x_1^0, x_2^0, \cdots, x_n^0, y^0)$ 的邻域 $U(Q)$ 上的 n 元连续函数 $y = f(x_1, x_2, \cdots, x_n)$ 使得：

① $(x_1, x_2, \cdots, x_n, f(x_1, x_2, \cdots, x_n)) \in U(P)$，$(x_1, x_2, \cdots, x_n) \in U(Q)$ 时，有 $F(x_1, x_2, \cdots, x_n, f(x_1, x_2, \cdots, x_n)) \equiv 0$，$(x_1, x_2, \cdots, x_n) \in U(Q)$，$y_0 = f(x_1^0, \cdots, x_n^0)$.

② $y = f(x_1, x_2, \cdots, x_n)$ 在 $U(Q)$ 内连续偏导数：$f'_{x_1}, f'_{x_2}, \cdots, f'_{x_n}$ 而且 $f'_{x_1} = -\dfrac{F'_{x_1}}{F'_y}$，$f'_{x_2} = -\dfrac{F'_{x_2}}{F'_y}, \cdots, f'_{x_n} = -\dfrac{F'_{x_n}}{F'_y}$.

8. 由方程组确定的隐函数(隐函数组定理)

若：(1) $F(x, y, u, v)$ 与 $G(x, y, u, v)$ 在以点 $P_0(x_0, y_0, u_0, v_0)$ 为内点的区域 $V \subset \mathbb{R}^4$ 内连续；

(2) $F(x_0, y_0, u_0, v_0) = 0$，$G(x_0, y_0, u_0, v_0) = 0$(为初始条件)；

(3) 在 V 内 F, G 具有一阶连续偏导数；

(4) $J = \dfrac{\partial(F, G)}{\partial(U, V)}$ 在点 P_0 处不等于零.

则在点 P_0 的某一(四维空间)邻域 $U(P_0) \subset V$ 内，方程组 $\begin{cases} F(x, y, u, v) = 0 \\ G(x, y, u, v) = 0 \end{cases}$ 唯一地确定了定义在点 $Q_0(x_0, y_0)$ 的某一(二维空间)邻域 $U(Q_0)$ 内的两个二元隐函数 $u = f(x, y)$，$v = g(x, y)$，使得：

① $u_0 = f(x_0, y_0)$，$v_0 = g(x_0, y_0)$，且当 $(x, y) \in U(Q_0)$ 时，$(x, y, f(x, y), g(x, y)) \in U(P_0)$，

$F(x, y, f(x, y), g(x, y)) \equiv 0$，$G(x, y, f(x, y), g(x, y)) \equiv 0$，

② $f(x, y), g(x, y)$ 在 $U(Q_0)$ 内连续；

③ $f(x, y), g(x, y)$ 在 $U(Q_0)$ 内有一阶连续偏导数，且

$$\frac{\partial u}{\partial x} = -\frac{1}{J}\frac{\partial(F, G)}{\partial(x, v)}, \frac{\partial v}{\partial x} = -\frac{1}{J}\frac{\partial(F, G)}{\partial(u, x)},$$

$$\frac{\partial u}{\partial y} = -\frac{1}{J}\frac{\partial(F, G)}{\partial(y, v)}, \frac{\partial v}{\partial y} = -\frac{1}{J}\frac{\partial(F, G)}{\partial(u, y)},$$

9. 反函数组定理

若函数组 $\begin{cases} u = u(x, y) \\ v = v(x, y) \end{cases}$，满足如下条件：

(1) $u(x, y), v(x, y)$ 均是有连续的偏导数；(2) $\dfrac{\partial(u, v)}{\partial(x, y)} \neq 0$.

则此函数组可确定唯一的具有连续偏导数的反函数组

$$x = x(u,v), y = y(u,v), \text{且} \frac{\partial(u,v)}{\partial(x,y)} \cdot \frac{\partial(x,y)}{\partial(u,v)} = 1.$$

10. 连续与偏导数存在的关系

（1）连续函数不一定存在偏导数.

例如 $f(x,y) = \sqrt{x^2+y^2}$ 在 $(0,0)$ 处连续但偏导数不存在.

$$\lim_{\Delta x \to 0} \frac{f(\Delta x,0) - f(0,0)}{\Delta x} = \lim_{\Delta x \to 0} \frac{|\sqrt{(\Delta x)^2}|}{\Delta x} = \lim_{\Delta x \to 0} \frac{|\Delta x|}{\Delta x} \text{ 不存在，所以 } f_x(0,0) \text{ 不}$$

存在；

$$\lim_{\Delta y \to 0} \frac{f(0,\Delta y) - f(0,0)}{\Delta y} = \lim_{\Delta y \to 0} \frac{|\sqrt{(\Delta y)^2}|}{\Delta y} = \lim_{\Delta y \to 0} \frac{|\Delta y|}{\Delta y} \text{ 不存在，所以 } f_y(0,0) \text{ 不}$$

存在.

（2）偏导数存在函数不一定连续.

例如 $f(x,y) = \begin{cases} \dfrac{xy}{x^2+y^2}, & x^2+y^2 \neq 0 \\ 0, & x^2+y^2 = 0 \end{cases}$ 在 $(0,0)$ 处偏导数存在，但是函数在 $(0,0)$

处不连续.

$$f_x(0,0) = \lim_{\Delta x \to 0} \frac{f(\Delta x,0) - f(0,0)}{\Delta x} = 0, f_y(0,0) = \lim_{\Delta y \to 0} \frac{f(0,\Delta y) - f(0,0)}{\Delta y} = 0,$$

但是函数在 $(0,0)$ 处不连续.

11. 可微与偏导数存在的关系

（1）可微一定存在偏导数；但偏导数存在不一定可微.

例如 $f(x,y) = \begin{cases} \dfrac{xy}{x^2+y^2}, & x^2+y^2 \neq 0 \\ 0, & x^2+y^2 = 0 \end{cases}$ 在 $(0,0)$ 处偏导数存在，但是函数在 $(0,0)$

处不连续.

$$f_x(0,0) = \lim_{\Delta x \to 0} \frac{f(\Delta x,0) - f(0,0)}{\Delta x} = 0, f_y(0,0) = \lim_{\Delta y \to 0} \frac{f(0,\Delta y) - f(0,0)}{\Delta y} = 0,$$

但是函数在 $(0,0)$ 处不连续.

（2）偏导数连续必可微，可微不一定偏导数连续.

例如 $f(x,y) = \begin{cases} (x^2+y^2)\sin\dfrac{1}{\sqrt{x^2+y^2}}, & x^2+y^2 \neq 0 \\ 0, & x^2+y^2 = 0 \end{cases}$ 在 $(0,0)$ 处可微，但是偏导

数 $f_x(x,y)$ 和 $f_y(x,y)$ 在 $(0,0)$ 处不连续.

5.3.2　偏导数与多元函数连续性

【例 5.3.1】　设函数 $f(x,y)$ 在 $P(x_0,y_0)$ 的邻域 $U(P)$ 内的偏导数 f_x 与 f_y 有界，

则 $f(x,y)$ 在 $U(P)$ 上连续.（浙江理工大学 2013）

解 由题意可得：存在 $M,L>0$ 使得对任意的 $(x,y)\in U(P)$ 都由 $|f_x|\leqslant M$，$|f_y|\leqslant L$.

任取 $(x_0,y_0)\in U(P)$，对任意的 $\varepsilon>0$，取 $\delta=\min\{\dfrac{\varepsilon}{M},\dfrac{\varepsilon}{L}\}>0$，当 $|\Delta x|\leqslant\delta$，$|\Delta y|\leqslant\delta$ 时，存在 $0<\theta_1,\theta_2<1$，使得

$|f(x_0+\Delta x,y_0+\Delta y)-f(x_0,y_0)|$

$\leqslant|f(x_0+\Delta x,y_0+\Delta y)-f(x_0,y_0+\Delta y)|+|f(x_0,y_0+\Delta y)-f(x_0,y_0)|$

$\leqslant|f_x(x_0+\theta_1\Delta x,y_0+\Delta y)||\Delta x|+|f_y(x_0,y_0+\theta_2\Delta y)||\Delta y|$

$\leqslant M|\Delta x|+L|\Delta y|\leqslant 2\varepsilon.$

所以，函数 $f(x,y)$ 在点 (x_0,y_0) 处连续，即函数 $f(x,y)$ 在 $U(P)$ 上连续.

【例 5.3.2】 设 $u=f(z)$，其中 z 为方程式 $z=x+y\varphi(z)$ 所定义的变量为 x,y 的隐函数，证明 Lagrange 公式 $\dfrac{\partial^n u}{\partial y^n}=\dfrac{\partial^{n-1}}{\partial x^{n-1}}\left\{[\varphi(z)]^n\dfrac{\partial u}{\partial x}\right\}$.（四川大学 2010）

证明 对方程 $z=x+y\varphi(z)$ 两边关于 y 求导，可得

$$\frac{\partial z}{\partial y}=\varphi(z)+y\varphi'(z)\frac{\partial z}{\partial y},\tag{1}$$

整理可得
$$\frac{\partial z}{\partial y}=\frac{\varphi(z)}{1-y\varphi'(z)}.$$

对方程 $z=x+y\varphi(z)$ 两边关于 x 求导，可得

$$\frac{\partial z}{\partial x}=1+y\varphi'(z)\frac{\partial z}{\partial x},$$

整理可得
$$\frac{\partial z}{\partial x}=\frac{1}{1-y\varphi'(z)}.$$

$\dfrac{\partial u}{\partial y}=f'(z)\dfrac{\partial z}{\partial y}=f'(z)\dfrac{\varphi(z)}{1-y\varphi'(z)},\dfrac{\partial u}{\partial x}=f'(z)\dfrac{\partial z}{\partial x}=f'(z)\dfrac{1}{1-y\varphi'(z)}.$

所以
$$\frac{\partial u}{\partial y}=\varphi(z)\frac{\partial u}{\partial x}\ \text{且}\ \frac{\partial z}{\partial y}\frac{\partial u}{\partial x}=\frac{\partial z}{\partial x}\frac{\partial u}{\partial y}.\tag{1}$$

显然，当 $n=1$ 时，$\dfrac{\partial u}{\partial y}=\varphi(z)f'(z)\dfrac{1}{1-y\varphi'(z)}=\varphi(z)\dfrac{\partial u}{\partial x}$.

利用数学归纳法证明 $\dfrac{\partial^n u}{\partial y^n}=\dfrac{\partial^{n-1}}{\partial x^{n-1}}\left\{[\varphi(z)]^n\dfrac{\partial u}{\partial x}\right\}$.

假设当 $n=k-1$ 时，有 $\dfrac{\partial^{k-1}u}{\partial y^{k-1}}=\dfrac{\partial^{k-2}}{\partial x^{k-2}}\{[\varphi(z)]^{k-1}\dfrac{\partial u}{\partial x}\}$. 当 $n=k$ 时，

$$\frac{\partial^k u}{\partial y^k}=\frac{\partial}{\partial y}\left\{\frac{\partial^{k-2}}{\partial x^{k-2}}\left\{[\varphi(z)]^{k-1}\frac{\partial u}{\partial x}\right\}\right\}=\frac{\partial^{k-2}}{\partial x^{k-2}}\left\{\frac{\partial}{\partial y}\left\{[\varphi(z)]^{k-1}\frac{\partial u}{\partial x}\right\}\right\}$$

$$=\frac{\partial^{k-2}}{\partial x^{k-2}}\left\{(k-1)[\varphi(z)]^{k-2}\varphi'(z)\frac{\partial z}{\partial y}\frac{\partial u}{\partial x}+[\varphi(z)]^{k-1}\frac{\partial^2 u}{\partial x\partial y}\right\},\tag{2}$$

$$\frac{\partial^{k-1}}{\partial x^{k-1}}\left\{[\varphi(z)]^k \frac{\partial u}{\partial x}\right\} = \frac{\partial^{k-2}}{\partial x^{k-2}}\left\{\frac{\partial}{\partial x}\left\{[\varphi(z)]^k \frac{\partial u}{\partial x}\right\}\right\} = \frac{\partial^{k-2}}{\partial x^{k-2}}\left\{\frac{\partial}{\partial x}\left\{[\varphi(z)]^{k-1} \frac{\partial u}{\partial y}\right\}\right\}$$

$$= \frac{\partial^{k-2}}{\partial x^{k-2}}\left\{(k-1)[\varphi(z)]^{k-2}\varphi'(z)\frac{\partial z}{\partial x}\frac{\partial u}{\partial y} + [\varphi(z)]^{k-1}\frac{\partial^2 u}{\partial y \partial x}\right\}.$$

$$(3)$$

由(1)(2)(3)可得：$\dfrac{\partial^k u}{\partial y^k} = \dfrac{\partial^{k-1}}{\partial x^{k-1}}\left\{[\varphi(z)]^k \dfrac{\partial u}{\partial x}\right\}.$

综上所述，对任意的 n 都有 $\dfrac{\partial^n u}{\partial y^n} = \dfrac{\partial^{n-1}}{\partial x^{n-1}}\left\{[\varphi(z)]^n \dfrac{\partial u}{\partial x}\right\}.$

5.3.3　多元函数的全微分

【例 5.3.3】　设二元函数 $f(x,y) = \begin{cases} (x^2+y^2)\cos\dfrac{1}{\sqrt{x^2+y^2}}, & x^2+y^2 \neq 0, \\ 0, & x^2+y^2 = 0. \end{cases}$

(1) 求偏导数 $f_x(0,0)$ 和 $f_y(0,0)$；

(2) 证明 $f(x,y)$ 在 $(0,0)$ 处可微；

(3) 证明偏导数 $f_x(x,y)$ 和 $f_y(x,y)$ 在 $(0,0)$ 处不连续. (华中师范大学 2012)

解　(1) $f_x(0,0) = \lim\limits_{\Delta x \to 0} \dfrac{f(\Delta x,0) - f(0,0)}{\Delta x} = \lim\limits_{\Delta x \to 0} \dfrac{(\Delta x)^2 \cos\dfrac{1}{|\Delta x|}}{\Delta x} = 0,$

$f_y(0,0) = \lim\limits_{\Delta y \to 0} \dfrac{f(0,\Delta y) - f(0,0)}{\Delta y} = \lim\limits_{\Delta x \to 0} \dfrac{(\Delta y)^2 \cos\dfrac{1}{|\Delta y|}}{\Delta y} = 0.$

(2) 因为

$$\lim\limits_{\rho \to 0} \frac{((\Delta x)^2 + (\Delta y)^2)\cos\dfrac{1}{\sqrt{(\Delta x)^2 + (\Delta y)^2}}}{\rho} = \lim\limits_{\rho \to 0} \sqrt{(\Delta x)^2 + (\Delta y)^2}\cos\dfrac{1}{\sqrt{(\Delta x)^2 + (\Delta y)^2}} = 0,$$

所以，函数 $f(x,y)$ 在 $(0,0)$ 处可微.

(3) 当 $(x,y) \neq (0,0)$ 时，

$$f_x(x,y) = 2x\cos\frac{1}{\sqrt{x^2+y^2}} - \sin\frac{1}{\sqrt{x^2+y^2}}\frac{x}{\sqrt{x^2+y^2}},$$

$$f_y(x,y) = 2y\cos\frac{1}{\sqrt{x^2+y^2}} - \sin\frac{1}{\sqrt{x^2+y^2}}\frac{y}{\sqrt{x^2+y^2}}.$$

利用极坐标变换方法，可知 $\lim\limits_{\substack{x\to 0\\y\to 0}}\sin\dfrac{1}{\sqrt{x^2+y^2}}\dfrac{x}{\sqrt{x^2+y^2}}, \lim\limits_{\substack{x\to 0\\y\to 0}}\sin\dfrac{1}{\sqrt{x^2+y^2}}\dfrac{y}{\sqrt{x^2+y^2}}$

不存在,从而 $\lim\limits_{\substack{x\to 0\\y\to 0}}f'_x(x,y)$, $\lim\limits_{\substack{x\to 0\\y\to 0}}f'_y(x,y)$ 不存在,所以偏导数 $f_x(x,y)$ 和 $f_y(x,y)$ 在 $(0,0)$ 处不连续.

【**例 5.3.4**】　设 $f(x)$ 和 $g(x)$ 分别在区间 $[a,b]$ 及 $[c,d]$ 上连续,定义

$$F(x,y)=\int_a^x f(t)\mathrm{d}t\int_c^y g(s)\mathrm{d}s,a\leqslant x\leqslant b,c\leqslant y\leqslant d,$$

试用全微分的定义证明函数 $F(x,y)$ 在 (x_0,y_0) 处可微,其中 $a\leqslant x_0\leqslant b,c\leqslant y_0\leqslant d$.

证明　$\dfrac{\partial F}{\partial x}=f(x)\int_c^y g(s)\mathrm{d}s$,　$\dfrac{\partial F}{\partial y}=g(y)\int_a^x f(s)\mathrm{d}s$.

所以,$\mathrm{d}z=f(x)\int_c^y g(s)\mathrm{d}s\Delta x+g(y)\int_a^x f(s)\mathrm{d}s\Delta y$,

$$\Delta z=F(x_0+\Delta x,y_0+\Delta y)-F(x_0,y_0)$$

$$=\int_a^{x_0}f(t)\mathrm{d}t\int_{y_0}^{y_0+\Delta y}g(s)\mathrm{d}s+\int_{x_0}^{x_0+\Delta x}f(t)\mathrm{d}t\int_c^{y_0}g(s)\mathrm{d}s+\int_{x_0}^{x_0+\Delta x}f(t)\mathrm{d}t\int_{y_0}^{y_0+\Delta y}g(s)\mathrm{d}s,$$

$$\Delta z-\mathrm{d}z=\int_a^{x_0}f(t)\mathrm{d}t\int_{y_0}^{y_0+\Delta y}[g(s)-g(y_0)]\mathrm{d}s+\int_{x_0}^{x_0+\Delta x}[f(t)-f(x_0)]\mathrm{d}t\int_c^{y_0}g(s)\mathrm{d}s+$$

$$\int_{x_0}^{x_0+\Delta x}f(t)\mathrm{d}t\int_{y_0}^{y_0+\Delta y}g(s)\mathrm{d}s.$$

因为 $f(x)$ 和 $g(x)$ 分别在区间 $[a,b]$ 及 $[c,d]$ 上连续,所以存在 M,L 使得 $|f(x)|\leqslant M$,$|g(y)|\leqslant L$,且对任意的 $\varepsilon>0$,存在 $\delta>0$,当 $|\Delta x|<\delta$,$|\Delta y|<\delta$ 时,有 $|f(t)-f(x_0)|<\varepsilon$,$|g(s)-g(y_0)|<\varepsilon$.

$$\lim_{\rho\to 0}\frac{|\Delta z-\mathrm{d}z|}{\rho}\leqslant\left|\int_a^{x_0}f(t)\mathrm{d}t\right|\lim_{\rho\to 0}\frac{\varepsilon\Delta y}{\rho}+\lim_{\rho\to 0}\frac{\varepsilon\Delta x}{\rho}\left|\int_c^{y_0}g(s)\mathrm{d}s\right|+ML\lim_{\rho\to 0}\frac{\Delta x\Delta y}{\rho}=0,$$

所以 $\lim\limits_{\rho\to 0}\dfrac{|\Delta z-\mathrm{d}z|}{\rho}=0$,即 $F(x,y)$ 在 (x_0,y_0) 处可微.

【**例 5.3.5**】　已知 $f(x,y)=\begin{cases}\dfrac{xy}{\sqrt{x^2+y^2}},&x^2+y^2\neq 0\\0,&x^2+y^2=0.\end{cases}$　证明:$f(x,y)$ 在 $(0,0)$ 处的偏导数存在,但不可微.(湖南大学 2020)

解　根据偏导数的定义可知

$$f_x(0,0)=\lim_{\Delta x\to 0}\frac{f(\Delta x,0)-f(0,0)}{\Delta x}=\lim_{\Delta x\to 0}\frac{0-0}{\Delta x}=0,$$

$$f_y(0,0)=\lim_{\Delta y\to 0}\frac{f(0,\Delta y)-f(0,0)}{\Delta y}=\lim_{\Delta y\to 0}\frac{0-0}{\Delta y}=0,$$

即 $f(x,y)$ 在 $(0,0)$ 处的偏导数存在.

由于 $f(0,0)=f_x(0,0)=f_y(0,0)=0$,所以

$$\frac{f(\Delta x,\Delta y)-f(0,0)-f_x(0,0)\Delta x-f_y(0,0)\Delta y}{\sqrt{(\Delta x)^2+(\Delta y)^2}}=\frac{\Delta x\Delta y}{(\Delta x)^2+(\Delta y)^2}.$$

当 $(\Delta x,\Delta y)$ 沿着 $\Delta y=\Delta x$ 趋近于 $(0,0)$ 时,有

$$\lim_{(\Delta x,\Delta y=\Delta x)\to(0,0)}\frac{\Delta x\Delta y}{(\Delta x)^2+(\Delta y)^2}=\frac{1}{2}\neq 0.$$

所以 $f(x,y)$ 在点 $(0,0)$ 处不可微.

【例 5.3.6】 设二元函数

$$f(x,y)=\begin{cases}\dfrac{xy(x-y)}{x^2+y^2}, & x^2+y^2\neq 0;\\[2mm] 0, & x^2+y^2=0\end{cases}$$

在 $(0,0)$ 处的连续性,偏导数的存在性,可微性,二阶混合偏导数的存在性. (中南大学 2022)

解 (1) 因为当 $x^2+y^2\neq 0$ 时,有

$$|f(x,y)|\leqslant\frac{|xy||x-y|}{x^2+y^2}\leqslant\frac{|xy||x-y|}{2|xy|}\leqslant\frac{|x|+|y|}{2},$$

而 $\lim\limits_{(x,y)\to(0,0)}\dfrac{|x|+|y|}{2}=0$,所以有 $\lim\limits_{(x,y)\to(0,0)}f(x,y)=0=f(0,0)$,即 $f(x,y)$ 在 $(0,0)$ 处连续.

(2) 根据偏导数的定义可知

$$f_x(0,0)=\lim_{\Delta x\to 0}\frac{f(\Delta x,0)-f(0,0)}{\Delta x}=\lim_{\Delta x\to 0}\frac{0}{\Delta x}=0,$$

$$f_y(0,0)=\lim_{\Delta y\to 0}\frac{f(0,\Delta y)-f(0,0)}{\Delta y}=\lim_{\Delta x\to 0}\frac{0}{\Delta y}=0.$$

进而有

$$\frac{f(x,y)-f(0,0)-f_x(0,0)x-f_y(0,0)y}{\sqrt{x^2+y^2}}=\frac{xy(x-y)}{(\sqrt{x^2+y^2})^3}.$$

当 (x,y) 沿着 $y=kx(x>0)$ 趋向于 $(0,0)$ 时有

$$\lim_{x\to 0^+,y=kx}\frac{xy(x-y)}{(\sqrt{x^2+y^2})^3}=\lim_{x\to 0^+}\frac{kx^2(1-k)x}{(\sqrt{1+k^2})^3x^3}=\frac{k(1-k)}{(\sqrt{1+k^2})^3}.$$

所以,重极限 $\lim\limits_{(x,y)\to(0,0)}\dfrac{xy(x-y)}{(\sqrt{x^2+y^2})^3}$ 不存在,即 $f(x,y)$ 在 $(0,0)$ 不可微.

(3) 因为当 $x^2+y^2\neq 0$ 时,有

$$f_x(x,y)=\frac{(2xy-y^2)(x^2+y^2)-2x(x^2y-xy^2)}{(x^2+y^2)^2},$$

$$f_y(x,y) = \frac{(x^2-2xy)(x^2+y^2)-2y(x^2y-xy^2)}{(x^2+y^2)^2},$$

所以,有 $f_x(0,y) = -1, f_y(x,0) = 1$,进而有

$$\lim_{y \to 0} \frac{f_x(0,y)-f_x(0,0)}{y} = \lim_{y \to 0} \frac{1}{y} = \infty,$$

$$\lim_{x \to 0} \frac{f_y(x,0)-f_y(0,0)}{x} = \lim_{x \to 0} \frac{1}{x} = \infty,$$

所以,二阶混合偏导数 $f_{xy}(0,0), f_{yx}(0,0)$ 在 $(0,0)$ 处均不存在.

【例 5.3.7】　已知 $f(x,y) = \begin{cases} \dfrac{x^2y}{x^4+y^2}, & x^2+y^2 \neq 0; \\ 0, & x^2+y^2 = 0. \end{cases}$

(1) 证明：$f(x,y)$ 在点 $(0,0)$ 沿任意方向的方向导数均存在；

(2) 证明：$f(x,y)$ 在点 $(0,0)$ 处不可微.（南京师范大学 2021）

解　(1) 对 $\forall \theta \in [0,2\pi)$,当 $\theta = 0$ 或 π 时,$f(r\cos\theta, r\sin\theta) - f(0,0) = 0$,故

$$\lim_{r \to 0} \frac{f(r\cos\theta, r\sin\theta)-f(0,0)}{r} = 0.$$

当 $\theta \neq 0$ 且 $\theta \neq \pi$ 时,

$$\lim_{r \to 0} \frac{f(r\cos\theta, r\sin\theta)-f(0,0)}{r} = \lim_{r \to 0} \frac{r^2\cos^2\theta\sin\theta}{r^4\cos^4\theta+r^2\sin^2\theta} = \frac{\cos^2\theta}{\sin\theta}.$$

故 $\lim\limits_{r \to 0} \dfrac{f(r\cos\theta, r\sin\theta)-f(0,0)}{r}$ 总是存在,即 $f(x,y)$ 在点 $(0,0)$ 沿任意方向的方向导数均存在.

(2) $f_x(0,0) = \lim\limits_{x \to 0} \dfrac{f(x,0)-f(0,0)}{x-0} = 0, f_y(0,0) = \lim\limits_{y \to 0} \dfrac{f(y,0)-f(0,0)}{y-0} = 0.$

沿路径 $y = x$ 趋于 $(0,0)$ 时,

$$\lim_{(x,y) \to (0,0)} \frac{f(x,y)-f(0,0)-f_x(0,0)x-f_y(0,0)y}{\sqrt{x^2+y^2}} = \lim_{x \to 0} \frac{\frac{x^3}{x^4+x^2}}{\sqrt{2}\,x} = \frac{1}{\sqrt{2}}.$$

故 $f(x,y)-f(0,0)-f_x(0,0)x-f_y(0,0)y$ 不是关于 $\sqrt{x^2+y^2}$ 的高阶无穷小.

故 $f(x,y)$ 在点 $(0,0)$ 处不可微.

【例 5.3.8】　设 a 是一个正实数,定义函数

$$f(x,y) = \begin{cases} \dfrac{|x|^a\,|y|^a}{x^2+y^2}, & (x,y) \neq (0,0); \\ 0, & (x,y) = (0,0). \end{cases}$$

证明：(1) 当且仅当 $a>1$ 时，$f(x,y)$ 在 $(0,0)$ 处连续；

(2) 当且仅当 $a>\dfrac{3}{2}$ 时，$f(x,y)$ 在 $(0,0)$ 处可微.（中南大学 2021）

证明 (1) 必要性：$f(x,y)$ 在 $(0,0)$ 连续，故 $\lim\limits_{\substack{(x,y)\to(0,0)\\x=y>0}}f(x,y)=f(0,0)=0$，即

$$0=\lim_{x\to0^+}\frac{|x|^a|x|^a}{x^2+x^2}=\frac{1}{2}\lim_{x\to0^+}x^{2(a-1)},$$

故 $2(a-1)>0$，即 $a>1$.

充分性：当 $a>1$ 时，对任意 $(x,y)\neq(0,0)$，有

$$0\leqslant f(x,y)=\frac{|x|^a|y|^a}{x^2+y^2}=\frac{|xy|^a}{x^2+y^2}$$

$$\leqslant\frac{\left(\dfrac{x^2+y^2}{2}\right)^a}{x^2+y^2}=\frac{1}{2^a}(x^2+y^2)^{a-1}\to0,(x,y)\to(0,0).$$

由夹逼准则得，$\lim\limits_{(x,y)\to(0,0)}f(x,y)=0=f(0,0)$，故 $f(x,y)$ 在 $(0,0)$ 连续.

因此，当且仅当 $a>1$ 时，$f(x,y)$ 在 $(0,0)$ 连续.

(2) 当 $a>0$ 时，

$$f_x(x,0)=\lim_{x\to0}\frac{f(x,0)-f(0,0)}{x}=\lim_{x\to0}\frac{0-0}{x}=0,$$

$$f_y(0,0)=\lim_{y\to0}\frac{f(0,y)-f(0,0)}{y}=\lim_{y\to0}\frac{0-0}{y}=0,$$

$f(x,y)$ 在 $(0,0)$ 可微当且仅当

$$\lim_{(x,y)\to(0,0)}\frac{f(x,y)-f(0,0)-f_x(0,0)x-f_y(0,0)y}{\sqrt{x^2+y^2}}=0,$$

即

$$\lim_{(x,y)\to(0,0)}\frac{|x|^a|y|^a}{(x^2+y^2)^{\frac{3}{2}}}=0.$$

因此，要证明 $\lim\limits_{(x,y)\to(0,0)}\dfrac{|x|^a|y|^a}{(x^2+y^2)^{\frac{3}{2}}}=0$，当且仅当 $a>\dfrac{3}{2}$.

必要性：$\lim\limits_{(x,y)\to(0,0)}\dfrac{|x|^a|y|^a}{(x^2+y^2)^3}=0$，故 $\lim\limits_{\substack{(x,y)\to(0,0)\\x=y>0}}\dfrac{|x|^a|y|^a}{(x^2+y^2)^{\frac{3}{2}}}=0$，即 $\lim\limits_{x\to0^+}\dfrac{x^{2a-3}}{2\sqrt{2}}=0$，

即 $2a-3>0$，即 $a>\dfrac{3}{2}$.

充分性：对任意 $(x,y)\neq(0,0)$，有

$$0 \leqslant \frac{\mid x \mid^a \mid y \mid^a}{(x^2 + y^2)^{\frac{3}{2}}} = \frac{\mid xy \mid^a}{(x^2 + y^2)^{\frac{3}{2}}}$$

$$\leqslant \frac{\left(\dfrac{x^2 + y^2}{2}\right)^a}{(x^2 + y^2)^{\frac{3}{2}}} = \frac{1}{2^a}(x^2 + y^2)^{a - \frac{3}{2}} \to 0, (x, y) \to (0, 0).$$

由夹逼准则得，$\displaystyle\lim_{(x,y)\to(0,0)} \frac{\mid x \mid^a \mid y \mid^a}{(x^2 + y^2)^{\frac{3}{2}}} = 0.$

5.3.4　偏导数与多元函数的中值定理

【例 5.3.9】　设 $f(P)$ 在 $\mathbb{R}^n - \{(O)\}$ 可微，且在点 (O) 连续，如果 $\displaystyle\lim_{P \to O} \frac{\partial f}{\partial x_i} = 0$. 求证：$f(P)$ 在点 (O) 可微. (北京大学 2014)

证明　设 $P(x_1, x_2, \cdots, x_n) \in \mathbb{R}^n - \{(O)\}$，故存在 $0 < \theta_1, \theta_2, \cdots, \theta_n < 1$ 使得

$$\mid f(x_1, x_2, \cdots, x_n) - f(0, 0, \cdots, 0) \mid \leqslant \mid f(x_1, x_2, \cdots, x_n) - f(0, x_2, \cdots, x_n) \mid +$$
$$\mid f(0, x_2, \cdots, x_n) - f(0, 0, \cdots, x_n) \mid + \cdots + \mid f(0, 0, \cdots 0, x_n) - f(0, 0, \cdots 0, 0) \mid \leqslant$$
$$\mid f'_{x_1}(\xi_1, x_2, \cdots, x_n) \mid \mid x_1 \mid + \mid f'_{x_2}(0, \xi_2, \cdots, x_n) \mid \mid x_2 \mid + \cdots \mid f'_{x_n}(0, 0, \cdots, \xi_n) \mid \mid x_n \mid$$

其中，$\xi_i = \theta_i x_i, i = 1, \cdots, n.$

因为 $\displaystyle\lim_{P \to O} \frac{\partial f}{\partial x_i} = 0$，从而可知 $\displaystyle\lim_{P \to O} \frac{\mid f(P) - f(O) \mid}{\mid OP \mid} = 0$，所以 $f(P)$ 在点 (O) 可微.

【例 5.3.10】　已知 $z = f(x, y)$ 在 $P(x_0, y_0)$ 邻域内有定义，如果 $f'_x(x_0, y_0)$ 存在，f'_y 在点 $P(x_0, y_0)$ 连续，则 $f(x, y)$ 在 $P(x_0, y_0)$ 处可微. (北京科技大学 2022)

证明　由 $f'_x(x_0, y_0)$ 存在，有 $f(x_0 + \Delta x, y_0) - f(x_0, y_0) = (f'_x(x_0, y_0) + \alpha)\Delta x$，其中 $\alpha \to 0 (\Delta x \to 0)$. 因为 f'_y 在点 $P(x_0, y_0)$ 连续，从而 f'_y 在 (x_0, y_0) 邻域内存在，且存在 $0 < \theta_1 < 1$ 使得

$$f(x_0 + \Delta x, y_0 + \Delta y) - f(x_0 + \Delta x, y_0) = f'_y(x_0 + \Delta x, y_0 + \theta_1 \Delta y)\Delta y.$$

因为 f'_y 在点 $P(x_0, y_0)$ 连续，$f'_y(x_0 + \Delta x, y_0 + \theta_1 \Delta y) = f'_y(x_0, y_0) + \beta$，其中 $\beta \to 0 (\Delta x \to 0, \Delta y \to 0)$.

$$\Delta z = (f'_x(x_0, y_0) + \alpha)\Delta x + (f'_y(x_0, y_0) + \beta)\Delta y,$$

所以 $\displaystyle\lim_{\rho \to 0} \frac{\Delta z - \mathrm{d}z}{\rho} = \lim_{\rho \to 0} \frac{\alpha \Delta x + \beta \Delta y}{\rho} = 0$，即函数 $f(x, y)$ 在 $P(x_0, y_0)$ 处可微.

5.3.5　隐函数与隐函数组

【例 5.3.11】　给定方程 $x^2 + y - \cos xy = 0,$

(1) 说明在点$(0,1)$的充分小的邻域内,此方程可以确定唯一的连续的函数 $y=y(x)$,使得 $y(0)=1$;

(2) 讨论函数 $y=y(x)$ 在 $x=0$ 附近的可微性;

(3) 讨论函数 $y=y(x)$ 在 $x=0$ 附近的单调性;

(4) 在点$(0,1)$的充分小的领域内,此方程是否确定唯一的单值函数 $x=x(y)$,使得 $x(1)=0$? 为什么?(华中师范大学 2012)

解 令 $F(x,y)=x^2+y^2+\sin xy$,且有 $F'_x(x,y)=2x+y\sin(xy)$,

$$F'_y(x,y)=1+x\sin(xy), F(0,1)=0, F'_y(0,1)=1\neq 0.$$

(1) $F(x,y)$ 在点$(0,1)$的邻域内连续,且 $F'_x(x,y), F'_y(x,y)$ 在 $\mathbb{R}^2$ 上连续,所以方程 $x^2+y-\cos xy=0$ 在点$(0,1)$的邻域内可以确定唯一的连续函数 $y=y(x)$,使得 $y(0)=1$.

(2) 函数 $y=y(x)$ 在点$(0,1)$的邻域内可微,且有

$$y'(x)=-\frac{F_x(x,y)}{F_y(x,y)}=-\frac{2x+y\sin(xy)}{1+x\sin(xy)}.$$

(3) 对于非常小的 $\delta>0$,对任意的 $x\in(0,\delta)$ 有,$y'(x)<0$,函数 $y=y(x)$ 单调递减,对任意的 $x\in(-\delta,0)$ 有,$y'(x)>0$,函数 $y=y(x)$ 单调递增.

(4) 因为 $F'_x(0,1)=0$,所以在点$(0,1)$的充分小的领域内,方程不能确定唯一隐函数 $x=x(y)$,使得 $x(1)=0$.

【例 5.3.12】 设函数 $f(x,y)$ 在点 (x_0,y_0) 邻近二次连续可微,且 $f'_x(x_0,y_0)=0$,$f''_{xx}(x_0,y_0)>0$,

(1) 试证存在 y_0 的 δ 邻域 $U(y_0,\delta)$,使对任何 $y\in U(y_0,\delta)$ 能求得 $f(x,y)$ 关于 x 的一个极小值 $g(y)$;

(2) 试证 $g'(x_0)=f'_{y_0}(x_0,y_0)$(湖南大学 2022)

解 (1) 对于给定的 y,要求 $f(x,y)$ 关于 x 的极小值,按求极值的步骤,应对 y 找出 x 使 $f'_x(x,y)=0$. 即应找方程 $f'_x(x,y)=0$ 的隐函数 $x=x(y)$,使得 $f'_x(x(y),y)=0$.

已知 $f(x,y)$ 在 (x_0,y_0) 邻近二次连续可微,$f'_x(x_0,y_0)=0, f''_{xx}(x_0,y_0)>0$. 因此方程 $f'_x(x,y)=0$ 满足隐函数存在定理的条件. 在 (x_0,y_0) 的某个邻域里方程 $f'_x(x,y)=0$ 确定唯一的单值可微函数 $x=x(y)$,使得 $x_0=x(y_0), f'_x(x(y),y)\equiv 0$ [当 y 属于 y_0 的某个 δ 邻域 $U(y_0,\delta)$ 时]. 又因 $f''_{xx}(x_0,y_0)>0$,以上述邻域充分小时,$f''_{xx}(x(y),y)>0$. 于是 $f(x,y)$ 关于 x 在 $(x(y),y)$ 处取极小值,记为

$$g(y)=f(x(y),y).$$

(2) 我们来证 $g(y_0)=f'_y(x_0,y_0)$. 事实上,因为 f 在 (x_0,y_0) 处可微

$$g'(y_0)=\lim_{\Delta y\to 0}\frac{g(y_0+\Delta y)-g(y_0)}{\Delta y}$$

$$=\lim_{\Delta y\to 0}\frac{1}{\Delta y}\{f'_x(x_0,y_0)[x(y_0+\Delta y)-x(y_0)]$$

$$+f'_y(x_0,y_0)\Delta y+\varepsilon_1[x(y_0+\Delta y)-x(y_0)]+\varepsilon_2\Delta y\},$$

这里 $\varepsilon_1,\varepsilon_2\to 0$(当 $\Delta y\to 0$ 时).

已知 $f'_x(x_0,y_0)=0$,且 $\lim\limits_{\Delta y\to 0}\dfrac{1}{\Delta y}[x(y_0+\Delta y)-x(y_0)]=x'_y(y_0)$.

因此 $g'(y_0)=f'_y(x_0,y_0)$.

【例 5.3.13】 设函数 $z=f(x,y)$ 满足方程 $F(u,v)=0$,其中 $u=x+az,v=y+bz,(a,b)$ 为常数,F 可微,且 $aF_u+bF_v\neq 0$,求积分 $\displaystyle\iint\limits_{x^2+y^2\leqslant 1}\mathrm{e}^{-(x^2+y^2)}(az_x+bz_y)\mathrm{d}x\,\mathrm{d}y$.

(华南理工大学 2006)

解　由 $F(u,v)=F(x+az,y+bz)=0$,对方程的两边关于 x 求导,可得

$$F'_u\Big(1+a\frac{\partial z}{\partial x}\Big)+bF'_v\frac{\partial z}{\partial x}=0,\text{ 所以 } z'_x=-\frac{F'_u}{aF'_u+bF'_v}.$$

对方程的两边关于 y 求导,可得

$$aF'_u\frac{\partial z}{\partial y}+F'_v+bF'_v\frac{\partial z}{\partial y}=0,\text{ 所以 } z'_y=-\frac{F'_v}{aF'_u+bF'_v}.\text{ 从而 } az'_x+bz'_y=-\frac{aF'_u+bF'_v}{aF'_u+bF'_v}=-1.$$

$$\iint\limits_{x^2+y^2\leqslant 1}\mathrm{e}^{-(x^2+y^2)}(az_x+bz_y)\mathrm{d}x\,\mathrm{d}y=\iint\limits_{x^2+y^2\leqslant 1}\mathrm{e}^{-(x^2+y^2)}\mathrm{d}x\,\mathrm{d}y=\int_0^1\mathrm{d}r\int_0^{2\pi}\mathrm{e}^{-r^2}r\mathrm{d}\theta=\pi(1-\mathrm{e}^{-1}).$$

【例 5.3.14】 设 $u=u(x,y)$ 是由方程组 $\begin{cases}u=zx+yf(z)+g(z),\\0=x+yf'(z)+g'(z)\end{cases}$ 所确定的二阶连续可微隐函数,其中 f,g 有二阶连续的导数,证明:$u_{xx}\cdot u_{yy}-u_{xy}^2=0$. (华中师范大学 2007)

解　对第一个方程两边关于 x 求导可得

$$\frac{\partial u}{\partial x}=z+x\frac{\partial z}{\partial x}+yf'(z)\frac{\partial z}{\partial x}+g'(z)\frac{\partial z}{\partial x}=z+\frac{\partial z}{\partial x}(x+yf'(z)+g'(z))=z,$$

所以
$$u_{xx}=\frac{\partial z}{\partial x},\quad u_{xy}=\frac{\partial z}{\partial y}.\tag{1}$$

对第一个方程两边关于 y 求导可得

$$\frac{\partial u}{\partial y}=x\frac{\partial z}{\partial y}+f(z)+yf'(z)\frac{\partial z}{\partial y}+g'(z)\frac{\partial z}{\partial y}=f(z)+\frac{\partial z}{\partial y}(x+yf'(z)+g'(z))=f(z),$$

所以
$$u_{yy}=f'(z)\frac{\partial z}{\partial y}.\tag{2}$$

对第二个方程两边关于 x 求导可得

$$0=1+yf''(z)\frac{\partial z}{\partial x}+g''(z)\frac{\partial z}{\partial x}=1+\frac{\partial z}{\partial x}(yf''(z)+g''(z)),$$

所以
$$\frac{\partial z}{\partial x}=-\frac{1}{yf''(z)+g''(z)}.\tag{3}$$

对第二个方程两边关于 y 求导可得

$$0 = f'(z) + yf''(z)\frac{\partial z}{\partial y} + g''(z)\frac{\partial z}{\partial y} = f'(z) + \frac{\partial z}{\partial y}(yf''(z) + g''(z)),$$

所以
$$\frac{\partial z}{\partial y} = -\frac{f'(z)}{yf''(z) + g''(z)}. \tag{4}$$

综上可得
$$u_{xx} \cdot u_{yy} - u_{xy}^2 = \frac{\partial u}{\partial x}f'(z)\frac{\partial u}{\partial y} - \left(\frac{\partial u}{\partial y}\right)^2 = \frac{\partial u}{\partial y}\left(\frac{\partial u}{\partial x}f'(z) - \frac{\partial u}{\partial y}\right) = 0.$$

【例 5.3.15】 设 $z = z(x,y)$ 是由方程 $e^x + z - \frac{1}{2}\cos z = \sin y$ 确定的隐函数,求 $\frac{\partial z}{\partial x}$,
$\frac{\partial z}{\partial y}$, $\frac{\partial^2 z}{\partial x^2}$ 和 $\frac{\partial^2 z}{\partial x \partial y}$. (北京理工大学 2021)

解 设 $F(x,y,z) = e^x + z - \frac{1}{2}\cos z - \sin y$, 则

$$F_x = e^x, F_y = -\cos y, F_z = 1 + \frac{\sin z}{2};$$

$$F_{xx} = e^x, F_{xy} = 0, F_{xz} = 0, F_{yy} = \sin y, F_{yz} = 0, F_{zz} = \frac{\cos z}{2}.$$

对方程 $F(x,y,z) = e^x + z - \frac{1}{2}\cos z - \sin y = 0$ 两边分别关于 x,y 求导得

$$F_x + F_z z_x = 0 \Rightarrow z_x = -\frac{F_x}{F_z} = -\frac{2e^x}{2 + \sin z};$$

$$F_y + F_z z_y = 0 \Rightarrow z_y = -\frac{F_y}{F_z} = \frac{2\cos y}{2 + \sin z};$$

$$F_{xx} + F_{xz}z_x + (F_{zx} + F_{zz}z_x)z_x + F_z z_{xx} = 0$$

$$\Rightarrow z_{xx} = -\frac{F_{xx} + 2F_{xz}z_x + F_{zz}z_x^2}{F_z}$$

$$= -\frac{2e^x[2e^x\cos z + (2+\sin z)^2]}{(2+\sin z)^3};$$

$$F_{xy} + F_{xz}z_y + (F_{zy} + F_{zz}z_y)z_x + F_z z_{xy} = 0$$

$$\Rightarrow z_{xy} = -\frac{F_{xy} + F_{xz}z_y + F_{yz}z_x + F_{zz}z_x z_y}{F_z}$$

$$= \frac{4e^x\cos y\cos z}{(2+\sin z)^3}.$$

【例 5.3.16】 已知 $f(x,y) = x^3 - 3x^2 y - y^3 + x^2 - y$.

(1) 证明:存在 $\delta > 0$ 和定义于 $(-\delta,\delta)$ 上的连续可微函数 $y = y(x)$, 满足 $y(0) = 0$,
$f(x,y(x)) = 0$, $\forall x \in (-\delta,\delta)$.

(2) 证明: $x = 0$ 是 (1) 中 $y(x)$ 的极小值. (北京科技大学 2022)

证明　(1) 因为 $f(0,0)=0, f_x=3x^2-6xy+2x, f_y=-3x^2-3y^2-1$,
$f_y(0,0)=-1\neq 0$.

由隐函数定理知,存在 $\delta>0$ 和定义于 $(-\delta,\delta)$ 上的连续可微函数 $y=y(x)$ 满足
$y(0)=0, f(x,y(x))=0, \forall x\in(-\delta,\delta)$.

(2) $y'(x)=-\dfrac{f_x}{f_y}=\dfrac{3x^2-6xy+2x}{3x^2+3y^2+1}$, 从而 $y'(0)=0$, 且

$$(3x^2+3y^2+1)y'-3x^2+6xy-2x=0.$$

对 x 求导即有

$$(6x+6yy')y'+(3x^2+3y^2+1)y''-6x+6y+6xy'-2=0.$$

所以 $y''(0)=2>0$, 故 $x=0$ 是 (1)中 $y(x)$ 的极小值.

 **练习题**

1. 设函数 $f'_x(x_0,y_0)$ 存在,且 f'_y 在 $P(x_0,y_0)$ 连续,则 $f(x,y)$ 在点 $P(x_0,y_0)$ 上连续.

2. 设函数 $f(x,y)$ 在 $D=\{(x,y)\mid(x-x_0)^2+(y-y_0)^2<1\}$ 上有意义,且 $f(x,y_0)$ 在 $x=x_0$ 处连续,且 f'_y 在 D 上有界,则 $f(x,y)$ 在 D 上连续.

3. 设二元函数 $f(x,y)=\begin{cases}\dfrac{1-e^{x(x^2+y^2)}}{x^2+y^2}, & x^2+y^2\neq 0,\\ 0, & x^2+y^2=0,\end{cases}$ 证明 $f(x,y)$ 在 $(0,0)$ 处可微.

4. 讨论函数 $f(x,y)=\begin{cases}\dfrac{\sin(x^2+y^2)}{x^2+y^2}, & x^2+y^2\neq 0\\ 1, & x^2+y^2=0\end{cases}$ 在 $(0,0)$ 处的连续性,偏导数的存在性和可微性.(上海理工大学 2009)

5. 设二元函数 $f(x,y)=\begin{cases}(x^2+y^2)\sin\dfrac{1}{x^2+y^2}, & x^2+y^2\neq 0,\\ 0, & x^2+y^2=0.\end{cases}$ 讨论 $f(x,y)$ 在 $(0,0)$ 处的连续性,可微性以及偏导数在原点 $(0,0)$ 的连续性.(郑州大学 2004、2022)

6. 设二元函数 $f(x,y)=\begin{cases}g(x,y)\sin\dfrac{1}{\sqrt{x^2+y^2}}, & x^2+y^2\neq 0,\\ 0, & x^2+y^2=0,\end{cases}$ 证明:(1) 若 $g(0,0)=0$, 且 $g(x,y)$ 在点 $(0,0)$ 处可微,且 $dg(0,0)=0$, 则 $f(x,y)$ 在 $(0,0)$ 处可微,且 $df(0,0)=0$. (2) 若 $g(x,y)$ 在点 $(0,0)$ 处可导,且 $f(x,y)$ 在点 $(0,0)$ 处可微,则 $df(0,0)=0$. (华南理工大学 2013)

7. 证明二元函数

$$f(x,y)=\begin{cases}(x^2+y^2)\sin\dfrac{2}{x^2+y^2}, & x^2+y^2\neq0,\\ 0, & x^2+y^2=0.\end{cases}$$

在原点$(0,0)$可微,但$f_x(x,y),f_y(x,y)$在点$(0,0)$处不连续.(南昌大学 2021)

8. 已知

$$f(x,y)=\begin{cases}y\arctan\dfrac{1}{\sqrt{x^2+y^2}}, & x^2+y^2\neq0,\\ 0, & x^2+y^2=0.\end{cases}$$

求$f(x,y)$在$(0,0)$处的极限,连续性,偏导数的存在性,可微性.(郑州大学 2021)

9. 设

$$f(x,y)=\begin{cases}\dfrac{\sqrt{|xy|}}{x^2+y^2}\sin(x^2+y^2), & x^2+y^2\neq0,\\ 0, & x^2+y^2=0.\end{cases}$$

试讨论$f(x,y)$在点$(0,0)$的连续性与可微性.(安徽大学 2013)

10. 设f'_x,f'_y在$P(x_0,y_0)$的某领域内可微,则有$f'_{xy}(x_0,y_0)=f'_{yx}(x_0,y_0)$.

11. 设f'_x,f'_y,f'_{yx}在$P(x_0,y_0)$的某领域内存在,且f'_{yx}在$P(x_0,y_0)$处连续,证明f'_{xy}在$P(x_0,y_0)$处存在,且$f'_{xy}(x_0,y_0)=f'_{yx}(x_0,y_0)$.(浙江大学 2013)

12. 设$F(x,y)=2-\sin x+y^3\mathrm{e}^{-y}$,证明方程$F(x,y)=0$在全平面有唯一的解$y=y(x)$,且$y(x)$连续可微.

13. 设函数$z=z(x,y)$为由方程$z=f(x,xy)+\varphi(y+z)$确定的可微隐函数,求$\mathrm{d}z$.

14. 设$f(x,y)$存在二阶连续偏导数,且$f''_{xx}\cdot f''_{yy}-(f''_{xy})^2\neq0$,证明变换

$$\begin{cases}u=f'_x(x,y),\\ v=f'_y(x,y),\\ w=-z+xf'_x(x,y)+yf'_y(x,y),\end{cases}$$

存在唯一的逆变换:

$$\begin{cases}x=g'_u(u,v),\\ y=g'_v(u,v),\\ z=-w+ug'_u(u,v)+vg'_v(u,v).\end{cases}$$

15. 设f是二阶可微函数,且$z=xf\left(\dfrac{y}{x}\right)$,求$\dfrac{\partial^2z}{\partial x\partial y}$.(湖南师范大学 2022)

16. 设$x+y+z=1,xyz=1$,求$\dfrac{\mathrm{d}z}{\mathrm{d}x},\dfrac{\mathrm{d}y}{\mathrm{d}x},\dfrac{\mathrm{d}^2z}{\mathrm{d}x^2}$.(北京师范大学 2019)

17. 已知 $2x^2 + 2y^2 + z^2 + 8xz - z + 8 = 0$，求 $z = z(x, y)$ 的极值.（南昌大学 2019）

18. 已知 $f(x, y)$ 在 (x_0, y_0) 处连续，$g(x, y)$ 在 (x_0, y_0) 处可微，且 $g(x_0, y_0) = 0$，求 $f(x, y)g(x, y)$ 在 (x_0, y_0) 处可微.（首都师范大学 2023）

5.4 变量代换与偏微分方程化简

5.4.1　主要知识点

1. 复合函数的偏导数

设函数 $z = f(x, y)$ 有连续偏导数，$x = \varphi(s, t)$，$y = \phi(s, t)$ 都存在偏导数，则复合函数 $z = f(\varphi(s, t), \phi(s, t))$ 也存在偏导数，且有

$$\begin{cases} \dfrac{\partial z}{\partial s} = \dfrac{\partial z}{\partial x} \dfrac{\partial x}{\partial s} + \dfrac{\partial z}{\partial y} \dfrac{\partial y}{\partial s}, \\[3mm] \dfrac{\partial z}{\partial t} = \dfrac{\partial z}{\partial x} \dfrac{\partial x}{\partial t} + \dfrac{\partial z}{\partial y} \dfrac{\partial y}{\partial t}. \end{cases}$$

说明： 设函数 $z = f(x, y)$ 为可微函数，如 x, y 为自变量，则 $\mathrm{d}z = \dfrac{\partial z}{\partial x}\mathrm{d}x + \dfrac{\partial z}{\partial y}\mathrm{d}y$ 恒成立，无论 x, y 是自变量还是中间变量.

2. 高阶偏导数

如果函数 $z = f(x, y)$ 的偏导数 $f'_x(x, y)$，$f'_y(x, y)$ 关于 x, y 的偏导数也存在，则称函数 f 具有二阶偏导数，且有

$$\frac{\partial}{\partial x}\left(\frac{\partial z}{\partial x}\right) = \frac{\partial^2 z}{\partial x^2} = f''_{xx}(x, y), \qquad \frac{\partial}{\partial y}\left(\frac{\partial z}{\partial x}\right) = \frac{\partial^2 z}{\partial x \partial y} = f''_{xy}(x, y),$$

$$\frac{\partial}{\partial x}\left(\frac{\partial z}{\partial y}\right) = \frac{\partial^2 z}{\partial y \partial x} = f''_{yx}(x, y), \qquad \frac{\partial}{\partial y}\left(\frac{\partial z}{\partial y}\right) = \frac{\partial^2 z}{\partial y^2} = f''_{yy}(x, y).$$

说明： 如果函数 $z = f(x, y)$ 的二阶偏导数 $f''_{xx}(x, y)$，$f''_{xy}(x, y)$，$f''_{yx}(x, y)$，$f''_{yy}(x, y)$ 关于 x, y 的偏导数也存在，则称函数 f 具有三阶偏导数.

3. 复合函数的二阶偏导数

设函数 $z = f(x, y)$，$x = \varphi(s, t)$，$y = \phi(s, t)$ 都有连续的二阶偏导数，则复合函数 $z = f(\varphi(s, t), \phi(s, t))$ 也存在二阶连续偏导数，且有

$$\frac{\partial^2 z}{\partial s^2} = \frac{\partial^2 z}{\partial x^2}\left(\frac{\partial x}{\partial s}\right)^2 + 2\frac{\partial^2 z}{\partial x \partial y}\frac{\partial y}{\partial s}\frac{\partial x}{\partial s} + \frac{\partial^2 z}{\partial y^2}\left(\frac{\partial y}{\partial s}\right)^2 + \frac{\partial z}{\partial x}\frac{\partial^2 x}{\partial s^2} + \frac{\partial z}{\partial y}\frac{\partial^2 y}{\partial s^2},$$

$$\frac{\partial^2 z}{\partial t^2} = \frac{\partial^2 z}{\partial x^2}\left(\frac{\partial x}{\partial t}\right)^2 + 2\frac{\partial^2 z}{\partial x \partial y}\frac{\partial y}{\partial t}\frac{\partial x}{\partial t} + \frac{\partial^2 z}{\partial y^2}\left(\frac{\partial y}{\partial t}\right)^2 + \frac{\partial z}{\partial x}\frac{\partial^2 x}{\partial t^2} + \frac{\partial z}{\partial y}\frac{\partial^2 y}{\partial t^2},$$

$$\frac{\partial^2 z}{\partial t \partial s} = \frac{\partial^2 z}{\partial x^2} \frac{\partial x}{\partial t} \frac{\partial x}{\partial s} + \frac{\partial^2 z}{\partial x \partial y}\left(\frac{\partial x}{\partial t} \frac{\partial y}{\partial s} + \frac{\partial y}{\partial t} \frac{\partial x}{\partial s}\right) + \frac{\partial^2 z}{\partial y^2} \frac{\partial y}{\partial t} \frac{\partial y}{\partial s} + \frac{\partial z}{\partial x} \frac{\partial^2 x}{\partial t \partial s} + \frac{\partial z}{\partial y} \frac{\partial^2 y}{\partial t \partial s}.$$

5.4.2　复合函数的偏导数与高阶偏导数

【例 5.4.1】　设 $\varphi(t), \psi(t)$ 有二阶连续导数，且 $u = \varphi\left(\dfrac{y}{x}\right) + x\psi\left(\dfrac{y}{x}\right)$，求

$$x^2 \frac{\partial^2 u}{\partial x^2} + 2xy \frac{\partial^2 u}{\partial x \partial y} + y^2 \frac{\partial^2 u}{\partial y^2}.（重庆大学 2010）$$

解　$\dfrac{\partial u}{\partial x} = -\dfrac{y}{x^2} \varphi'\left(\dfrac{y}{x}\right) + \psi\left(\dfrac{y}{x}\right) - \dfrac{y}{x} \psi'\left(\dfrac{y}{x}\right)$,

$\dfrac{\partial u}{\partial y} = \dfrac{1}{x} \varphi'\left(\dfrac{y}{x}\right) + \psi'\left(\dfrac{y}{x}\right)$,

$$\frac{\partial^2 u}{\partial x^2} = \left(-\frac{y}{x^2}\right)^2 \varphi''\left(\frac{y}{x}\right) + \frac{2y}{x^3} \varphi'\left(\frac{y}{x}\right) - \frac{y}{x^2} \psi'\left(\frac{y}{x}\right) + \frac{y}{x^2} \psi'\left(\frac{y}{x}\right) + \frac{y^2}{x^3} \psi''\left(\frac{y}{x}\right)$$

$$= \left(-\frac{y}{x^2}\right)^2 \varphi''\left(\frac{y}{x}\right) + \frac{2y}{x^3} \varphi'\left(\frac{y}{x}\right) + \frac{y^2}{x^3} \psi''\left(\frac{y}{x}\right) \tag{1}$$

$$\frac{\partial^2 u}{\partial x \partial y} = -\frac{y}{x^3} \varphi''\left(\frac{y}{x}\right) - \frac{1}{x^2} \varphi'\left(\frac{y}{x}\right) + \frac{1}{x} \psi'\left(\frac{y}{x}\right) - \frac{1}{x} \psi'\left(\frac{y}{x}\right) - \frac{y}{x^2} \psi''\left(\frac{y}{x}\right)$$

$$= -\frac{1}{x^2} \varphi'\left(\frac{y}{x}\right) - \frac{y}{x^3} \varphi''\left(\frac{y}{x}\right) - \frac{y}{x^2} \psi''\left(\frac{y}{x}\right) \tag{2}$$

$$\frac{\partial^2 u}{\partial y^2} = -\frac{1}{x^2} \varphi''\left(\frac{y}{x}\right) + \frac{1}{x} \psi''\left(\frac{y}{x}\right), \tag{3}$$

所以，结合(1)(2)(3)整理可得：$x^2 \dfrac{\partial^2 u}{\partial x^2} + 2xy \dfrac{\partial^2 u}{\partial x \partial y} + y^2 \dfrac{\partial^2 u}{\partial y^2} = 0$.

【例 5.4.2】　设函数 $u = F(x, y, z)$ 满足恒等式 $F(tx, ty, tz) = t^k F(x, y, z)$，$(t > 0)$ 则称 $F(x, y, z)$ 为 k 次齐次函数，试证明：可微函数 $F(x, y, z)$ 为 k 次齐次函数的充要条件是：$xF_x + yF_y + zF_z = kF(x, y, z)$.

证明：对恒等式 $F(tx, ty, tz) = t^k F(x, y, z)$ 两边关于变量 t 求导，

$$xF_x(tx, ty, tz) + yF_y(tx, ty, tz) + zF(tx, ty, tz)_z = kt^{k-1} F(x, y, z).$$

令 $t = 1$，则有 $xF_x + yF_y + zF_z = kF(x, y, z)$.

对固定的 (x, y, z)，令 $\Phi(t) = \dfrac{F(tx, ty, tz)}{t^k}$，则

$$\Phi'(t) = \frac{xF_x'(tx, ty, tz) + yF_y'(tx, ty, tz) + zF_z'(tx, ty, tz) - kF(tx, ty, tz)}{t^{k+1}} = 0,$$

所以，函数 $\Phi(t)$ 是关于变量 t 的常值函数. 因为 $\Phi(1) = F(x, y, z)$，所以 $\Phi(t) =$

$F(x,y,z)$，即 $F(tx,ty,tz)=t^kF(x,y,z)$.

【例 5.4.3】　设 $u(x,y)$ 的所有二阶偏导数都连续,且 $\dfrac{\partial^2 u}{\partial x^2}-\dfrac{\partial^2 u}{\partial y^2}=0$，又

$$u(x,2x)=x,\quad u_x'(x,2x)=x^2,$$

求 $u_{xx}''(x,2x),u_{xy}''(x,2x),u_{yy}''(x,2x)$.（中南大学 2015）

解　$u(x,y)$ 的所有二阶偏导数都连续,$u(x,2x)=x,u_x'(x,2x)=x^2,\dfrac{\partial^2 u}{\partial x^2}-$

$\dfrac{\partial^2 u}{\partial y^2}=0$ 故：

$$u_x'(x,2x)+2u_y'(x,2x)=1,$$
$$u_{xx}''(x,2x)+2u_{xy}''(x,2x)+2u_{yx}''(x,2x)+4u_{yy}''(x,2x)$$
$$=5u_{xx}''(x,2x)+4u_{xy}''(x,2x)=0,$$
$$u_{xx}''(x,2x)+2u_{xy}''(x,2x)=2x.$$

于是,$u_{xx}''(x,2x)=-\dfrac{4}{3}x,u_{xy}''(x,2x)=\dfrac{5}{3}x,u_{yy}''(x,2x)=-\dfrac{4}{3}x$.

【例 5.4.4】　已知 $z=f(u,v)$，其中 $u=2x+y,v=x^2$，求 $\dfrac{\partial z}{\partial x},\dfrac{\partial z}{\partial y},\dfrac{\partial^2 z}{\partial x^2},\dfrac{\partial^2 u}{\partial x\partial y}$.（北京理工大学 2022）

解　$\dfrac{\partial z}{\partial x}=\dfrac{\partial z}{\partial u}\dfrac{\partial u}{\partial x}+\dfrac{\partial z}{\partial v}\dfrac{\partial v}{\partial x}=2\dfrac{\partial z}{\partial u}+2x\dfrac{\partial z}{\partial v},\dfrac{\partial z}{\partial y}=\dfrac{\partial z}{\partial u}\dfrac{\partial u}{\partial y}+\dfrac{\partial z}{\partial v}\dfrac{\partial v}{\partial y}=\dfrac{\partial z}{\partial u}$.

$$\dfrac{\partial^2 u}{\partial x^2}=2\left(\dfrac{\partial^2 z}{\partial u^2}\dfrac{\partial u}{\partial x}+\dfrac{\partial^2 z}{\partial u\partial v}\dfrac{\partial v}{\partial x}\right)+2\dfrac{\partial z}{\partial v}+2x\left(\dfrac{\partial^2 z}{\partial v^2}\dfrac{\partial v}{\partial x}+\dfrac{\partial^2 z}{\partial v\partial u}\dfrac{\partial u}{\partial x}\right)$$
$$=4\dfrac{\partial^2 z}{\partial u^2}+4x\dfrac{\partial^2 z}{\partial u\partial v}+4x^2\dfrac{\partial^2 z}{\partial v^2}+2\dfrac{\partial z}{\partial v},$$
$$\dfrac{\partial^2 u}{\partial x\partial y}=2\left(\dfrac{\partial^2 z}{\partial u^2}\dfrac{\partial u}{\partial y}+\dfrac{\partial^2 z}{\partial u\partial v}\dfrac{\partial v}{\partial y}\right)+2x\left(\dfrac{\partial^2 z}{\partial v^2}\dfrac{\partial v}{\partial y}+\dfrac{\partial^2 z}{\partial v\partial u}\dfrac{\partial u}{\partial y}\right)$$
$$=2\dfrac{\partial^2 z}{\partial v^2}+2x\dfrac{\partial^2 z}{\partial u\partial v}.$$

【例 5.4.5】　设 $z=\dfrac{1}{x}f(x^2y)+xyg(x+y)$，其中 f,g 具有二阶连续导数,计算 $\dfrac{\partial^2 z}{\partial x^2},\dfrac{\partial^2 z}{\partial x\partial y}$.（中国科学技术大学 2022）

解　$\dfrac{\partial z}{\partial x}=-\dfrac{2}{x^3}f(x^2y)+\dfrac{2y}{x}f_x(x^2y)+yg(x+y)+xyg_x(x+y),$

$$\dfrac{\partial^2 z}{\partial x^2}=\dfrac{6}{x^4}f(x^2y)-\dfrac{4y}{x^2}f_x(x^2y)-\dfrac{2y}{x}f_x(x^2y)$$
$$+4y^2f_x(x^2y)+2yg_x(x+y)+xyg_{ax}(x+y),$$

$$\frac{\partial^2 z}{\partial x \partial y} = -\frac{2}{x} f_y(x^2 y) + \frac{2}{x} f_x(x^2 y) + 2xy f_{xy}(x^2 y) + g(x + y)$$
$$+ y g_y(x + y) + x g_x(x + y) + xy g_{sy}(x + y).$$

5.4.3 偏微分方程化简

1. 对自变量做变量替换

【例 5.4.6】 试用变换 $u = x^2 - y^2, v = 2xy$ 将方程 $\dfrac{\partial^2 z}{\partial x^2} + \dfrac{\partial^2 z}{\partial y^2} = 0$ 转换成 u, v 的方程.

解 $\dfrac{\partial z}{\partial x} = \dfrac{\partial z}{\partial u} \dfrac{\partial u}{\partial x} + \dfrac{\partial z}{\partial v} \dfrac{\partial v}{\partial x} = 2x \dfrac{\partial z}{\partial u} + 2y \dfrac{\partial z}{\partial v}, \dfrac{\partial z}{\partial y} = \dfrac{\partial z}{\partial u} \dfrac{\partial u}{\partial y} + \dfrac{\partial z}{\partial v} \dfrac{\partial v}{\partial y} = -2y \dfrac{\partial z}{\partial u} + 2x \dfrac{\partial z}{\partial v}.$

$$\frac{\partial^2 z}{\partial x^2} = 2 \frac{\partial z}{\partial u} + 2x \left(\frac{\partial^2 z}{\partial u^2} \frac{\partial u}{\partial x} + \frac{\partial^2 z}{\partial u \partial v} \frac{\partial v}{\partial x} \right) + 2y \left(\frac{\partial^2 z}{\partial v \partial u} \frac{\partial u}{\partial x} + \frac{\partial^2 z}{\partial v^2} \frac{\partial v}{\partial x} \right)$$
$$= 2 \frac{\partial z}{\partial u} + 4x^2 \frac{\partial^2 z}{\partial u^2} + 8xy \frac{\partial^2 z}{\partial v \partial u} + 4y^2 \frac{\partial^2 z}{\partial v^2}, \tag{1}$$

$$\frac{\partial^2 z}{\partial y^2} = -2 \frac{\partial z}{\partial u} - 2y \left(\frac{\partial^2 z}{\partial u^2} \frac{\partial u}{\partial y} + \frac{\partial^2 z}{\partial u \partial v} \frac{\partial v}{\partial y} \right) + 2x \left(\frac{\partial^2 z}{\partial v \partial u} \frac{\partial u}{\partial y} + \frac{\partial^2 z}{\partial v^2} \frac{\partial v}{\partial y} \right)$$
$$= -2 \frac{\partial z}{\partial u} + 4y^2 \frac{\partial^2 z}{\partial u^2} - 8xy \frac{\partial^2 z}{\partial v \partial u} + 4x^2 \frac{\partial^2 z}{\partial v^2}, \tag{2}$$

$$\frac{\partial^2 z}{\partial x^2} + \frac{\partial^2 z}{\partial y^2} = 2 \frac{\partial z}{\partial u} + 4x^2 \frac{\partial^2 z}{\partial u^2} + 8xy \frac{\partial^2 z}{\partial v \partial u} + 4y^2 \frac{\partial^2 z}{\partial v^2} - 2 \frac{\partial z}{\partial u} + 4y^2 \frac{\partial^2 z}{\partial u^2} - 8xy \frac{\partial^2 z}{\partial v \partial u} +$$
$$4x^2 \frac{\partial^2 z}{\partial v^2} = 4(x^2 + y^2) \left(\frac{\partial^2 z}{\partial u^2} + \frac{\partial^2 z}{\partial v^2} \right) = 0.$$

所以,方程 $\dfrac{\partial^2 z}{\partial x^2} + \dfrac{\partial^2 z}{\partial y^2} = 0$ 转换成 u, v 的方程为 $\left(\dfrac{\partial^2 z}{\partial u^2} + \dfrac{\partial^2 z}{\partial v^2} \right) = 0.$

【例 5.4.7】 设 $v = \dfrac{1}{r} g \left(t - \dfrac{r}{c} \right), c$ 为常数,$r = \sqrt{x^2 + y^2 + z^2}$,证明

$$\frac{\partial^2 v}{\partial x^2} + \frac{\partial^2 v}{\partial y^2} + \frac{\partial^2 v}{\partial z^2} = \frac{1}{c^2} \frac{\partial^2 v}{\partial t^2}.$$

解 $\dfrac{\partial v}{\partial x} = \dfrac{\partial v}{\partial r} \dfrac{\partial r}{\partial x} = \left[-\dfrac{1}{r^2} g + \dfrac{1}{r} g' \cdot \left(-\dfrac{1}{c} \right) \right] \dfrac{x}{r} = -\dfrac{x}{r^3} g - \dfrac{x}{cr^2} g', \dfrac{\partial v}{\partial t} = \dfrac{1}{r} g',$

$\dfrac{\partial^2 v}{\partial t^2} = \dfrac{1}{r} g'',$

$$\frac{\partial^2 v}{\partial x^2} = -\frac{1}{r^3} g + \frac{3x^2}{r^5} g + \frac{3x^2}{cr^4} g' - \frac{1}{cr^2} g' + \frac{x^2}{c^2 r^3} g'',$$

$$\frac{\partial^2 v}{\partial y^2} = -\frac{1}{r^3}g + \frac{3y^2}{r^5}g + \frac{3y^2}{cr^4}g' - \frac{1}{cr^2}g' + \frac{y^2}{c^2 r^3}g'',$$

$$\frac{\partial^2 v}{\partial z^2} = -\frac{1}{r^3}g + \frac{3z^2}{r^5}g + \frac{3z^2}{cr^4}g' - \frac{1}{cr^2}g' + \frac{z^2}{c^2 r^3}g'',$$

$$\frac{\partial^2 v}{\partial x^2} + \frac{\partial^2 v}{\partial y^2} + \frac{\partial^2 v}{\partial z^2} = -\frac{3}{r^3}g + \frac{3(x^2+y^2+z^2)}{r^5}g + \frac{3(x^2+y^2+z^2)}{cr^4}g' -$$

$$\frac{3}{cr^2}g' + \frac{(x^2+y^2+z^2)}{c^2 r^3}g''$$

$$= \frac{(x^2+y^2+z^2)}{c^2 r^3}g'' = \frac{1}{c^2 r}g'',$$

所以，$\dfrac{\partial^2 v}{\partial x^2} + \dfrac{\partial^2 v}{\partial y^2} + \dfrac{\partial^2 v}{\partial z^2} = \dfrac{1}{c^2}\dfrac{\partial^2 v}{\partial t^2}.$

2. 自变量和因变量都变化的变量替换

【例 5.4.8】　通过变换 $u = \dfrac{x}{y}, v = x, w = xz - y$，变化方程 $y\dfrac{\partial^2 z}{\partial y^2} + 2\dfrac{\partial z}{\partial y} = \dfrac{2}{x}$（厦门

大学 2012、南开大学 2008）

解　由 $w = xz - y$ 可得 $z = \dfrac{w+y}{x} = \dfrac{w}{x} + \dfrac{y}{x}$，其中 w 是 u, v 的函数，中间变量 u, v

是 x, y 的函数.

$$\frac{\partial z}{\partial y} = \frac{\mathrm{d}z}{\mathrm{d}y} + \frac{\partial z}{\partial w}\left(\frac{\partial w}{\partial u}\frac{\partial u}{\partial y} + \frac{\partial w}{\partial v}\frac{\partial v}{\partial y}\right) = \frac{1}{x} + \frac{1}{x}\frac{\partial w}{\partial u}\left(-\frac{x}{y^2}\right) = \frac{1}{x} - \frac{1}{y^2}\frac{\partial w}{\partial u},$$

$$\frac{\partial^2 z}{\partial y^2} = \frac{2}{y^3}\frac{\partial w}{\partial u} - \frac{1}{y^2}\left(\frac{\partial^2 w}{\partial u^2}\frac{\partial u}{\partial y} + \frac{\partial^2 w}{\partial u \partial v}\frac{\partial v}{\partial y}\right) = \frac{2}{y^3}\frac{\partial w}{\partial u} + \frac{x}{y^4}\frac{\partial^2 w}{\partial u^2}.$$

$$y\frac{\partial^2 z}{\partial y^2} + 2\frac{\partial z}{\partial y} - \frac{2}{x} = \frac{2}{y^2}\frac{\partial w}{\partial u} + \frac{x}{y^3}\frac{\partial^2 w}{\partial u^2} + \frac{2}{x} - \frac{2}{y^2}\frac{\partial w}{\partial u} - \frac{2}{x} = 0.$$

即方程 $y\dfrac{\partial^2 z}{\partial y^2} + 2\dfrac{\partial z}{\partial y} = \dfrac{2}{x}$ 可以转化为 $\dfrac{\partial^2 w}{\partial u^2} = 0.$

【例 5.4.9】　设 $z = z(x, y)$ 满足

$$\frac{\partial^2 z}{\partial x^2} - 2\frac{\partial^2 z}{\partial x \partial y} + \frac{\partial^2 z}{\partial y^2} = 0,$$

通过变换 $\begin{cases} u = x + y \\ v = \dfrac{y}{x} \end{cases}$ 和 $w = w(u, v) = \dfrac{z}{x}$ 变化方程.（河海大学 2022）

解　显然有

$$\frac{\partial z}{\partial x} = \frac{\partial z}{\partial u}\frac{\partial u}{\partial x} + \frac{\partial z}{\partial v}\frac{\partial v}{\partial x} = \frac{\partial z}{\partial u} - \frac{y}{x^2}\frac{\partial z}{\partial v};$$

$$\frac{\partial z}{\partial y} = \frac{\partial z}{\partial u}\frac{\partial u}{\partial y} + \frac{\partial z}{\partial v}\frac{\partial v}{\partial y} = \frac{\partial z}{\partial u} + \frac{1}{x}\frac{\partial z}{\partial v},$$

进而有

$$\frac{\partial^2 z}{\partial x^2} = \left(\frac{\partial^2 z}{\partial u^2}\frac{\partial u}{\partial x} + \frac{\partial^2 z}{\partial u \partial v}\frac{\partial v}{\partial x}\right) - \frac{y}{x^2}\left(\frac{\partial^2 z}{\partial v \partial u}\frac{\partial u}{\partial x} + \frac{\partial^2 z}{\partial v^2}\frac{\partial v}{\partial x}\right) + \frac{2y}{x^3}\frac{\partial z}{\partial v} = \frac{\partial^2 z}{\partial u^2} - \frac{2y}{x^2}\frac{\partial^2 z}{\partial v \partial u} +$$

$$\frac{y^2}{x^4}\frac{\partial^2 z}{\partial v^2} + \frac{2y}{x^3}\frac{\partial z}{\partial v},$$

$$\frac{\partial^2 z}{\partial x \partial y} = \left(\frac{\partial^2 z}{\partial u^2}\frac{\partial u}{\partial y} + \frac{\partial^2 z}{\partial u \partial v}\frac{\partial v}{\partial y}\right) - \frac{y}{x^2}\left(\frac{\partial^2 z}{\partial v \partial u}\frac{\partial u}{\partial y} + \frac{\partial^2 z}{\partial v^2}\frac{\partial v}{\partial y}\right) - \frac{1}{x^2}\frac{\partial z}{\partial v} = \frac{\partial^2 z}{\partial u^2} +$$

$$\left(\frac{1}{x} - \frac{y}{x^2}\right)\frac{\partial^2 z}{\partial v \partial u} - \frac{y}{x^3}\frac{\partial^2 z}{\partial v^2} - \frac{1}{x^2}\frac{\partial z}{\partial v},$$

$$\frac{\partial z}{\partial y} = \left(\frac{\partial^2 z}{\partial u^2}\frac{\partial u}{\partial y} + \frac{\partial^2 z}{\partial u \partial v}\frac{\partial v}{\partial y}\right) + \frac{1}{x}\left(\frac{\partial^2 z}{\partial v \partial u}\frac{\partial u}{\partial y} + \frac{\partial^2 z}{\partial v^2}\frac{\partial v}{\partial y}\right) = \frac{\partial^2 z}{\partial u^2} + \frac{2}{x}\frac{\partial^2 z}{\partial v \partial u} + \frac{1}{x^2}\frac{\partial^2 z}{\partial v^2},$$

由此可知：

$$\frac{\partial^2 z}{\partial x^2} - 2\frac{\partial^2 z}{\partial x \partial y} + \frac{\partial^2 z}{\partial y^2} = \frac{(x+y)^2}{x^4}\frac{\partial^2 z}{\partial v^2} + \frac{2(x+y)}{x^3}\frac{\partial z}{\partial v} = 0. \quad (1)$$

根据条件可得 $y = vx$，$u = x + xv$，解得 $x = \dfrac{u}{1+v}$，$y = \dfrac{uv}{1+v}$。于是 $z = xw = \dfrac{uw}{1+v}$。

从而

$$\frac{\partial z}{\partial v} = \frac{u(1+v)\dfrac{\partial w}{\partial v} - uw}{(1+v)^2},$$

$$\frac{\partial^2 z}{\partial v^2} = \frac{\left[u(1+v)\dfrac{\partial^2 w}{\partial^2 v} + u\dfrac{\partial w}{\partial v} - u\dfrac{\partial w}{\partial v}\right](1+v)^2 - 2\left[u(1+v)\dfrac{\partial w}{\partial v} - uw\right](1+v)}{(1+v)^4}$$

$$= \frac{u(1+v)^2\dfrac{\partial^2 w}{\partial^2 v} - 2u(1+v)\dfrac{\partial w}{\partial v} - 2uw}{(1+v)^3}, \quad (2)$$

带入 $x = \dfrac{u}{1+v}$，$y = \dfrac{uv}{1+v}$ 和(2)式带入(1)式，可得

$$u^2\frac{(1+v)^4}{u^4}\frac{u(1+v)^2\dfrac{\partial^2 w}{\partial^2 v} - 2u(1+v)\dfrac{\partial w}{\partial v} - 2uw}{(1+v)^3} + 2u\frac{(1+v)^3}{u^3}\frac{u(1+v)\dfrac{\partial w}{\partial v} - uw}{(1+v)^2}$$

$$= \frac{(1+v)\left[(1+v)^2\dfrac{\partial^2 w}{\partial^2 v} - 2u(1+v)\dfrac{\partial w}{\partial v} - w\right]}{u} + \frac{2(1+v)\left[(1+v)\dfrac{\partial w}{\partial v} - w\right]}{u}$$

$$= \frac{(1+v)^3}{u}\frac{\partial^2 w}{\partial^2 v} = 0.$$

所以,原方程可以化为

$$\frac{(1+v)^3}{u}\frac{\partial^2 w}{\partial^2 v}=0.$$

 **练习题**

1. z 为 x,y 的可微函数,试将方程 $x^2\dfrac{\partial z}{\partial x}+y^2\dfrac{\partial z}{\partial y}=z^2$ 变称 $w=w(u,v)$ 的方程,其中 $u=x,y=\dfrac{u}{1+uv},z=\dfrac{u}{1+uw}$.

2. 设 $\Omega\subset\mathbb{R}^2$ 是关于原点 $(0,0)$ 的星形区域,即对任意的 $(x,y)\in\Omega$,连接 (x,y) 与 $(0,0)$ 的线段都包含于 Ω,函数 $f(x,y)$ 在 Ω 上连续可微,证明:若

$$xF_x+yF_y=0,\forall(x,y)\in\Omega,$$

则函数 $f(x,y)$ 在 Ω 上为常值函数.(东北师范大学 2021)

3. 由变换 $x=t,y=\dfrac{t}{1+tu},z=\dfrac{t}{1+tv}$ 将方程 $x^2 z_x+y^2 z_y=z^2$ 化成以 v 为因变量,t,u 为自变量的方程.(上海财经大学 2022)

4. 由变换 $u=\ln\sqrt{x^2+y^2},v=\arctan\dfrac{x}{y}$ 化简方程 $(x+y)z_x-(x-y)z_y=0$.(汕头大学 2003)

5. 变换 $u=\dfrac{x}{y},v=y$,证明等式 $x^2 f_{xx}-2xy f_{xy}+y^2 f_{yy}=0$ 可以简化为 $f_{vv}=0$.(中国地质大学 2004)

6. 设 $u(x,y)$ 满足 $u_{xx}-u_{yy}+2(u_x+u_y)=0$. 用 $u(x,y)=v(x,y)\mathrm{e}^{\alpha x+\beta y}$ 变换方程,确定常数 α,β 使方程不含有一阶导数项.(昆明理工大学 2006)

5.5　多元函数微分学的应用

5.5.1　主要知识点

1. 极值的定义

设函数 $z=f(x,y)$ 在点 $P_0=(x_0,y_0)$ 的某邻域 $U(P_0)$ 内有定义,如果 $\forall(x,y)\in U(P_0)$ 满足 $f(x,y)\leqslant f(x_0,y_0)(f(x,y)\geqslant f(x_0,y_0))$,则称 $f(x_0,y_0)$ 为 $f(x,y)$ 的极大值(极小值),此时点 P_0 称为 $f(x,y)$ 的极大值点(极小值点),极大值,极小值统称极值.

说明:函数 $f(x,y)$ 在点 P_0 的偏导数存在,则 f 在点 P_0 取得极值的必要条件为:

$f'_x(x_0, y_0) = f'_y(x_0, y_0) = 0$,满足上述条件的点 P_0 称为稳定点或驻点.

2. 极值的充分条件

设函数 $f(x, y)$ 在点 $P_0 = (x_0, y_0)$ 的某邻域 $U(P_0)$ 内具有二阶连续的偏导数,且 P_0 是 f 的稳定点. 记 $A = f''_{xx}(P_0)$,$B = f''_{xy}(P_0)$,$C = f''_{yy}(P_0)$ 则

① 当 $B^2 - AC < 0$ 时,函数 f 在 P_0 取得极值,若 $A < 0$,则取得极大值,若 $A > 0$,则取得极小值;

② 当 $B^2 - AC > 0$ 时,函数 f 在点 P_0 不取极值;

③ 当 $B^2 - AC = 0$ 时,不能判断 f 在点 P_0 是否极值.

3. 条件极值

求条件极值的方法有两种:一种将条件极值化为无条件极值的问题来求解,第二种方法是拉格朗日乘数法求二元函数 $z = f(x, y)$ 在约束条件 $\varphi(x, y) = 0$ 下的极值,步骤如下:

① 作相应的拉格朗日函数

$$L(x, y, \lambda) = f(x, y) + \lambda \varphi(x, y).$$

② 令 $L'_x = L'_y = L'_\lambda = 0$. 即

$$\begin{cases} f'_x(x, y) + \lambda \varphi'_x(x, y) = 0, \\ f'_y(x, y) + \lambda \varphi'_y(x, y) = 0, \\ \varphi(x, y) = 0. \end{cases}$$

③ 求解上述方程组,得稳定点 $P_0 = (x_0, y_0)$.

④ 判定该点是否为条件极值:如果是实际问题,可由问题本身的性质来判定,如不是实际问题,可用二阶微分判别.

对于条件极值的一般情形,求函数 $z = f(x_1, x_2, \cdots, x_n)$ 在约束条件

$$\begin{cases} \varphi_1(x_1, x_2, \cdots, x_n) = 0, \\ \qquad \cdots\cdots \\ \varphi_m(x_1, x_2, \cdots, x_n) = 0. \end{cases}$$

(其中 $f, \varphi_1, \varphi_2, \cdots, \varphi_m$ 均具有一阶连续偏函数,且雅可比(Jacobi)矩阵 $\begin{bmatrix} \dfrac{\partial \varphi_1}{\partial x_1} & \cdots & \dfrac{\partial \varphi_1}{\partial x_m} \\ \vdots & & \vdots \\ \dfrac{\partial \varphi_m}{\partial x_1} & \cdots & \dfrac{\partial \varphi_m}{\partial x_m} \end{bmatrix}$

的秩为 m)下的极值步骤如下:

① 作拉格朗日函数

$$L = f + \lambda_1 \varphi_1 + \lambda_2 \varphi_2 + \cdots + \lambda_m \varphi_m.$$

② 分别令 $L'_{x_1} = L'_{x_2} = \cdots = L'_{x_n} = L'_{\lambda_1} = L'_{\lambda_2} = \cdots = L'_{\lambda_m} = 0$. 得到相应的方程组.

③ 解上述方程组得到可能的条件极值点,再对这些点进行判定.

4. 多元函数泰勒展开式

（1）若 $f(x,y)$ 在点 $P_0(x_0,y_0)$ 的邻域 $U(P_0)$ 内存在 $n+1$ 阶连续的偏导数，则 $\forall (x_0+h,y_0+k) \in U(P_0)$，有

$$f(x_0+h,y_0+k) = f(x_0,y_0) + \left(h\frac{\partial}{\partial x} + k\frac{\partial}{\partial y}\right)f(x_0,y_0) + \frac{1}{2!}\left(h\frac{\partial}{\partial x} + k\frac{\partial}{\partial y}\right)^2 f(x_0,y_0) + \cdots +$$

$$\frac{1}{n!}\left(h\frac{\partial}{\partial x} + k\frac{\partial}{\partial y}\right)^n f(x_0,y_0) + \frac{1}{(n+1)!}\left(h\frac{\partial}{\partial x} + k\frac{\partial}{\partial y}\right)^{n+1} f(x_0+\theta h, y_0+\theta k), \text{其中}$$

$$\left(h\frac{\partial}{\partial x} + k\frac{\partial}{\partial y}\right)^m f(x_0,y_0) = \sum_{p=0}^{m} c_m^p h^{m-p} k^p \frac{\partial^m f}{\partial x^{m-p} \partial y^p}\Big|_{P_0}.$$

（2）当 $x_0=0, y_0=0$ 时，相应二元函数 $f(x,y)$ 的麦克劳林公式为

$$f(x,y) = f(0,0) + \left(x\frac{\partial}{\partial x} + y\frac{\partial}{\partial y}\right)f(0,0) + \cdots + \frac{1}{n!}\left(x\frac{\partial}{\partial x} + y\frac{\partial}{\partial y}\right)^n f(0,0) +$$

$$\frac{1}{(n+1)!}\left(x\frac{\partial}{\partial x} + y\frac{\partial}{\partial y}\right)^{n+1} f(\theta x, \theta y).$$

5. 平面曲线的切线与法线

平面曲线由方程 $F(x,y)=0$ 给出，它在点 $P_0=(x_0,y_0)$ 的切线与法线的方程为

① 切线方程：$F'_x(x_0,y_0)(x-x_0) + F'_y(x_0,y_0)(y-y_0) = 0$，

② 法线方程：$F'_y(x_0,y_0)(x-x_0) - F'_x(x_0,y_0)(y-y_0) = 0$.

6. 空间曲线的切线与法平面

（1）空间曲线 L 由参数方程 $L:x=x(t), y=y(t), z=z(t), t \in [\alpha,\beta]$，表示，假定 $x'(t_0), y'(t_0), z'(t_0)$ 不全为零，则曲线 L 在 $P_0=(x_0,y_0,z_0)$ 处的切线方程式为

$$\frac{x-x_0}{x'(t_0)} = \frac{y-y_0}{y'(t_0)} = \frac{z-z_0}{z'(t_0)},$$

曲线 L 在 $P_0=(x_0,y_0,z_0)$ 处的法平面方程式为

$$x'(t_0)(x-x_0) + y'(t_0)(y-y_0) + z'(t_0)(z-z_0) = 0.$$

（2）空间曲线 L 由方程式组 $L:\begin{cases} F(x,y,z)=0 \\ G(x,y,z)=0 \end{cases}$ 给出. 当 $\dfrac{\partial(F,G)}{\partial(x,y)}, \dfrac{\partial(F,G)}{\partial(z,x)}, \dfrac{\partial(F,G)}{\partial(y,z)}$ 中至少一个不为零时，曲线 L 在点 P_0 的切线方程为

$$\frac{(x-x_0)}{\dfrac{\partial(F,G)}{\partial(y,z)}\Big|_{P_0}} = \frac{(y-y_0)}{\dfrac{\partial(F,G)}{\partial(z,x)}\Big|_{P_0}} = \frac{(z-z_0)}{\dfrac{\partial(F,G)}{\partial(x,y)}\Big|_{P_0}}.$$

曲线 L 在点 P_0 的法平面方程为

$$\frac{\partial(F,G)}{\partial(y,z)}\Big|_{P_0}(x-x_0) + \frac{\partial(F,G)}{\partial(z,x)}\Big|_{P_0}(y-y_0) + \frac{\partial(F,G)}{\partial(x,y)}\Big|_{P_0}(z-z_0) = 0.$$

7. 空间曲线的切平面与法线

设曲面由方程 $F(x,y,z)=0$ 给出，$P_0=(x_0,y_0,z_0)$ 是曲面上一点，并设函数 $F(x,y,z)$ 在偏导数在该点连续，且不同时为零，则曲面上点 P_0 处的切平面方程为

$$F'_x(P_0)(x-x_0)+F'_y(P_0)(y-y_0)+F'_z(P_0)(z-z_0)=0,$$

曲面上点 P_0 处的法线方程为

$$\frac{x-x_0}{F'_x(P_0)}=\frac{y-y_0}{F'_y(P_0)}=\frac{z-z_0}{F'_z(P_0)}.$$

5.5.2 多元函数的极值与条件极值

【例 5.5.1】 求由方程 $2x^2+y^2+z^2+2xy-2x-2y-4z+4=0$ 所确定的隐函数 $z=z(x,y)$ 的极值.（湖南大学 2005）

解 对方程 $2x^2+y^2+z^2+2xy-2x-2y-4z+4=0$ 两边关于 x 求导，则

$$4x+2z\frac{\partial z}{\partial x}+2y-2-4\frac{\partial z}{\partial x}=0,$$

所以，
$$\frac{\partial z}{\partial x}=\frac{2x+y-1}{2-z}. \tag{1}$$

对方程 $2x^2+y^2+z^2+2xy-2x-2y-4z+4=0$ 两边关于 y 求导，则

$$2y+2z\frac{\partial z}{\partial y}+2x-2-4\frac{\partial z}{\partial y}=0,$$

所以，
$$\frac{\partial z}{\partial y}=\frac{x+y-1}{2-z}. \tag{2}$$

令 $\frac{\partial z}{\partial x}=\frac{\partial z}{\partial y}=0$，则 $(x,y)=(0,1)$，从而可得 $z=1$ 或者 $z=3$.

对等式 $4x+2z\frac{\partial z}{\partial x}+2y-2-4\frac{\partial z}{\partial x}=0$ 两边关于 x 求导，可得

$$4+2\left(\frac{\partial z}{\partial x}\right)^2+2z\frac{\partial^2 z}{\partial x^2}-4\left(\frac{\partial z}{\partial x}\right)^2=0,\ 即\ \frac{\partial^2 z}{\partial x^2}\bigg|_{\substack{x=0\\y=1\\z=1}}=2,\frac{\partial^2 z}{\partial x^2}\bigg|_{\substack{x=0\\y=1\\z=3}}=-2.$$

对等式 $2y+2z\frac{\partial z}{\partial y}+2x-2-4\frac{\partial z}{\partial y}=0$ 两边关于 y 求导，可得

$$2+2\left(\frac{\partial z}{\partial y}\right)^2+2z\frac{\partial^2 z}{\partial y^2}-4\left(\frac{\partial z}{\partial y}\right)^2=0,\ 即\ \frac{\partial^2 z}{\partial y^2}\bigg|_{\substack{x=0\\y=1\\z=3}}=1,\frac{\partial^2 z}{\partial y^2}\bigg|_{\substack{x=0\\y=1\\z=3}}=-1.$$

对等式 $2y+2z\frac{\partial z}{\partial y}+2x-2-4\frac{\partial z}{\partial y}=0$ 两边关于 x 求导，可得

$$\frac{\partial z}{\partial y}\frac{\partial z}{\partial x}+2z\frac{\partial^2 z}{\partial y\partial x}+2-4\frac{\partial^2 z}{\partial y\partial x}=0,\ \ \text{即}\ \frac{\partial^2 z}{\partial y\partial x}\Big|_{\substack{x=0\\y=1\\z=3}}=1,\frac{\partial^2 z}{\partial y\partial x}\Big|_{\substack{x=0\\y=1\\z=3}}=-1.$$

当 $(x,y,z)=(0,1,1)$ 时,

$$H=\begin{bmatrix} z_{xx}(0,1) & z_{xy}(0,1) \\ z_{yx}(0,1) & z_{yy}(0,1) \end{bmatrix}=\begin{bmatrix} 2 & 1 \\ 1 & 1 \end{bmatrix},$$

所以, $z=z(x,y)$ 在点 $(x,y)=(0,1)$ 取得极小值,极小值 $z=1$.

当 $(x,y,z)=(0,1,3)$ 时,

$$H=\begin{bmatrix} z_{xx}(0,1) & z_{xy}(0,1) \\ z_{yx}(0,1) & z_{yy}(0,1) \end{bmatrix}=\begin{bmatrix} -2 & -1 \\ -1 & -1 \end{bmatrix},$$

所以, $z=z(x,y)$ 在点 $(x,y)=(0,1)$ 取得极大值,极大值 $z=3$.

【例 5.5.2】 证明: $\sin x \cdot \sin y \cdot \sin(x+y)\leqslant\dfrac{3\sqrt{3}}{8},0<x,y<\pi.$ (湘潭大学 2010)

解　令 $f(x,y)=\sin x \cdot \sin y \cdot \sin(x+y),0<x,y<\pi$,则有
$f'_x(x,y)=\cos x \cdot \sin y \cdot \sin(x+y)+\sin x\sin y\cos(x+y)=\sin y\sin(2x+y),$
$f'_y(x,y)=\sin x \cdot \cos y \cdot \sin(x+y)+\sin x\sin y\cos(x+y)=\sin x\sin(x+2y),$
由 $f'_x(x,y)=f'_y(x,y)=0$ 可得 $(x,y)=\left(\dfrac{\pi}{3},\dfrac{\pi}{3}\right)$,故函数 $f(x,y)$ 的稳定点为 $P\left(\dfrac{\pi}{3},\dfrac{\pi}{3}\right)$.

$f'_{xx}(x,y)=2\sin y\cos(2x+y)$,所以 $f'_{xx}\left(\dfrac{\pi}{3},\dfrac{\pi}{3}\right)=-\sqrt{3}.$

$f'_{xy}(x,y)=\cos y\sin(2x+y)+\sin y\cos(2x+y)$,所以 $f'_{xy}\left(\dfrac{\pi}{3},\dfrac{\pi}{3}\right)=-\dfrac{\sqrt{3}}{2}.$

$f'_{yx}(x,y)=\cos x\sin(x+2y)+\sin x\cos(x+2y)$,所以 $f'_{yx}\left(\dfrac{\pi}{3},\dfrac{\pi}{3}\right)=-\dfrac{\sqrt{3}}{2}.$

$f'_{yy}(x,y)=2\sin x\cos(x+2y)$,所以 $f'_{yy}\left(\dfrac{\pi}{3},\dfrac{\pi}{3}\right)=-\sqrt{3}.$

所以, $f(x,y)$ 在点 $(x,y)=\left(\dfrac{\pi}{3},\dfrac{\pi}{3}\right)$ 取得极大值,极大值 $f\left(\dfrac{\pi}{3},\dfrac{\pi}{3}\right)=\dfrac{3\sqrt{3}}{8}.$

故 $\sin x \cdot \sin y \cdot \sin(x+y)\leqslant\dfrac{3\sqrt{3}}{8},0<x,y<\pi.$

【例 5.5.3】　求 $f(x,y,z)=x^3+y^3+z^3$ 在约束条件 $x^2+y^2+z^2=12$, $x+y+z=2$ 下的极值,并判断极值的类型. (南京大学 2008)

解　令 $F(x,y,z,\lambda_1,\lambda_2)=x^3+y^3+z^3+\lambda_1(x^2+y^2+z^2-12)+\lambda_2(x+y+z-2)$,则

$$\begin{cases} F'_x(x,y,z,\lambda_1,\lambda_2)=3x^2+2\lambda_1 x+\lambda_2=0 \\ F'_y(x,y,z,\lambda_1,\lambda_2)=3y^2+2\lambda_1 y+\lambda_2=0 \\ F'_z(x,y,z,\lambda_1,\lambda_2)=3z^2+2\lambda_1 z+\lambda_2=0 \\ F'_{\lambda_1}(x,y,z,\lambda_1,\lambda_2)=x^2+y^2+z^2-12=0 \\ F'_{\lambda_2}(x,y,z,\lambda_1,\lambda_2)=x+y+z-2=0 \end{cases} \tag{1}$$

求解方程组(1),可得

① $(x,y,z,\lambda_1,\lambda_2)=\left(-\dfrac{2}{3},-\dfrac{2}{3},\dfrac{10}{3},-4,-\dfrac{20}{3}\right),$

② $(x,y,z,\lambda_1,\lambda_2)=\left(-\dfrac{2}{3},\dfrac{10}{3},-\dfrac{2}{3},-4,-\dfrac{20}{3}\right),$

③ $(x,y,z,\lambda_1,\lambda_2)=\left(\dfrac{10}{3},-\dfrac{2}{3},-\dfrac{2}{3},-4,-\dfrac{20}{3}\right),$

此时,$f(x,y,z)$ 取得最大值,最大值为 $f\left(-\dfrac{2}{3},-\dfrac{2}{3},\dfrac{10}{3}\right)=\dfrac{328}{9}.$

④ $(x,y,z,\lambda_1,\lambda_2)=(-2,2,2,-12,0),$

⑤ $(x,y,z,\lambda_1,\lambda_2)=(2,-2,2,-12,0),$

⑥ $(x,y,z,\lambda_1,\lambda_2)=(2,2,-2,-12,0),$

此时,$f(x,y,z)$ 取得最小值,最小值为 $f(-2,2,2)=8.$

【例 5.5.4】 求 $f(x,y,z)=x^2y^2z^2$ 在单位球 $x^2+y^2+z^2\leqslant 1$ 上的最值.(北京师范大学 2019)

解 因为

$$f(x,y,z)=x^2y^2z^2\geqslant 0.$$

当且仅当 $x=0$ 或 $y=0$ 或 $z=0$,取得等号,故 $f(x,y,z)$ 在单位球 $x^2+y^2+z^2\leqslant 1$ 上的最小值为 0.

由均值不等式,

$$f(x,y,z)=x^2y^2z^2\leqslant\left(\dfrac{x^2+y^2+z^2}{3}\right)^3\leqslant\left(\dfrac{1}{3}\right)^3=\dfrac{1}{27}.$$

当且仅当 $x^2=y^2=z^2=\dfrac{1}{3}$,取得等号,故 $f(x,y,z)$ 在单位球 $x^2+y^2+z^2\leqslant 1$ 上的最大值为 $\dfrac{1}{27}$.

【例 5.5.5】 证明:对于正实数 a,b,c,有不等式:$a^2b^2c\leqslant 16\left(\dfrac{a+b+c}{5}\right)^5$ 成立.(湖南大学 2022)

证明一 有基本不等式有

$$a^2 b^2 c = 16 \left(\frac{a}{2} \right)^2 \left(\frac{b}{2} \right)^2 c \leqslant 16 \left(\frac{2 \times \dfrac{a}{2} + 2 \times \dfrac{b}{2} + c}{5} \right)^5 = 16 \left(\frac{a+b+c}{5} \right)^5.$$

证明二　记 $a+b+c=m$，设 $f(a,b,c)=a^2 b^2 c$，令
$$L(a,b,c,\lambda)=a^2 b^2 c+\lambda(a+b+c-m),$$
则

$$\begin{cases} L_a = 2ab^2 c+\lambda=0 \\ L_b = 2a^2 bc+\lambda=0 \\ L_c = a^2 b^2 +\lambda=0 \\ L_\lambda = a+b+c-m=0 \end{cases},$$

解得：$a=\dfrac{2m}{5},b=\dfrac{2m}{5},c=\dfrac{m}{5}$.

由于 f 在有界闭区域 $D=\{(x,y,z) \mid x+y+z=m,x \geqslant 0,y \geqslant 0,z \geqslant 0\}$ 上非负连续，从而一定存在最大值，同时由于在边界 ∂D 上 f 取得最小值（零），所以 f 的最大值一定在 $\mathring{D}$ 中取得，进而上述得到的稳定点 $\left(\dfrac{2m}{5},\dfrac{2m}{5},\dfrac{m}{5} \right)$ 一定是 f 的最大值点，即 $f(x,y,z) \leqslant f\left(\dfrac{2m}{5},\dfrac{2m}{5},\dfrac{m}{5} \right)$，这等价于：

$$a^2 b^2 c \leqslant \left(\frac{2m}{5} \right)^2 \left(\frac{2m}{5} \right)^2 \frac{m}{5} = 16 \left(\frac{a+b+c}{5} \right)^5.$$

【例 5.5.6】　设二元函数 $f(x,y)$ 在平面上有连续的二阶偏导数. 令 $g(t,\alpha)=f(t\cos\alpha,t\sin\alpha)$，若对任何 α，都有 $\dfrac{\partial g}{\partial t}\bigg|_{t=0}=0$ 且 $\dfrac{\partial^2 g}{\partial t^2}\bigg|_{t=0}>0$.

证明：$f(0,0)$ 是 $f(x,y)$ 的极小值.（中南大学 2018）

证明　二元函数 $f(x,y)$ 在平面上有连续二阶偏导数，$g(t,\alpha)=f(t\cos\alpha,t\sin\alpha)$，对任何 α，都有 $\dfrac{\partial g}{\partial t}\bigg|_{t=0}=0$ 且 $\dfrac{\partial^2 g}{\partial t^2}\bigg|_{t=0}>0$，故

$$\begin{aligned} \frac{\partial g}{\partial t}\bigg|_{t=0} &= \left[\cos\alpha f_1'(t\cos\alpha,t\sin\alpha)+\sin\alpha f_2'(t\cos\alpha,t\sin\alpha) \right]\big|_{t=0} \\ &= \cos\alpha f_1'(0,0)+\sin\alpha f_2'(0,0)=0, \end{aligned}$$

对任意 α 都成立，故 $f_1'(0,0)=f_2'(0,0)=0$.

$$\begin{aligned} \frac{\partial^2 g}{\partial t^2}\bigg|_{t=0} &= \cos\alpha\left[\cos\alpha f_{11}''(t\cos\alpha,t\sin\alpha)+\sin\alpha f_{12}''(t\cos\alpha,t\sin\alpha) \right] \\ &\quad + \sin\alpha\left[\cos\alpha f_{21}''(t\cos\alpha,t\sin\alpha)+\sin\alpha f_{22}''(t\cos\alpha,t\sin\alpha) \right] \big| \\ &= \cos^2\alpha f_{11}''(0,0)+2\sin\alpha\cos\alpha f_{12}''(0,0)+\sin^2\alpha f_{22}''(0,0)>0, \end{aligned}$$

对任意 α 都成立. 任取 $(x,y) \neq (0,0)$，令 $\cos\alpha = \dfrac{x}{\sqrt{x^2+y^2}}$，$\sin\alpha = \dfrac{y}{\sqrt{x^2+y^2}}$，代入，可得

$$\frac{x^2}{x^2+y^2}f''_{11}(0,0)+\frac{2xy}{x^2+y^2}f''_{12}(0,0)+\frac{y^2}{x^2+y^2}f''_{22}(0,0)>0,$$

即 $f''_{11}(0,0)x^2+2f''_{12}(0,0)xy+f''_{22}(0,0)y^2>0.$

由 (x,y) 的任意性, $\begin{pmatrix}f''_{11}(0,0)&f''_{12}(0,0)\\f''_{21}(0,0)&f''_{22}(0,0)\end{pmatrix}$ 为正定矩阵.

又 $f'_1(0,0)=f'_2(0,0)=0$, 故 $f(0,0)$ 是 $f(x,y)$ 的极小值.

5.5.3 多元函数的微分中值定理

【例 5.5.7】 设 a 和 $a+h$ 是 $\mathbb{R}^n$ 中的两个点, D 是包含 $[a,a+h]$ 的一个开集. 如果函数 $f(x)=f(x_1,x_2,\cdots,x_n)$ 在 D 连续可微, 试证明: 存在 $\theta\in(0,1)$ 使得

$$\sum_{i=1}^n\frac{\partial f}{\partial x_i}(a+\theta h)h_i=\sum_{i=1}^n\left(\int_0^1\frac{\partial f}{\partial x_i}(a+th)\mathrm{d}t\right)h_i.$$

证明 令 $\varphi(t)=f(a+th)$, 则 $\varphi'(t)=\sum_{i=1}^n h_i\frac{\partial}{\partial x_i}f(a+th).$

因为 $\varphi(t)$ 在 $[0,1]$ 连续, 在 $(0,1)$ 可微, 则存在 $\theta\in(0,1)$ 使得 $\varphi(1)=\varphi(0)+\varphi'(\theta)$.

即
$$f(a+th)=f(a)+\sum_{i=1}^n\frac{\partial}{\partial x_i}f(a+\theta h)\cdot h_i. \tag{1}$$

又因为 $\varphi'(t)$ 在 $[0,1]$ 连续, 应用牛顿-莱布尼兹公式可得

$$\varphi(1)=\varphi(0)+\int_0^1\varphi'(t)\mathrm{d}t,\ 即\ f(a+h)=f(a)+\sum_{i=1}^n h_i\int_0^1\frac{\partial}{\partial x_i}f(a+th)\mathrm{d}t. \tag{2}$$

综上可得
$$\sum_{i=1}^n\frac{\partial}{\partial x_i}f(a+\theta h)\cdot h_i=\sum_{i=1}^n h_i\int_0^1\frac{\partial}{\partial x_i}f(a+th)\mathrm{d}t.$$

【例 5.5.8】 设二元函数 $f(x,y)$ 在区域 $D=\{(x,y)\mid x+y\leqslant 1\}$ 上可微, 且对 $\forall(x,y)\in D$ 有 $\left|\frac{\partial f}{\partial x}\right|\leqslant 1$, $\left|\frac{\partial f}{\partial y}\right|\leqslant 1.$ 证明: 对任意的 $(x_1,y_1)\in D,(x_2,y_2)\in D$, 有

$$|f(x_1,y_1)-f(x_2,y_2)|\leqslant|x_2-x_1|+|y_2-y_1|.$$

证明 因为二元函数 $f(x,y)$ 在区域 D 上可微, 二元函数 $f(x,y)$ 在区域 D 上存在偏导数. 由中值定理可知: 存在 $0<\theta_1,\theta_2<1,\xi=x_2+\theta_1(x_1-x_2),\eta=y_2+\theta_2(y_1-y_2)$, 使得任意的 $(x_1,y_1)\in D,(x_2,y_2)\in D$, 有

$$f(x_1,y_1)-f(x_2,y_2)=f_x(\xi,y_1)(x_1-x_2)+f_y(x_2,\eta)(y_1-y_2).$$

因为对 $\forall(x,y)\in D$ 有 $\left|\frac{\partial f}{\partial x}\right|\leqslant 1$, $\left|\frac{\partial f}{\partial y}\right|\leqslant 1$, 从而有

$$|f(x_1,y_1)-f(x_2,y_2)|\leqslant|x_2-x_1|+|y_2-y_1|.$$

5.5.4　多元函数的泰勒展开式

【例 5.5.9】　设二元函数

$$f(x,y) = \begin{cases} \dfrac{1 - e^{x(x^2+y^2)}}{x^2+y^2}, & x^2+y^2 \neq 0, \\ 0, & x^2+y^2 = 0, \end{cases}$$

求 $f(x,y)$ 在 $(0,0)$ 处的四阶泰勒展开式，并求 $f_{xy}(0,0)$ 和 $\dfrac{\partial^4 f}{\partial x^4}(0,0)$.

解　因为 $e^u = 1 + u + \dfrac{u^2}{2} + \dfrac{u^3}{3!} + o(u^4)$,

所以 $e^{x(x^2+y^2)} = 1 + x(x^2+y^2) + \dfrac{x^2(x^2+y^2)^2}{2} + \dfrac{x^3(x^2+y^2)^3}{3!} + o(x^4)$,

$$\frac{1 - e^{x(x^2+y^2)}}{x^2+y^2} = -x - \frac{x^2}{2}(x^2+y^2) - \frac{x^3}{3!}(x^2+y^2)^2 - \frac{x^4}{4!}(x^2+y^2)^3 + o(x^4)$$

$$= -x - \frac{x^4}{2} - \frac{x^2 y^2}{2} - \frac{x^3 y^4}{3!} - \frac{x^4 y^6}{4!} + o(x^4),$$

所以 $f_{xy}(0,0) = 0$, $\dfrac{\partial^4 f}{\partial x^4}(0,0) = -\dfrac{1}{2}$.

【例 5.5.10】　用麦克劳林展式二元函数 $f(x,y) = \sqrt{1 - x^2 - y^2}$ 到四次项为止.

解法一

$$f(x,y) = f(0,0) + \left(x\frac{\partial}{\partial x} + y\frac{\partial}{\partial y}\right)f(0,0) + \frac{1}{2!}\left(x\frac{\partial}{\partial x} + y\frac{\partial}{\partial y}\right)^2 f(0,0) +$$

$$\frac{1}{3!}\left(x\frac{\partial}{\partial x} + y\frac{\partial}{\partial y}\right)^3 f(0,0) + \frac{1}{4!}\left(x\frac{\partial}{\partial x} + y\frac{\partial}{\partial y}\right)^4 f(0,0) + o(\rho^4).$$

因为 $f(0,0) = 1$；$f_x'(0,0) = 0$, $f_y'(0,0) = 0$；$f_{xx}''(0,0) = f_{yy}''(0,0) = 1$, $f_{xy}''(0,0) = 0$；

$f_{xxx}'''(0,0) = f_{xxy}'''(0,0) = f_{xyx}'''(0,0) = f_{xyy}'''(0,0) = f_{yyx}'''(0,0) = f_{yyy}'''(0,0) =$

$f_{yxy}'''(0,0) = f_{yxx}'''(0,0) = 0$；$f_{xxyy}^{(4)}(0,0) = f_{xyxy}^{(4)}(0,0) = f_{xyyx}^{(4)}(0,0) = f_{yyxx}^{(4)}(0,0) =$

$f_{yxyx}^{(4)}(0,0) = f_{yxxy}^{(4)}(0,0) = \dfrac{1}{18}$, $f_{xxxx}^{(4)}(0,0) = f_{yyyy}'''^{(4)}(0,0) = \dfrac{1}{3}$.

其余的四阶偏导数皆为 0, 故有

$$f(x,y) = \sqrt{1 - x^2 - y^2} = 1 - \frac{1}{2}(x^2+y^2) - \frac{1}{2^3}(x^2+y^2)^2 + o((x^2+y^2)^3)$$

$$= 1 - \frac{1}{2}(x^2+y^2) - \frac{1}{8}(x^4 + 2x^2 y^2 + y^4) + o((x^2+y^2)^3).$$

解法二 因为

$$\sqrt{1-u}=1-\frac{1}{2}u-\frac{1}{2^3}u^2+o(u^3),$$

所以

$$f(x,y)=\sqrt{1-x^2-y^2}=1-\frac{1}{2}(x^2+y^2)-\frac{1}{2^3}(x^2+y^2)^2+o((x^2+y^2)^3)$$

$$=1-\frac{1}{2}(x^2+y^2)-\frac{1}{8}(x^4+2x^2y^2+y^4)+o((x^2+y^2)^3).$$

5.5.5 多元函数的几何应用

【例 5.5.11】 证明曲面 $x^{\frac{2}{3}}+y^{\frac{2}{3}}+z^{\frac{2}{3}}=a^{\frac{2}{3}}$ 的切平面在各坐标轴上的截距的平方和是常数.(北京师范大学 2020)

证明 令 $F(x,y,z)=x^{\frac{2}{3}}+y^{\frac{2}{3}}+z^{\frac{2}{3}}-a^{\frac{2}{3}}$,则

$$F_x=\frac{2}{3}x^{-\frac{1}{3}},F_y=\frac{2}{3}y^{-\frac{1}{3}},F_z=\frac{2}{3}x^{-\frac{1}{3}}.$$

任取曲面 $x^{\frac{2}{3}}+y^{\frac{2}{3}}+z^{\frac{2}{3}}=a^{\frac{2}{3}}$ 上一点 (x_0,y_0,z_0),曲面在点 (x_0,y_0,z_0) 的切平面方程为

$$\frac{2}{3x_0^{\frac{1}{3}}}(x-x_0)+\frac{2}{3y_0^{\frac{1}{3}}}(y-y_0)+\frac{2}{3z_0^{\frac{1}{3}}}(z-z_0)=0,$$

$$\frac{x}{x_0^{\frac{1}{3}}}+\frac{y}{y_0^{\frac{1}{3}}}+\frac{z}{z_0^{\frac{1}{3}}}=x_0^{\frac{2}{3}}+y_0^{\frac{2}{3}}+z_0^{\frac{2}{3}}=a^{\frac{2}{3}}.$$

故曲面在点 (x_0,y_0,z_0) 的切平面在各坐标轴上的截距为 $a^{\frac{2}{3}}x_0^{\frac{1}{3}},a^{\frac{2}{3}}y_0^{\frac{1}{3}},a^{\frac{2}{3}}z_0^{\frac{1}{3}}$,它们的平方和为

$$a^{\frac{4}{3}}x_0^{\frac{2}{3}}+a^{\frac{4}{3}}y_0^{\frac{2}{3}}+a^{\frac{4}{3}}z_0^{\frac{2}{3}}=a^{\frac{4}{3}}(x_0^{\frac{2}{3}}+y_0^{\frac{2}{3}}+z_0^{\frac{2}{3}})=a^{\frac{4}{3}}a^{\frac{2}{3}}=a^2.$$

【例 5.5.12】 求曲面 $x^2+y^2=\frac{1}{2}z^2$ 和 $x+y+2z=4$ 的交线在点 $P(1,-1,2)$ 处的法平面方程.(湖南师范大学 2022)

解 设 $F(x,y,z)=x^2+y^2-\frac{1}{2}z^2,G(x,y,z)=x+y+2z-4$,则

$$\frac{\partial(F,G)}{\partial(y,z)}\bigg|_P=\begin{vmatrix}2y & -z \\ 1 & 2\end{vmatrix}_P=\begin{vmatrix}-2 & -2 \\ 1 & 2\end{vmatrix}=-2,$$

$$\frac{\partial(F,G)}{\partial(z,x)}\bigg|_P=\begin{vmatrix}-z & 2x \\ 2 & 1\end{vmatrix}_P=\begin{vmatrix}-2 & 2 \\ 2 & 1\end{vmatrix}=-6,$$

$$\frac{\partial(F,G)}{\partial(x,y)}\Big|_{p}=\begin{vmatrix} 2x & 2y \\ 1 & 1 \end{vmatrix}_{p}=\begin{vmatrix} 2 & -2 \\ 1 & 1 \end{vmatrix}=4.$$

则点 $P(1,-1,2)$ 处的法平面方程为 $-2(x-1)-6(y+1)+4(z-2)=0$，化简得 $x+3y-2z+6=0$.

 **练习题**

1. 设函数 $f(x,y)\in C^2(\mathbb{R}^2)$，对任意的 $(x,y)\in\mathbb{R}^2$ 有 $f_{xx}(x,y)+f_{yy}(x,y)>0$，求证：$f(x,y)$ 没有极大值点.

2. 求 $f(x,y)=x^2+y^2+\dfrac{2}{3}x+1$ 在 $D=\{(x,y)\mid 4x^2+y^2=1\}$ 上的最大值和最小值.（中国科学院大学 2013）

3. 求 $f(x,y)=\dfrac{1}{2}(x^n+y^n)$（$n$ 为正整数）在条件 在 $x+y=a(x>0,y>0,a>0)$ 下的极值，并证明不等式 $\dfrac{1}{2}(x^n+y^n)\geqslant\left(\dfrac{x+y}{2}\right)^n$.（杭州师范大学 2014）

4. 设 $y=f(x)$ 是方程 $x^3+y^3-3x+3y-2=0$ 所确定的隐函数，求 $y=f(x)$ 的极值.（太原理工大学 2022）

5. 利用偏导数求函数 $z=xy+\dfrac{4}{x}+\dfrac{2}{y}$ 的极值.（北京工业大学 2022）

6. 证明二元函数 $f(x,y)=ye^y-(1+e^y)\cos x$ 有无穷多个极小值点，但没有极大值点.（河北工业大学 2022）

7. 在 $2x^2+2y^2+z^2=1$ 上找一点使得 $f(x,y,z)=x^2+y^2+z^2$ 在 $\boldsymbol{l}=(1,-1,0)$ 上的方向导数具有最大梯度.（首都师范大学 2023）

8. 将函数 $f(x,y)=\dfrac{1}{2\pi}\displaystyle\int_0^{2\pi}f(x+\rho\cos\theta,y+\rho\sin\theta)\mathrm{d}\theta$ 按 ρ 展成多项式.

9. 设 $f(x,y)$ 在区域 $C:|x-1|\leqslant 2,|y-1|\leqslant 2$ 上具有二阶连续偏导数，$f(1,1)=0$，且在点 $(1,1)$ 达到极值. 又设 $\left|\dfrac{\partial^2 f(x,y)}{\partial x^l\partial y^{2-l}}\right|\leqslant M,(x,y)\in G$，其中 $0\leqslant l\leqslant 2$，取区域 $D:0\leqslant x\leqslant 1,0\leqslant y\leqslant 1$，试证明 $I=\displaystyle\iint\limits_{D}f(x,y)\mathrm{d}x\,\mathrm{d}y\leqslant\dfrac{7}{12}M$.

10. 证明曲面 $f\left(\dfrac{x-a}{z-c},\dfrac{y-b}{z-c}\right)=0$ 上任意一点处切平面过某个定点，其中 f 是连续可微函数.（中国科学院大学 2013）

11. 求曲线 $\begin{cases} z=x^2+2y^2 \\ x+y=c \end{cases}$ 上 z 最小的一点 P.（中国科学院大学 2023）

12. 求曲面 $e^z-z+xy=3$ 在点 $(2,1,0)$ 处的切平面与法线方程.（中国人民大学 2023）

第6章 多元函数积分学

6.1 曲线积分

6.1.1 主要知识点

1. 第一型曲线积分常用计算方法

(1) 曲线是参数方程时的计算公式

① 设平面光滑曲线 L 的参数方程为 $\begin{cases} x = \varphi(t) \\ y = \psi(t) \end{cases}, a \leqslant t \leqslant b, f(x,y)$ 在 L 上连续,则

$$\int_L f(x,y)\mathrm{d}s = \int_a^b f(\varphi(t),\psi(t)) \cdot \sqrt{(\varphi'(t))^2 + (\psi'(t))^2}\,\mathrm{d}t.$$

② 设空间光滑曲线 L 的参数方程为 $\begin{cases} x = \varphi(t) \\ y = \psi(t) , a \leqslant t \leqslant b, f(x,y,z) \text{ 在 } L \text{ 上连续}, \\ z = h(t) \end{cases}$

则

$$\int_L f(x,y,z)\mathrm{d}s = \int_a^b f(\varphi(t),\psi(t),h(t)) \cdot \sqrt{(\varphi'(t))^2 + (\psi'(t))^2 + (h'(t))^2}\,\mathrm{d}t.$$

(2) 曲线是在直角坐标系下的计算公式

当积分曲线 $L: y = \psi(x), a \leqslant x \leqslant b$ 时,

$$\int_L f(x,y)\mathrm{d}s = \int_a^b f(x,\psi(x)) \cdot \sqrt{1 + (\psi'(x))^2}\,\mathrm{d}x.$$

(3) 曲线是对称情形下的计算公式

① 设平面光滑曲线 $L: y = y(x)$ 关于原点对称,$f(x,y)$ 在 L 上连续,

i) 若 $f(-x,-y) = f(x,y)$,则 $\int_L f(x,y)\mathrm{d}s = 2\int_{L_1} f(x,y)\mathrm{d}s, L_1$ 表示 L 的右半部分.

ii) 若 $f(-x,-y) = -f(x,y)$,则 $\int_L f(x,y)\mathrm{d}s = 0$;

② 设平面光滑曲线 $L:y=y(x)$ 关于 x 轴对称，$f(x,y)$ 在 L 上连续.

i) 若 $f(x,-y)=-f(x,y)$，则 $\int_L f(x,y)\mathrm{d}s=0$；

ii) 若 $f(x,-y)=f(x,y)$，则 $\int_L f(x,y)\mathrm{d}s=2\int_{L_1} f(x,y)\mathrm{d}s$，$L_1$ 表示 L 的上半部分.

2. 第一型曲线积分的性质

（1）**线性性**：若 f,g 均在 L 上可积，k_1,k_2 为任意实常数，则 $k_1 f+k_2 g$ 仍在 L 上可积，且 $\int_L k_1 f(x,y)+k_2 g(x,y)\mathrm{d}s=k_1\int_L f(x,y)\mathrm{d}s+k_2\int_L g(x,y)\mathrm{d}s$.

（2）**区域可加性**：设 $L=L_1\bigcup L_2$，其中 L_1 与 L_2 的不相交则 $f(x,y)$ 在 L 上可积的充要条件是 $f(x,y)$ 在 L_1 与 L_2 上均可积，且 $\int_L f(x,y)\mathrm{d}s=\int_{L_1} f(x,y)\mathrm{d}s+\int_{L_2} f(x,y)\mathrm{d}s$

3. 第二型曲线积分常用计算方法

（1）平面有向光滑曲线 $L=\overline{AB}$ 的参数方程为 $\begin{cases}x=\varphi(t)\\y=\psi(t)\end{cases}$，$\alpha\leqslant t\leqslant\beta$，且当参数 t 由 α 变到 β 时，曲线 L 上动点 (x,y) 从 L 的起点 A 运动到终点 B，$P(x,y)$，$Q(x,y)$ 在 L 上连续，则

$$\int_L P\mathrm{d}x+Q\mathrm{d}y=\int_\alpha^\beta\{P[\varphi(t),\psi(t)]\varphi'(t)+Q[\varphi(t),\psi(t)]\psi'(t)\}\mathrm{d}t.$$

（2）空间有向光滑曲线的参数方程为 $\begin{cases}x=\varphi(t)\\y=\psi(t)\\z=\omega(t)\end{cases}$，$\alpha\leqslant t\leqslant\beta$，其中 L 的起点对应 $t=\alpha$，终点对应 $t=\beta$，则

$$\int_L P\mathrm{d}x+Q\mathrm{d}y+R\mathrm{d}y=\int_\alpha^\beta\{P[\varphi(t),\psi(t)]\varphi'(t)+Q[\varphi(t),\psi(t)]\psi'(t)+R[\varphi(t),\psi(t)]w'(t)\}\mathrm{d}t.$$

（3）平面曲线为直角坐系的情形

① 当 $L:y=\psi(x)$，$a\leqslant x\leqslant b$ 时，且起点对应 $x=a$，终点对应 $x=b$，则

$$\int_L P\mathrm{d}x+Q\mathrm{d}y=\int_a^b[P(x,\psi(x))+Q(x,\psi(x))\psi'(x)]\mathrm{d}x.$$

② 当 $L:x=\varphi(y)$，$c\leqslant y\leqslant d$ 时且起点对应 $y=c$，终点对应 $y=d$，则

$$\int_L P\mathrm{d}x+Q\mathrm{d}y=\int_c^d[P(\varphi(y),y)\varphi'(y)+Q(\varphi(y),y)]\mathrm{d}y.$$

（4）格林公式

设平面有界区域 D 的边界为 L，$P(x,y)$，$Q(x,y)$ 在 D 及边界 L 上具有一阶连续的偏导数，则 $\oint_L P\mathrm{d}x+Q\mathrm{d}y=\iint_D\left(\dfrac{\partial Q}{\partial x}-\dfrac{\partial P}{\partial y}\right)\mathrm{d}x\mathrm{d}y$，其中 L 取正向.

（5）格林第二公式

平面有界区域 D 的边界为光滑有界曲线 L，$\dfrac{\partial u}{\partial \boldsymbol{n}}$，$\dfrac{\partial v}{\partial \boldsymbol{n}}$ 分别表示 u，v 沿 L 的外法线 $\boldsymbol{n}$ 的方向导数，$\Delta u = \dfrac{\partial^2 u}{\partial x^2} + \dfrac{\partial^2 u}{\partial y^2}$，$\Delta v = \dfrac{\partial^2 v}{\partial x^2} + \dfrac{\partial^2 v}{\partial y^2}$，则

$$\oint_L \begin{vmatrix} \dfrac{\partial u}{\partial \boldsymbol{n}} & \dfrac{\partial v}{\partial \boldsymbol{n}} \\ u & v \end{vmatrix} \mathrm{d}s = \iint_D \begin{vmatrix} \Delta u & \Delta v \\ u & v \end{vmatrix} \mathrm{d}x\,\mathrm{d}y,$$

其中 L 取正向.

说明：$\displaystyle\int_L P\mathrm{d}x + Q\mathrm{d}y = \int_L (-P\cos\langle \boldsymbol{n}, y\rangle, + Q\cos\langle \boldsymbol{n}, x\rangle)\mathrm{d}s$，其中 $\langle \boldsymbol{n}, x\rangle$，$\langle \boldsymbol{n}, y\rangle$ 表示 L 的法线正向 $\boldsymbol{n}$ 的方向角.

（6）斯托克斯公式

设 S 是逐片光滑曲面，其边界为逐段光滑曲线 L，曲面 S 的正侧与 L 的正向符合右手法则，如果 P，Q，R 在 S 及 L 上均具有一阶连续的偏导数，则

$$\oint_L P\mathrm{d}x + Q\mathrm{d}y + P\mathrm{d}z = \iint_S \begin{vmatrix} \mathrm{d}y\,\mathrm{d}z & \mathrm{d}z\,\mathrm{d}x & \mathrm{d}x\,\mathrm{d}y \\ \dfrac{\partial}{\partial x} & \dfrac{\partial}{\partial y} & \dfrac{\partial}{\partial z} \\ P & Q & R \end{vmatrix}.$$

4. 第二型曲线积分的性质

（1）线性性

若 $\displaystyle\int_L P_i\mathrm{d}x + Q_i\mathrm{d}y$ 存在，k_i 为任意实常数，则 $\displaystyle\int_L \left(\sum_{i=1}^n k_i P_i\right)\mathrm{d}x + \left(\sum_{i=1}^n k_i Q_i\right)\mathrm{d}y$ 也存在，且 $\displaystyle\int_L \left(\sum_{i=1}^n k_i P_i\right)\mathrm{d}x + \left(\sum_{i=1}^n k_i Q_i\right)\mathrm{d}y = \sum_{i=1}^n k_i \int_L P_i\mathrm{d}x + Q_i\mathrm{d}y.$

（2）区域可加性

设 $L = L_1 \bigcup L_2$，其中 L_1 与 L_2 的不相交，则 $\displaystyle\int_L P\mathrm{d}x + Q\mathrm{d}y$ 在 L 上可积的充要条件是 $\displaystyle\int_{L_1} P\mathrm{d}x + Q\mathrm{d}y$ 与 $\displaystyle\int_{L_2} P\mathrm{d}x + Q\mathrm{d}y$ 均存在，且

$$\int_L P\mathrm{d}x + Q\mathrm{d}y = \int_{L_1} P\mathrm{d}x + Q\mathrm{d}y + \int_{L_2} P\mathrm{d}x + Q\mathrm{d}y.$$

（3）方向性

① $\displaystyle\int_{L^-} P\mathrm{d}x + Q\mathrm{d}y = -\int_L P\mathrm{d}x + Q\mathrm{d}y$；

② $\displaystyle\int_{L^-} P\mathrm{d}x + Q\mathrm{d}y + R\mathrm{d}z = -\int_L P\mathrm{d}x + Q\mathrm{d}y + R\mathrm{d}z.$

5. 第一型曲线积分与第二型曲线积分的关系

（1）设平面有向曲线 L 上任一点的切线正向的方向角为 $\alpha,\beta\left(\alpha+\beta=\dfrac{\pi}{2}\right)$，则

$$\int_L P\mathrm{d}x+Q\mathrm{d}y=\int_L (P\cos\alpha+Q\cos\beta)\mathrm{d}s=\int_L (P\cos\alpha+Q\sin\alpha)\mathrm{d}s.$$

（2）设空间有向曲线 L 上任一点的切线正向的方向角为 α,β,γ，则

$$\int_L P\mathrm{d}x+Q\mathrm{d}y+R\mathrm{d}z=\int_L (P\cos\alpha+Q\cos\beta+R\cos\gamma)\mathrm{d}s.$$

6. 几个常用特殊结果

（1）平面区域 D 的面积公式：$\Delta_D=\dfrac{1}{2}\oint_L x\mathrm{d}y-y\mathrm{d}x$，其中 L 为 D 的正向.

（2）设 L 为任一条封闭光滑曲线，则

$$\oint_L \frac{x\mathrm{d}y-y\mathrm{d}x}{x^2+y^2}=\begin{cases}0,&\text{当 }L\text{ 不包围原点，且}(0,0)\notin L\text{ 时，}\\2\pi,&\text{当 }L\text{ 包围原点时.}\end{cases}$$

6.1.2　第一型曲线积分的计算

【例 6.1.1】　计算曲线积分：$I=\displaystyle\int_L y\mathrm{d}s$，其中 L 为 $y^2=x$ 和 $x+y=2$ 所围成的闭曲线.

解　令 $L_1=\{(x,y)\mid x=y^2,-2\leqslant y\leqslant1\},L_2=\{(x,y)\mid x=2-y,-2\leqslant y\leqslant1\}$，则有 $L=L_1\bigcup L_2$，根据第一型曲线积分的积分区域可加性：

$$I=\int_L y\mathrm{d}s=\int_{L_1} y\mathrm{d}s+\int_{L_2} y\mathrm{d}s$$

$$=\int_{-2}^1 y\sqrt{1+4y^2}\,\mathrm{d}y+\int_{-2}^1 y\sqrt{1+1}\,\mathrm{d}y=\frac{5\sqrt5-17\sqrt{17}}{12}-\frac{3\sqrt2}{2}.$$

【例 6.1.2】　计算曲线积分 $I=\displaystyle\int_L \sqrt{x^2+y^2}\,\mathrm{d}s$，其中 L 为 $x^2+y^2=ax\ (a>0)$.（浙江理工大学 2013）

解　令 $x=\dfrac{a}{2}+\dfrac{a}{2}\cos\theta,y=\dfrac{a}{2}\sin\theta,\theta\in[0,2\pi]$，从而 $\mathrm{d}s=\dfrac{a}{2}\mathrm{d}\theta$，则

$$I=\int_L \sqrt{x^2+y^2}\,\mathrm{d}s=\int_0^{2\pi}a\left|\cos\frac{\theta}{2}\right|\frac{a}{2}\mathrm{d}\theta=2a^2.$$

【例 6.1.3】　计算曲线积分 $\displaystyle\int_\Gamma y^2\mathrm{d}s$，其中 Γ 为下列方程组确定的曲线 Γ：

$$\begin{cases}x^2+y^2+z^2=a^2;\\x+z=a.\end{cases}\quad(a>0)（中南大学 2013）$$

解 $x+z=a$，于是可令 $x=a\cos^2\theta,z=a\sin^2\theta$，

代入 $x^2+y^2+z^2=a^2$，得 $y^2=2a\cos^2\theta\sin^2\theta$，不妨取 $y=\sqrt{2}a\cos\theta\sin\theta$，

于是 $\theta\in[0,\pi]$，且：

$$\left(\frac{\mathrm{d}x}{\mathrm{d}\theta}\right)^2+\left(\frac{\mathrm{d}y}{\mathrm{d}\theta}\right)^2+\left(\frac{\mathrm{d}z}{\mathrm{d}\theta}\right)^2$$
$$=(-a\sin2\theta)^2+(\sqrt{2}a\cos2\theta)^2+(a\sin2\theta)^2$$
$$=2a^2,$$

所以

$$\int_\Gamma y^2\mathrm{d}s=\int_0^\pi(2a^2\sin^2\theta\cos^2\theta)\sqrt{2a^2}\,\mathrm{d}\theta$$

$$=2\sqrt{2}a^3\cdot2\cdot\frac{1}{4\times2}\cdot\frac{\pi}{2}=\frac{\sqrt{2}a^3\pi}{4}.$$

【例 6.1.4】 计算曲线积分：$I=\int_L(xy+yz+zx)\mathrm{d}s$，其中 L 为球面 $x^2+y^2+z^2=4$ 与平面 $x+y+z=0$ 的交线. (武汉大学 2014、中山大学 2014)

解 因为球面 $x^2+y^2+z^2=4$ 与平面 $x+y+z=0$ 具有 x,y,z 的交替对称性，故

$$\int_Lx^2\mathrm{d}s=\int_Ly^2\mathrm{d}s=\int_Lz^2\mathrm{d}s=\frac{1}{3}\int_L(x^2+y^2+z^2)\mathrm{d}s=\frac{4}{3}\cdot2\pi\cdot2=\frac{16\pi}{3}$$

$$\int_Lx\,\mathrm{d}s=\int_Ly\,\mathrm{d}s=\int_Lz\,\mathrm{d}s=\frac{1}{3}\int_L(x+y+z)\mathrm{d}s=0,$$

$$I=\int_L(xy+yz+zx)\mathrm{d}s=\int_L\frac{[(x+y+z)^2-(x^2+y^2+z^2)]}{2}\mathrm{d}s$$

$$=-\frac{1}{2}\int_L(x^2+y^2+z^2)\mathrm{d}s=-\frac{8\pi}{3}.$$

【例 6.1.5】 曲线 L 为球面 $x^2+y^2+z^2=3$ 与平面 $x+y+z=1$ 的交线，求曲线积分 $I=\int_L[(x+1)^2+(y-2)^2]\mathrm{d}s$. (中国科学院大学 2013、中南大学 2022)

解 因为球心 $(0,0,0)$ 到平面的距离 $d=\frac{1}{\sqrt{3}}$，所以球面 $x^2+y^2+z^2=3$ 与平面 $x+$

$y+z=1$ 交线是半径 $r=\sqrt{R^2-d^2}=\frac{2\sqrt{2}}{\sqrt{3}}$ 的圆，且曲线 L 具有 x,y,z 的交替对称性，从而

$$\int_Lx^2\mathrm{d}s=\int_Ly^2\mathrm{d}s=\int_Lz^2\mathrm{d}s=\frac{1}{3}\int_L(x^2+y^2+z^2)\mathrm{d}s=\frac{3}{3}\cdot2\pi\cdot r=\frac{4\sqrt{6}\pi}{3},$$

$$\int_Lx\,\mathrm{d}s=\int_Ly\,\mathrm{d}s=\int_Lz\,\mathrm{d}s=\frac{1}{3}\int_L(x+y+z)\mathrm{d}s=\frac{1}{3}\cdot2\pi\cdot r=\frac{4\sqrt{6}\pi}{9},$$

$$I = \int_L [(x+1)^2 + (y-2)^2] \mathrm{d}s = \int_L (x^2 + y^2) \mathrm{d}s + \int_L (2x - 4y) \mathrm{d}s + 5\int_L \mathrm{d}s = \frac{76\sqrt{6}\,\pi}{9}.$$

【例 6.1.6】 设 L 为球面 $x^2 + y^2 + z^2 = 1$ 与平面 $x + y + z = 1$ 的交线,

(1) 求 L 的弧长;

(2) 求曲线积分 $\oint_L [(x+1)^2 + (y-2)^2] \mathrm{d}s$. (中南大学 2011)

解 (1) 球心 $(0,0,0)$ 到平面 $x + y + z = 1$ 的距离 $d = \dfrac{1}{\sqrt{3}}$,球半径为 1,

所以曲线 L 的半径 $r = \sqrt{1^2 - \left(\dfrac{1}{\sqrt{3}}\right)^2} = \dfrac{\sqrt{6}}{3}$,$L$ 的长为 $\dfrac{2\sqrt{6}\,\pi}{3}$.

(2) 由轮换对称性:$\begin{cases} \displaystyle\int_L x\,\mathrm{d}s = \int_L y\,\mathrm{d}s = \int_L z\,\mathrm{d}s \\[2mm] \displaystyle\int_L x^2\,\mathrm{d}s = \int_L y^2\,\mathrm{d}s = \int_L z^2\,\mathrm{d}s \end{cases}$,所以

$$I = \int_L [x^2 + y^2 + 2x - 4y + 5] \mathrm{d}s$$

$$= \frac{2}{3} \int_L (x^2 + y^2 + z^2)\,\mathrm{d}s - \frac{2}{3} \int_L (x + y + z)\,\mathrm{d}s + 5\int_L \mathrm{d}s$$

$$= \left(\frac{2}{3} - \frac{2}{3} + 5\right) \int_L \mathrm{d}s$$

$$= 5 \times \frac{2\sqrt{6}\,\pi}{3} = \frac{10\sqrt{6}\,\pi}{3}.$$

6.1.3　第二型曲线积分的计算

【例 6.1.7】 求 $\oint_L \dfrac{x\,\mathrm{d}y - y\,\mathrm{d}x}{4x^2 + y^2}$,其中 L 是以 $(1,0)$ 为圆心,$R(R \neq 1)$ 为半径的圆周,L 取逆时针方向. (中南大学 2015)

解 采用补齐封闭曲线法:因为 $P(x,y) = \dfrac{-y}{4x^2 + y^2}$,$Q(x,y) = \dfrac{x}{4x^2 + y^2}$,从而

$$\frac{\partial P}{\partial y} = \frac{\partial Q}{\partial x} = \frac{-4x^2 + y^2}{(4x^2 + y^2)^2},$$

(1) 当 $R < 1$ 时,封闭曲线 L 围成区域 D 是单连通的,且 $P(x,y)$,$Q(x,y)$ 具有一阶连续偏导数,由格林公式可知 $\oint_L \dfrac{x\,\mathrm{d}y - y\,\mathrm{d}x}{4x^2 + y^2} = 0$.

(2) 当 $R > 1$ 时,$(0,0) \in D$,从而 $P(x,y)$,$Q(x,y)$ 在 D 内不具有一阶连续偏导

数. 令曲线 $L_1 : x = r\cos\theta, y = 2r\sin\theta, \theta \in [0, 2\pi]$，则根据积分与路径无关性可知：

$$\oint_L \frac{x\,\mathrm{d}y - y\,\mathrm{d}x}{4x^2 + y^2} = \oint_{L_1} \frac{x\,\mathrm{d}y - y\,\mathrm{d}x}{4x^2 + y^2} = \int_0^{2\pi} \frac{2r^2}{4r^2}\,\mathrm{d}\theta = \pi.$$

【例 6.1.8】 求 $\displaystyle\int_L \mathrm{e}^x(a - \cos y)\,\mathrm{d}x + \mathrm{e}^x(\sin y - y)\,\mathrm{d}y$，其中 L 是沿着正弦曲线 $y = \sin x$ 由点 $O(0,0)$ 到点 $A(\pi, 0)$. （北京大学 2015）

解 采用补齐封闭曲线法：因为 $P(x, y) = \mathrm{e}^x(a - \cos y)$，$Q(x, y) = \mathrm{e}^x(\sin y - y)$，故

$$\frac{\partial P}{\partial y} = \mathrm{e}^x \sin y, \frac{\partial Q}{\partial x} = \mathrm{e}^x \sin y - \mathrm{e}^x y.$$

令 $L_1 : y = 0, x \in [0, \pi]$，则曲线 L 与 L_1^- 围成封闭曲线，其围成积分区域 D，从而由格林公式可得

$$\int_L \mathrm{e}^x(a - \cos y)\,\mathrm{d}x + \mathrm{e}^x(\sin y - y)\,\mathrm{d}y + \int_{L_1^-} \mathrm{e}^x(a - \cos y)\,\mathrm{d}x + \mathrm{e}^x(\sin y - y)\,\mathrm{d}y$$

$$= -\iint_D \left(\frac{\partial Q}{\partial x} - \frac{\partial P}{\partial y}\right)\mathrm{d}x\,\mathrm{d}y = \iint_D \mathrm{e}^x y\,\mathrm{d}x\,\mathrm{d}y = \int_0^\pi \mathrm{d}x \int_0^{\sin x} \mathrm{e}^x y\,\mathrm{d}y = \frac{2(\mathrm{e}^\pi - 1)}{5},$$

$$\int_{L_1^-} \mathrm{e}^x(a - \cos y)\,\mathrm{d}x + \mathrm{e}^x(\sin y - y)\,\mathrm{d}y = -\int_0^\pi \mathrm{e}^x(a - 1)\,\mathrm{d}x = -\frac{(a-1)(\mathrm{e}^\pi - 1)}{5},$$

所以，

$$\int_L \mathrm{e}^x(a - \cos y)\,\mathrm{d}x + \mathrm{e}^x(\sin y - y)\,\mathrm{d}y$$

$$= \frac{2(\mathrm{e}^\pi - 1)}{5} - \int_{L_1^-} \mathrm{e}^x(a - \cos y)\,\mathrm{d}x + \mathrm{e}^x(\sin y - y)\,\mathrm{d}y = \frac{(a+1)(\mathrm{e}^\pi - 1)}{5}.$$

【例 6.1.9】 求 $I = \displaystyle\oint_L \ln[(x - x_0)^2 + 1]\{\cos[(x - x_0)y]\mathrm{d}x + \sin[x(y - y_0)]\mathrm{d}y\}$，其中 L 是圆周 $(x - x_0)^2 + (y - y_0)^2 = a^2$，$L$ 取逆时针方向.

解 作 $u = x - x_0, v = y - y_0$，则 L 变换为 $L_1 : u^2 + v^2 = a^2$，则

$$I = \oint_L \ln[(x - x_0)^2 + 1]\{\cos[(x - x_0)y]\mathrm{d}x + \sin[x(y - y_0)]\mathrm{d}y\}$$

$$= \oint_{L_1} \ln[u^2 + 1]\{\cos(u(y_0 + v))\mathrm{d}u + \sin((x_0 + u)v)\mathrm{d}v\}$$

$$= \oint_{L_1} \ln[u^2 + 1]\cos uv \cos uy_0\,\mathrm{d}u - \oint_{L_1} \ln[u^2 + 1]\sin uv \sin uy_0\,\mathrm{d}u$$

$$+ \oint_{L_1} \ln[u^2 + 1]\sin uv \cos vx_0\,\mathrm{d}v + \oint_{L_1} \ln[u^2 + 1]\cos uv \sin vx_0\,\mathrm{d}v$$

$$= \oint_{L_1} f(u, v)\,\mathrm{d}u - \oint_{L_1} g(u, v)\,\mathrm{d}u - \oint_{L_1} F(u, v)\,\mathrm{d}v + \oint_{L_1} G(u, v)\,\mathrm{d}v,$$

其中，

$$f(u,v)=\ln[u^2+1]\cos uv\cos uy, g(u,v)=\ln[u^2+1]\sin uv\sin uy_0,$$
$$F(u,v)=\ln[u^2+1]\sin uv\cos vx_0, G(u,v)=\ln[u^2+1]\sin uv\cos x_0.$$

由 L_1 关于 u 轴对称，且因为 $f(u,v)=f(u,-v)$，故有 $\oint_{L_1}f(u,v)\mathrm{d}u=0$，因为 $F(u,v)=-F(u,v)$，故有 $\oint_{L_1}F(u,v)\mathrm{d}v=0$. 由 L_1 关于原点对称，因为 $g(-u,-v)=-g(u,v)$，故有 $\oint_{L_1}g(u,v)\mathrm{d}u=0$，因为 $G(-u,-v)=-G(u,v)$，故有 $\oint_{L_1}G(u,v)\mathrm{d}v=0$.

综上可得：$I=\oint_{L}\ln[(x-x_0)^2+1]\{\cos[(x-x_0)y]\mathrm{d}x+\sin[x(y-y_0)]\mathrm{d}y\}=0$.

【例 6.1.10】 求计算第二型曲线积分 $I=\int_{L}\mathrm{e}^{y^2}\mathrm{d}x+x\mathrm{d}y$，其中 L 是椭圆 $4x^2+y^2=8x$ 沿逆时针方向.（云南大学 2022）

解 令 $P(x,y)=\mathrm{e}^{y^2}$，因为积分曲线 L 关于 x 轴对称，且 $P(x,-y)=P(x,y)$，故 $\int_{L}\mathrm{e}^{y^2}\mathrm{d}x=0$. 所以，令 $x=1+\cos\theta,y=2\sin\theta,\theta\in[0,2\pi]$，则

$$I=\int_{L}\mathrm{e}^{y^2}\mathrm{d}x+x\mathrm{d}y=\int_{L}x\mathrm{d}y=2\int_{0}^{2\pi}(1+\cos\theta)\cos\theta\mathrm{d}\theta=2\pi.$$

【例 6.1.11】 设 $Q(x,y)$ 具有连续一阶偏导数，且曲线积分 $\int_{L}2xy\mathrm{d}x+Q(x,y)\mathrm{d}y$ 与路径 L 无关，且对任意的 $t\in R$，有 $\int_{(0,0)}^{(1,t)}2xy\mathrm{d}x+Q(x,y)\mathrm{d}y=\int_{(0,0)}^{(t,1)}2xy\mathrm{d}x+Q(x,y)\mathrm{d}y$ 求 $Q(x,y)$ 解析表达式.（华中科技大学 2010、首都师范大学 2022、南京航空航天大学 2022）

解 令 $P(x,y)=2xy$，则 $\dfrac{\partial P}{\partial y}=2x$，因为积分 $\int_{L}2xy\mathrm{d}x+Q(x,y)\mathrm{d}y$ 与路径 L 无关，所以 $\dfrac{\partial Q}{\partial x}=2x$，即 $Q(x,y)=x^2+\varphi(y)$，所以 $u(x,y)=x^2y+\Phi(y)$，其中 $\Phi'(y)=\varphi(y)$.

根据题意可知

$$\int_{(0,0)}^{(1,t)}2xy\mathrm{d}x+Q(x,y)\mathrm{d}y=u(1,t)-u(0,0),$$
$$\int_{(0,0)}^{(t,1)}2xy\mathrm{d}x+Q(x,y)\mathrm{d}y=u(t,1)-u(0,0).$$

从而由 $u(1,t)=u(t,1)$，即 $t+\Phi(t)=t^2+\Phi(1)$，等式两边关于 t 求导可得：$1+\Phi'(t)=2t$，所以 $\varphi(y)=\Phi'(y)=2y-1$，所以 $Q(x,y)=x^2+2y-1$.

【例 6.1.12】 已知 $\int_{L}xy^2\mathrm{d}x+y\zeta(x)\mathrm{d}y$ 积分与路径无关，且 $\zeta(0)=0$.

求 $\zeta(x)$，并以此求 $\int_{(0,0)}^{(1,1)} xy^2 dx + y\zeta(x)dy$. （中南大学 2017）

解 曲线积分 $\int_L xy^2 dx + y\zeta(x)dy$ 积分与路径无关，故

$$\frac{\partial}{\partial x}[y\zeta(x)] = y\zeta'(x) = \frac{\partial}{\partial y}(xy^2) = 2xy.$$

则 $\zeta'(x) = 2x$，所以 $\zeta(x) = x^2 + c$. 又 $\zeta(0) = 0$，故 $c = 0$，所以 $\zeta(x) = x^2$，故

$$\int_{(0,0)}^{(1,1)} xy^2 dx + y\zeta(x)dy = \int_{(0,0)}^{(1,1)} xy^2 dx + yx^2 dy$$

$$= \int_{(0,0)}^{(1,1)} y^2 d\left(\frac{1}{2}x^2\right) + x^2 d\left(\frac{1}{2}y^2\right)$$

$$= \int_{(0,0)}^{(1,1)} d\frac{x^2 y^2}{2} = \frac{x^2 y^2}{2}\bigg|_{(0,0)}^{(1,1)} = \frac{1}{2}.$$

【例 6.1.13】 设 $f(x)$ 在 $x \neq 0$ 时一阶连续可导，且 $f(1) = 0$. 又曲线积分

$$\oint_L y(2 - f(x^2 - y^2))dx + xf(x^2 - y^2)dy$$

与积分路径无关，其中 L 为任意不与直线 $y = \pm x$ 相交的分段光滑闭曲线，求 $f(x)$. （中南大学 2019）

解 记 $P(x,y) = y(2 - f(x^2 - y^2))$，$Q(x,y) = xf(x^2 - y^2)$，因为曲线积分与路径无关，所以 $\frac{\partial P}{\partial y} = \frac{\partial Q}{\partial x}$，即 $(x^2 - y^2)f'(x^2 - y^2) + f(x^2 - y^2) = 1$，令 $x^2 - y^2 = t$，则 $tf'(t) + f(t) = 1 \Rightarrow (tf(t))' = 1 \Rightarrow tf(t) = t + c$，且由 $f(1) = 0$，得 $c = -1$，所以 $f(t) = 1 - \frac{1}{t}$，因此 $f(x) = 1 - \frac{1}{x}$.

【例 6.1.14】 设连续可微函数 $z = z(x,y)$ 由方程 $F(xz - y, x - yz) = 0$（其中 $F(u,v)$ 具有连续偏导数）唯一确定，L 为正向单位圆周，试求

$$I = \oint_L (xz^2 + 2yz)dy - (2xz + yz^2)dx.$$

解 对方程 $F(xz - y, x - yz) = 0$ 两边关于 x 求导可得

$$F'_1(z + xz_x) + F'_2(1 - yz_x) = 0$$

即 $z_x = \dfrac{zF'_1 + F'_2}{yF'_2 - xF'_1}$.

对方程 $F(xz - y, x - yz) = 0$ 两边关于 y 求导可得

$$F'_1(xz_y - 1) + F'_2(-z - yz_y) = 0$$

即 $z_y = \dfrac{-F'_1 - zF'_2}{yF'_2 - xF'_1}$.

令 $P(x,y) = -(2xz + yz^2), Q(x,y) = xz^2 + 2yz.$ 则

$$\frac{\partial P}{\partial y} = -2xz_y - z^2 - 2yzz_y, \frac{\partial Q}{\partial x} = z^2 + 2xzz_x + 2yz_x,$$

所以

$$\frac{\partial Q}{\partial x} - \frac{\partial P}{\partial y} = 2z^2 + 2(xz + y)z_x + 2(x + yz)z_y$$

$$= 2z^2 + 2\frac{-x(1-z^2)F_1' + y(1-z^2)F_2'}{yF_2' - xF_1'} = 2z^2 + 2(1-z^2) = 2,$$

根据格林公式可得

$$I = \oint_L (xz^2 + 2yz)\mathrm{d}y - (2xz + yz^2)\mathrm{d}x = \iint_D \left(\frac{\partial Q}{\partial x} - \frac{\partial P}{\partial y}\right) = 2\iint_D \mathrm{d}x\,\mathrm{d}y = 2\pi.$$

6.1.4　第一型曲线积分与第二型曲线积分关系

【例 6.1.15】　求 $\oint_L y\mathrm{d}x + z\mathrm{d}y + x\mathrm{d}z$，其中 L 是 $x^2 + y^2 + z^2 = 1$ 与平面 $x + y + z = 1$ 的交线，从 x 轴正向看去取逆时针方向.

解法一　曲线的切向量为

$$\boldsymbol{t} = \begin{vmatrix} \boldsymbol{i} & \boldsymbol{j} & \boldsymbol{k} \\ 2x & 2y & 2z \\ 1 & 1 & 1 \end{vmatrix} = \pm[(y-z)\boldsymbol{i} + (z-x)\boldsymbol{j} + (x-y)\boldsymbol{k}],$$

因为积分曲线 x 轴正向看去取逆时针方向，从而有 $\boldsymbol{t} = (y-z, z-x, x-y)$，所以

$$\oint_L y\mathrm{d}x + z\mathrm{d}y + x\mathrm{d}z = \oint_L y\cos\langle \boldsymbol{t}, x^+\rangle + z\cos\langle \boldsymbol{t}, y^+\rangle + x\cos\langle \boldsymbol{t}, z^+\rangle \mathrm{d}s$$

$$= \oint_L \frac{y(z-y) + z(x-z) + x(y-x)}{\sqrt{2}}\mathrm{d}s = -\frac{1}{\sqrt{2}}\oint_L \mathrm{d}s.$$

因为球心 $(0,0,0)$ 到平面的距离 $d = \dfrac{1}{\sqrt{3}}$，所以 L 是球面 $x^2 + y^2 + z^2 = 1$ 与平面 $x + y + z = 1$ 交线是半径 $r = \sqrt{R^2 - d^2} = \dfrac{\sqrt{2}}{\sqrt{3}}$ 的圆，所以 $\oint_L \mathrm{d}s = 2\pi\dfrac{\sqrt{2}}{\sqrt{3}} = \dfrac{2\sqrt{6}}{3}\pi$，故有

$$\oint_L y\mathrm{d}x + z\mathrm{d}y + x\mathrm{d}z = -\frac{1}{\sqrt{2}}\frac{2\sqrt{6}}{3}\pi = -\frac{2\sqrt{3}}{3}\pi.$$

解法二　令 $x = \sqrt{2}\cos\theta - \dfrac{\sqrt{6}}{3}\sin\theta, y = \dfrac{2\sqrt{6}}{3}\sin\theta, z = -\sqrt{2}\cos\theta - \dfrac{\sqrt{6}}{3}\sin\theta, \theta \in [0, 2\pi],$

则有

$$\oint_L y\,\mathrm{d}x + z\,\mathrm{d}y + x\,\mathrm{d}z$$

$$= \int_0^{2\pi} \left(\frac{2\sqrt{6}\sin\theta}{3}\right)\left(-\sqrt{2}\sin\theta - \frac{\sqrt{6}}{3}\cos\theta\right) - \left(\sqrt{2}\cos\theta + \frac{\sqrt{6}}{3}\sin\theta\right)\frac{2\sqrt{6}}{3}\cos\theta$$

$$+ \left(\sqrt{2}\cos\theta - \frac{\sqrt{6}}{3}\sin\theta\right)\left(\sqrt{2}\sin\theta - \frac{\sqrt{6}}{3}\cos\theta\right)\mathrm{d}\theta = -\frac{2\sqrt{3}}{3}\pi.$$

【例 6.1.16】 计算第二型曲线积分

$$I = \oint_L (y^2 - z^2)\mathrm{d}x + (2z^2 - x^2)\mathrm{d}y + (3x^2 - y^2)\mathrm{d}z,$$

其中 L 为平面 $x+y+z=2$ 与柱面 $|x|+|y|=1$ 的交线,从 z 轴正向看为逆时针方向.
(南京师范大学 2021)

解 记 S 为 L 所围成曲面,取上侧,注意到 S 的单位法向量为 $\left(\frac{1}{\sqrt{3}}, \frac{1}{\sqrt{3}}, \frac{1}{\sqrt{3}}\right)$,那么由斯托克斯公式和两类曲面积分联系,有:

$$I = \oint_L (y^2 - z^2)\mathrm{d}x + (2z^2 - x^2)\mathrm{d}y + (3x^2 - y^2)\mathrm{d}z$$

$$= \iint_S \begin{vmatrix} \dfrac{1}{\sqrt{3}} & \dfrac{1}{\sqrt{3}} & \dfrac{1}{\sqrt{3}} \\ \dfrac{\partial}{\partial x} & \dfrac{\partial}{\partial y} & \dfrac{\partial}{\partial z} \\ (y^2 - z^2) & (2z^2 - x^2) & (3x^2 - y^2) \end{vmatrix} \mathrm{d}S$$

$$= \frac{1}{\sqrt{3}} \iint_S [(-2y - 4z) + (-2z - 6x) + (-2x - 2y)]\mathrm{d}S$$

$$= -\frac{2}{\sqrt{3}} \iint_S (4x + 2y + 3z)\mathrm{d}S.$$

由轮换对称性 $\iint_S x\,\mathrm{d}S = \iint_S y\,\mathrm{d}S$,故 $\iint_S (y-x)\mathrm{d}S = 0$,故

$$I = -\frac{2}{\sqrt{3}} \iint_S [(4x + 2y + 3z) + (y - x)]\mathrm{d}S$$

$$= -\frac{2}{\sqrt{3}} \iint_S 3(x + y + z)\mathrm{d}S$$

$$= -\frac{2}{\sqrt{3}} \iint_S 6\,\mathrm{d}S = -\frac{12}{\sqrt{3}} \iint_{|x|+|y|\leqslant 1} \sqrt{1 + z_x^2 + z_y^2}\,\mathrm{d}x\,\mathrm{d}y$$

$$= -\frac{12}{\sqrt{3}} \iint_{|x|+|y|\leqslant 1} \sqrt{3}\,\mathrm{d}x\,\mathrm{d}y = -24.$$

【例 6.1.17】 证明:若 L 为平面上的封闭曲线,l 为任意方向向量,则 $\oint_L \cos\langle l, n\rangle \mathrm{d}s = 0$,其中,$n$ 为曲线 L 的外法向量.

解　设 n 为曲线 L 的外法向量,t 为曲线 L 的切向量,则有 $\langle t, y^+\rangle = \langle n, x^+\rangle$,$\langle t, x^+\rangle = \dfrac{\pi}{2} + \langle n, x^+\rangle$,且有 $\langle t, n\rangle = \langle l, x^+\rangle - \langle n, x^+\rangle$,所以

$$\cos\langle t, n\rangle = \cos\langle l, x^+\rangle\cos\langle n, x^+\rangle - \sin\langle l, x^+\rangle\sin\langle n, x^+\rangle$$
$$= \cos\langle l, x^+\rangle\cos\langle t, y^+\rangle - \sin\langle l, x^+\rangle\cos\langle t, x^+\rangle.$$

记封闭曲线 L 围成的积分区域为 D,根据第一型曲线积分与第二型曲线积分关系和格林公式可得

$$\oint_L \cos\langle l, n\rangle \mathrm{d}s = \oint_L \cos\langle l, x^+\rangle\cos\langle t, y^+\rangle - \sin\langle l, x^+\rangle\cos\langle t, x^+\rangle \mathrm{d}s$$
$$= \oint_L \cos\langle l, x^+\rangle \mathrm{d}y - \sin\langle l, x^+\rangle \mathrm{d}x$$
$$= \iint_D \left(\frac{\partial}{\partial x}\cos\langle l, x^+\rangle + \frac{\partial}{\partial y}\sin\langle l, x^+\rangle\right) \mathrm{d}x\,\mathrm{d}y = 0.$$

【例 6.1.18】 求积分值 $I = \oint_L (x\cos\langle n, x\rangle + y\cos\langle n, y\rangle)\mathrm{d}s$,其中 L 为包围有界区域的封闭曲线,n 为曲线 L 的外法向量.

解　设 n 为曲线 L 的外法向量,t 为曲线 L 的切向量,则有 $\langle t, y^+\rangle = \langle n, x^+\rangle$,$\langle t, y^+\rangle = \pi - \langle t, x^+\rangle$,所以 $\cos\langle t, y^+\rangle = \cos\langle n, x^+\rangle$,$\cos\langle t, y^+\rangle = -\cos\langle t, x^+\rangle$,记封闭曲线 L 围成的积分区域为 D,其面积为 s,根据第一型曲线积分与第二型曲线积分关系和格林公式可得

$$I = \oint_L (x\cos\langle n, x\rangle + y\cos\langle n, y\rangle)\mathrm{d}s$$
$$= \oint_L (x\cos\langle t, y\rangle - y\cos\langle t, x\rangle)\mathrm{d}s$$
$$= \oint_L x\,\mathrm{d}y - y\,\mathrm{d}x = \iint_D (1 - (-1))\mathrm{d}s = 2s.$$

练习题

1. 计算曲线积分 $I = \displaystyle\int_L (x^3\cos y + 3x^2 + 4y^2)\mathrm{d}s$,其中 L 为球面 $x^2 + y^2 = 1$.(辽宁大学 2004)

2. 计算曲线积分 $I = \displaystyle\int_L y^2\mathrm{d}s$,其中 L 为球面 $x^2 + y^2 + z^2 = a^2$ 和平面 $x + z = a$ 的交线.(中南大学 2013)

3. 计算曲线积分 $I = \int_L xy \, ds$，其中 L 为球面 $x^2 + y^2 + z^2 = a^2$ 与平面 $x + y + z = 1$ 的交线.（中山大学 2013）

4. 计算第一型曲线积分 $I = \oint_{x^2+y^2=a^2} x^2(1 + x \cos(xy)) ds$.（中南大学 2016）

5. 计算第二型曲线积分 $I = \int_L \dfrac{(1 + \sqrt{x^2 + y^2})(x \, dx + y \, dy)}{x^2 + y^2}$，其中 L 为不过坐标原点从 $A(1,0)$ 到点 $B(0,2)$ 的分段光滑线段.（北京交通大学 2022）

6. 求 $\int_L (x^2 - y) dx - (x + \sin^2 y) dy$，其中 L 是为圆周 $x^2 + y^2 = 2x$ 的上半部分，方向从点 $O(0,0)$ 到点 $A(2,0)$.

7. 设函数 $u(x,y)$ 在封闭的光滑曲线 L 所围成的区域 D 上具有二阶连续偏导数，证明

$$\iint_D \left(\frac{\partial^2 u}{\partial x^2} + \frac{\partial^2 u}{\partial y^2} \right) d\sigma = \oint_L \frac{\partial u}{\partial n} ds,$$

其中 $\dfrac{\partial u}{\partial n}$ 是 $u(x,y)$ 沿着 L 的外法向量 $\boldsymbol{n}$ 的方向导数.

8. 已知曲线 C 为点 $A(1,0)$ 到点 $B(-1,0)$ 的上半圆周 $y = \sqrt{1 - x^2}$, $(-1 \leqslant x \leqslant 1)$ 取逆时针方向为正，计算

$$I = \int_C (-2x e^{-x^2} \sin x) dx + (e^{-x^2} \cos y + x^4) dy. \qquad \text{（南昌大学 2020）}$$

9. 计算第二型曲线积分

$$I = \int_L \frac{\left(x - \frac{1}{2} - y\right) dx + \left(x - \frac{1}{2} + y\right) dy}{\left(x - \frac{1}{2}\right)^2 + y^2},$$

其中 L 为连接 $(0,-1)$ 与 $(0,1)$ 的曲线，且位于 $\left(\frac{1}{2}, 0\right)$ 的右侧.（中国科学院大学 2023）

10. 求曲线积分 $I = \oint_L (y^2 + z^2) dx + (x^2 + z^2) dy + (y^2 + x^2) dz$，其中 L 为 $x + y + z = a$ 与三坐标平面的交线，其方向为从 $(1,1,1)$ 看，曲线是逆时针方向.

11. 计算 $I = \oint_L (y - z) dx + (z - x) dy + (x - y) dz$，其中 L 为球面 $x^2 + y^2 + z^2 = 1$ 与球面 $(x-1)^2 + (y-1)^2 + (z-1)^2 = 4$ 的交线，从 z 轴正向看上去取逆时针方向.

12. 计算 $I = \oint_L (y - z) dx + (z - x) dy + (x - y) dz$，其中 L 为柱面 $x^2 + y^2 = a^2$ 与平面 $\dfrac{x}{a} + \dfrac{z}{h} = 1 (a, h > 0)$ 的交线，从 x 轴正向看上去取逆时针方向.

13. 求曲线积分

$$T=\oint_{L^+}(x-1)\mathrm{d}y-(y+1)\mathrm{d}x+z\mathrm{d}z,$$

其中 L 为上半球面 $x^2+y^2+z^2=1(z\geqslant0)$ 与柱体 $x^2+y^2=x$ 的交线,从 z 轴正向往下看为逆时针方向.(湖南大学 2021)

14. 设定义在 $\mathbb{R}\setminus\{0\}$ 的函数 $f(t)$ 在 $(-\infty,0)$ 及 $(0,+\infty)$ 有连续导数,$f(1)=0$,试确定 f 使得对任意与直线 $y=x$ 及 $y=-x$ 不相交的光滑曲线 L 都有

$$I=\int_L(2-f(x^2-y^2))y\mathrm{d}x+f(x^2-y^2)x\mathrm{d}y=0.（中国人民大学 2023）$$

6.2　二重积分

6.2.1　主要知识点

1. 二重积分的定义

设二元函数 $f(x,y)$ 的定义域 D 是可求面积的,J 是一个定常数,如果对任意的 $\varepsilon>0$,存在 $\delta>0$,使对于 D 的任何分割 T,当 T 的细度 $\|T\|<\delta$ 时,都有积分和

$$\Big|\sum_{i=1}^n f(\xi_i,\eta_i)\Delta\sigma_i-J\Big|<\varepsilon,$$

则称 $f(x,y)$ 在 D 上可积,数 J 称为函数 $f(x,y)$ 在 D 上的二重积分,记作

$$J=\iint_D f(x,y)\mathrm{d}\sigma.$$

当 $f(x,y)\geqslant0$ 时,二重积分 $\iint_D f(x,y)\mathrm{d}\sigma$ 表示以 $z=f(x,y)$ 为曲顶,D 为底的曲顶柱体的体积. 当 $f(x,y)=1$ 时,二重积分 $\iint_D f(x,y)\mathrm{d}\sigma$ 的值等于积分区域 D 的面积.

2. 二重积分的性质

(1) **有界性**　若 $f(x,y)$ 在 D 上可积,则 $f(x,y)$ 在 D 上有界.(可积的必要条件).

(2) **线性性**　若 f,g 均在 D 上可积,k_1,k_2 为任意实常数,则 k_1f+k_2g 仍在 D 上可积,且

$$\iint_D(k_1f+k_2g)\mathrm{d}\sigma=k_1\iint_D f\mathrm{d}\sigma+k_2\iint_D g\mathrm{d}\sigma.$$

(3) **区域可加性** 设 $D = D_1 \bigcup D_2$，其中 D_1 与 D_2 的内部不相交则 $f(x,y)$ 在 D 上可积的充要条件是 $f(x,y)$ 在 D_1 和 D_2 上均可积，且 $\iint\limits_{D} f \mathrm{d}\sigma = \iint\limits_{D_1} f \mathrm{d}\sigma + \iint\limits_{D_2} f \mathrm{d}\sigma$.

(4) **单调性** 若在任区域 D 上，$f(x,y) \leqslant g(x,y)$，则

$$\iint\limits_{D} f \mathrm{d}\sigma \leqslant \iint\limits_{D} g \mathrm{d}\sigma.$$

特别地，当 $f(x,y) \geqslant 0$ 时，有 $\iint\limits_{D} f \mathrm{d}\sigma \geqslant 0$.

当 $m \leqslant f(x,y) \leqslant M$ 时，有 $m \cdot \Delta D \leqslant \iint\limits_{D} f \mathrm{d}\sigma \leqslant M \cdot \Delta D$，其中 ΔD 表示 D 的面积.

(5) **绝对值不等式** $\left| \iint\limits_{D} f \mathrm{d}\sigma \right| \leqslant \iint\limits_{D} |f| \mathrm{d}\sigma$.

(6) **中值公式** 若 $f(x,y)$ 在 D 上连续，$g(x,y)$ 在 D 上可积且不变号，则存在 $(\xi, \eta) \in D$，使 $\iint\limits_{D} f \cdot g \mathrm{d}\sigma = f(\xi, \eta) \cdot \iint\limits_{D} g \mathrm{d}\sigma$.

特别地，当 $g(x,y) = 1$ 时，$\iint\limits_{D} f \mathrm{d}\sigma = f(\xi, \eta) \cdot \Delta D$，其中 ΔD 表示 D 的面积.

3. 二重积分的可积条件

(1) 充要条件：若 $f(x,y)$ 在 D 上有界，则 $f(x,y)$ 在 D 上可积当且仅当：$\forall \varepsilon > 0$，存在 D 的某分割 $T : \sigma_1, \sigma_2, \cdots, \sigma_n$，使得 $\sum\limits_{i=1}^{n} \omega_i \Delta \sigma_i < \varepsilon$，其中

$$\omega = \sup_{(x,y) \in \sigma_i} f(x,y) - \inf_{(x,y) \in \sigma_i} f(x,y)$$

称为 $f(x,y)$ 在 σ_i 上的振幅.

(2) 充分条件：

① 设 $f(x,y)$ 在 D 上连续且有界，则 $f(x,y)$ 在 D 上可积.

② 设 $f(x,y)$ 在 D 上只有有限个间断点且有界，则 $f(x,y)$ 在 D 上可积.

③ 若 $f(x,y)$ 在 D 上有界且不连续点分布在 D 内的一条或有限条光滑或逐渐光滑的曲线上，则在 D 上可积.

4. 两类典型的简单区域

(1) x 型区域：$\{(x,y) \mid a \leqslant x \leqslant b, y_1(x) \leqslant y \leqslant y_2(x)\}$，其中 $y_1(x) \leqslant y_2(x)$，其图形如图 6-1 所示.

(2) y 型区域：$\{(x,y) \mid c \leqslant y \leqslant d, x_1(y) \leqslant x \leqslant x_2(y)\}$，其中 $x_1(y) \leqslant x_2(y)$，其图形如图 6-2 所示.

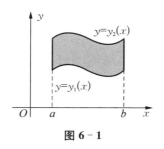

图 6 - 1

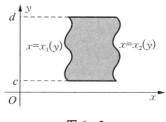

图 6 - 2

5. 二重积分常用计算方法

（1）化为单重积分计算

① 若 $f(x,y)$ 在 x 型区域 $D = \{(x,y) \mid a \leqslant x \leqslant b, y_1(x) \leqslant y \leqslant y_2(x)\}$ 上连续，$y_1(x), y_2(x)$ 均在 $[a,b]$ 上连续，则

$$\iint\limits_{D} f \mathrm{d}\sigma = \int_a^b \mathrm{d}x \int_{y_1(x)}^{y_2(x)} f \mathrm{d}y.$$

② 若 $f(x,y)$ 在 y 型区域 $D = \{(x,y) \mid c \leqslant y \leqslant d, x_1(y) \leqslant x \leqslant x_2(y)\}$ 上连续，$x_1(y), x_2(y)$ 均在 $[a,b]$ 上连续，则

$$\iint\limits_{D} f \mathrm{d}\sigma = \int_c^d \mathrm{d}y \int_{x_1(y)}^{x_2(y)} f \mathrm{d}x.$$

（2）利用变量替换

如果利用变量替换 $\begin{cases} x = x(u,v) \\ y = y(u,v) \end{cases}$ 将 xy 平面上的有界闭区域 D 一一地变成 uv 平面上的有界闭区域 D'，且 $x(u,v), y(u,v) \in C^{(1)}(D), \dfrac{\partial(x,y)}{\partial(u,v)} \neq 0$. 若 $f(x,y)$ 在 D 上连续，则

$$\iint\limits_{D} f(x,y)\mathrm{d}\sigma = \iint\limits_{D'} f(x(u,v), y(u,v)) \left| \frac{\partial(x,y)}{\partial(u,v)} \right| \mathrm{d}u\mathrm{d}v.$$

① 如果利用广义极坐标变换 $\begin{cases} x = x_0 + ar\cos\theta \\ y = y_0 + br\sin\theta \end{cases}$ 将 xy 平面上的有界闭区域 D 一一地变成 $r\theta$ 平面上有界闭区域 D'，$f(x,y)$ 在 D 上连续，则

$$\iint\limits_{D} f(x,y)\mathrm{d}\sigma = \iint\limits_{D'} f(x_0 + ar\cos\theta, y_0 + br\sin\theta) \cdot abr\mathrm{d}r\mathrm{d}\theta.$$

特别地，当 $(x_0, y_0) = (0,0), a = b = 1$ 则上式变为极坐标变换公式

$$\iint\limits_{D} f(x,y)\mathrm{d}\sigma = \iint\limits_{D'} f(r\cos\theta, r\sin\theta) \cdot r\mathrm{d}r\mathrm{d}\theta.$$

② 若区域 D 是由两族光滑曲线 $g(x,y) = c_1, h(x,y) = c_2$ 中各取两条曲线 $g(x,y)$

$=a, g(x,y)=b, (a < b.) h(x,y)=c, h(x,y)=d, (c < d)$ 所围成,且 $f(x,y)$ 在 D 上

连续,则可以作变量替换 $v \begin{cases} u=g(x,y) \\ v=h(x,y) \end{cases}$,从而得到

$$\iint\limits_{D} f(x,y)\mathrm{d}\sigma = \iint\limits_{\substack{a \leqslant u \leqslant b \\ c \leqslant v \leqslant d'}} f(g^{-1}(u,v), h^{-1}(u,v)) \left| \frac{\partial(g^{-1}, h^{-1})}{\partial(u,v)} \right| \mathrm{d}u\mathrm{d}v,$$

其中 $\begin{cases} x=g^{-1}(u,v) \\ y=h^{-1}(u,v) \end{cases}$ 为 $\begin{cases} u=g(x,y) \\ v=h(x,y) \end{cases}$ 的反函数组 $\left(\text{注}: \frac{\partial(g^{-1}, h^{-1})}{\partial(u,v)} = \left(\frac{\partial(g,h)}{\partial(x,y)}\right)^{-1}\right)$.

③ 几种特殊的可转化为一元积分的二重积分

$$\iint\limits_{D} f(x)f(y)\mathrm{d}x\mathrm{d}y = \left(\int_a^b f(x)\mathrm{d}x\right)^2 \quad \text{其中}, D=[a,b] \times [a,b].$$

$$\iint\limits_{D} f(ax+by)\mathrm{d}x\mathrm{d}y = 2\int_{-1}^1 \sqrt{1-x^2} f(\sqrt{a^2+b^2}\, x)\mathrm{d}x, \quad \text{其中} \ a^2+b^2 \neq 0, D: x^2+y^2 \leqslant 1.$$

$$\iint\limits_{\substack{0 \leqslant u \leqslant +\infty \\ 0 \leqslant v \leqslant +\infty}} \mathrm{e}^{-(x^2+y^2)}\mathrm{d}x\mathrm{d}y = \left(\int_0^{+\infty} \mathrm{e}^{-x^2}\mathrm{d}x\right)^2 = \frac{\pi}{4}.$$

(3) 利用对称性计算二重积分

① 设积分区域 D 关于 x 轴对称,D_1 表示 D 的上半部分.

(i) 若在 D 内有 $f(x,-y)=-f(x,y)$,则 $\iint\limits_{D} f(x,y)\mathrm{d}x\mathrm{d}y=0$,

(ii) 若在 D 内有 $f(x,-y)=f(x,y)$,则 $\iint\limits_{D} f(x,y)\mathrm{d}x\mathrm{d}y=2\iint\limits_{D_1} f(x,y)\mathrm{d}x\mathrm{d}y$.

② 设积分区域 D 关于直线 $y=x$ 对称,D_1 表示 D 的在 $y=x$ 上那半部分. 则

(i) $\iint\limits_{D} f(x,y)\mathrm{d}x\mathrm{d}y = \iint\limits_{D} f(y,x)\mathrm{d}x\mathrm{d}y = \frac{1}{2}\iint\limits_{D} [f(x,y)+f(y,x)]\mathrm{d}x\mathrm{d}y$,

(ii) 若在 D 内有 $f(x,y)=-f(y,x)$,则 $\iint\limits_{D} f(x,y)\mathrm{d}x\mathrm{d}y=0$,

(iii) 若在 D 内有 $f(x,y)=f(y,x)$,则 $\iint\limits_{D} f(x,y)\mathrm{d}x\mathrm{d}y=2\iint\limits_{D_1} f(x,y)\mathrm{d}x\mathrm{d}y$.

6.2.2 二重积分计算方法

【例 6.2.1】 求 $\lim\limits_{n \to \infty} \dfrac{1}{n^6} \sum\limits_{m=1}^{n} \sum\limits_{k=1}^{n} (5m^4 - 18m^2k^2 + 5k^4)$.

解 令 $D=[0,1] \times [0,1]$,则根据二重积分定义可得:

$$\lim_{n \to \infty} \frac{1}{n^6} \sum_{m=1}^{n} \sum_{k=1}^{n} (5m^4 - 18m^2k^2 + 5k^4) = \lim_{n \to \infty} \frac{1}{n^2} \sum_{m=1}^{n} \sum_{k=1}^{n} \left(5\left(\frac{m}{n}\right)^4 - 18\left(\frac{m}{n}\right)^2\left(\frac{k}{n}\right)^2 + 5\left(\frac{k}{n}\right)^4\right)$$

$$=\iint\limits_{D}(5x^4-18x^2y^2+5y^4)\mathrm{d}x\,\mathrm{d}y$$

$$=\int_0^1\mathrm{d}x\int_0^1(5x^4-18x^2y^2+5y^4)\mathrm{d}y$$

$$=\int_0^1(5x^4-6x^2+1)\mathrm{d}x=0.$$

【例 6.2.2】　计算二重积分 $I=\iint\limits_{D}\sqrt{\mid y-x^2\mid}\,\mathrm{d}x\,\mathrm{d}y$，其中 D 为区域 $\mid x\mid\leqslant 1,0\leqslant y\leqslant 2.$（南开大学 2012）

　　解　令 $D_1=\{(x,y)\mid\mid x\mid\leqslant 1,0\leqslant y\leqslant x^2\}$，$D_2=\{(x,y)\mid\mid x\mid\leqslant 1,x^2\leqslant y\leqslant 2\}$，则 $D=D_1\bigcup D_2$，根据积分的区域可加性，可得

$$I=\iint\limits_{D}\sqrt{\mid y-x^2\mid}\,\mathrm{d}x\,\mathrm{d}y=\iint\limits_{D_1}\sqrt{y-x^2}\,\mathrm{d}x\,\mathrm{d}y+\iint\limits_{D_2}\sqrt{x^2-y}\,\mathrm{d}x\,\mathrm{d}y$$

$$=\int_{-1}^1\mathrm{d}x\int_0^{x^2}\sqrt{y-x^2}\,\mathrm{d}y+\int_{-1}^1\mathrm{d}x\int_{x^2}^2\sqrt{x^2-y}\,\mathrm{d}y$$

$$=\frac{\pi}{2}+\frac{5}{3}.$$

【例 6.2.3】　计算二重积分

$$I=\iint\limits_{D}\frac{3x}{y^2+xy^3}\mathrm{d}x\,\mathrm{d}y,$$

其中 D 为平面曲线 $xy=1,xy=3,y^2=x,y^2=3x$ 所围成的有界闭区域.（郑州大学 2021）

　　解　作 $u=xy,v=\dfrac{y^2}{x}$，则有 $x=u^{\frac{1}{3}}v^{-\frac{1}{3}}$，$y=u^{\frac{2}{3}}v^{-\frac{1}{3}}$，变换将有界闭区域 D 转化为 $D_{uv}=\{(x,y)\mid 1\leqslant u\leqslant 3,1\leqslant v\leqslant 3\}$，且有

$$J=\begin{vmatrix}\dfrac{1}{3}u^{-\frac{2}{3}}v^{\frac{1}{3}} & \dfrac{1}{3}u^{\frac{1}{3}}v^{-\frac{2}{3}}\\[2mm]\dfrac{1}{3}u^{-\frac{1}{3}}v^{-\frac{1}{3}} & -\dfrac{1}{3}u^{\frac{2}{3}}v^{-\frac{4}{3}}\end{vmatrix}=\frac{1}{3}v^{-1}$$

$$I=\iint\limits_{D}\frac{3x}{y^2+xy^3}\mathrm{d}x\,\mathrm{d}y=\iint\limits_{D_{uv}}3\frac{1}{v^2(1+u)}\mathrm{d}u\,\mathrm{d}v$$

$$=\int_1^3\frac{1}{(1+u)}\mathrm{d}u\int_1^3\frac{1}{v^2}\mathrm{d}v=\frac{4}{3}\ln 2.$$

【例 6.2.4】　计算二重积分

$$I=\iint\limits_{D}\frac{x^2-y^2}{\sqrt{x+y+3}}\mathrm{d}x\,\mathrm{d}y,$$

其中 $D=\{(x,y)\mid\mid x\mid+\mid y\mid\leqslant 1\}$ 所围成的有界闭区域.

解 作 $u=x+y,v=y-x$，则有 $x=\dfrac{u-v}{2},y=\dfrac{u+v}{2}$，变换将有界闭区域 D 转化为

$D_{uv}=\{(x,y)\,|-1\leqslant u\leqslant 1,-1\leqslant v\leqslant 1\}$，且有 $J=\begin{vmatrix} \dfrac{1}{2} & \dfrac{1}{2} \\ \dfrac{1}{2} & -\dfrac{1}{2} \end{vmatrix}=\dfrac{1}{2}$，

$$I=\iint\limits_{D}\frac{x^2-y^2}{\sqrt{x+y+3}}\mathrm{d}x\,\mathrm{d}y=\iint\limits_{D_{uv}}\frac{-uv}{\sqrt{u+3}}\frac{1}{2}\mathrm{d}u\,\mathrm{d}v$$

$$=-\frac{1}{2}\int_{-1}^{1}\frac{u}{\sqrt{u+3}}\mathrm{d}u\int_{-1}^{1}v\,\mathrm{d}v=0.$$

【例 6.2.5】 已知区域 $D=\{(x,y)\,|\,|x|+|y|\leqslant 1\}$，计算 $\iint\limits_{D}\dfrac{(x+y)^2}{1+(x-y)^2}\mathrm{d}x\,\mathrm{d}y$.（南昌大学 2020）

解 令 $\begin{pmatrix} u \\ v \end{pmatrix}=\begin{pmatrix} x+y \\ x-y \end{pmatrix}=\begin{pmatrix} 1 & 1 \\ 1 & -1 \end{pmatrix}\begin{pmatrix} x \\ y \end{pmatrix}$，$\begin{vmatrix} 1 & 1 \\ 1 & -1 \end{vmatrix}=-2$，故

$$\iint\limits_{D}\frac{(x+y)^2}{1+(x-y)^2}\mathrm{d}x\,\mathrm{d}y=\frac{1}{2}\int_{-1}^{1}\int_{-1}^{1}\frac{u^2}{1+v^2}\mathrm{d}u\,\mathrm{d}v$$

$$=\frac{1}{2}\int_{-1}^{1}\frac{\mathrm{d}v}{1+v^2}\int_{-1}^{1}u^2\,\mathrm{d}u=2\int_{0}^{1}\frac{\mathrm{d}v}{1+v^2}\int_{0}^{1}u^2\,\mathrm{d}u$$

$$=2\cdot\arctan v\Big|_{0}^{1}\cdot\frac{1}{3}u^3\Big|_{0}^{1}=2\cdot\frac{\pi}{4}\times\frac{1}{3}=\frac{\pi}{6}.$$

【例 6.2.6】 计算二重积分 $I=\iint\limits_{D}\sin x^2\cos y^2\,\mathrm{d}x\,\mathrm{d}y$，其中 $D=\{(x,y)\,|\,x^2+y^2\leqslant 1\}$.

解 由于 $D=\{(x,y)\,|\,x^2+y^2\leqslant 1\}$ 关于 $y=x$ 对称，所以

$$\iint\limits_{D}\sin x^2\cos y^2\,\mathrm{d}x\,\mathrm{d}y=\iint\limits_{D}\sin y^2\cos x^2\,\mathrm{d}x\,\mathrm{d}y,$$

从而有 $2I=\iint\limits_{D}\sin x^2\cos y^2\,\mathrm{d}x\,\mathrm{d}y+\iint\limits_{D}\sin y^2\cos x^2\,\mathrm{d}x\,\mathrm{d}y$

$$=\iint\limits_{D}\sin(x^2+y^2)\,\mathrm{d}x\,\mathrm{d}y=\int_{0}^{2\pi}\mathrm{d}\theta\int_{0}^{1}r\sin r^2\,\mathrm{d}r=\pi(1-\cos 1),$$

所以 $I=\dfrac{\pi}{2}(1-\cos 1)$.

【例 6.2.7】 计算二重积分

$$\iint\limits_{D}\sin(\max\{x^2,y^2\})\,\mathrm{d}x\,\mathrm{d}y,$$

其中区域 $D=\{(x,y)\,|\,0\leqslant x\leqslant\sqrt{\pi},0\leqslant y\leqslant\sqrt{\pi}\}$.（南开大学 2022）

解 记 $D_1 = \{(x,y): 0 \leqslant y \leqslant x \leqslant \sqrt{\pi}\,\}$，利用对称性，得

$$\iint\limits_{D} \sin(\max\{x^2, y^2\}) \mathrm{d}x\,\mathrm{d}y = 2\iint\limits_{D_1} \sin x^2 \mathrm{d}x\,\mathrm{d}y$$

$$= 2\int_0^{\sqrt{\pi}} \mathrm{d}x \int_0^x \sin x^2 \mathrm{d}y = 2\int_0^{\sqrt{\pi}} x \sin x^2 \mathrm{d}x = \cos x^2 \Big|_{\sqrt{\pi}}^0 = 2.$$

6.2.3 二重积分与第二型曲线积分

【例 6.2.8】 设 $f(x,y)$ 在区域 $D = \{(x,y) \mid x^2 + y^2 \leqslant a^2\}$ 上有一阶连续的偏导数，且满足 $f(x,y)\big|_{x^2+y^2=a^2} = a^2$，以及 $\max\limits_{(x,y)\in D}(f_x^2 + f_y^2) = a^2$，其中 $a > 0$，试证明

$$\left|\iint\limits_{D} f(x,y) \mathrm{d}x\,\mathrm{d}y\right| \leqslant \frac{4\pi}{3}a^4.$$

证明 设区域 $D = \{(x,y) \mid x^2 + y^2 \leqslant a^2\}$ 的边界为 L，且规定其正方向为逆时针方向. 令 $P(x,y) = -yf(x,y)$，$Q(x,y) = xf(x,y)$，因为 $f(x,y)\big|_{x^2+y^2=a^2} = a^2$，则有

$$\oint_L P(x,y)\mathrm{d}x + Q(x,y)\mathrm{d}y = \oint_L -yf(x,y)\mathrm{d}x + xf(x,y)\mathrm{d}y = a^2\oint_L -y\mathrm{d}x + x\mathrm{d}y.$$

$$\text{(1)}$$

根据格林公式可得

$$\oint_L P(x,y)\mathrm{d}x + Q(x,y)\mathrm{d}y = a^2\oint_L -y\mathrm{d}x + x\mathrm{d}y = a^2\iint\limits_{D} 2\mathrm{d}\sigma = 2\pi a^4. \qquad \text{(2)}$$

另一方面，对 $\oint_L P(x,y)\mathrm{d}x + Q(x,y)\mathrm{d}y$ 直接应用格林公式可得

$$\oint_L P(x,y)\mathrm{d}x + Q(x,y)\mathrm{d}y = \iint\limits_{D}[f(x,y) + xf_x + f(x,y) + yf_y]\mathrm{d}\sigma$$

$$= 2\iint\limits_{D} f(x,y)\mathrm{d}\sigma + \iint\limits_{D} xf_x + yf_y]\mathrm{d}\sigma.$$

整理可得 $\qquad\qquad 2\iint\limits_{D} f(x,y)\mathrm{d}\sigma = 2\pi a^4 - \iint\limits_{D} xf_x + yf_y]\mathrm{d}\sigma. \qquad\qquad \text{(3)}$

因为 $\max\limits_{(x,y)\in D}(f_x^2 + f_y^2) = a^2$，结合（3）可得

$$\left|\iint\limits_{D} f(x,y)\mathrm{d}\sigma\right| \leqslant \pi a^4 + \frac{1}{2}\left|\iint\limits_{D} xf_x + yf_y]\mathrm{d}\sigma\right|$$

$$\leqslant \pi a^4 + \frac{1}{2}\iint\limits_{D} \sqrt{x^2 + y^2}\,\sqrt{f_x^2 + f_y^2}\,\mathrm{d}\sigma$$

$$\leqslant \pi a^4 + \frac{a}{2}\iint\limits_{D} \sqrt{x^2 + y^2}\,\mathrm{d}\sigma$$

$$\leqslant \pi a^4 + \frac{a}{2}\int_0^{2\pi}\mathrm{d}\theta\int_0^a r^2\mathrm{d}r = \frac{4\pi}{3}a^4.$$

【例 6.2.9】 设 $f(x,y)$ 是区域 $D=\{(x,y)\mid x^2+y^2\leqslant 1\}$ 上二次连续可微函数,且满足 $f_{xx}+f_{yy}=x^2y^2$,计算积分

$$I = \iint\limits_{x^2+y^2\leqslant 1}\left(\frac{x}{\sqrt{x^2+y^2}}\frac{\partial f}{\partial x} + \frac{y}{\sqrt{x^2+y^2}}\frac{\partial f}{\partial y}\right)\mathrm{d}x\,\mathrm{d}y.$$

解 设区域 $D=\{(x,y)\mid x^2+y^2\leqslant a^2\}$ 的边界为 L,且规定其正方向为逆时针方向.令 $P(x,y)=-\sqrt{x^2+y^2}\,f_y(x,y),Q(x,y)=\sqrt{x^2+y^2}\,f_x(x,y)$,则有 $\oint_L P(x,y)\mathrm{d}x + $

$Q(x,y)\mathrm{d}y = \oint_L\sqrt{x^2+y^2}\,[-f_y(x,y)\mathrm{d}x+f_x(x,y)\mathrm{d}y]=\oint_L f_x(x,y)\mathrm{d}y - f_y(x,y)\mathrm{d}x$

根据格林公式可得

$$\oint_L P(x,y)\mathrm{d}x + Q(x,y)\mathrm{d}y = a^2\iint\limits_D f_{xx}+f_{yy}\,\mathrm{d}\sigma = a^2\iint\limits_D x^2y^2\,\mathrm{d}\sigma. \tag{1}$$

另一方面,对 $\oint_L P(x,y)\mathrm{d}x + Q(x,y)\mathrm{d}y$ 直接应用格林公式可得

$$\oint_L P(x,y)\mathrm{d}x + Q(x,y)\mathrm{d}y = \iint\limits_D\left[\frac{x}{\sqrt{x^2+y^2}}f_x + \sqrt{x^2+y^2}\,f_{xx} + \frac{y}{\sqrt{x^2+y^2}}f_y(x,y) + \sqrt{x^2+y^2}\,f_{yy}\right]\mathrm{d}\sigma$$

$$= \iint\limits_D\left[\frac{x}{\sqrt{x^2+y^2}}f_x + \frac{y}{\sqrt{x^2+y^2}}f_y(x,y)\mathrm{d}\sigma + \iint\limits_D\sqrt{x^2+y^2}\,(f_{xx}+f_{yy})\mathrm{d}\sigma\right.$$

$$= \iint\limits_D\left[\frac{x}{\sqrt{x^2+y^2}}f_x + \frac{y}{\sqrt{x^2+y^2}}f_y(x,y)\mathrm{d}\sigma + \iint\limits_D\sqrt{x^2+y^2}\,x^2y^2\,\mathrm{d}\sigma\right..$$

整理可得

$$\iint\limits_D\left[\frac{x}{\sqrt{x^2+y^2}}f_x + \frac{y}{\sqrt{x^2+y^2}}f_y(x,y)\mathrm{d}\sigma\right. = \iint\limits_D(1-\sqrt{x^2+y^2})x^2y^2\,\mathrm{d}\sigma$$

$$= \int_0^{2\pi}\mathrm{d}\theta\int_0^1 r(1-r)r^2\cos^2\theta r^2\sin^2\theta\,\mathrm{d}r$$

$$= \int_0^{2\pi}\cos^2\theta\sin^2\theta\,\mathrm{d}\theta\int_0^1(1-r)r^5\,\mathrm{d}r = \frac{\pi}{168}.$$

6.2.4 二重积分相关证明

【例 6.2.10】 设 $f(x)$ 在 $[0,1]$ 连续,证明 $\iint\limits_D f(1-y)f(x)\mathrm{d}x\,\mathrm{d}y = $

$\frac{1}{2}\left(\int_0^1 f(x)\mathrm{d}x\right)^2$,其中 D 为三角形区域 $O(0,0),A(0,1),B(1,0)$.(武汉大学 1995)

证明　根据二重积分计算可得

$$\iint\limits_{D} f(1-y)f(x)\mathrm{d}x\,\mathrm{d}y = \int_0^1 f(x)\mathrm{d}x\int_0^{1-x} f(1-y)\mathrm{d}y$$

$$= \int_0^1 f(x)\mathrm{d}x\int_1^x f(t)\mathrm{d}(1-t) = \int_0^1 f(x)\mathrm{d}x\int_x^1 f(t)\mathrm{d}t. \tag{1}$$

对(1)交换积分顺序可得

$$\int_0^1 f(x)\mathrm{d}x\int_x^1 f(t)\mathrm{d}t = \int_0^1 f(t)\mathrm{d}t\int_0^t f(x)\mathrm{d}x = \int_0^1 f(x)\mathrm{d}x\int_0^x f(t)\mathrm{d}t. \tag{2}$$

结合(1)和(2)可得

$$2\iint\limits_{D} f(1-y)f(x)\mathrm{d}x\,\mathrm{d}y = \int_0^1 f(x)\mathrm{d}x\int_x^1 f(t)\mathrm{d}t + \int_0^1 f(x)\mathrm{d}x\int_0^x f(t)\mathrm{d}t$$

$$= \int_0^1 f(x)\Big[\int_0^x f(t)\mathrm{d}t + \int_x^1 f(t)\mathrm{d}t\Big]\mathrm{d}x = \int_0^1 f(x)\mathrm{d}x\int_0^1 f(t)\mathrm{d}t = \Big(\int_0^1 f(x)\mathrm{d}x\Big)^2.$$

所以，$\iint\limits_{D} f(1-y)f(x)\mathrm{d}x\,\mathrm{d}y = \dfrac{1}{2}\Big(\int_0^1 f(x)\mathrm{d}x\Big)^2.$

【例 6.2.11】　设 f 在 $(-\infty,+\infty)$ 上连续，试证明对任意实数 x，有

$$\int_0^x\Big(\int_u^{2u} f(t)\mathrm{d}t\Big)\mathrm{d}u = \frac{1}{2}\int_0^x tf(t)\mathrm{d}t + \int_x^{2x} f(t)\Big(x-\frac{t}{2}\Big)\mathrm{d}t. \text{（广西师范大学 2008）}$$

证明　令 $F(x) = \int_x^{2x} f(t)\mathrm{d}t$，则 $F(x)$ 在 $(-\infty,+\infty)$ 上连续.

记 $\alpha(x) = \int_0^x\Big(\int_u^{2u} f(t)\mathrm{d}t\Big)\mathrm{d}u = \int_0^x F(u)\mathrm{d}u$，则有 $\alpha'(x) = F(x)$.

记 $\beta(x) = \dfrac{1}{2}\int_0^x tf(t)\mathrm{d}t + \int_x^{2x} f(t)\Big(x-\dfrac{t}{2}\Big)\mathrm{d}t$，则有

$$\beta'(x) = \frac{1}{2}xf(x) + \int_x^{2x} f(t)\mathrm{d}t + 2f(2x)\Big(x-\frac{2x}{2}\Big) - f(x)\Big(x-\frac{x}{2}\Big)$$

$$= \int_x^{2x} f(t)\mathrm{d}t = F(x).$$

从而有 $\alpha'(x) = \beta'(x)$. 又因为 $\alpha(0) = \beta(0)$. 故有 $\alpha(x) = \beta(x)$.

即 $\int_0^x\Big(\int_u^{2u} f(t)\mathrm{d}t\Big)\mathrm{d}u = \dfrac{1}{2}\int_0^x tf(t)\mathrm{d}t + \int_x^{2x} f(t)\Big(x-\dfrac{t}{2}\Big)\mathrm{d}t.$

【例 6.2.12】　设 Ω 为平面上具有光滑边界的有界闭区域，$u\in C^2(\Omega)\bigcap C^1(\overline{\Omega})$，满足 $u\,|_{\partial\Omega} = 0$，证明：

$$\iint\limits_{\Omega} u\Big(\frac{\partial^2 u}{\partial x^2} + \frac{\partial^2 u}{\partial y^2}\Big)\mathrm{d}x\,\mathrm{d}y = 0,$$

当且仅当 $u = 0$. （东北师范大学 2022）

证明 当 $u=0$ 时,显然有 $\iint\limits_{\Omega} u\left(\dfrac{\partial^2 u}{\partial x^2}+\dfrac{\partial^2 u}{\partial y^2}\right)\mathrm{d}x\,\mathrm{d}y=0$ 成立.

由于 $u\mid_{\partial\Omega}=0$,故曲线积分 $\displaystyle\int_{\partial\Omega} u\,\dfrac{\partial u}{\partial x}\mathrm{d}y-u\,\dfrac{\partial u}{\partial y}\mathrm{d}x=0$.

结合格林公式与已知条件,有

$$\int_{\partial\Omega} u\,\frac{\partial u}{\partial x}\mathrm{d}y-u\,\frac{\partial u}{\partial y}\mathrm{d}x=\iint\limits_{\Omega} u\left(\frac{\partial^2 u}{\partial x^2}+\frac{\partial^2 u}{\partial y^2}\right)\mathrm{d}x\,\mathrm{d}y+\iint\limits_{\Omega}\left(\left(\frac{\partial u}{\partial x}\right)^2+\left(\frac{\partial u}{\partial y}\right)^2\right)\mathrm{d}x\,\mathrm{d}y$$

$$=\iint\limits_{\Omega}\left(\left(\frac{\partial u}{\partial x}\right)^2+\left(\frac{\partial u}{\partial y}\right)^2\right)\mathrm{d}x\,\mathrm{d}y=0.$$

而 $\left(\dfrac{\partial u}{\partial x}\right)^2+\left(\dfrac{\partial u}{\partial y}\right)^2$ 在 Ω 上非负连续,所以由上式可知 $\left(\dfrac{\partial u}{\partial x}\right)^2+\left(\dfrac{\partial u}{\partial y}\right)^2\equiv 0$,

即 $\dfrac{\partial u}{\partial x}=\dfrac{\partial u}{\partial y}=0$ 在 Ω 上恒成立,于是 u 在 Ω 上时常值函数. 又因为 $u\mid_{\partial\Omega}=0$,故有 $u=0$.

6.2.5　二重积分与条件极值

【例 6.2.13】 求曲线积分 $\displaystyle\int_{L}(1+y^3)\mathrm{d}x+(2x+y)\mathrm{d}y$ 的最小值,其中 L 是沿着正弦曲线 $y=a\sin x$ 由点 $O(0,0)$ 到点 $A(\pi,0)$.

解 采用补齐封闭曲线法:因为 $P(x,y)=1+y^3$,$Q(x,y)=2x+y$,故

$$\frac{\partial P}{\partial y}=\mathrm{e}^x\sin y,\quad\frac{\partial Q}{\partial x}=\mathrm{e}^x\sin y-\mathrm{e}^x y.$$

令 $L_1:y=0,x\in[0,\pi]$,则曲线 L 与 L_1^- 围成封闭曲线,其围成积分区域 D,从而由格林公式可得

$$\int_{L}(1+y^3)\mathrm{d}x+(2x+y)\mathrm{d}y+\int_{L_1^-}(1+y^3)\mathrm{d}x+(2x+y)\mathrm{d}y$$

$$=-\iint\limits_{D}\left(\frac{\partial Q}{\partial x}-\frac{\partial P}{\partial y}\right)\mathrm{d}x\,\mathrm{d}y=-\iint\limits_{D}(2-3y^2)\mathrm{d}x\,\mathrm{d}y, \tag{1}$$

$$\int_{L_1^-}(1+y^3)\mathrm{d}x+(2x+y)\mathrm{d}y=-\int_{0}^{\pi}1\mathrm{d}x=-\pi. \tag{2}$$

结合(1)(2)可得

$$\int_{L}(1+y^3)\mathrm{d}x+(2x+y)\mathrm{d}y=\pi-\iint\limits_{D}(2-3y^2)\mathrm{d}x\,\mathrm{d}y$$

$$=\pi-\int_{0}^{\pi}\mathrm{d}x\int_{0}^{a\sin x}(2-3y^2)\mathrm{d}y=\pi-4a+\frac{4}{3}a^3.$$

令 $F(a)=\pi-4a+\dfrac{4}{3}a^3$,要使 $F(a)$ 取得最小值,则

$$F'(a) = -4 + 4a^2 = 0, F'(a) = 8a > 0.$$

所以,当 $a = 1$ 时,$\displaystyle\int_L (1 + y^3)\mathrm{d}x + (2x + y)\mathrm{d}y$ 取得最小值.

练习题

1. 计算二重积分 $I = \displaystyle\iint_D |x - y|\mathrm{d}x\mathrm{d}y$,其中 $D = \{(x,y) \mid x^2 + y^2 \leqslant 2(x + y)\}$.

2. 计算二重积分 $I = \displaystyle\iint_{1 \leqslant x^2 + y^2 \leqslant 4} \sin(\pi\sqrt{x^2 + y^2})\mathrm{d}x\mathrm{d}y$.

3. 计算二重积分 $\displaystyle\iint_D \mathrm{sgn}(xy - 1)\mathrm{d}x\mathrm{d}y$,其中 $D = \{(x,y) \mid 0 \leqslant x, y \leqslant 2\}$.（中南大学 2012）

4. 计算二重积分 $I = \displaystyle\iint_D \frac{1}{\sqrt{x^2 + y^2}\sqrt{4 - x^2 - y^2}}\mathrm{d}x\mathrm{d}y$,其中 D 是由圆 $x^2 + (y + 1)^2 = 1$ 与直线 $y = -x$ 所围成的小部分区域.（云南大学 2006）

5. 设 $f(u)$ 为连续偶函数,试证明 $\displaystyle\iint_D f(x - y)\mathrm{d}x\mathrm{d}y = 2\int_0^{2a}(2a - u)f(u)\mathrm{d}u$,其中 D 为正方形区域 $|x| \leqslant a, |y| \leqslant a$.（广西师范大学 2007）

6. 设 $f(x)$ 在 $[a,b]$ 上连续,证明 $2\displaystyle\int_a^b f(x)\left(\int_x^b f(t)\mathrm{d}t\right)\mathrm{d}x = \left(\int_a^b f(x)\mathrm{d}x\right)^2$. 其中 D 为三角形区域 $O(0,0), A(0,1), B(1,0)$.

7. 设区域 $D \subset \mathbb{R}^2$ 关于直线 $y = x$ 对称,面积为 s,函数 $f(x)$ 是 $(-\infty, +\infty)$ 上的连续正函数,$a - b = 2022$,求 $\displaystyle\int_{\partial D}\left(\int_0^y \frac{bf(t)}{f(x) + f(t)}\mathrm{d}t\right)\mathrm{d}x + \left(\int_0^x \frac{af(t)}{f(y) + f(t)}\mathrm{d}t\right)\mathrm{d}y$,其中 ∂D 为 D 的边界,取逆时针方向.

8. 设封闭曲线 $\Gamma: x^3 + y^3 = 3xy, (x \geqslant 0, y \geqslant 0)$,求 Γ 所包围区域的面积.

9. 设 $f(x,y)$ 在 $D = \{(x,y) \mid x^2 + y^2 \leqslant 1\}$ 上有连续的偏导数,且在 ∂D 上恒为零,试证明 $\left|\displaystyle\iint_D f(x,y)\mathrm{d}x\mathrm{d}y\right| \leqslant \frac{\pi}{3}\max_{(x,y) \in D}(f_x^2 + f_y^2)^{\frac{1}{2}}$.（华东师范大学 2007）

10. 设 $D = \{(x,y) \mid 0 \leqslant x \leqslant 1, x \leqslant y \leqslant 2x\}$,求二重积分

$$\iint_D (x^2 + 2xy)\mathrm{d}x\mathrm{d}y.$$（北京理工大学 2021）

11. 设 D 为椭圆 $\dfrac{x^2}{a^2} + \dfrac{y^2}{b^2} \leqslant 1, (a > b > 0)$,面密度为 ρ 的均质薄板,l 为通过椭圆焦点 $(-c, 0)$（其中 $c^2 = a^2 - b^2$）垂直于薄板的旋转轴.(1) 求薄板 D 绕 l 旋转的转动惯量 J.(2) 对于固定的转动惯量,讨论椭圆薄板的面积是否有最大值与最小值.

6.3 曲面积分

6.3.1 主要知识点

1. 第一型曲面积分常用计算方法

（1）曲面是参数方程的计算公式

设 $f(x,y,z)$ 在曲面 S 上连续，曲面 S 用参数方程 $\begin{cases} x=x(u,v) \\ y=y(u,v) \\ z=z(u,v) \end{cases}$，$(u,v) \in \Delta$，表

示，且 $\dfrac{\partial(x,y)}{\partial(u,v)}$，$\dfrac{\partial(y,z)}{\partial(u,v)}$，$\dfrac{\partial(x,z)}{\partial(u,v)}$ 中至少有一个不为零，则

$$\iint_S f(x,y,z)\mathrm{d}S = \iint_D f(x(u,v),y(u,v),z(u,v))\sqrt{E \cdot G - F^2}\,\mathrm{d}u\,\mathrm{d}r,$$

其中 $E=(x'_u)^2+(y'_u)^2+(z'_u)^2$，$G=(x'_v)^2+(y'_v)^2+(z'_v)^2$，$F=x'_u \cdot x'_v + y'_u \cdot y'_v + z'_u \cdot z'_v$

（2）曲面方程是直角坐标系的计算公式

设 $f(x,y,z)$ 在曲面 S 上连续，S 的方程为 $z=z(x,y)$，它在 xy 平面上的投影区域为 D，且 $z(x,y)$ 在 D 上有一阶连续的偏导数，则

$$\iint_S f(x,y,z)\mathrm{d}S = \iint_D f(x,y,z(x,y))\sqrt{1+(z'_x)^2+(z'_y)^2}\,\mathrm{d}x\,\mathrm{d}y.$$

（3）曲面是对称情形下的计算公式

① 设 G 是空间有界闭区域，$S \subset G$ 是关于 xoy 平面对称的分片光滑曲面，S_1 表示 S 上半部分，函数 $f(x,y,z)$ 在 S 上连续.

（i）若 $f(x,y,-z)=-f(x,y,z)$，则 $\iint_S f(x,y,z)\mathrm{d}S=0$；

（ii）若 $f(x,y,-z)=f(x,y,z)$，则 $\iint_S f(x,y,z)\mathrm{d}S=2\iint_{S_1} f(x,y,z)\mathrm{d}S$.

② 设 G 是空间有界闭区域，$S \subset G$ 是关于 xoz 平面对称的分片光滑曲面，S_1 表示 S 在 Y 轴正半轴部分，函数 $f(x,y,z)$ 在 S 上连续.

（i）若 $f(x,-y,z)=-f(x,y,z)$，则 $\iint_S f(x,y,z)\mathrm{d}S=0$；

（ii）若 $f(x,-y,z)=f(x,y,z)$，则 $\iint_S f(x,y,z)\mathrm{d}S=2\iint_{S_1} f(x,y,z)\mathrm{d}S$.

③ 设 G 是空间有界闭区域，$S \subset G$ 是关于 yoz 平面对称的分片光滑曲面，S_1 表示 S

在 X 轴正半轴部分,函数 $f(x,y,z)$ 在 S 上连续.

(i) 若 $f(-x,y,z)=-f(x,y,z)$,则 $\iint\limits_{S}f(x,y,z)\mathrm{d}S=0$;

(ii) 若 $f(-x,y,z)=f(x,y,z)$,则 $\iint\limits_{S}f(x,y,z)\mathrm{d}S=2\iint\limits_{S_1}f(x,y,z)\mathrm{d}S$.

④ 设 G 是空间有界闭区域,$S\subset G$ 是关于原点对称的分片光滑曲面(若 $(x,y,z)\in S$,则 $(-x,-y,-z)\in S$),S_1 表示 S 在 yoz 平面右侧部分,函数 $f(x,y,z)$ 在 S 上连续.

(i) 若 $f(-x,-y,-z)=-f(x,y,z)$,则 $\iint\limits_{S}f(x,y,z)\mathrm{d}S=0$;

(ii) 若 $f(-x,-y,-z)=f(x,y,z)$,则 $\iint\limits_{S}f(x,y,z)\mathrm{d}S=2\iint\limits_{S_1}f(x,y,z)\mathrm{d}S$.

2. 第一型曲面积分的性质

(1) 线性性 若 f,g 均在 S 上可积,k_1,k_2 为任意实常数,则 k_1f+k_2g 在 S 上可积,且 $\iint\limits_{S}k_1f(x,y)+k_2g(x,y)\mathrm{d}S=k_1\iint\limits_{S}f(x,y)\mathrm{d}S+k_2\iint\limits_{S}g(x,y)\mathrm{d}S$.

(2) 区域可加性 设 $S=S_1\bigcup S_2$,其中 S_1 与 S_2 的不相交则 $f(x,y)$ 在 S 上可积的充要条件是 $f(x,y)$ 在 S_1 与 S_2 上均可积,且 $\iint\limits_{S}f(x,y)\mathrm{d}S=\iint\limits_{S_1}f(x,y)\mathrm{d}S+\iint\limits_{S_2}f(x,y)\mathrm{d}S$.

3. 第二型曲面积分的计算方法

(1) 平面曲线为直角坐标系的情形

设 P,Q,R 是定义在有向光滑曲面 S 上的连续函数,且 S 的方程为 $z=z(x,y)$,$(x,y)\in D_{xy}$,其中 D_{xy} 为 S 在 xy 平面上的投影,则

$$\iint\limits_{S}P\mathrm{d}y\mathrm{d}z=-\iint\limits_{D_{xy}}P[x,y,z(x,y)]\cdot z'_x\mathrm{d}x\mathrm{d}y,$$

$$\iint\limits_{S}Q\mathrm{d}z\mathrm{d}x=-\iint\limits_{D_{xy}}Q[x,y,z(x,y)]\cdot z'_y\mathrm{d}x\mathrm{d}y,$$

$$\iint\limits_{S}R\mathrm{d}x\mathrm{d}y=\iint\limits_{D_{xy}}R[x,y,z(x,y)]\mathrm{d}x\mathrm{d}y,$$

其中 S 取上侧.

同理,当 S 的方程为 $x=x(y,z)$ 或 $y=y(x,z)$ 时,有类似的计算公式.

(2) 高斯公式

设空间有界区域 V 的边界为 S,函数 P,Q,R 在 V 及 S 上具有一阶连续的偏导数,则

$$\oiint\limits_{S}P\mathrm{d}y\mathrm{d}z+Q\mathrm{d}z\mathrm{d}x+R\mathrm{d}x\mathrm{d}y=\iiint\limits_{V}\left(\frac{\partial P}{\partial x}+\frac{\partial Q}{\partial y}+\frac{\partial R}{\partial z}\right)\mathrm{d}x\mathrm{d}y\mathrm{d}z,$$ 其中 S 取正则.

注:当 V 为单连通时,S 的正则为外侧;当 V 为多连通时,S 的正则由外边界的外侧和内边界的内侧构成.

4. 第二型曲面积分的性质

（1）线性性

若 $\iint\limits_{S} P_i\mathrm{d}y\mathrm{d}z + Q_i\mathrm{d}z\mathrm{d}x + R_i\mathrm{d}x\mathrm{d}y$ 存在，k_i 为任意实常数，则

$$\iint\limits_{S} \Big(\sum_{i=1}^{n}k_iP_i\Big)\mathrm{d}y\mathrm{d}z + \Big(\sum_{i=1}^{n}k_iQ_i\Big)\mathrm{d}z\mathrm{d}x + \Big(\sum_{i=1}^{n}k_iR_i\Big)\mathrm{d}x\mathrm{d}y$$

也存在，且

$$\iint\limits_{S} \Big(\sum_{i=1}^{n}k_iP_i\Big)\mathrm{d}y\mathrm{d}z + \Big(\sum_{i=1}^{n}k_iQ_i\Big)\mathrm{d}z\mathrm{d}x + \Big(\sum_{i=1}^{n}k_iR_i\Big)\mathrm{d}x\mathrm{d}y = \sum_{i=1}^{n}k_i\iint\limits_{S} P_i\mathrm{d}y\mathrm{d}z + Q_i\mathrm{d}z\mathrm{d}x + R_i\mathrm{d}x\mathrm{d}y.$$

（2）区域可加性

设 $S = S_1 \bigcup S_2$（S_1 与 S_2 不相交），则 $\iint\limits_{S} P\mathrm{d}y\mathrm{d}z + Q\mathrm{d}z\mathrm{d}x + R\mathrm{d}x\mathrm{d}y$ 存在的充要条件

是 $\iint\limits_{S_1} P\mathrm{d}y\mathrm{d}z + Q\mathrm{d}z\mathrm{d}x + R\mathrm{d}x\mathrm{d}y$ 与 $\iint\limits_{S_2} P\mathrm{d}y\mathrm{d}z + Q\mathrm{d}z\mathrm{d}x + R\mathrm{d}x\mathrm{d}y$ 均存在，且

$$\iint\limits_{S} P\mathrm{d}y\mathrm{d}z + Q\mathrm{d}z\mathrm{d}x + R\mathrm{d}x\mathrm{d}y = \iint\limits_{S_1} P\mathrm{d}y\mathrm{d}z + Q\mathrm{d}z\mathrm{d}x + R\mathrm{d}x\mathrm{d}y + \iint\limits_{S_2} P\mathrm{d}y\mathrm{d}z + Q\mathrm{d}z\mathrm{d}x + R\mathrm{d}x\mathrm{d}y.$$

（3）方向性

$$\iint\limits_{S^-} P\mathrm{d}y\mathrm{d}z + Q\mathrm{d}z\mathrm{d}x + R\mathrm{d}x\mathrm{d}y = -\iint\limits_{S} P\mathrm{d}y\mathrm{d}z + Q\mathrm{d}z\mathrm{d}x + R\mathrm{d}x\mathrm{d}y.$$

5. 第一型曲面积分与第二型曲面积分的关系

积分曲面 S 上任一点的法线与 X 轴，Y 轴，Z 轴正向的方向角为 α,β,γ，

$$\iint\limits_{S} P\mathrm{d}y\mathrm{d}z + Q\mathrm{d}z\mathrm{d}x + R\mathrm{d}x\mathrm{d}y = \iint\limits_{S} (P\cos\alpha + Q\cos\beta + R\cos\gamma)\mathrm{d}S.$$

6.3.2　第一型曲面积分的计算

【例 6.3.1】　（定义法）计算曲面积分 $I = \iint\limits_{S}(z-a)\mathrm{d}S$，其中 S 为曲面 $x^2 + z^2 = 2az(a > 0)$ 被曲面 $z = \sqrt{x^2 + y^2}$ 所截取的部分.

解　整理曲面 S 的方程可得 $z = a + \sqrt{a^2 - x^2}$，$z_x = \dfrac{-x}{\sqrt{a^2 - x^2}}$，从而截取曲面在 xoy 平面的投影为 $D = \{(x,y) \mid 2x^2 + y^2 \leqslant 2a\sqrt{x^2 + y^2}\}$，且有

$$\mathrm{d}S = \sqrt{1 + z_x^2 + z_y^2}\,\mathrm{d}x\mathrm{d}y = \frac{a}{\sqrt{a^2 - x^2}}\mathrm{d}x\mathrm{d}y,$$

所以，　$I = \iint\limits_{S}(z-a)\mathrm{d}S = \iint\limits_{D}(\sqrt{a^2-x^2})\,\dfrac{a}{\sqrt{a^2-x^2}}\mathrm{d}x\,\mathrm{d}y = a\iint\limits_{D}\mathrm{d}x\,\mathrm{d}y.$

令 $x = r\cos\theta, x = r\cos\theta$，则 $D = \{(x,y) \mid 2x^2 + y^2 \leqslant 2a\sqrt{x^2+y^2}\}$ 转化为

$D_1 = \{(r,\theta) \mid 0 \leqslant \theta \leqslant 2\pi, 0 \leqslant r \leqslant \dfrac{2a}{1+\cos^2\theta}\}$，则

$$I = \iint\limits_{S}(z-a)\mathrm{d}S = a\int_0^{2\pi}\mathrm{d}\theta\int_0^{\frac{2a}{1+\cos^2\theta}} r\,\mathrm{d}r = 2a^3\int_0^{2\pi}\dfrac{1}{(1+\cos^2\theta)^2}\mathrm{d}\theta.$$

【例 6.3.2】 （参数法）计算曲面积分 $I = \iint\limits_{S}\dfrac{1}{\sqrt{x^2+y^2+(z-a)^2}}\mathrm{d}S$，其中 S 为 $x^2 + y^2 + z^2 = R^2(a>0)$.

解　$x = R\cos\phi\cos\theta, x = R\cos\phi\cos\theta, z = \sin\phi, \theta \in [0,2\pi], \phi \in \left[-\dfrac{\pi}{2}, \dfrac{\pi}{2}\right]$，则有

$E = x_\phi^2 + y_\phi^2 + z_\phi^2 = R^2, F = 0, G = x_\theta^2 + y_\theta^2 + z_\theta^2 = R^2\cos^2\phi, EG - F^2 = R^2\cos\phi,$

$$I = \iint\limits_{S}\dfrac{1}{\sqrt{x^2+y^2+(z-a)^2}}\mathrm{d}S$$

$$= \int_0^{2\pi}\mathrm{d}\theta\int_{-\frac{\pi}{2}}^{\frac{\pi}{2}}\dfrac{R^2\cos\phi}{\sqrt{R^2+a^2-2aR\sin\theta}}\mathrm{d}\phi = 8\pi R^2.$$

【例 6.3.3】 （对称法）计算曲面积分

$$I = \iint\limits_{S}\left(\dfrac{x^2}{2} + \dfrac{y^2}{3} + \dfrac{z^2}{4}\right)\mathrm{d}S,$$

其中 S 为 $x^2 + y^2 + z^2 = R^2$.（中南大学 2010）

解　因为积分曲面 $x^2 + y^2 + z^2 = R^2$ 具有交替对称性，从而有

$$\iint\limits_{S}x^2\mathrm{d}S = \iint\limits_{S}y^2\mathrm{d}S = \iint\limits_{S}z^2\mathrm{d}S$$

$$= \dfrac{1}{3}\iint\limits_{S}(x^2+y^2+z^2)\mathrm{d}S = \dfrac{R^2}{3}\iint\limits_{S}\mathrm{d}S = \dfrac{4\pi}{3}R^4,$$

所以 $I = \iint\limits_{S}\left(\dfrac{x^{2R}}{2} + \dfrac{y^2}{3} + \dfrac{z^2}{4}\right)\mathrm{d}S = \left(\dfrac{1}{2} + \dfrac{1}{3} + \dfrac{1}{4}\right)\iint\limits_{S}x^2\mathrm{d}S = \dfrac{13\pi}{9}R^4.$

【例 6.3.4】 （分片积分）计算曲面积分 $I = \iint\limits_{S}f(x,y,z)\mathrm{d}S$，其中

$$f(x,y,z) = \begin{cases} x^2+y^2, & z \geqslant \sqrt{x^2+y^2} \\ 0, & z < \sqrt{x^2+y^2}, \end{cases}$$

S 为球面 $x^2 + y^2 + z^2 = R^2$.（苏州大学 2015）

解　令 $S_1 = \{(x,y,z) \mid x^2+y^2+z^2 = R^2, z \geqslant \sqrt{x^2+y^2}\}$，此时 $f(x,y,z) = x^2 +$

$y^2, S_2 = \{(x,y,z) \mid x^2 + y^2 + z^2 = R^2, z \leqslant \sqrt{x^2 + y^2}\}$，此时 $f(x,y,z) = 0$，且 $S = S_1 \bigcup S_2$. 显然，S_1 在 xoy 平面的投影为 $D = \{(x,y) \mid x^2 + y^2 \leqslant \dfrac{R^2}{2}\}$，且曲面方程为 $z = \sqrt{R^2 - x^2 - y^2}$，从而有 $z_x = \dfrac{x}{\sqrt{R^2 - x^2 - y^2}}, z_y = \dfrac{y}{\sqrt{R^2 - x^2 - y^2}}$.

所以

$$I = \iint\limits_{S} f(x,y,z)\mathrm{d}S = \iint\limits_{S_1} (x^2 + y^2)\mathrm{d}S$$

$$= \iint\limits_{D} (x^2 + y^2) \frac{R}{\sqrt{R^2 - x^2 - y^2}}\mathrm{d}x\,\mathrm{d}y$$

$$= R \int_0^{2\pi} \mathrm{d}\theta \int_0^{\frac{R}{\sqrt{2}}} \frac{r^2}{\sqrt{R^2 - r^2}} r\,\mathrm{d}r$$

$$= \frac{1}{6}\pi a^4 (8 - 5\sqrt{2}).$$

【例 6.3.5】 在下列两种情形下，求 $I = \iint\limits_{S} \dfrac{x\cos\alpha + y\cos\beta + z\cos\gamma}{(2x^2 + y^2 + 2z^2)^{\frac{3}{2}}}\mathrm{d}S$，其中，$\boldsymbol{n} = (\cos\alpha, \cos\beta, \cos\gamma)$ 是单位法向量，S 是不含原点的分片光滑曲面.

(1) S 内部含原点；

(2) S 内部不含原点. （中南大学 2020）

解 由两类曲面积分之间的联系，

$$I = \iint\limits_{S} \frac{x\cos\alpha + y\cos\beta + z\cos\gamma}{(2x^2 + y^2 + 2z^2)^{\frac{3}{2}}}\mathrm{d}S$$

$$= \iint\limits_{S} \frac{x\,\mathrm{d}y\,\mathrm{d}z + y\,\mathrm{d}z\,\mathrm{d}x + z\,\mathrm{d}x\,\mathrm{d}y}{(2x^2 + y^2 + 2z^2)^{\frac{3}{2}}}.$$

取

$$P(x,y,z) = \frac{x}{(2x^2 + y^2 + 2z^2)^{\frac{3}{2}}},$$

$$Q(x,y,z) = \frac{y}{(2x^2 + y^2 + 2z^2)^{\frac{3}{2}}},$$

$$R(x,y,z) = \frac{z}{(2x^2 + y^2 + 2z^2)^{\frac{3}{2}}}.$$

当 $(x,y,z) \neq (0,0,0)$，则 P, Q, R 有连续的一阶偏导数，且

$$\frac{\partial P}{\partial x} + \frac{\partial Q}{\partial y} + \frac{\partial R}{\partial z}$$

$$= \frac{-4x^2 + y^2 + 2z^2}{(2x^2 + y^2 + 2z^2)^{\frac{5}{2}}} + \frac{2x^2 - 2y^2 + 2z^2}{(2x^2 + y^2 + 2z^2)^{\frac{5}{2}}} + \frac{2x^2 + y^2 - 4z^2}{(2x^2 + y^2 + 2z^2)^{\frac{5}{2}}}$$

$$= 0.$$

（1）S 内部含原点，则

$$I = \iint\limits_{S} \frac{x \, \mathrm{d}y\mathrm{d}z + y \, \mathrm{d}z\mathrm{d}x + z \, \mathrm{d}x\mathrm{d}y}{(2x^2 + y^2 + 2z^2)^{\frac{3}{2}}}$$

$$= \iint\limits_{2x^2 + y^2 + 2z^2 = 1} \frac{x \, \mathrm{d}y\mathrm{d}z + y \, \mathrm{d}z\mathrm{d}x + z \, \mathrm{d}x\mathrm{d}y}{(2x^2 + y^2 + 2z^2)^{\frac{3}{2}}}$$

$$= \iint\limits_{2x^2 + y^2 + 2z^2 = 1} x \, \mathrm{d}y\mathrm{d}z + y \, \mathrm{d}z\mathrm{d}x + z \, \mathrm{d}x\mathrm{d}y$$

$$= \iiint\limits_{2x^2 + y^2 + 2z^2 \leqslant 1} \left(\frac{\partial x}{\partial x} + \frac{\partial y}{\partial y} + \frac{\partial z}{\partial z} \right) \mathrm{d}x \, \mathrm{d}y\mathrm{d}z$$

$$= \iiint\limits_{2x^2 + y^2 + 2z^2 \leqslant 1} 3\mathrm{d}x \, \mathrm{d}y\mathrm{d}z = 3 \times \frac{4}{3}\pi \cdot \frac{1}{\sqrt{2}} \cdot 1 \cdot \frac{1}{\sqrt{2}} = 2\pi.$$

（2）若 S 内部不含原点，则 $I = 0$.

6.3.3　第二型曲面积分的计算

【例 6.3.6】（定义法）计算曲面积分

$$\iint\limits_{\Sigma} yz \, \mathrm{d}x\mathrm{d}y + zx \, \mathrm{d}y\mathrm{d}z + xy \, \mathrm{d}z\mathrm{d}x,$$

其中，$\sum$ 是由圆柱面 $x^2 + y^2 = 1$ 的三个坐标平面及其旋转抛物面 $z = 2 - x^2 - y^2$ 所围成的立体在第一卦限部分的外侧面.

　　解　令 $S_1 = \{(x, y, z) \mid x^2 + y^2 = 1, 0 \leqslant z \leqslant 1, x \geqslant 0, y \geqslant 0\}$，$S_1$ 在 xoy 平面的投影为 $D_{xy}^1 = \{(x, y) \mid x^2 + y^2 = 1, x, y \geqslant 0\}$，$S_2 = \{(x, y, z) \mid z = 2 - (x^2 + y^2), x \geqslant 0, y \geqslant 0\}$，且 S_2 在 xoy 平面的投影为 $D_{xy}^2 = \{(x, y) \mid x^2 + y^2 \leqslant 1, x, y \geqslant 0\}$. 显然，$\sum = S_1 \bigcup S_2$.

$$\iint\limits_{\Sigma} yz \, \mathrm{d}x\mathrm{d}y = \iint\limits_{S_1} yz \, \mathrm{d}x\mathrm{d}y + \iint\limits_{S_2} yz \, \mathrm{d}x\mathrm{d}y$$

$$= \iint\limits_{D_{xy}^2} y(2 - (x^2 + y^2))\mathrm{d}x\mathrm{d}y = \frac{7}{15},$$

S_1 在 yoz 平面的投影为 $D_{yz}^1 = \{(x, y) \mid 0 \leqslant z \leqslant 1, 0 \leqslant y \leqslant 1\}$，此时 $x = \sqrt{1 - y^2}$，S_2 在

yoz 平面的投影为 $D_{yz}^2 = \{(x,y) \mid 0 \leqslant y \leqslant 1, 1 \leqslant z \leqslant 2-y^2\}$，此时 $x = \sqrt{2-y^2-z}$.

$$\iint\limits_{\Sigma} zx\,\mathrm{d}y\mathrm{d}z = \iint\limits_{D_{yz}^1} zx\,\mathrm{d}y\mathrm{d}z + \iint\limits_{D_{yz}^2} zx\,\mathrm{d}y\mathrm{d}z$$

$$= \int_0^1 \sqrt{1-y^2}\,\mathrm{d}y \int_0^1 z\,\mathrm{d}z + \int_0^1 \mathrm{d}y \int_1^{2-y^2} z\sqrt{2-y^2-z}\,\mathrm{d}z$$

$$= \frac{\pi}{4} + \frac{7\pi}{24} = \frac{13\pi}{24}.$$

同理可得 $\displaystyle\iint\limits_{\Sigma} xy\,\mathrm{d}z\mathrm{d}x = \frac{13}{24}\pi$，

$$\iint\limits_{\Sigma} yz\,\mathrm{d}x\mathrm{d}y + zx\,\mathrm{d}y\mathrm{d}z + xy\,\mathrm{d}z\mathrm{d}x = \frac{7}{15} + \frac{13}{12}\pi.$$

【例 6.3.7】（重积分）计算曲面积分

$$I = \iint\limits_{\Sigma} \frac{ax\,\mathrm{d}y\mathrm{d}z + (a+z)^2\,\mathrm{d}x\mathrm{d}y}{(x^2+y^2+z^2)^{\frac{1}{2}}} (a > 0),$$

其中 $\sum$ 是下半球面 $z = -\sqrt{a^2-x^2-y^2}$，方向取上侧.

解 $I = \displaystyle\iint\limits_{\Sigma} \frac{ax\,\mathrm{d}y\mathrm{d}z + (a+z)^2\,\mathrm{d}x\mathrm{d}y}{(x^2+y^2+z^2)^{\frac{1}{2}}} = \iint\limits_{\Sigma} x\,\mathrm{d}y\mathrm{d}z + \iint\limits_{\Sigma} \frac{(a+z)^2}{a}\,\mathrm{d}x\mathrm{d}y.$

显然，$\sum$ 是关于 yoz 平面对称，且 $P(x,y,z) = x = -P(-x,y,z)$，$\sum_1$ 是 $\sum$ 中满足 $x \geqslant 0$ 的部分，则 $\sum_1$ 在 yoz 平面的投影为 $D_1 = \{(y,z) \mid y^2+z^2 \leqslant a^2, z \leqslant 0\}$，所以结合曲面的 $\sum$ 的正方向，可得

$$\iint\limits_{\Sigma} x\,\mathrm{d}y\mathrm{d}z = -2\iint\limits_{\Sigma_1} x\,\mathrm{d}y\mathrm{d}z = -2\iint\limits_{\Sigma_1} x\,\mathrm{d}y\mathrm{d}z = -2\iint\limits_{D_1} \sqrt{a^2-(y^2+z^2)}\,\mathrm{d}y\mathrm{d}z$$

$$= -2\int_\pi^{2\pi}\mathrm{d}\theta\int_0^a r\sqrt{a^2-r^2}\,\mathrm{d}r = -\frac{2}{3}\pi a^2.$$

$\sum$ 在 yox 平面的投影为 $D_2 = \{(x,y) \mid x^2+y^2 \leqslant a^2\}$，则

$$\iint\limits_{\Sigma} \frac{(a+z)^2}{a}\,\mathrm{d}x\mathrm{d}y = \frac{1}{a}\iint\limits_{D_2} a^2 + 2az + z^2\,\mathrm{d}x\mathrm{d}y$$

$$= \frac{1}{a}\iint\limits_{D_2} (2a^2 - x^2 - y^2 - 2a\sqrt{a^2-x^2-y^2})\,\mathrm{d}x\mathrm{d}y$$

$$= \frac{1}{a}\int_0^{2\pi}\mathrm{d}\theta\int_0^a (2a^2 - r^2 - 2a\sqrt{a^2-r^2})r\,\mathrm{d}r$$

$$= \frac{3}{2}\pi a^3 - \frac{4}{3}\pi a^2.$$

所以，

$$I = \iint\limits_{\sum} \frac{ax\,\mathrm{d}y\mathrm{d}z + (a+z)^2\mathrm{d}x\,\mathrm{d}y}{(x^2+y^2+z^2)^{\frac{1}{2}}} = \frac{3}{2}\pi a^3 - \frac{4}{3}\pi a^2 - \frac{1}{3}2\pi a^2 = \frac{3}{2}\pi a^3 - 2\pi a^2.$$

【例 6.3.8】（高斯公式）计算曲面积分

$$I = \iint\limits_{\sum} \frac{x^3\mathrm{d}y\mathrm{d}z + y^3\mathrm{d}z\mathrm{d}x + z^3\mathrm{d}x\,\mathrm{d}y}{(x^2+y^2+z^2)^{\frac{1}{2}}},$$

其中 $\sum$ 是上半球面 $z = \sqrt{a^2-x^2-y^2}$，方向取上侧.

解　补充 $\sum_1 = \{(x,y,z) \mid z=0, x^2+y^2 \leqslant a^2\}$，且取 $\sum_1$ 的下侧为正方向，则 $\sum \cup \sum_1$ 是封闭曲面，其围成的空间体记作 $V = \{(x,y,z) \mid x^2+y^2+z^2 \leqslant a^2, z \geqslant 0\}$. 从而由高斯公式可得

$$\iint\limits_{\sum} \frac{x^3\mathrm{d}y\mathrm{d}z + y^3\mathrm{d}z\mathrm{d}x + z^3\mathrm{d}x\,\mathrm{d}y}{(x^2+y^2+z^2)^{\frac{1}{2}}} + \iint\limits_{\sum_1} \frac{x^3\mathrm{d}y\mathrm{d}z + y^3\mathrm{d}z\mathrm{d}x + z^3\mathrm{d}x\,\mathrm{d}y}{(x^2+y^2+z^2)^{\frac{1}{2}}}$$

$$= \frac{1}{a} \iint\limits_{\sum \cup \sum_1} x^3\mathrm{d}y\mathrm{d}z + y^3\mathrm{d}z\mathrm{d}x + z^3\mathrm{d}x\,\mathrm{d}y$$

$$= \frac{3}{a} \iiint\limits_{V} (x^2+y^2+z^2)\mathrm{d}x\mathrm{d}y\mathrm{d}z$$

$$= \frac{3}{a} \int_0^a r^2 r^2 \sin\varphi\,\mathrm{d}r \int_0^{2\pi} \mathrm{d}\theta \int_0^{\frac{\pi}{2}} \mathrm{d}\varphi = \frac{6}{5}\pi a^4.$$

另一方面，$\displaystyle\iint\limits_{\sum_1} \frac{x^3\mathrm{d}y\mathrm{d}z + y^3\mathrm{d}z\mathrm{d}x + z^3\mathrm{d}x\,\mathrm{d}y}{(x^2+y^2+z^2)^{\frac{1}{2}}} = \frac{1}{a} \iint\limits_{\sum_1} x^3\mathrm{d}y\mathrm{d}z + y^3\mathrm{d}z\mathrm{d}x + z^3\mathrm{d}x\,\mathrm{d}y.$

综上所述，$\displaystyle\iint\limits_{\sum} \frac{x^3\mathrm{d}y\mathrm{d}z + y^3\mathrm{d}z\mathrm{d}x + z^3\mathrm{d}x\,\mathrm{d}y}{(x^2+y^2+z^2)^{\frac{1}{2}}} = \frac{6}{5}\pi a^4.$

【例 6.3.9】（补齐曲面＋高斯公式）计算曲面积分

$$J = \iint\limits_{S} y(x-z)\mathrm{d}y\mathrm{d}z + x^2\mathrm{d}z\mathrm{d}x + (y^2+xz)\mathrm{d}x\,\mathrm{d}y,$$

其中 S 是曲面 $z = 5-x^2-y^2$ 在平面 $z=1$ 上的部分，取外侧.（湖南大学 2022）

解　记 $S_1: x^2+y^2 \leqslant 4, z=1$，并取下侧，则

$$\iint\limits_{S_1} y(x-z)\mathrm{d}y\mathrm{d}z + x^2\mathrm{d}z\mathrm{d}x + (y^2+xz)\mathrm{d}x\,\mathrm{d}y$$

$$= \iint\limits_{S_1} (y^2+x)\mathrm{d}x\,\mathrm{d}y = -\iint\limits_{D_{xy}} (y^2+x)\mathrm{d}x\,\mathrm{d}y$$

$$= -\int_0^{2\pi} \mathrm{d}\theta \int_0^2 (r^2\sin^2\theta + r\cos\theta)r\,\mathrm{d}r$$

$$=-\int_0^{2\pi}\sin^2\theta\,\mathrm{d}\theta\int_0^2 r^3\,\mathrm{d}r=-4\pi.$$

由高斯公式：

$$
\begin{aligned}
J &= \oiint\limits_{S\cup S_1} y(x-z)\mathrm{d}y\mathrm{d}z + x^2\mathrm{d}z\mathrm{d}x + (y^2+xz)\mathrm{d}x\mathrm{d}y \\
&\quad - \iint\limits_{S_1} y(x-z)\mathrm{d}y\mathrm{d}z + x^2\mathrm{d}z\mathrm{d}x + (y^2+xz)\mathrm{d}x\mathrm{d}y \\
&= \iiint\limits_V (x+y)\mathrm{d}x\mathrm{d}y\mathrm{d}z + 4\pi \\
&= \int_0^{2\pi}\mathrm{d}\theta\int_0^2\mathrm{d}r\int_1^{5-r^2}(r\cos\theta+r\sin\theta)r\,\mathrm{d}z + 4\pi \\
&= 0+4\pi = 4\pi,
\end{aligned}
$$

其中 V 为 $S\cup S_1$ 所围成的空间区域，D_{xy} 为 S_1 在 xoy 坐标平面上的投影区域.

【例 6.3.10】（对称性）计算曲面积分

$$I=\iint\limits_S x\,\mathrm{d}y\mathrm{d}z + f(y)\mathrm{d}z\mathrm{d}x + g(z)\mathrm{d}x\mathrm{d}y,$$

其中 $f(y),g(z)$ 分别是关于 y,z 的偶函数，S 是球面 $x^2+y^2+z^2=a^2(a>0)$ 的外侧.

解　因为 S 是关于平面 xoz 平面对称，且 $Q(x,y,z)=f(y)$，$Q(x,-y,z)=f(-y)$，从而有 $\iint\limits_S f(y)\mathrm{d}z\mathrm{d}x=0$. 因为 S 是关于平面 xoy 平面对称，且 $R(x,y,z)=g(z)$，$R(x,y,-z)=g(-z)$，从而有 $\iint\limits_S g(z)\mathrm{d}x\mathrm{d}y=0$.

记 S_1 是 S 中满足 $x\geqslant 0$ 的部分，则 S_1 在 yoz 平面的投影为 $D_1=\{(y,z)\mid y^2+z^2\leqslant a^2\}$，

$$
\begin{aligned}
\iint\limits_S x\,\mathrm{d}y\mathrm{d}z &= 2\iint\limits_{S_1} x\,\mathrm{d}y\mathrm{d}z = 2\iint\limits_{D_1}\sqrt{a^2-(x^2+y^2)}\,\mathrm{d}y\mathrm{d}z \\
&= 2\int_0^{2\pi}\mathrm{d}\theta\int_0^a\sqrt{a^2-r^2}\,r\,\mathrm{d}r = \frac{8}{3}\pi a^3.
\end{aligned}
$$

综上可得，$I=\iint\limits_S x\,\mathrm{d}y\mathrm{d}z + f(y)\mathrm{d}z\mathrm{d}x + g(z)\mathrm{d}x\mathrm{d}y = \dfrac{8}{3}\pi a^3$.

【例 6.3.11】（补齐平面＋对称性）计算第二型曲面积分

$$I=\iint\limits_S \frac{x\,\mathrm{d}y\mathrm{d}z + z^4\mathrm{d}x\mathrm{d}y}{x^2+y^2+z^2},$$

其中 S 是圆柱面 $x^2+y^2=1$ 和平面 $z=-1,z=1$ 所围成的立体的表面外侧.（中国科学技术大学 2021）

解　设 S 所围成的立体为 V，将 S 分为 $S_1 + S_2 + S_3$，其中 S_1,S_2 分别为顶面与底面，方向分别为上侧和下侧，S_3 为侧面，方向为外侧. 在 S_1 与 S_2 上，由于 $z = \pm 1$，所以 $dz = 0$，从而 $\iint\limits_{S_1 + S_2} \dfrac{x\,dy\,dz}{x^2 + y^2 + z^2} = 0$.

另外，由于 S_1,S_2 关于 xy 平面对称，且在对称点处 $\dfrac{z^4}{x^2 + y^2 + z^2}$ 取值相同，但是 $dx\,dy$ 符号相反，所以 $\iint\limits_{S_1 + S_2} \dfrac{z^4\,dx\,dy}{x^2 + y^2 + z^2} = 0$. 在 S_3 上，由于 $x^2 + y^2 = 1$，所以

$$\iint\limits_{S_3} \frac{x\,dy\,dz}{x^2 + y^2 + z^2} = \iint\limits_{S_3} \frac{x}{1 + z^2}\,dy\,dz.$$

另外，由于 S_3 在 xy 平面的投影为圆周 $x^2 + y^2 = 1, z = 0$，所以 $\iint\limits_{S_3} \dfrac{z^4\,dx\,dy}{x^2 + y^2 + z^2} = 0$

综上可知：$I = \iint\limits_{S_3} \dfrac{x}{1 + z^2}\,dy\,dz$.

另外，由于在 S_1,S_2 有 $dz = 0$，所以

$$\iint\limits_{S_1} \frac{x}{1 + z^2}\,dy\,dz = \iint\limits_{S_2} \frac{x}{1 + z^2}\,dy\,dz = 0.$$

从而 $I = \iint\limits_{S_3 + S_1 + S_2} \dfrac{x}{1 + z^2}\,dy\,dz = \iint\limits_{S} \dfrac{x}{1 + z^2}\,dy\,dz$.

此时由高斯公式可知

$$I = \iiint\limits_{V} \frac{1}{1 + z^2}\,dx\,dy\,dz = \iint\limits_{x^2 + y^2 \leqslant 1} dx\,dy \int_{-1}^{1} \frac{1}{1 + z^2}\,dz = \pi \cdot \arctan z \Big|_{-1}^{1} = \frac{\pi^2}{2}.$$

6.3.4　第一型曲面积分与第二型曲面积分关系

【例 6.3.12】（利用第一型曲线积分求第二型曲线积分）求第二型曲面积分

$$I = \iint\limits_{S} x\,dy\,dz + y\,dx\,dz + z\,dx\,dy,$$

其中 $S : x^2 + y^2 + z^2 = a^2$ 在第一卦限曲面的上侧.

解　曲面 S 的外向法向量 $\boldsymbol{n} = (x, y, z)$，则有 $\cos\langle \boldsymbol{n}, x \rangle = \dfrac{x}{\sqrt{x^2 + y^2 + z^2}} = \dfrac{x}{a}$，$\cos\langle \boldsymbol{n}, y \rangle = \dfrac{y}{\sqrt{x^2 + y^2 + z^2}} = \dfrac{y}{a}$，$\cos\langle \boldsymbol{n}, z \rangle = \dfrac{z}{\sqrt{x^2 + y^2 + z^2}} = \dfrac{z}{a}$，从而 $\dfrac{x}{a}\,dS = dy\,dz$，$\dfrac{y}{a}\,dS = dz\,dx$，$\dfrac{z}{a}\,dS = dx\,dy$，所以，

$$I = \iint\limits_{S} \left(\frac{x^2}{a} + \frac{y^2}{a} + \frac{z^2}{a} \right) \mathrm{d}S = \frac{1}{a} \iint\limits_{S} (x^2 + y^2 + z^2) \mathrm{d}S$$

$$= \frac{1}{a} \cdot a^2 \cdot \frac{1}{8} \cdot \frac{4}{3} \pi a^2 = \frac{1}{6} \pi a^3.$$

【例 6.3.13】 (利用第一型曲线积分＋重积分)求第二型曲面积分

$$I = \iint\limits_{S} xyz \, \mathrm{d}x \mathrm{d}y + xz \, \mathrm{d}y \mathrm{d}z + z^2 \, \mathrm{d}z \mathrm{d}x,$$

其中 $S: x^2 + z^2 = a^2$ 在 $x \geqslant 0$ 的一半被 $y = 0$ 和 $y = h (h > 0)$ 所截下部分的外侧.

解 曲面 S 的外向法向量 $\boldsymbol{n} = (x, 0, z)$，则有 $\cos\langle \boldsymbol{n}, x \rangle = \dfrac{x}{\sqrt{x^2 + z^2}} = \dfrac{x}{a}$,

$\cos\langle \boldsymbol{n}, y \rangle = 0, \cos\langle \boldsymbol{n}, z \rangle = \dfrac{z}{\sqrt{x^2 + z^2}} = \dfrac{z}{a}$, 从而 $\dfrac{x}{a} \mathrm{d}S = \mathrm{d}y \mathrm{d}z, \mathrm{d}z \mathrm{d}x = 0, \dfrac{z}{a} \mathrm{d}S = \mathrm{d}x \mathrm{d}y$, 曲面 S 在 yoz 平面的投影为 $D = \{(y, z) \mid -a \leqslant z \leqslant a, 0 \leqslant y \leqslant h\}$, 曲面方程整理为 $x = \sqrt{a^2 - z^2}$, 且 $x_z = \dfrac{-z}{\sqrt{a^2 - z^2}}$, 所以

$$I = \iint\limits_{S} xyz \, \mathrm{d}x \mathrm{d}y + xz \, \mathrm{d}y \mathrm{d}z + z^2 \, \mathrm{d}z \mathrm{d}x = \frac{1}{a} \iint\limits_{S} (xyz^2 + x^2 z) \mathrm{d}S$$

$$= \frac{1}{a} \iint\limits_{D} (yz^2 (\sqrt{a^2 - z^2}) + (a^2 - z^2) z) \frac{a}{\sqrt{a^2 - z^2}} \mathrm{d}z \mathrm{d}y$$

$$= \int_{-a}^{a} \mathrm{d}z \int_{0}^{h} (yz^2 + z \sqrt{a^2 - z^2}) \mathrm{d}y$$

$$= \frac{a^3 h^2}{3}.$$

【例 6.3.14】 (利用第二型曲线积分求第一型曲线积分) 已知 Σ 是封闭光滑曲面，$\boldsymbol{n}$ 为曲面 Σ 上的单位外法向量，$\boldsymbol{l}$ 为任意固定的已知向量. 证明: $\iint\limits_{\Sigma} \cos(\boldsymbol{n}, \boldsymbol{l}) \mathrm{d}S = 0$. (中国人民大学 2022)

证明 记 $\boldsymbol{l} = (x_0, y_0, z_0)$, 而 $\boldsymbol{n} = (\cos\alpha, \cos\beta, \cos\gamma)$,

$$\cos\langle \boldsymbol{n}, \boldsymbol{l} \rangle = \frac{(\boldsymbol{n}, \boldsymbol{l})}{|\boldsymbol{n}| |\boldsymbol{l}|} = \frac{1}{\sqrt{x_0^2 + y_0^2 + z_0^2}} (x_0 \cos\alpha + y_0 \cos\beta + z_0 \cos\gamma).$$

$$\iint\limits_{S} \cos\langle \hat{\boldsymbol{n}}, \boldsymbol{l} \rangle \mathrm{d}S = \frac{1}{\sqrt{x_0^2 + y_0^2 + z_0^2}} \iint\limits_{S} (x_0 \cos\alpha + y_0 \cos\beta + z_0 \cos\gamma) \mathrm{d}S$$

$$= \frac{1}{\sqrt{x_0^2 + y_0^2 + z_0^2}} \iint\limits_{S} x_0 \mathrm{d}y \mathrm{d}z + y_0 \mathrm{d}z \mathrm{d}x + z_0 \mathrm{d}x \mathrm{d}y$$

$$= \frac{1}{\sqrt{x_0^2 + y_0^2 + z_0^2}} \iiint\limits_{V} (0 + 0 + 0) \mathrm{d}x \mathrm{d}y \mathrm{d}z$$

$$= 0.$$

【例 6.3.15】 （利用第二型曲线积分求第一型曲线积分）求第一型曲面积分 $I=$
$\iint\limits_{S} f(x,y,z)\mathrm{d}S$，其中 $S:\dfrac{x^2}{a^2}+\dfrac{y^2}{b^2}+\dfrac{z^2}{c^2}=1(a,b,c>0)$，$f(x,y,z)$ 表示从原点 $O(0,0,0)$
到椭球面上点 $P(x,y,z)$ 处切平面的距离.（华中科技大学 2003）

解 由 $S:\dfrac{x^2}{a^2}+\dfrac{y^2}{b^2}+\dfrac{z^2}{c^2}=1$ 可知其法向量为 $\boldsymbol{n}=\left(\dfrac{x}{a^2},\dfrac{y}{b^2},\dfrac{z}{c^2}\right)$，过任意点 (x,y,z) 的切

平面方程为 $\dfrac{x}{a^2}(X-x)+\dfrac{y}{b^2}(Y-y)+\dfrac{z}{c^2}(Z-z)=0$，即 $\dfrac{x}{a^2}X+\dfrac{y}{b^2}Y+\dfrac{z}{c^2}Z=1.$ 设 S 围成

的立体为 $V=\left\{(x,y,z)\ \middle|\ \dfrac{x^2}{a^2}+\dfrac{y^2}{b^2}+\dfrac{z^2}{c^2}\leqslant 1\right\}.$ 且 $f(x,y,z)=\dfrac{1}{\sqrt{\left(\dfrac{x}{a^2}\right)^2+\left(\dfrac{y}{b^2}\right)^2+\left(\dfrac{z}{c^2}\right)^2}},$

由法向量为 $\boldsymbol{n}=\left(\dfrac{x}{a^2},\dfrac{y}{b^2},\dfrac{z}{c^2}\right)$ 可得 $\cos\langle\boldsymbol{n},x\rangle=\dfrac{x}{a^2\sqrt{\left(\dfrac{x}{a^2}\right)^2+\left(\dfrac{y}{b^2}\right)^2+\left(\dfrac{z}{c^2}\right)^2}},$

$\cos\langle\boldsymbol{n},y\rangle=\dfrac{b}{b^2\sqrt{\left(\dfrac{x}{a^2}\right)^2+\left(\dfrac{y}{b^2}\right)^2+\left(\dfrac{z}{c^2}\right)^2}},\cos\langle\boldsymbol{n},z\rangle=\dfrac{z}{c^2\sqrt{\left(\dfrac{x}{a^2}\right)^2+\left(\dfrac{y}{b^2}\right)^2+\left(\dfrac{z}{c^2}\right)^2}},$

所以

$$I=\iint\limits_{S}f(x,y,z)\mathrm{d}S=\iint\limits_{S}\dfrac{\dfrac{x^2}{a^2}+\dfrac{y^2}{b^2}+\dfrac{z^2}{c^2}}{\sqrt{\left(\dfrac{x}{a^2}\right)^2+\left(\dfrac{y}{b^2}\right)^2+\left(\dfrac{z}{c^2}\right)^2}}\mathrm{d}S$$

$$=\iint\limits_{S}x\cos\langle\boldsymbol{n},x\rangle+y\cos\langle\boldsymbol{n},y\rangle+z\cos\langle\boldsymbol{n},z\rangle\mathrm{d}S$$

$$=\iint\limits_{S}x\,\mathrm{d}y\mathrm{d}z+y\,\mathrm{d}z\mathrm{d}x+z\,\mathrm{d}x\mathrm{d}y$$

$$=\iiint\limits_{V}(1+1+1)\mathrm{d}x\mathrm{d}y\mathrm{d}z=4\pi abc.$$

【例 6.3.16】 设 S 为简单封闭光滑曲面，$P(x,y,z),Q(x,y,z),R(x,y,z)$ 为 S
上的连续函数，证明

$$\left|\iint\limits_{S}P\mathrm{d}y\mathrm{d}z+Q\mathrm{d}z\mathrm{d}x+R\mathrm{d}x\mathrm{d}y\right|\leqslant M\Delta S,$$

其中 $M=\max\limits_{(x,y,z)\in S}\sqrt{P^2+Q^2+R^2}$，$\Delta S$ 为 S 的面积.（重庆大学 2021）

证明 设 S 的单位法向量为 $\boldsymbol{n}=(\cos\alpha,\cos\beta,\cos\gamma)$，则

$$\left|\iint\limits_{S}P\mathrm{d}y\mathrm{d}z+Q\mathrm{d}z\mathrm{d}x+R\mathrm{d}x\mathrm{d}y\right|$$

$$= \left| \iint_S P\cos\alpha + Q\cos\beta + R\cos\gamma \, \mathrm{d}S \right|$$

$$\leqslant \iint_S \sqrt{P^2+Q^2+R^2} \sqrt{\cos^2\alpha+\cos^2\beta+\cos^2\gamma} \, \mathrm{d}S$$

$$= \iint_S \sqrt{P^2+Q^2+R^2} \, \mathrm{d}S$$

$$\leqslant M\Delta S.$$

6.3.5 第一型曲面积分与格林公式

【例 6.3.17】 求第一型曲面积分 $I = \iint_S \dfrac{1}{f(x,y,z)}\mathrm{d}S$，其中 $f(x,y,z)$ 表示从原点

$O(0,0,0)$ 到椭球面 $S:\dfrac{x^2}{a^2}+\dfrac{y^2}{b^2}+\dfrac{z^2}{c^2}=1(a,b,c>0)$ 上点 $P(x,y,z)$ 处切平面的距离.

（浙江大学 2009）

解 由 $S:\dfrac{x^2}{a^2}+\dfrac{y^2}{b^2}+\dfrac{z^2}{c^2}=1$ 可知其法向量为 $\boldsymbol{n}=\left(\dfrac{x}{a^2},\dfrac{y}{b^2},\dfrac{z}{c^2}\right)$，过任意点 (x,y,z) 的切

平面方程为 $\dfrac{x}{a^2}(X-x)+\dfrac{y}{b^2}(Y-y)+\dfrac{z}{c^2}(Z-z)=0$，即 $\dfrac{x}{a^2}X+\dfrac{y}{b^2}Y+\dfrac{z}{c^2}Z=1$. 设 S 围成

的立体为 $V=\left\{(x,y,z)\left|\dfrac{x^2}{a^2}+\dfrac{y^2}{b^2}+\dfrac{z^2}{c^2}\leqslant1\right.\right\}$. 且 $f(x,y,z)=\dfrac{1}{\sqrt{\left(\dfrac{x}{a^2}\right)^2+\left(\dfrac{y}{b^2}\right)^2+\left(\dfrac{z}{c^2}\right)^2}}$,

由法向量为 $\boldsymbol{n}=\left(\dfrac{x}{a^2},\dfrac{y}{b^2},\dfrac{z}{c^2}\right)$ 可得 $\cos\langle\boldsymbol{n},x\rangle=\dfrac{x}{a^2\sqrt{\left(\dfrac{x}{a^2}\right)^2+\left(\dfrac{y}{b^2}\right)^2+\left(\dfrac{z}{c^2}\right)^2}}$，$\cos\langle\boldsymbol{n},y\rangle=$

$\dfrac{b}{b^2\sqrt{\left(\dfrac{x}{a^2}\right)^2+\left(\dfrac{y}{b^2}\right)^2+\left(\dfrac{z}{c^2}\right)^2}}$，$\cos\langle\boldsymbol{n},z\rangle=\dfrac{z}{c^2\sqrt{\left(\dfrac{x}{a^2}\right)^2+\left(\dfrac{y}{b^2}\right)^2+\left(\dfrac{z}{c^2}\right)^2}}$，所以

$$I=\iint_S\dfrac{1}{f(x,y,z)}\mathrm{d}S=\iint_S\sqrt{\left(\dfrac{x}{a^2}\right)^2+\left(\dfrac{y}{b^2}\right)^2+\left(\dfrac{z}{c^2}\right)^2}\,\mathrm{d}S$$

$$=\iint_S\dfrac{x}{a^2}\dfrac{\dfrac{x}{a^2}}{\sqrt{\left(\dfrac{x}{a^2}\right)^2+\left(\dfrac{y}{b^2}\right)^2+\left(\dfrac{z}{c^2}\right)^2}}+\dfrac{y}{b^2}\dfrac{\dfrac{y}{b^2}}{\sqrt{\left(\dfrac{x}{a^2}\right)^2+\left(\dfrac{y}{b^2}\right)^2+\left(\dfrac{z}{c^2}\right)^2}}+$$

$$\dfrac{z}{c^2}\dfrac{\dfrac{z}{c^2}}{\sqrt{\left(\dfrac{x}{a^2}\right)^2+\left(\dfrac{y}{b^2}\right)^2+\left(\dfrac{z}{c^2}\right)^2}}\mathrm{d}S$$

$$= \iint\limits_{S} \frac{x}{a^2} \mathrm{d}y\mathrm{d}z + \frac{y}{b^2} \mathrm{d}z\mathrm{d}x + \frac{z}{c^2} \mathrm{d}x\mathrm{d}y = \iiint\limits_{V} \left(\frac{1}{a^2} + \frac{1}{b^2} + \frac{1}{c^2} \right) \mathrm{d}x\,\mathrm{d}y\mathrm{d}z$$

$$= \frac{4}{3} \left(\frac{1}{a^2} + \frac{1}{b^2} + \frac{1}{c^2} \right) \pi a b c .$$

【例 6.3.18】 计算曲面积分

$$I = \iint\limits_{S} (x - \sin yz)\mathrm{d}y\mathrm{d}z + (y - \sin zx)\mathrm{d}z\mathrm{d}x + (z - x^2 + y^2)\mathrm{d}x\,\mathrm{d}y ,$$

其中 S 是球面 $z = -\sqrt{1^2 - x^2 - y^2}$ 的下侧.

解　补充 $S_1 = \{(x,y,z) \mid z = 0, x^2 + y^2 \leqslant 1\}$，且取 S_1 的上侧为正方向，则 $S \cup S_1$ 是封闭曲面，其围成的空间体记作 $V = \{(x,y,z) \mid x^2 + y^2 + z^2 \leqslant 1, z \leqslant 0\}$，曲面在 yox 平面的投影为 $D_1 = \{(x,y) \mid x^2 + y^2 \leqslant 1\}$ 从而由高斯公式可得

$$\iint\limits_{S \cup S_1} (x - \sin yz)\mathrm{d}y\mathrm{d}z + (y - \sin zx)\mathrm{d}z\mathrm{d}x + (z - x^2 + y^2)\mathrm{d}x\,\mathrm{d}y$$

$$= \iiint\limits_{V} 3\mathrm{d}x\,\mathrm{d}y\mathrm{d}z = 3 \cdot \frac{4}{3}\pi \cdot \frac{1}{2} = 2\pi .$$

另一方面，

$$\iint\limits_{S_1} (x - \sin yz)\mathrm{d}y\mathrm{d}z + (y - \sin zx)\mathrm{d}z\mathrm{d}x + (z - x^2 + y^2)\mathrm{d}x\,\mathrm{d}y$$

$$= \iint\limits_{S_1} (-x^2 + y^2)\mathrm{d}x\,\mathrm{d}y = \iint\limits_{D_1} (-x^2 + y^2)\mathrm{d}x\,\mathrm{d}y$$

$$= \int_0^{2\pi} \mathrm{d}\theta \int_0^1 r (-r^2 \cos^2\theta + r^2 \sin^2\theta)\mathrm{d}\theta = 0 .$$

综上所述，$I = \iint\limits_{S} (x - \sin yz)\mathrm{d}y\mathrm{d}z + (y - \sin zx)\mathrm{d}z\mathrm{d}x + (z - x^2 + y^2)\mathrm{d}x\,\mathrm{d}y = 2\pi .$

6.3.6　第二型曲面积分与第二型曲线积分

【例 6.3.19】 求第一型曲线积分 $I = \oint\limits_{L} (y - x)\mathrm{d}z + (z - y)\mathrm{d}x + (x - z)\mathrm{d}y$，其中 L 为 $x + y + z = a$ 与三坐标平面的交线，其方向为从 $(1,1,1)$ 看，曲线是逆时针方向.

解　设 L 围成的曲面为 S，则 S 的外法向量为 $\boldsymbol{n} = (1,1,1)$，从而有 $\cos\langle \boldsymbol{n}, x \rangle = \frac{1}{\sqrt{3}}$，$\cos\langle \boldsymbol{n}, y \rangle = \frac{1}{\sqrt{3}}$，$\cos\langle \boldsymbol{n}, z \rangle = \frac{1}{\sqrt{3}}$，由斯托克斯公式可得

$$I = \oint_L (y-x)\mathrm{d}z + (z-y)\mathrm{d}x + (x-z)\mathrm{d}y$$

$$= \iint_S \begin{vmatrix} \mathrm{d}y\,\mathrm{d}z & \mathrm{d}z\,\mathrm{d}x & \mathrm{d}x\,\mathrm{d}y \\ \dfrac{\partial}{\partial x} & \dfrac{\partial}{\partial y} & \dfrac{\partial}{\partial z} \\ z-y & x-z & y-x \end{vmatrix}$$

$$= 2\iint_S \mathrm{d}y\,\mathrm{d}z + \mathrm{d}z\,\mathrm{d}x + \mathrm{d}x\,\mathrm{d}y = 2\sqrt{3}\iint_S \mathrm{d}S = 2\sqrt{3}\cdot\frac{\sqrt{3}}{2}a^2 = 3a^2.$$

【例 6.3.20】 求第一型曲线积分

$$\oint_L \begin{vmatrix} \mathrm{d}x & \mathrm{d}y & \mathrm{d}z \\ \cos\alpha & \cos\beta & \cos\gamma \\ x & y & z \end{vmatrix},$$

其中 L 为平面 $x\cos\alpha + y\cos\beta + z\cos\lambda = 5$ 的闭曲线,它所围成的区域面积为 A,L 是逆时针方向.

解 设 L 围成的曲面为 S,则 S 的外法向量为 $\boldsymbol{n} = (\cos\alpha, \cos\beta, \cos\gamma)$,由斯托克斯公式可得

$$\oint_L \begin{vmatrix} \mathrm{d}x & \mathrm{d}y & \mathrm{d}z \\ \cos\alpha & \cos\beta & \cos\gamma \\ x & y & z \end{vmatrix}$$

$$= \oint_L (z\cos\beta - y\cos\gamma)\mathrm{d}x + (x\cos\gamma - z\cos\alpha)\mathrm{d}y + (y\cos\alpha - x\cos\beta)\mathrm{d}z$$

$$= \iint_S \begin{vmatrix} \mathrm{d}y\,\mathrm{d}z & \mathrm{d}z\,\mathrm{d}x & \mathrm{d}x\,\mathrm{d}y \\ \dfrac{\partial}{\partial x} & \dfrac{\partial}{\partial y} & \dfrac{\partial}{\partial z} \\ z\cos\beta - y\cos\gamma & x\cos\gamma - z\cos\alpha & y\cos\alpha - x\cos\beta \end{vmatrix}$$

$$= \iint_S 2\cos\alpha\,\mathrm{d}y\,\mathrm{d}z + 2\cos\beta\,\mathrm{d}z\,\mathrm{d}x + 2\cos\gamma\,\mathrm{d}x\,\mathrm{d}y$$

$$= 2\iint_S (\cos^2\alpha + \cos^2\beta + \cos^2\gamma)\mathrm{d}S = 2A.$$

【例 6.3.21】 求第一型曲线积分 $\oint_L (y^2-z^2)\mathrm{d}x + (2z^2-x^2)\mathrm{d}y + (3x^2-y^2)\mathrm{d}z$,其中 L 为 $x+y+z=2$ 与柱面 $|x|+|y|=1$ 的交线,其方向为从 z 轴正向看去,L 是逆时针方向.

解 设 L 围成的曲面为 S,其在 yox 平面的投影为 $D = \{(x,y) \mid |x|+|y| \leqslant 1\}$,其外法向量为 $\boldsymbol{n} = (1,1,1)$,从而有 $\cos\langle \boldsymbol{n}, x\rangle = \dfrac{1}{\sqrt{3}}$,$\cos\langle \boldsymbol{n}, y\rangle = \dfrac{1}{\sqrt{3}}$,$\cos\langle \boldsymbol{n}, z\rangle = \dfrac{1}{\sqrt{3}}$,由斯托克斯公式可得

$$\oint_L (y^2 - z^2)\mathrm{d}x + (2z^2 - x^2)\mathrm{d}y + (3x^2 - y^2)\mathrm{d}z$$

$$= \iint_S \begin{vmatrix} \mathrm{d}y\mathrm{d}z & \mathrm{d}z\mathrm{d}x & \mathrm{d}x\mathrm{d}y \\ \dfrac{\partial}{\partial x} & \dfrac{\partial}{\partial y} & \dfrac{\partial}{\partial z} \\ y^2 - z^2 & 2z^2 - x^2 & 3x^2 - y^2 \end{vmatrix}$$

$$= -2\iint_S (y + 2z)\mathrm{d}y\mathrm{d}z + (z + 3x)\mathrm{d}z\mathrm{d}x + (x + y)\mathrm{d}x\mathrm{d}y$$

$$= -\frac{2}{\sqrt{3}}\iint_S (y + 2z + z + 3x + x + y)\mathrm{d}S$$

$$= -\frac{2}{\sqrt{3}}\iint_S (4x + 2y + 3z)\mathrm{d}S = -\frac{2}{\sqrt{3}}\iint_S (4x + 2y + 3(2 - x - y))\mathrm{d}S$$

$$= -\frac{2}{\sqrt{3}}\iint_S (x - y + 6)\mathrm{d}S = -\frac{2}{\sqrt{3}}\iint_D (x - y + 6)\sqrt{3}\,\mathrm{d}x\mathrm{d}y$$

$$= -2\left[\int_{-1}^{0}\mathrm{d}x\int_{-1-x}^{1+x}(x - y + 6)\mathrm{d}y + \int_{0}^{1}\mathrm{d}x\int_{-1+x}^{1-x}(x - y + 6)\mathrm{d}y\right] = -24.$$

练习题

1. 计算曲面积分 $I = \displaystyle\int_S z\mathrm{d}S$，其中 S 为螺旋面 $x = u\cos v, y = u\sin v, z = v, 0 \leqslant u \leqslant R$，$0 \leqslant v \leqslant 2\pi$.

2. 计算曲面积分 $I = \displaystyle\int_S (z^2 + x)\mathrm{d}S$，其中 S 为 $x^2 + z^2 = R^2(0 \leqslant y \leqslant 1)$.

3. 计算曲面积分 $I = \displaystyle\int_S (xy + yz + zx)\mathrm{d}S$，其中 S 为 $x^2 + y^2 + z^2 = R^2(a > 0)$.

4. 计算曲面积分

$$I = \int_S \frac{1}{\sqrt{x^2 + y^2 + (z + a)^2}}\mathrm{d}S,$$

其中 S 为球面 $x^2 + y^2 + z^2 = R^2(z > 0)$ 部分.

5. 已知球面 $\Sigma_1 : x^2 + y^2 + (z - a)^2 = R^2$ 与球面 $\Sigma_2 : x^2 + y^2 + z^2 = a^2$ 相交，$a > 0$，S 表示 Σ_1 在球面 Σ_2 内那部分的面积，求当 R 为何值时 S 最大.（中南大学 2011）

6. 计算曲面积分 $I = \displaystyle\iint_\Sigma x^3\mathrm{d}y\mathrm{d}z + y^3\mathrm{d}z\mathrm{d}x + z^3\mathrm{d}x\mathrm{d}y$，其中 $\sum$ 是下半球面 $z = -\sqrt{a^2 - x^2 - y^2}$ 的表面，方向取内侧.

7. 计算 $I = \displaystyle\iint_S xz^2\mathrm{d}y\mathrm{d}z + (x^2 y - z^3)\mathrm{d}z\mathrm{d}x + (2xy + y^2 z)\mathrm{d}x\mathrm{d}y$，其中 S 是曲面 $z = \sqrt{a^2 - x^2 - y^2}$，且 S 取下侧.（湖南师范大学 2022）

8. 计算积分

$$\iint\limits_{S} x^3 \, dy \, dz + y^3 \, dz \, dx + z^3 \, dx \, dy,$$

其中 S 为球面 $x^2 + y^2 + z^2 = a^2$ 的外侧, $a > 0$.

9. 计算曲面积分 $\iint\limits_{\Sigma} z \, dx \, dy + x \, dy \, dz + y \, dz \, dx$, 其中 $\sum$ 是由球面 $x^2 + y^2 + z^2 = a^2$ 在第一卦限曲面的上侧.

10. 计算曲面积分 $I = \iint\limits_{S} (x^2 \cos\alpha + y^2 \cos\beta + z^2 \cos\gamma) \, dS$, 其中 S 是曲面 $z = \sqrt{x^2 + y^2}$ 被平面 $z = h (h > 0)$ 所截取的外侧, $\cos\alpha, \cos\beta, \cos\gamma$ 为曲线外法向量的方向余弦.

11. 设 $u = x^4 + y^4 + z^4$, S 为球面 $x^2 + y^2 + z^2 = a^2 (a > 0)$ 的外侧, 计算曲面积分 $I = \int\limits_{S} \frac{\partial u}{\partial n} \, dS$.

12. 求第一型曲线积分 $I = \oint\limits_{L} (y^2 + z^2) \, dx + (x^2 + z^2) \, dy + (y^2 + x^2) \, dz$, 其中 L 为 $x + y + z = a$ 与三坐标平面的交线, 其方向为从 $(1,1,1)$ 看, 曲线是逆时针方向.

13. 计算 $I = \oint\limits_{L} (y-z) \, dx + (z-x) \, dy + (x-y) \, dz$, 其中 L 为球面 $x^2 + y^2 + z^2 = 1$ 与球面 $(x-1)^2 + (y-1)^2 + (z-1)^2 = 4$ 的交线, 从 z 轴正向看上去取逆时针方向.

14. 计算 $I = \oint\limits_{L} (y-z) \, dx + (z-x) \, dy + (x-y) \, dz$, 其中 L 为柱面 $x^2 + y^2 = a^2$ 与平面 $\frac{x}{a} + \frac{z}{h} = 1 (a, h > 0)$ 的交线, 从 x 轴正向看上去取逆时针方向.

15. 求曲面积分

$$T = \oint\limits_{L^+} (x-1) \, dy - (y+1) \, dx + z \, dz,$$

其中 L 为上半球面 $x^2 + y^2 + z^2 = 1 (z \geqslant 0)$ 与柱体 $x^2 + y^2 = x$ 的交线, 从 z 轴正向往下看为逆时针方向. (湖南大学 2021)

16. 计算 $I = \iint\limits_{S} xz^2 \, dy \, dz + (x^2y - z^3) \, dz \, dx + (2xy + y^2z) \, dx \, dy$, 其中 S 是曲面 $z = \sqrt{a^2 - x^2 - y^2}$, 且 S 取下侧. (湖南师范大学 2022)

17. 计算曲面积分 $\iint\limits_{\Sigma} (2x + z) \, dy \, dz + z \, dx \, dy$, 其中 Σ 为曲面 $z = x^2 + y^2 (0 \leqslant z \leqslant 1)$ 取上侧. (华东师范大学 2022)

18. 计算曲面积分 $\oiint\limits_{\Sigma} \frac{e^{\sqrt{y}}}{\sqrt{z^2 + x^2}} \, dz \, dx$, 其中 Σ 为 $y = z^2 + x^2$ 与 $y = 1, y = 2$ 所围立体表面的外侧. (中南大学 2012)

6.4　三重积分

6.4.1　主要知识点

1. 三重积分的定义

设二元函数 $f(x,y,z)$ 的定义域 V 是可求体积的,J 是一个定常数,如果对任意的 $\varepsilon > 0$,存在 $\delta > 0$,使对于 V 的任何分割 T,当 T 的细度 $\| T \| < \delta$ 时,都有积分和

$$\left| \sum_{i=1}^{n} f(\xi_i, \eta_i, \zeta_i) \Delta \sigma_i - J \right| < \varepsilon,$$

则称 $f(x,y,z)$ 在 V 上可积,数 J 称为函数 $f(x,y,z)$ 在 V 上的三重积分,记作

$$J = \iiint\limits_{V} f(x,y,z) \mathrm{d}V.$$

说明:当 $f(x,y,z) = 1$ 时,三重积分 $\iiint\limits_{V} f(x,y,z) \mathrm{d}V$ 的值等于积分区域 V 的体积.

2. 三重积分的性质

(1) 有界性:若 f 在 V 上可积,则 f 在上 V 有界.

(2) 线性性:若 f,g 均在 V 上可积,α,β 为任意实常数,则 $\alpha f + \beta g$ 仍在 V 上可积,且

$$\iiint\limits_{V} (\alpha f + \beta g) \mathrm{d}V = \alpha \iiint\limits_{V} f \mathrm{d}V + \beta \iiint\limits_{V} g \mathrm{d}V.$$

(3) 可加性:设 $V = V_1 \cup V_2$,其中 V_1 和 V_2 的内部不相交,则 $f(x,y,z)$ 在 V 上可积的充要条件是 $f(x,y,z)$ 在 V_1 和 V_2 上均可积,且 $\iiint\limits_{V} f \mathrm{d}V = \iiint\limits_{V_1} f \mathrm{d}V + \iiint\limits_{V_2} f \mathrm{d}V.$

(4) 单调性:若在区域 V 上 $f(x,y,z) \leqslant g(x,y,z)$,则 $\iiint\limits_{V} f \mathrm{d}V \leqslant \iiint\limits_{V} g \mathrm{d}V.$

特别地,当 $m \leqslant f(x,y,z) \leqslant M$ 时,$m \Delta V \leqslant \iiint\limits_{V} f \mathrm{d}V \leqslant M \Delta V$,其中 ΔV 表示 V 的体积.

(5) 绝对值不等式:$\left| \iiint\limits_{V} f \mathrm{d}V \right| \leqslant \iiint\limits_{V} | f | \mathrm{d}V.$

(6) 中值公式:若 $f(x,y,z)$ 在 V 上连续,$g(x,y,z)$ 在 V 上可积且不变号,则存在 $(\xi,\eta,\zeta) \in V$,使 $\iiint\limits_{V} f \cdot g \mathrm{d}V = f(\xi,\eta,\zeta) \iiint\limits_{V} g \mathrm{d}V.$

(7) 积分为零的几种特殊情形:

① 若 $f(x,y,z)$ 在区域 V 上非负连续,则 $\iiint\limits_{V} f \mathrm{d}V = 0 \Leftrightarrow f(x,y,z) \equiv 0.$

② 若 $f(x,y,z)$ 在区域 V 上连续,则 $f(x,y,z) \equiv 0 \Leftrightarrow \forall V_1 \subset V$ 总有 $\iiint\limits_{V_1} f \mathrm{d}V = 0$.

③ 若 $f(x,y,z)$ 在区域 V 上连续且对 V 上任意可积函数 $g(x,y,z)$,有 $\iiint\limits_{V} f \cdot g \mathrm{d}V = 0$,则 $f(x,y,z) = 0$.

3. 几类空间简单区域

（1）坐标型区域

① Z 型区域：$V = \{(x,y,z) \mid (x,y) \in D_{xy}, f_1(x,y) \leqslant z_1 \leqslant f_2(x,y)\}$,其中 D_{xy} 为 V 在 xoy 平面上的投影区域.

② Y 型区域：$V = \{(x,y,z) \mid (x,z) \in D_{xz}, g_1(x,z) \leqslant y_1 \leqslant g_2(x,z)\}$,其中 D_{xz} 为 V 在 xoz 平面上的投影区域.

③ X 型区域：$V = \{(x,y,z) \mid (y,z) \in D_{yz}, h_1(y,z) \leqslant x_1 \leqslant h_2(y,z)\}$,其中 D_{yz} 为 V 在 zoy 平面上的投影区域.

（2）关于坐标轴的截面区域

① 关于 Z 坐标轴的截面区域 $V = \{(x,y,z) \mid c \leqslant z \leqslant d, (x,y) \in D_z\}$,其中 D_z 为过 Z 轴上点 $(0,0,z)$ 且与 Z 轴垂直的平面与 V 相截得截面在 xoy 平面上的投影区域.

② 关于 Y 坐标轴的截面区域 $V = \{(x,y,z) \mid c \leqslant y \leqslant d, (x,z) \in D_y\}$,其中 D_y 为过 Y 轴上点 $(0,0,y)$ 且与 Y 轴垂直的平面与 V 相截得截面在 xoz 平面上的投影区域.

③ 关于 X 坐标轴的截面区域 $V = \{(x,y,z) \mid c \leqslant x \leqslant d, (y,z) \in D_x\}$,其中 D_x 为过 X 轴上点 $(0,0,z)$ 且与 X 轴垂直的平面与 V 相截得截面在 zoy 平面上的投影区域.

4. 三重积分常用的计算方法

（1）化为累次积分（1+2）的计算公式

① 若 V 为 Z 型区域 $\{(x,y,z) \mid (x,y) \in D_{xy}, f_1(x,y) \leqslant z_1 \leqslant f_2(x,y)\}$,则

$$\iiint\limits_{V} f \mathrm{d}V = \iint\limits_{D_{xy}} \mathrm{d}x \mathrm{d}y \int_{f_1(x,y)}^{f_2(x,y)} f \mathrm{d}z.$$

进一步地,如果区域 D_{xy} 还是 xoy 平面上的简单区域 $\{(x,y) \mid a \leqslant x \leqslant b, y_1(x) \leqslant z \leqslant y_2(x)\}$,则公式进一步变为

$$\iiint\limits_{V} f \mathrm{d}V = \int_{a}^{b} \mathrm{d}x \int_{y_1(x)}^{y_2(x)} \mathrm{d}y \int_{f_1(x,y)}^{f_2(x,y)} f \mathrm{d}z.$$

如果区域 D_{xy} 还是 xoy 平面上的简单区域 $\{(x,y) \mid c \leqslant y \leqslant d, x_1(y) \leqslant x \leqslant x_2(y)\}$,则公式进一步变为

$$\iiint\limits_{V} f \mathrm{d}V = \int_{c}^{d} \mathrm{d}y \int_{x_1(y)}^{x_2(y)} \mathrm{d}x \int_{f_1(x,y)}^{f_2(x,y)} f \mathrm{d}z.$$

② 若 V 为 Y 型区域 $\{(x,y,z) \mid (x,z) \in D_{xz}, g_1(x,z) \leqslant y_1 \leqslant g_2(x,z)\}$,则

$$\iiint\limits_{V} f \mathrm{d}V = \iint\limits_{D_{xz}} \mathrm{d}x \mathrm{d}z \int_{g_1(x,z)}^{g_2(x,z)} f \mathrm{d}y.$$

③ 若 V 为 X 型区域 $\{(x,y,z)\,|\,(y,z) \in D_{yz}, h_1(y,z) \leqslant x_1 \leqslant h_2(y,z)\}$，则

$$\iiint\limits_V f\,\mathrm{d}V = \iint\limits_{D_{yz}} \mathrm{d}x\,\mathrm{d}z \int_{h_1(y,z)}^{h_2(y,z)} f\,\mathrm{d}x.$$

（2）化为累次积分（2＋1）的计算公式

① 若 V 为关于 Z 轴的截面区域 $\{(x,y,z)\,|\,c \leqslant z \leqslant d,(x,y) \in D(z)\}$，则

$$\iiint\limits_V f\,\mathrm{d}V = \int_c^d \mathrm{d}z \iint\limits_{D(z)} f\,\mathrm{d}x\,\mathrm{d}y.$$

② 若 V 为关于 Y 轴的截面区域 $\{(x,y,z)\,|\,c \leqslant y \leqslant d,(x,z) \in D_y\}$，则

$$\iiint\limits_V f\,\mathrm{d}V = \int_c^d \mathrm{d}y \iint\limits_{D(y)} f\,\mathrm{d}x\,\mathrm{d}z.$$

③ 若 V 为关于 X 轴的截面区域 $\{(x,y,z)\,|\,c \leqslant x \leqslant d,(y,z) \in D_x\}$，则

$$\iiint\limits_V f\,\mathrm{d}V = \int_c^d \mathrm{d}x \iint\limits_{D(x)} f\,\mathrm{d}y\,\mathrm{d}z.$$

（3）利用变量替换

如果利用变量替换 $\begin{cases} x = x(u,v,w) \\ y = y(u,v,w) \\ z = z(u,v,w) \end{cases}$，将 xyz 空间上的有界闭区域 V 一一变成 uvw 空

间上的有界闭区域 V'，$x(u,v,w),y(u,v,w),z(u,v,w) \in C'(V)$，$\dfrac{\partial(x,y,z)}{\partial(u,v,w)} \neq 0$，则

$$\iiint\limits_V f\,\mathrm{d}V = \iiint\limits_{V'} f[x(u,v,w),y(u,v,w),z(u,v,w)]\left|\frac{\partial(x,y,z)}{\partial(u,v,w)}\right|\mathrm{d}V'.$$

① 利用坐标变换 $\begin{cases} x = r\cos\theta \\ y = r\sin\theta \end{cases}$，将 xyz 空间上的区域 V 一一变成 $r\theta z$ 空间上的区域

V'，则

$$\iiint\limits_V f\,\mathrm{d}V = \iiint\limits_{V'} f(r\cos\theta,r\sin\theta,z) \cdot r\,\mathrm{d}r\,\mathrm{d}\theta\,\mathrm{d}z.$$

② 利用椭球坐标变换

$\begin{cases} x = ar\sin\varphi\cos\theta \\ y = br\sin\varphi\sin\theta \\ z = cr\cos\varphi \end{cases}$，将 xyz 空间上的区域 V 一一变成 $r\theta z$ 空间上的区域 V'，则

$$\iiint\limits_V f\,\mathrm{d}V = \iiint\limits_{V'} f(ar\sin\varphi\cos\theta,br\sin\varphi\sin\theta,cr\cos\varphi) \cdot abc \cdot r^2\sin\varphi\,\mathrm{d}r\,\mathrm{d}\theta\,\mathrm{d}\varphi.$$

特别地，当 $a = b = c = 1$ 时，上式公式为球面坐标变换公式，即

利用球坐标变换 $\begin{cases} x = r\sin\varphi\cos\theta \\ y = r\sin\varphi\sin\theta \\ z = r\cos\varphi \end{cases}$，将 xyz 空间上的区域 V 一一变成 $r\theta z$ 空间上的区域 V'，则

$$\iiint\limits_{V} f\,\mathrm{d}V = \iiint\limits_{V'} f(r\sin\varphi\cos\theta, r\sin\varphi\sin\theta, r\cos\varphi) \cdot r^2\sin\varphi\,\mathrm{d}r\,\mathrm{d}\theta\,\mathrm{d}\varphi.$$

③ 若 V 为球形区域 $\{(x,y,z): x^2 + y^2 + z^2 \leqslant 1\}$，令 $k = \sqrt{a^2 + b^2 + c^2}$，则

$$\iiint\limits_{V} f(ax + by + cz + d)\,\mathrm{d}V = \pi\int_{-1}^{1} f(kx)(1-x^2)\,\mathrm{d}x.$$

6.4.2 三重积分的计算

【例 6.4.1】 （定义法）求三重积分 $I = \iiint\limits_{\Omega} xy^2z\,\mathrm{d}x\,\mathrm{d}y\,\mathrm{d}z$，其中 Ω 是第一卦限中由曲面 $z = \sqrt{xy}$ 与平面 $y = x$，$x = 1$，$z = 0$ 所围成的区域.（吉林大学 2010）

解 根据三重积分的定义可得

$$I = \iiint\limits_{\Omega} xy^2z\,\mathrm{d}x\,\mathrm{d}y\,\mathrm{d}z = \int_0^1 \mathrm{d}x \int_0^x \mathrm{d}y \int_0^{\sqrt{xy}} xy^2z\,\mathrm{d}z$$

$$= \frac{1}{2}\int_0^1 \mathrm{d}x \int_0^x x^2y^3\,\mathrm{d}y$$

$$= \frac{1}{8}\int_0^1 x^6\,\mathrm{d}x = \frac{1}{56}.$$

【例 6.4.2】 （先二后一）求三重积分 $I = \iiint\limits_{\Omega} z^2\,\mathrm{d}x\,\mathrm{d}y\,\mathrm{d}z$，其中 Ω 是 $x^2 + y^2 + z^2 \leqslant r^2$ 与 $x^2 + y^2 + z^2 \leqslant 2rz$ 所围成的公共区域.（大连理工大学 2009）

解 令 $\Omega_1 = \{(x,y,z) \mid 0 \leqslant z \leqslant \frac{r}{2}, x^2 + y^2 \leqslant 2rz - z^2\}$，此时 $\mathrm{d}x\,\mathrm{d}y = \pi(2rz - z^2)$，$\Omega_2 = \{(x,y,z) \mid \frac{r}{2} \leqslant z \leqslant r, x^2 + y^2 \leqslant r^2 - z^2\}$，此时 $\mathrm{d}x\,\mathrm{d}y = \pi(r^2 - z^2)$，且有 $\Omega = \Omega_1 \bigcup \Omega_2$.

$$I = \iiint\limits_{\Omega} z^2\,\mathrm{d}x\,\mathrm{d}y\,\mathrm{d}z = \iiint\limits_{\Omega_1} z^2\,\mathrm{d}x\,\mathrm{d}y\,\mathrm{d}z + \iiint\limits_{\Omega_2} z^2\,\mathrm{d}x\,\mathrm{d}y\,\mathrm{d}z$$

$$= \pi\int_0^{\frac{r}{2}} z^2(2rz - z^2)\,\mathrm{d}z + \pi\int_{\frac{r}{2}}^r z^2(r^2 - z^2)\,\mathrm{d}z = \frac{9}{160}\pi r^5.$$

【例 6.4.3】 （先二后一）设 $\Omega = \{(x,y,z): 0 \leqslant z \leqslant 1, x^2 + y^2 \leqslant z\}$，计算三重积分 $\iiint\limits_{\Omega} \sin(z^2)\,\mathrm{d}V.$（北京理工大学 2021）

解

$$\iiint\limits_{\Omega} \sin(z^2)\mathrm{d}V = \int_0^1 \sin(z^2)\mathrm{d}z \iint\limits_{x^2+y^2\leqslant z} \mathrm{d}x\,\mathrm{d}y$$

$$= \int_0^1 \sin(z^2) \cdot \pi z\,\mathrm{d}z = \frac{\pi}{2}\int_0^1 \sin(z^2)\mathrm{d}z^2$$

$$= \frac{\pi}{2}\cos z^2 \Big|_1^0 = \frac{\pi}{2}(1-\cos 1).$$

【例 6.4.4】（定义＋极坐标）求三重积分

$$I = \iiint\limits_{\Omega} x^2\sqrt{x^2+y^2}\,\mathrm{d}x\,\mathrm{d}y\,\mathrm{d}z,$$

其中 Ω 是 $z=x^2+y^2$ 与 $z^2=x^2+y^2$ 围成的有界区域.（中国海洋大学 2022）

解　根据题意可知 $\Omega=\{(x,y,z)\mid 0\leqslant x^2+y^2\leqslant 1, x^2+y^2\leqslant z\leqslant \sqrt{x^2+y^2}\}$,其在 xoy 平面的投影为 $D=\{(x,y)\mid 0\leqslant x^2+y^2\leqslant 1\}$. 则有

$$I = \iiint\limits_{\Omega} x^2\sqrt{x^2+y^2}\,\mathrm{d}x\,\mathrm{d}y\,\mathrm{d}z = \iint \mathrm{d}x\,\mathrm{d}y\int_{x^2+y^2}^{\sqrt{x^2+y^2}} x^2\sqrt{x^2+y^2}\,\mathrm{d}z$$

$$= \iint\limits_{D} x^2\sqrt{x^2+y^2}\,(\sqrt{x^2+y^2}-(x^2+y^2))\mathrm{d}x\,\mathrm{d}y$$

$$= \int_0^{2\pi}\mathrm{d}\theta\int_0^1 r^2\cos^2\theta\,(r^2-r^3)r\mathrm{d}r = \frac{\pi}{42}.$$

【例 6.4.5】（坐标变换）求三重积分

$$I = \iiint\limits_{\Omega} \frac{1}{(x+y+2z)^2}\mathrm{d}x\,\mathrm{d}y\,\mathrm{d}z,$$

其中 Ω 是三个坐标平面及平面 $x+y+2z=1$ 与 $x+y+2z=2$ 所围成的区域.（武汉大学 2022）

解　作 $u=x+y+2z, v=y, w=z$,则 $x=u-v-2w, y=v, z=w$,且将区域 Ω 变换成 $\Omega_1 = \left\{(u,v,w)\mid 1\leqslant u\leqslant 2, 0\leqslant v\leqslant u, 0\leqslant w\leqslant \frac{u-v}{2}\right\}$,且

$$J = \begin{vmatrix} 1 & -1 & -2 \\ 0 & 1 & 0 \\ 0 & 0 & 1 \end{vmatrix} = 1.$$

所以,

$$I = \iiint\limits_{\Omega} \frac{1}{(x+y+2z)^2}\mathrm{d}x\,\mathrm{d}y\,\mathrm{d}z = \int_1^2 \mathrm{d}u\int_0^u \mathrm{d}v\int_0^{\frac{u-v}{2}} \frac{1}{u^2}\mathrm{d}w$$

$$= \frac{1}{2}\int_1^2 \mathrm{d}u\int_0^u \frac{u-v}{u^2}\mathrm{d}v = \frac{1}{2}\int_1^2 (1-\frac{1}{2})\mathrm{d}u = \frac{1}{4}.$$

【例 6.4.6】 (球坐标变换)设区域 D 是由锥面 $z=\sqrt{x^2+y^2}$ 与球面 $x^2+y^2+z^2=1$ 所围成的区域,求

$$I=\iiint\limits_{\Omega}z\,\mathrm{e}^{-(x^2+y^2+z^2)}\,\mathrm{d}x\,\mathrm{d}y\,\mathrm{d}z. \text{(中国人民大学 2022)}$$

解

作球坐标变换:$\begin{cases}x=r\sin\varphi\cos\theta\\ y=r\sin\varphi\sin\theta\\ z=r\cos\varphi\end{cases}$,$D:\theta\in[0,2\pi],\varphi\in\left[0,\dfrac{\pi}{4}\right],r\in[0,1],J=r^2\sin\varphi$

$$\iiint\limits_{D}z\,\mathrm{e}^{-(x^2+y^2+z^2)}\,\mathrm{d}x\,\mathrm{d}y\,\mathrm{d}z=\int_0^{2\pi}\mathrm{d}\theta\int_0^{\frac{\pi}{4}}\mathrm{d}\varphi\int_0^1 r\cos\varphi\,\mathrm{e}^{-r^2}r^2\sin\varphi\,\mathrm{d}r$$

$$=2\pi\int_0^{\frac{\pi}{4}}\sin\varphi\cos\varphi\,\mathrm{d}\varphi\int_0^1\mathrm{e}^{-r^2}r^3\,\mathrm{d}r=\pi\int_0^{\frac{\pi}{4}}\sin\varphi\,\mathrm{d}\sin\varphi\int_0^1\mathrm{e}^{-r^2}r^2\,\mathrm{d}r^2$$

$$=\pi\cdot\frac{1}{2}\sin^2\varphi\,\Big|_0^{\frac{\pi}{4}}\cdot\mathrm{e}^{-r^2}(r^2+1)\,\Big|_1^0=\pi\cdot\frac{1}{2}\cdot\frac{1}{2}\cdot\left(1-\frac{2}{\mathrm{e}}\right)$$

$$=\frac{(\mathrm{e}-2)\pi}{4\mathrm{e}}.$$

【例 6.4.7】 (分区域积分)计算三重积分 $\iiint\limits_{\Omega}|x^2+y^2-1|\,\mathrm{d}x\,\mathrm{d}y\,\mathrm{d}z$,其中 Ω 是 $x^2+y^2=2z$ 与 $z=2$ 所围成的区域. (北京师范大学 2020)

解

$$\iiint\limits_{\Omega}|x^2+y^2-1|\,\mathrm{d}x\,\mathrm{d}y\,\mathrm{d}z$$

$$=\iint\limits_{x^2+y^2\leqslant4}|x^2+y^2-1|\,\mathrm{d}x\,\mathrm{d}y\int_{\frac{x^2+y^2}{2}}^2\mathrm{d}z$$

$$=\iint\limits_{x^2+y^2\leqslant4}|x^2+y^2-1|\left(2-\frac{x^2+y^2}{2}\right)\mathrm{d}x\,\mathrm{d}y$$

$$=\iint\limits_{x^2+y^2\leqslant1}[1-(x^2+y^2)]\left(2-\frac{x^2+y^2}{2}\right)\mathrm{d}x\,\mathrm{d}y+$$

$$\iint\limits_{1\leqslant x^2+y^2\leqslant4}(x^2+y^2-1)\left(2-\frac{x^2+y^2}{2}\right)\mathrm{d}x\,\mathrm{d}y$$

$$=\int_0^1(1-r^2)\left(2-\frac{1}{2}r^2\right)r\,\mathrm{d}r\int_0^{2\pi}\mathrm{d}\theta+\int_1^2(r^2-1)\left(2-\frac{1}{2}r^2\right)r\,\mathrm{d}r\int_0^{2\pi}\mathrm{d}\theta$$

$$=2\pi\left(r^2-\frac{5}{8}r^4+\frac{1}{12}r^6\right)\Big|_0^1+2\pi\left(\frac{5}{8}r^4-r^2-\frac{1}{12}r^6\right)\Big|_1^2$$

$$=\frac{11}{12}\pi+\frac{9}{4}\pi=\frac{19}{6}\pi.$$

【例 6.4.8】 （对称性）求三重积分

$$I = \iiint\limits_{\Omega} (x + ye^{y^2} + zf(z))\mathrm{d}x\,\mathrm{d}y\,\mathrm{d}z,$$

其中 Ω 是球面 $x^2 + y^2 + z^2 = 1$ 围成的有界区域，$f(z)$ 是 z 的偶函数.

解 因为积分区域 Ω 关于 xoy 平面对称，且 $R(x,y,z) = zf(z)$，$R(x,y,-z) = -zf(z)$，故有 $\iiint\limits_{\Omega} zf(z)\mathrm{d}x\,\mathrm{d}y\,\mathrm{d}z = 0$. 因为积分区域 Ω 关于 xoz 平面对称，且 $Q(x,y,z) = ye^{y^2}$，$Q(x,-y,z) = -ye^{y^2}$，故有 $\iiint\limits_{\Omega} ye^{y^2}\mathrm{d}x\,\mathrm{d}y\,\mathrm{d}z = 0$. 因为 Ω 在 xoy 平面的投影为 $D = \{(x,y) \mid 0 \leqslant x^2 + y^2 \leqslant 1\}$，所以

$$I = \iiint\limits_{\Omega} (x + ye^{y^2} + zf(z))\mathrm{d}x\,\mathrm{d}y\,\mathrm{d}z = \iiint\limits_{\Omega} x\,\mathrm{d}x\,\mathrm{d}y\,\mathrm{d}z = \iint\limits_{D} \mathrm{d}x\,\mathrm{d}y \int_{-\sqrt{1-(x^2+y^2)}}^{\sqrt{1-(x^2+y^2)}} x\,\mathrm{d}z$$

$$= 2\iint\limits_{D} x\sqrt{1-(x^2+y^2)}\,\mathrm{d}x\,\mathrm{d}y = 2\int_0^{2\pi}\mathrm{d}\theta \int_0^1 r\cos\theta\sqrt{1-r^2}\,r\,\mathrm{d}r = 0.$$

【例 6.4.9】 （对称性＋球坐标变换）计算 $\iiint\limits_{x^2+y^2+z^2\leqslant 1} (x^2 - x^2y + xy + y^2)\mathrm{d}x\,\mathrm{d}y\,\mathrm{d}z$. （中南大学 2013）

解 记 $x^2 + y^2 + z^2 \leqslant 1$ 为 Ω，则由对称性得

$$\iiint\limits_{\Omega} x^2y\,\mathrm{d}x\,\mathrm{d}y\,\mathrm{d}z = \iiint\limits_{\Omega} xy\,\mathrm{d}x\,\mathrm{d}y\,\mathrm{d}z = 0,$$

$$\iiint\limits_{\Omega} x^2\,\mathrm{d}x\,\mathrm{d}y\,\mathrm{d}z = \iiint\limits_{\Omega} y^2\,\mathrm{d}x\,\mathrm{d}y\,\mathrm{d}z = \iiint\limits_{\Omega} z^2\,\mathrm{d}x\,\mathrm{d}y\,\mathrm{d}z.$$

于是

$$\iiint\limits_{\Omega} (x^2 - x^2y + xy + y^2)\mathrm{d}x\,\mathrm{d}y\,\mathrm{d}z = \iiint\limits_{\Omega} (x^2 + y^2)\mathrm{d}x\,\mathrm{d}y\,\mathrm{d}z$$

$$= \frac{2}{3}\iiint\limits_{\Omega} (x^2 + y^2 + z^2)\mathrm{d}x\,\mathrm{d}y\,\mathrm{d}z \quad \begin{pmatrix} x = r\sin\varphi\cos\theta \\ y = r\sin\varphi\sin\theta \\ z = r\cos\varphi \end{pmatrix}$$

$$= \frac{2}{3}\int_0^{2\pi}\mathrm{d}\theta \int_0^\pi \mathrm{d}\varphi \int_0^1 r^2 \cdot r^2\sin\varphi\,\mathrm{d}r$$

$$= \frac{2}{3} \cdot 2\pi \int_0^\pi \sin\varphi\,\mathrm{d}\varphi \int_0^1 r^4\,\mathrm{d}r$$

$$= \frac{4\pi}{3} \cdot 2 \cdot \frac{1}{5} = \frac{8\pi}{15}.$$

【例 6.4.10】 （二重积分＋坐标变换）设曲面 $z = x^2 + y^2 + 1$ 在点 $M(1,-1,3)$ 的切平面与曲面 $z = x^2 + y^2$ 所围的空间有界区域为 Ω，求 Ω 的体积. （中南大学 2016）

解 曲面 $z = x^2 + y^2 + 1$ 在点 $M(1, -1, 3)$ 的法向量为

$$(-z_x, -z_y, 1)\Big|_M = (-2, 2, 1),$$

故其在点 $M(1, -1, 3)$ 的切平面方程为

$$-2(x-1) + 2(y+1) + z - 3 = 0,$$

即 $z = 2x - 2y - 1$. 该切平面与 $z = x^2 + y^2$ 的交线为 $\begin{cases} z = 2x - 2y - 1 \\ z = x^2 + y^2 \end{cases}$, 即

$$\begin{cases} (x-1)^2 + (y+1)^2 = 1 \\ z = x^2 + y^2 \end{cases}.$$

因此, Ω 的体积为

$$\iint\limits_{(x-1)^2 + (y+1)^2 \leqslant 1} (2x - 2y - 1 - x^2 - y^2)\mathrm{d}x\,\mathrm{d}y$$

$$= \iint\limits_{(x-1)^2 + (y+1)^2 \leqslant 1} [1 - (x-1)^2 - (y+1)^2]\mathrm{d}x\,\mathrm{d}y$$

$$= \iint\limits_{x^2 + y^2 \leqslant 1} (1 - x^2 - y^2)\mathrm{d}x\,\mathrm{d}y = \pi - \frac{1}{2}\pi = \frac{1}{2}\pi.$$

【例 6.4.11】 （导数与极限）若 $F(t) = \iiint\limits_{\Omega} f(x^2 + y^2 + z^2)\mathrm{d}x\,\mathrm{d}y\,\mathrm{d}z$, 其中 f 是可微函数, 积分区域 Ω 是球面 $x^2 + y^2 + z^2 = t^2$ 围成的有界区域. (1) 求 $F'(t)$; (2) 若 $f(0) = 0$, 求 $\lim\limits_{t \to 0} t^{-5} F(t)$. （华中师范大学 2014）

解 (1) 作 $x = r\sin\varphi\cos\theta, y = r\sin\varphi\sin\theta, z = r\cos\varphi, \theta \in [0, 2\pi], \varphi \in \left[0, \dfrac{\pi}{4}\right]$, $r \in [0, 1]$, 则有

$$F(t) = \iiint\limits_{\Omega} f(x^2 + y^2 + z^2)\mathrm{d}x\,\mathrm{d}y\,\mathrm{d}z = \int_0^{2\pi}\mathrm{d}\theta\int_0^{\pi}\mathrm{d}\varphi\int_0^t f(r^2)r^2\sin\varphi\,\mathrm{d}r$$

$$= 2\pi[-\cos\varphi]\Big|_0^{\pi}\int_0^t f(r^2)r^2\mathrm{d}r = 4\pi\int_0^t f(r^2)r^2\mathrm{d}r,$$

所以, $F'(t) = 4\pi t^2 f(t^2)$.

(2) $\lim\limits_{t \to 0} t^{-5} F(t) = \lim\limits_{t \to 0}\frac{F(t)}{t^5} = \lim\limits_{t \to 0}\frac{4\pi t^2 f(t^2)}{5t^4} = \frac{4\pi}{5}\lim\limits_{t \to 0}\frac{f(t^2) - f(0)}{t^2 - 0} = \frac{4\pi}{5}f'(0).$

6.4.3 三重积分与第二型曲面积分

【例 6.4.12】 （高斯公式＋对称）求曲面积分

$$I = \iint\limits_{\Omega} x^2 \mathrm{d}y\mathrm{d}z + \left(\frac{1}{z}f\left(\frac{y}{z}\right) + y^2\right)\mathrm{d}z\mathrm{d}x + \left(\frac{1}{y}f\left(\frac{y}{z}\right) + z^2\right)\mathrm{d}x\mathrm{d}y,$$

其中 Ω 是曲面 $z = \sqrt{x^2 + y^2}$ 与球面 $x^2 + y^2 + z^2 = 1$ 及 $x^2 + y^2 + z^2 = 4$ 所围成的曲面,且 f 是连续可导函数. (河海大学 2022)

解　设曲面 Ω 围成的积分区域为 V,由高斯公式可得

$$I = \iint\limits_{\Omega} x^2 \mathrm{d}y\mathrm{d}z + \left(\frac{1}{z}f\left(\frac{y}{z}\right) + y^2\right)\mathrm{d}z\mathrm{d}x + \left(\frac{1}{y}f\left(\frac{y}{z}\right) + z^2\right)\mathrm{d}x\mathrm{d}y$$

$$= \iiint\limits_{V}\left(2x + 2y + \frac{1}{z^2}f'\left(\frac{y}{z}\right) + \frac{1}{y}f'\left(\frac{y}{z}\right)\left(-\frac{y}{z^2}\right) + 2z\right)\mathrm{d}x\mathrm{d}y\mathrm{d}z$$

$$= 2\iiint\limits_{V}(x + y + z)\mathrm{d}x\mathrm{d}y\mathrm{d}z.$$

因为积分区域 V 关于 xoz 平面对称,且 $R(x,y,z) = y, R(x,-y,z) = -y$,故有 $\iiint\limits_{V} y\mathrm{d}x\mathrm{d}y\mathrm{d}z = 0$. 因为积分区域 Ω 关于 yoz 平面对称,且 $Q(x,y,z) = x, Q(-x,y,z) = -x$,故有 $\iiint\limits_{\Omega} x\mathrm{d}x\mathrm{d}y\mathrm{d}z = 0$. 从而有 $I = 2\iiint\limits_{V} z\mathrm{d}x\mathrm{d}y\mathrm{d}z$.

令 $D_1 = \left\{(x,y) \,\middle|\, 0 \leqslant x^2 + y^2 \leqslant \frac{1}{2}\right\}$, $D_1 = \left\{(x,y) \,\middle|\, \frac{1}{2} \leqslant x^2 + y^2 \leqslant 2\right\}$,则

$$I = \iiint\limits_{V} z\mathrm{d}x\mathrm{d}y\mathrm{d}z = 2\iint\limits_{D_1}\mathrm{d}x\mathrm{d}y\int_{\sqrt{1-(x^2+y^2)}}^{\sqrt{4-(x^2+y^2)}} z\mathrm{d}z + 2\iint\limits_{D_2}\mathrm{d}x\mathrm{d}y\int_{\sqrt{(x^2+y^2)}}^{\sqrt{4-(x^2+y^2)}} z\mathrm{d}z = \frac{31\pi}{4}.$$

【例 6.4.13】　(补球面法)求曲面积分

$$I = \iint\limits_{\Omega}\frac{x\mathrm{d}y\mathrm{d}z + y\mathrm{d}z\mathrm{d}x + z\mathrm{d}x\mathrm{d}y}{(x^2 + 2y^2 + 3z^2)^{\frac{3}{2}}},$$

其中 Ω 是曲面 $9x^2 + 4y^2 + z^2 = 1$ 的外侧. (大连理工大学 2022)

解　令 $r = (x^2 + 2y^2 + 3z^2)^{\frac{1}{2}}, P(x,y,z) = \frac{x}{r^3}, Q(x,y,z) = \frac{y}{r^3}, R(x,y,z) = \frac{z}{r^3}$.

从而,

$$P_x = \frac{r^3 - 3r^2 x \frac{x}{r}}{r^6} = \frac{r^2 - 3x^2}{r^5}, Q_y = \frac{r^2 - 3y^2}{r^5}, R_z = \frac{r^2 - 3z^2}{r^5},$$ 从而 $P_x + Q_y + R_z = 0$.

设曲面 Ω 围成立体为 V,在 V 中挖去以 $(0,0,0)$ 为球心的小椭球. 令 $V_1: x^2 + 2y^2 + 3z^2 \leqslant \varepsilon^2$,其中 ε 是任意正常数. 设 V_1 的表面为 Ω_1 且取内侧为正方向,则有 $\Omega \bigcup \Omega_1$ 构成封闭球体,$P = \frac{x}{r^3}, Q = \frac{y}{r^3}, R = \frac{z}{r^3}$ 在 $V - V_1$ 存在连续偏导数,根据高斯公式可得

$$I = \iint\limits_{\Omega \bigcup \Omega_1}\frac{x\mathrm{d}y\mathrm{d}z + y\mathrm{d}z\mathrm{d}x + z\mathrm{d}x\mathrm{d}y}{(x^2 + 2y^2 + 3z^2)^{\frac{3}{2}}} = 0.$$

所以,

$$I = \iint_{\Omega} \frac{x\,dy\,dz + y\,dz\,dx + z\,dx\,dy}{(x^2 + 2y^2 + 3z^2)^{\frac{3}{2}}} = \iint_{\Omega_1^-} \frac{x\,dy\,dz + y\,dz\,dx + z\,dx\,dy}{(x^2 + 2y^2 + 3z^2)^{\frac{3}{2}}}$$

$$= \frac{1}{\varepsilon^3} \iint_{\Omega_1^-} x\,dy\,dz + y\,dz\,dx + z\,dx\,dy$$

$$= \frac{1}{\varepsilon^3} \iiint_{V} (1+1+1)\,dV = \frac{3}{\varepsilon^3} \cdot \frac{4}{3}\pi \cdot \varepsilon \cdot \frac{\varepsilon}{\sqrt{2}} \cdot \frac{\varepsilon}{\sqrt{3}} = \frac{4\sqrt{6}\,\pi}{6}.$$

【例 6.4.14】 (高斯公式＋第一型曲面积分)设 Ω 是由 R^3 中简单光滑封闭曲线 Σ 所围成的有界区域,(1) 假设 $u(x,y,z) \in C^2(\Omega)$,且 $\Delta u = \dfrac{\partial^2 u}{\partial x^2} + \dfrac{\partial^2 u}{\partial y^2} + \dfrac{\partial^2 u}{\partial z^2} = 0$ 在 Ω 上恒成立,证明

$$\iiint_{\Omega} |\nabla u|^2\,dx\,dy\,dz = \iint_{\Sigma} u\,\frac{\partial u}{\partial \boldsymbol{n}}\,dS,$$

其中 $\boldsymbol{n}$ 是 Σ 的单位外法向量,$\nabla u = \left(\dfrac{\partial u}{\partial x}, \dfrac{\partial u}{\partial y}, \dfrac{\partial u}{\partial z} \right)$.

(2) 假设 $u_1(x,y,z), u_2(x,y,z) \in C^2(\bar{\Omega})$ 是问题

$$\begin{cases} -\Delta u = f(x,y,z), (x,y,z) \in \Omega; \\ u = g(x,y,z), (x,y,z) \in \Sigma. \end{cases}$$

其中 $f(x,y,z), g(x,y,z) \in C(\bar{\Omega}))$ 的解,证明 $u_1(x,y,z) = u_2(x,y,z), \forall (x,y) \in \bar{\Omega}$.

证明 设 $\boldsymbol{n} = (\cos\alpha, \cos\beta, \cos\gamma)$,则有 $\dfrac{\partial u}{\partial n} = \dfrac{\partial u}{\partial x}\cos\alpha + \dfrac{\partial u}{\partial y}\cos\beta + \dfrac{\partial u}{\partial z}\cos\gamma$,所以

$$\iint_{\Sigma} u\,\frac{\partial u}{\partial \boldsymbol{n}}\,dS = \iint_{\Sigma} u\left(\frac{\partial u}{\partial x}\cos\alpha + \frac{\partial u}{\partial y}\cos\beta + \frac{\partial u}{\partial z}\cos\gamma \right)dS$$

$$= \iint_{\Sigma} u\,\frac{\partial u}{\partial x}\,dy\,dz + u\,\frac{\partial u}{\partial y}\,dz\,dx + u\,\frac{\partial u}{\partial z}\,dx\,dy$$

$$= \iint_{\Sigma} u\,\frac{\partial u}{\partial x}\,dy\,dz + u\,\frac{\partial u}{\partial y}\,dz\,dx + u\,\frac{\partial u}{\partial z}\,dx\,dy$$

$$= \iiint_{\Omega} \left(\left(\frac{\partial u}{\partial x}\right)^2 + u\,\frac{\partial^2 u}{\partial x^2} + \left(\frac{\partial u}{\partial y}\right)^2 + u\,\frac{\partial^2 u}{\partial y^2} + \left(\frac{\partial u}{\partial z}\right)^2 + u\,\frac{\partial^2 u}{\partial z^2} \right)dV$$

$$= \iiint_{\Omega} (|\nabla u|^2 + u\Delta u)\,dV = \iiint_{\Omega} |\nabla u|^2\,dV.$$

6.4.4　多重积分不等式的证明

【例 6.4.15】　设 $f(x,y),\dfrac{\partial f}{\partial x}(x,y)$ 在闭区域 $D:a\leqslant x\leqslant b,\varphi(x)\leqslant y\leqslant \phi(x)$ 上连续,其中 $\varphi(x),\phi(x)$ 均为 $[a,b]$ 上的连续函数,且满足 $f(x,\varphi(x))=0,x\in[a,b]$,证明存在常数 $C>0$,使得

$$\iint\limits_D f^2(x,y)\mathrm{d}x\,\mathrm{d}y\leqslant C\iint\limits_D \left(\frac{\partial f}{\partial x}\right)^2(x,y)\mathrm{d}x\,\mathrm{d}y.$$

证明　因为 $\varphi(x),\phi(x)$ 均为 $[a,b]$ 上的连续函数,故 $[\phi(x)-\varphi(x)]^2$ 在 $[a,b]$ 上连续,从而对任意的 $x\in[a,b]$ 存在常数 $C>0$,使得 $[\phi(x)-\varphi(x)]^2\leqslant C$.

对任意的 $x\in[a,b],s\in[\varphi(x),\phi(x)]$,由 $f(x,\varphi(x))=0$,由牛顿-莱布尼兹公式可得

$$f(x,s)=\int_{\varphi(x)}^{s}\frac{\partial f(x,y)}{\partial x}\mathrm{d}y=0.$$

由施瓦茨不等式可得

$$f^2(x,s)=(\int_{\varphi(x)}^{s}\frac{\partial f(x,y)}{\partial x}\mathrm{d}y)^2\leqslant\int_{\varphi(x)}^{s}1\mathrm{d}y\int_{\varphi(x)}^{s}\left(\frac{\partial f(x,y)}{\partial x}\right)^2\mathrm{d}y$$

$$=(s-\varphi(x))^2\int_{\varphi(x)}^{s}\left(\frac{\partial f(x,y)}{\partial x}\right)^2\mathrm{d}y\leqslant(\phi(x)-\varphi(x))\int_{\varphi(x)}^{\phi(x)}\left(\frac{\partial f(x,y)}{\partial x}\right)^2\mathrm{d}y,$$

$$\tag{1}$$

对 (1) 两边关于 s 在 $[\varphi(x),\phi(x)]$ 上积分可得

$$\int_{\varphi(x)}^{\phi(x)}f^2(x,s)\mathrm{d}s\leqslant(\phi(x)-\varphi(x))^2\int_{\varphi(x)}^{\phi(x)}\left(\frac{\partial f(x,y)}{\partial x}\right)^2\mathrm{d}y\leqslant C\int_{\varphi(x)}^{\phi(x)}\left(\frac{\partial f(x,y)}{\partial x}\right)^2\mathrm{d}y$$

所以,

$$\iint\limits_D f^2(x,y)\mathrm{d}x\,\mathrm{d}y=\int_{a}^{b}\Big[\int_{\varphi(x)}^{\phi(x)}f^2(x,y)\mathrm{d}y\Big]\mathrm{d}x$$

$$\leqslant C\int_{a}^{b}\Big[\int_{\varphi(x)}^{\phi(x)}\left(\frac{\partial f(x,y)}{\partial x}\right)^2\mathrm{d}y\Big]\mathrm{d}x=C\iint\limits_D\left(\frac{\partial f}{\partial x}\right)^2(x,y)\mathrm{d}x\,\mathrm{d}y.$$

【例 6.4.16】　计 $\Delta=\dfrac{\partial^2}{\partial x^2}+\dfrac{\partial^2}{\partial y^2}+\dfrac{\partial^2}{\partial z^2},\nabla=\dfrac{\partial}{\partial x}+\dfrac{\partial}{\partial y}+\dfrac{\partial}{\partial z},$

(1) 假设 $f(x,y,z)$ 和 $g(x,y,z)$ 在 $V:x^2+y^2+z^2\leqslant 1$ 上具有二阶连续的偏导数,证明

$$\iiint\limits_V(\nabla f\ \nabla g)\mathrm{d}x\,\mathrm{d}y\,\mathrm{d}z=\oiint\limits_S g\frac{\partial f}{\partial \boldsymbol{n}}\mathrm{d}S-\iiint\limits_V(g\Delta f)\mathrm{d}x\,\mathrm{d}y\,\mathrm{d}z,$$

其中 $\boldsymbol{n}$ 是 S 的单位外法向量, S 为球面 $x^2+y^2+z^2=1$.

（2）假设在 V 上恒有 $\Delta f=0$, 且函数 $f\mid_S=0$, 证明在 V 上恒有 $f=0$.

（3）假设 $\Delta f=x^2+y^2+z^2$, 试计算 $\iiint\limits_V \dfrac{1}{\sqrt{x^2+y^2+z^2}}(xf_x+yf_y+zf_z)\mathrm{d}x\,\mathrm{d}y\,\mathrm{d}z$.

证明 设 $\boldsymbol{n}=(\cos\alpha,\cos\beta,\cos\gamma)$, 则有 $\dfrac{\partial f}{\partial \boldsymbol{n}}=\dfrac{\partial f}{\partial x}\cos\alpha+\dfrac{\partial f}{\partial y}\cos\beta+\dfrac{\partial f}{\partial z}\cos\gamma$, 所以

$$
\begin{aligned}
\oiint\limits_S g\frac{\partial f}{\partial \boldsymbol{n}}\mathrm{d}S &= \iint\limits_S g\left(\frac{\partial f}{\partial x}\cos\alpha+\frac{\partial f}{\partial y}\cos\beta+\frac{\partial f}{\partial z}\cos\gamma\right)\mathrm{d}S\\
&= \iint\limits_S g\frac{\partial f}{\partial x}\mathrm{d}y\mathrm{d}z+g\frac{\partial f}{\partial y}\mathrm{d}z\mathrm{d}x+g\frac{\partial f}{\partial z}\mathrm{d}x\mathrm{d}y\\
&= \iint\limits_S u\frac{\partial u}{\partial x}\mathrm{d}y\mathrm{d}z+u\frac{\partial u}{\partial y}\mathrm{d}z\mathrm{d}x+u\frac{\partial u}{\partial z}\mathrm{d}x\mathrm{d}y\\
&= \iiint\limits_V \left(\frac{\partial g}{\partial x}\frac{\partial f}{\partial x}+g\frac{\partial^2 f}{\partial x^2}+\frac{\partial g}{\partial y}\frac{\partial f}{\partial y}+g\frac{\partial^2 f}{\partial y^2}+\frac{\partial g}{\partial z}\frac{\partial f}{\partial z}+g\frac{\partial^2 f}{\partial z^2}\right)\mathrm{d}V\\
&= \iiint\limits_V ((\nabla g\cdot\nabla f)+g\Delta f)\mathrm{d}V\\
&= \iiint\limits_V (\nabla g\cdot\nabla f)\mathrm{d}x\mathrm{d}y\mathrm{d}z+\iiint\limits_V (g\Delta f)\mathrm{d}x\mathrm{d}y\mathrm{d}z.
\end{aligned}
$$

因此, $\iiint\limits_V (\nabla f\,\nabla g)\mathrm{d}x\mathrm{d}y\mathrm{d}z=\oiint\limits_S g\dfrac{\partial f}{\partial \boldsymbol{n}}\mathrm{d}S-\iiint\limits_V (g\Delta f)\mathrm{d}x\mathrm{d}y\mathrm{d}z$.

（2）若在 V 上恒有 $\Delta f=0$, 且函数 $f\mid_S=0$, 则在（1）中取 $f=g$, 则有

$$
\iiint\limits_V (\nabla f)^2\mathrm{d}x\mathrm{d}y\mathrm{d}z=0.
$$

又因为 $f(x,y,z)$ 在 V 上具有二阶连续的偏导数, 所以 ∇f 在 V 上连续, 且有 $\nabla f=0$. 因此, $f(x,y,z)$ 在 V 上是常数. 又因为 $f\mid_S=0$, 所以 $f=0$.

（3）令 $g=\sqrt{x^2+y^2+z^2}$, 则有

$$
\iiint\limits_V \frac{1}{\sqrt{x^2+y^2+z^2}}(xf_x+yf_y+zf_z)\mathrm{d}x\mathrm{d}y\mathrm{d}z=\iiint\limits_V (\nabla f\,\nabla g)\mathrm{d}x\mathrm{d}y\mathrm{d}z.
$$

另一方面,

$$
\iiint\limits_V (\nabla f\,\nabla g)\mathrm{d}x\mathrm{d}y\mathrm{d}z=\oiint\limits_S \sqrt{x^2+y^2+z^2}\frac{\partial f}{\partial \boldsymbol{n}}\mathrm{d}S-\iiint\limits_V (\sqrt{x^2+y^2+z^2})^3\mathrm{d}x\mathrm{d}y\mathrm{d}z
$$

$$
=\oiint\limits_S \frac{\partial f}{\partial \boldsymbol{n}}\mathrm{d}S-\iiint\limits_V (\sqrt{x^2+y^2+z^2})^3\mathrm{d}x\mathrm{d}y\mathrm{d}z
$$

$$
=\iint\limits_S \left[\frac{\partial f}{\partial x}\cos\alpha+\frac{\partial f}{\partial y}\cos\beta+\frac{\partial f}{\partial z}\cos\gamma\right]\mathrm{d}S-\iiint\limits_V (\sqrt{x^2+y^2+z^2})^3\mathrm{d}x\mathrm{d}y\mathrm{d}z
$$

$$
=\iint\limits_S \frac{\partial f}{\partial x}\mathrm{d}y\mathrm{d}z+\frac{\partial f}{\partial y}\mathrm{d}z\mathrm{d}x+\frac{\partial f}{\partial z}\mathrm{d}x\mathrm{d}y-\iiint\limits_V (\sqrt{x^2+y^2+z^2})^3\mathrm{d}x\mathrm{d}y\mathrm{d}z
$$

$$= \iiint\limits_{V} \left(\left(\frac{\partial u}{\partial x} \right)^2 + \left(\frac{\partial u}{\partial y} \right)^2 + \left(\frac{\partial u}{\partial z} \right)^2 \right) \mathrm{d}x\,\mathrm{d}y\,\mathrm{d}z - \iiint\limits_{V} (\sqrt{x^2 + y^2 + z^2})^3 \mathrm{d}x\,\mathrm{d}y\,\mathrm{d}z$$

$$= \iiint\limits_{V} (x^2 + y^2 + z^2) - \sqrt{x^2 + y^2 + z^2})^3) \mathrm{d}x\,\mathrm{d}y\,\mathrm{d}z.$$

令 $x = r\sin\phi\cos\theta, y = r\sin\phi\sin\theta, z = r\cos\phi, \theta \in [0, 2\pi], \phi \in \left[0, \frac{\pi}{4}\right], r \in [0, 1]$，则有

$$\iiint\limits_{V} (x^2 + y^2 + z^2) - \sqrt{x^2 + y^2 + z^2})^3) \mathrm{d}x\,\mathrm{d}y\,\mathrm{d}z$$

$$= \int_0^{2\pi} \mathrm{d}\theta \int_0^{\pi} \mathrm{d}\phi \int_0^1 (r^2 - r^3) r^2 \sin\phi\,\mathrm{d}r$$

$$= 2\pi \times 2 \times \left(\frac{1}{5} - \frac{1}{6} \right) = \frac{2}{15}\pi,$$

所以，$\displaystyle \iiint\limits_{V} \frac{1}{\sqrt{x^2 + y^2 + z^2}} (xf_x + yf_y + zf_z) \mathrm{d}x\,\mathrm{d}y\,\mathrm{d}z = \frac{2}{15}\pi.$

【例 6.4.17】 设 $f(x, y)$ 在 $x^2 + y^2 \leqslant 1$ 上有连续的二阶偏导数，且满足：

$$\left[\left(\frac{\partial^2 f}{\partial x^2} \right)^2 + 2\left(\frac{\partial^2 f}{\partial x \partial y} \right)^2 + \left(\frac{\partial^2 f}{\partial y^2} \right)^2 \right](x, y) \leqslant M, (M > 0 \text{ 为给定的常数})$$

(1) 令 $(u, v, w) = \left(\frac{\partial^2}{\partial x^2}, \frac{\partial^2}{\partial x \partial y}, \frac{\partial^2}{\partial y^2} \right) f(x, y), \vec{\alpha} = (u, \sqrt{2}\,v, w), \vec{\beta} = (x^2, \sqrt{2}\,xy, y^2)$，
证明 $|\vec{\alpha} \cdot \vec{\beta}| \leqslant \sqrt{M}(x^2 + y^2)$.

(2) 若 $f(0, 0) = 0, \frac{\partial f}{\partial x}(0, 0) = 0, \frac{\partial f}{\partial y}(0, 0) = 0$，证明

$$\left| \iint\limits_{x^2 + y^2 \leqslant 1} f(x, y) \mathrm{d}x\,\mathrm{d}y \right| \leqslant \frac{\pi \sqrt{M}}{4}. \text{（中南大学 2016）}$$

证明 （1）由题设和柯西不等式得

$$|\vec{\alpha} \cdot \vec{\beta}| \leqslant |\vec{\alpha}| \cdot |\vec{\beta}| = \left(\left(\frac{\partial^2 f}{\partial x^2} \right)^2 + 2\left(\frac{\partial^2 f}{\partial x \partial y} \right)^2 + \left(\frac{\partial^2 f}{\partial y^2} \right)^2 \right)^{\frac{1}{2}} (x^4 + 2x^2 y^2 + y^4)^{\frac{1}{2}} \leqslant$$

$$\sqrt{M}(x^2 + y^2).$$

（2）$f(x, y)$ 在 $x^2 + y^2 \leqslant 1$ 上有连续的二阶偏导数，$f(0, 0) = 0, \frac{\partial f}{\partial x}(0, 0) = 0, \frac{\partial f}{\partial y}$
$(0, 0) = 0$，由二元函数的泰勒公式，有

$$f(x,y) = f(0,0) + \frac{\partial f}{\partial x}(0,0)x + \frac{\partial f}{\partial y}(0,0)y +$$

$$\frac{1}{2}\left[\frac{\partial^2 f}{\partial x^2}\bigg|_{(\xi,n)}x^2 + 2\frac{\partial^2 f}{\partial x\partial y}\bigg|_{(\xi,n)}xy + \frac{\partial^2 f}{\partial y^2}\bigg|_{(\xi,n)}y^2\right]$$

$$=\frac{1}{2}\left[\frac{\partial^2 f}{\partial x^2}\bigg|_{(\xi,n)}x^2 + 2\frac{\partial^2 f}{\partial x\partial y}\bigg|_{(\xi,n)}xy + \frac{\partial^2 f}{\partial y^2}\bigg|_{(\xi,n)}y^2\right].$$

由(1)得

$$|f(x,y)| = \frac{1}{2}\left[\frac{\partial^2 f}{\partial x^2}\bigg|_{(\xi,n)}x^2 + 2\frac{\partial^2 f}{\partial x\partial y}\bigg|_{(\xi,n)}xy + \frac{\partial^2 f}{\partial y^2}\bigg|_{(\xi,n)}y^2\right]$$

$$\leqslant \frac{1}{2}\sqrt{M}(x^2+y^2),$$

故

$$\left|\iint\limits_{x^2+y^2\leqslant 1}f(x,y)\mathrm{d}x\,\mathrm{d}y\right| \leqslant \frac{1}{2}\sqrt{M}\iint\limits_{x^2+y^2\leqslant 1}(x^2+y^2)\mathrm{d}x\,\mathrm{d}y = \frac{\pi\sqrt{M}}{4}.$$

 **练习题**

1. 求三重积分 $I = \iiint\limits_{\Omega}(x+y)\mathrm{d}x\,\mathrm{d}y\,\mathrm{d}z$,其中 Ω 是由平面 $x=0, x=1$ 与曲面 $1+x^2 = \frac{y^2}{a^2} + \frac{z^2}{b^2}$ 所围成.

2. 计算曲面 $(x^2+y^2)^2 + z^4 = y$ 所围立体的体积.

3. 设 Ω 是曲面 $(x-a)^2 + (y-a)^2 + (z-a)^2 = a^2(a>0)$ 所围成的闭区域,求三重积分 $\iiint\limits_{\Omega}(x^3+y^3+z^3)\mathrm{d}x\,\mathrm{d}y\,\mathrm{d}z$.

4. (补平面+球坐标)求曲面积分 $I = \iint\limits_{\Omega}x^3\mathrm{d}y\mathrm{d}z + y^3\mathrm{d}z\mathrm{d}x + z^3\mathrm{d}x\mathrm{d}y$,其中 Ω 是上半球面 $z = \sqrt{1-x^2-y^2}$ 的上侧.(重庆大学 2022)

5. (补球面法)设 Ω 为不经过原点的光滑封闭曲面,求曲面积分 $I = \iint\limits_{\Omega}\frac{\cos\langle\boldsymbol{n},r\rangle}{r^2}\mathrm{d}S$,其中 $\boldsymbol{n}$ 是 Ω 的单位外法向量,$r = (x,y,z), r = \sqrt{x^2+y^2+z^2}$.(北京科技大学 2022)

6. (高斯公式+第一型曲面积分)设 $u(x,y,z) \in C^2(R^3)$ 且满足

$$\Delta u = \frac{\partial^2 u}{\partial x^2} + \frac{\partial^2 u}{\partial y^2} + \frac{\partial^2 u}{\partial z^2} = \lambda u(x,y,z), \lambda 是正常数.$$

若 $u(x,y,z)$ 对 $\forall(x,y,z)$ 满足 $\sqrt{x^2+y^2+z^2} \geqslant C$ 时,恒有 $u(x,y,z)=0$.证明:在 R^3 上恒有 $u(x,y,z)=0$.

7. 求区域 $0 \leqslant x \leqslant 1, 0 \leqslant y \leqslant x, x+y \leqslant z \leqslant \mathrm{e}^{x+y}$ 的体积.（湖南大学 2021）

8. 已知 $g(x)$ 是定义在 $(0,r)$ 上的三阶可导函数,其中 $g(0)=1$,定义

$$f(r) = \iiint\limits_{x^2+y^2+z^2 \leqslant r^2} g(x^2+y^2+z^2) \mathrm{d}x \mathrm{d}y \mathrm{d}z,$$

证明:$f(r)$ 在 $r=0$ 处三阶可导,并求 $f'''_{+}(0)$.（同济大学 2022）

9. 求 $(x^2+y^2+z^2)^2 = 4(x^2+y^2-z^2)$ 所围成的立体的体积.（华中科技大学 2022）

10. 设 $r > 0$,计算球面 $x^2+y^2+z^2 = r^2$ 与圆柱面 $x^2+y^2 = rx$ 所围成的区域的体积.（中国人民大学 2023）

11. 计算三重积分 $I = \iiint\limits_{r \leqslant 10} [r] \mathrm{d}x \mathrm{d}y \mathrm{d}z$,其中 $r = \sqrt{x^2+y^2+z^2}$,$[r]$ 表示不超过 r 的最大整数.（北京科技大学 2023）

12. 设 $u(x,y,z)$ 与 $v(x,y,z)$ 在闭区域 Ω 上具有连续的二阶偏导数,证明:

$$\oiint\limits_{S} u \frac{\partial v}{\partial \boldsymbol{n}} \mathrm{d}S = \iiint\limits_{\Omega} u\left(\frac{\partial^2 v}{\partial x^2} + \frac{\partial^2 v}{\partial y^2} + \frac{\partial^2 v}{\partial z^2}\right) \mathrm{d}x \mathrm{d}y \mathrm{d}z + \iiint\limits_{\Omega} v(x,y,z) \mathrm{d}x \mathrm{d}y \mathrm{d}z,$$

其中 S 是 Ω 的边界曲面,$\dfrac{\partial v}{\partial \boldsymbol{n}}$ 为函数 $v(x,y,z)$ 沿曲面 S 的外法线方向的方向导数,$\mathrm{grad}u$ 和 $\mathrm{grad}v$ 分别为函数 $u(x,y,z)$ 和 $v(x,y,z)$ 的梯度.（中南大学 2014）

参考文献

［1］华东师范大学数学科学学院. 数学分析(上下册). 5 版［M］. 北京:高等教育出版社,2019.

［2］欧阳光中,朱学炎,金福临,等. 数学分析(上下册). 4 版［M］. 北京:高等教育出版社,2018.

［3］裴礼文. 数学分析中的典型问题与方法. 3 版［M］. 北京:高等教育出版社,2021.

［4］钱吉林. 数学分析题解精萃. 3 版［M］. 西安:西北工业大学出版社,2019.

［5］张天德,孙钦福,王利广,等. 全国大学生数学竞赛辅导(数学类)［M］. 北京:清华大学出版社,2022.

［6］刘三阳,于力,李广民. 数学分析选讲［M］. 北京:科学出版社,2016.

［7］任北上,冯大河,李碧荣,等. 大学生数学竞赛［M］. 吉林:吉林大学出版社,2011.

［8］陈挚,郑言. 大学生数学竞赛十八讲［M］. 北京:清华大学出版社,2021.

［9］郑步南. 数学分析典型题选讲［M］. 桂林:广西师范大学出版社,2003.

［10］叶国菊,赵大方. 数学分析学习与考研指导［M］. 北京:清华大学出版社,2009.

［11］朱尧辰. 数学分析范例选解［M］. 合肥:中国科学技术大学出版社,2015.

［12］梁志清,黄军华,钟镇权,等. 研究生入学考试数学分析真题集解(上中下册)(2022)［M］. 成都:西南交通大学出版社,2022.